V&R unipress

Daniela Angetter-Pfeiffer /
Bernhard Hubmann (Hg.)

Quadrifolium

Mit 81 Abbildungen

V&R unipress

Vienna University Press

ÖSTERREICHISCHE GEOLOGISCHE GESELLSCHAFT

RESTAURANT VIENNE

Bibliografische Information der Deutschen Nationalbibliothek
Die Deutsche Nationalbibliothek verzeichnet diese Publikation in der Deutschen Nationalbibliografie; detaillierte bibliografische Daten sind im Internet über https://dnb.de abrufbar.

Veröffentlichungen der Vienna University Press erscheinen bei V&R unipress.

Mit finanzieller Unterstützung der Universität Wien/Bibliotheks- und Archivwesen, des Landes Niederösterreich, der Marktgemeinde Perchtoldsdorf, der Österreichischen Geologischen Gesellschaft, der Arbeitsgruppe Geschichte der Erdwissenschaften in Österreich, Frau Angelika Lintner-Potz und Paul Lintner, der Raiffeisen Regionalbank Mödling eGen und des Restaurants Vienne.

Umschlagabbildung: »*Quadrifolium purpureum*« mit Motiven, die die thematische Vierteilung des vorliegenden Bandes symbolisieren (Details aus: Verserzählung »Von der katzen« des »Ambraser Heldenbuchs«; Siegel der Wiener Artistenfakultät von 1388; Geologische Karte der Steiermark von Franz Heritsch; Bücherrücken eines erdwissenschaftlichen Nachlasses; Design: Bernhard Hubmann).
Druck und Bindung: CPI books GmbH, Birkstraße 10, D-25917 Leck
Printed in the EU.

Vandenhoeck & Ruprecht Verlage | www.vandenhoeck-ruprecht-verlage.com

ISBN 978-3-8471-1118-4

Inhalt

Grußbotschaften

Archivwesen bzw. Sammlungsbestände

Mediävistik

Universitätsgeschichte

(Natur)Wissenschaftsgeschichte

Einleitung

Der Titel »Quadrifolium« der Festschrift für Johannes Seidl wurde von den Herausgebern als Hommage an das vierfältige [recte: vielfältige] berufliche und wissenschaftliche Wirken des Jubilars gewählt und umfasst Beiträge zu folgenden Kapiteln »Archivgeschichte bzw. Sammlungswesen«, »Mediävistik«, »Universitätsgeschichte« sowie »(Natur)Wissenschaftsgeschichte«. Diese Forschungsbereiche überschneiden sich naturgemäß wie die Publikationen, aber auch die rege Vortragstätigkeit von Johannes Seidl beweisen und werden noch von einem weiteren Betätigungsfeld, nämlich der Biografik, untermauert.

Im Kapitel Archivgeschichte bzw. Sammlungswesen vereint der Beitrag von Fritz F. Steininger über die Sammlungsbestände im Krahuletzmuseum in Eggenburg die Notwendigkeit historischer Sammlungen für die wissenschaftliche Forschung, aber auch die Bedeutung der dahinterstehenden Archivarbeit.

Hannes Seidls Interesse für die Mediävistik wird sein Mitarbeiter im Universitätsarchiv Martin G. Enne mit einer Abhandlung über die Rheinische Nation an der Universität Wien gerecht. Elisabeth Köck befasst sich in ihrem Beitrag mit den Marktbüchern von Perchtoldsdorf, dem Wohn-, aber auch zeitweiligen beruflichen Wirkungsort des Geehrten.

Zum Thema Universitätsgeschichte tragen Wegbegleiter wie Matthias Svojtka, der sich mit dem Übergang der Philosophischen Fakultät von inhaltlich einführenden Vorstudien hin zu einer echten Forschungsstruktur befasst, Gregor Gatscher-Riedl, der in seinem Artikel über den jüdischen Arzt, Bibliothekar und Hochschulkundler Oskar Franz Scheuer ein weiteres Interessensgebiet von Hannes Seidl abdeckt, nämlich die Biografik, Richard Lein, der das lebendige Bild eines Zeitzeugen der 1968er-Generation am Geologischen Institut der Universität Wien zeichnet sowie Wolfgang Rohrbach mit einem in der breiten Öffentlichkeit eher unbekannten Themenbereich zu den Wechselwirkungen von Versicherungen und Universitäten, bei.

Hannes Seidls vielschichtigen Forschungen zur Geologie-, Natur-, Wissenschafts- und neuerdings auch zur Medizingeschichte sind die Beiträge von Günther Bernhard über die Leistungen der Fortifikationssteuer im Erzbistum

Salzburg und von Daniela Angetter über die medizinischen Erkenntnisse der Novara-Expedition gewidmet. Dieses Kapitel wird ergänzt durch Bernhard Hubmanns lyrische Reportage einer geologischen Exkursion im Jahr 1950 von StudentInnen der Universität Graz und Angelika Endes Beitrag zur Familiengeschichte von Franz Strauss, gleichsam eine Würdigung von Hannes Seidls umfassenden Studien zu Eduard Suess.

Die am Beginn des Sammelbands veröffentlichten Grußworte bilden Hannes Seidls wissenschaftliches Netzwerk ab, angefangen von seinem Vorgesetzten und Leiter des Universitätsarchivs Thomas Maisel, über den Präsidenten der Österreichischen Gesellschaft für Wissenschaftsgeschichte Helmuth Grössing, Ingrid Kästner als Vertreterin der Akademie gemeinnütziger Wissenschaften zu Erfurt, zu dessen Mitglied der Jubilar gewählt wurde, seiner Ko-Autorin Christa Riedl-Dorn vom Archiv für Wissenschaftsgeschichte am Naturhistorischen Museum in Wien, eine Institution, die auch immer wieder in Johannes Seidls Publikationen eine wichtige Rolle spielt, Wolfgang Geiger, von der Universität Leipzig, der Hannes Seidls umfassende Forschungen zu Ami Boué würdigt, Peter Csendes, der vom Vorgesetzten im Österreichischen Biographischen Lexikon der Österreichischen Akademie der Wissenschaften zum langjährigen Freund wurde, und nicht zuletzt von Tillfried Cernajsek, der als Bibliotheksdirektor der Geologischen Bundesanstalt nicht nur Hannes Seidls Forschungen immer wieder unterstützte, sondern mit diesem gemeinsam viele Projekte zur Geschichte der Erdwissenschaften erfolgreich umsetzte.

Daniela Angetter und Bernhard Hubmann

Biografie von Univ.-Doz. Dr. Johannes Seidl, MAS

Johannes Seidl erblickte am 17. Februar 1955 in Wien als Sohn des Kaufmanns Franz Seidl (1925–1980) und seiner Ehefrau Rosa, geb. Kubista (1931–1985), das Licht der Welt. Nach dem Besuch der Volksschule und des Realgymnasiums in Wien XV legte er am 3. Juni 1973 die Matura ab. Danach versah er bis Ende Mai 1974 seinen Präsenzdienst. Wie ein roter Faden zieht sich, beginnend in den Tagen seiner Jugendzeit bis in die Gegenwart, Hannes' besonderes Interesse für die Geschichte, vor allem für die Epoche des Mittelalters, aber auch für die Spätphase der Habsburgermonarchie. So war es auch nicht weiter verwunderlich, dass er ein Studium der Geschichte und Romanischen Philologie (Französisch) an der Universität Wien begann, wo er am 25. März 1985 nach Abfassung der Hausarbeit *Pfahlbürgertum und Städtewesen im deutschen Südwesten und im Gebiet der schweizerischen Eidgenossenschaft* zum Magister der Philosophie graduierte und auch die Lehramtsprüfung für Gymnasien ablegte. Während des Studiums war er im elterlichen Betrieb (Holzhandel) tätig. Ab 1983 nahm er am Ausbildungslehrgang des Instituts für österreichische Geschichtsforschung teil, den er 1986 erfolgreich mit der Staatsprüfung abschloss. Nach dem Probejahr an zwei Mödlinger Gymnasien unterrichtete er von 1987 bis 1990 an Gymnasien in Mödling und Perchtoldsdorf. Als Lehrer war Hannes bei den Schülern sehr beliebt, die er besonders durch seinen anschaulichen Unterricht und sein umfassendes Geschichtswissen für das Fach interessieren, ja sogar begeistern konnte, was nicht zuletzt darin seinen Niederschlag fand, dass ihm ehemalige Schüler bei Begegnungen in Perchtoldsdorf noch viele Jahre später ihr Lob für seinen Unterricht ausdrückten und einige von ihnen ebenfalls Geschichte als Studienfach wählten. Am 31. August 1987 fand seine Hochzeit mit Christine Danek statt, die als Gymnasialprofessorin für die Fächer Latein und Französisch tätig war.

Im Jahre 1991 übernahm Hannes die Leitung des Archivs der Marktgemeinde Perchtoldsdorf. Nebenbei zog es ihn an die Universität Wien zurück, wo er bei Univ.-Prof. Dr. Paul Uiblein (1926–2003) sein Doktoratsstudium absolvierte und mit der Dissertation *Studien zur Städtepolitik Herzog Albrechts V. von Österreich (als deutscher König Albrecht II., 1411–1439)* am 6. Februar 1996 zum Doktor der Philosophie promoviert wurde.

1997 tat sich ein neues Berufsfeld auf, und Hannes wechselte als Fachredakteur für die Bereiche Medizin und Naturwissenschaften an das Institut »Österreichisches Biographisches Lexikon und Biographische Dokumentation« der Österreichischen Akademie der Wissenschaften. Das Fachgebiet Medizin war für Hannes sicherlich eine gewisse Herausforderung, zählen doch gerade Ärzte zu jener Berufsgruppe, die er gerne meidet. Das Jahr 2001 bedeutete einen neuerlichen Einschnitt in seine berufliche Karriere und er kehrte in das Archivwesen, diesmal im Archiv der Universität Wien, zurück. Im Dezember 2010 übernahm er dort die stellvertretende Leitung. In dieser Zeit begann Hannes sein Habilitationsprojekt, das er am 14. Juli 2010 mit der Ernennung zum Dozenten für Wissenschaftsgeschichte an der Karl-Franzens-Universität in Graz erfolgreich beendete. Die Liebe zum Archivwesen, den Umgang mit Quellenmaterial und Quellenkritik, aber auch die Entwicklung der Erdwissenschaften vermittelte er seit 2001 in einer Reihe von Lehrveranstaltungen im Österreichischen Staatsarchiv, am Institut für Paläontologie der Universität Wien, am Institut für Mineralogie und Kristallographie der Universität Wien, am Institut für Geschichte der Karl-Franzens-Universität Graz sowie am Department für Geodynamik und Sedimentologie in Wien. Seit 2009 ist er neben Thomas Maisel und Kurt Mühlberger einer der Herausgeber der Reihe *Schriften des Archivs der Universität Wien*, die sich naturgemäß universitäts-, aber auch wissenschaftsgeschichtlichen Themen widmet.

Hannes ist nicht nur ein höchst fachkundiger und sehr belesener Archivar, der selbst stets auf die noch so komplizierten und außergewöhnlichen Anfragen der Benutzer eine hilfreiche Antwort weiß, sondern auch ein eifriger Förderer der Wissenschaftsgeschichte. So fungiert er seit 2000 als Vorstandsmitglied des Vereins für Landeskunde von Niederösterreich in St. Pölten, ist seit 2001 Korrespondent der Geologischen Bundesanstalt Wien sowie seit 2001 Vorstandsmitglied und seit 2010 Generalsekretär der Österreichischen Gesellschaft für Wissenschaftsgeschichte, wo er nicht nur in der Erstellung des jährlichen Publikationsorgans *Mensch – Wissenschaft – Magie*, sondern auch in der Organisation von Tagungen und Symposien eine wichtige Rolle spielt. Am 14. Juli 2015 ernannte ihn die Akademie gemeinnütziger Wissenschaften zu Erfurt zu ihrem Mitglied, nachdem sich Hannes auch dort sehr erfolgreich in gemeinsame Projekte mit der Österreichischen Gesellschaft für Wissenschaftsgeschichte und dem Archiv der Universität Wien einbrachte und einbringt. Im Rahmen der Geologiegeschichte leitete er die Arbeitsgruppe »Geschichte der Erdwissenschaften« bei der Österreichischen Geologischen Gesellschaft von 2007 bis 2012, deren stellvertretenden Vorsitz er davor von 2001 bis 2006 innehatte. Als einer der derzeitigen stellvertretenden Vorsitzenden ist Johannes Seidl zudem Mitherausgeber der jährlich erscheinenden Tagungsbände der Arbeitsgruppe. Darüber hinaus ist er seit 2002 Mitglied und seit 2008 Correspondant étranger des COFRHIGÉO (Comité Français d'Histoire de la Géologie, Paris), seit 2005 Mitglied der INHIGEO (International Commission on the History of geological Sciences) und unterstützt als Konsulent das Projekt *Das Anthropozän und die Stadt Wien* von Michael Wagreich. Und endlich konnte er sich auch mit den Medizinern anfreunden und übernahm nach seiner Tätigkeit seit 2017 als stellvertretender Vorsitzender der Arbeitsgruppe »Geschichte der Medizin« bei der Gesellschaft der Ärzte in Wien im April 2019 den Vorsitz.

Dieses Engagement blieb nicht unbelohnt, und so erhielt Hannes einige Ehrungen, darunter 1999 die Ehrenmedaille des niederösterreichischen Bildungs- und Heimatwerkes für besondere Verdienste um die Erwachsenenbildung, 2007 das Silberne Ehrenzeichen für Verdienste um das Bundesland Niederösterreich und 2014 eine Ehrung durch Frau Vizebürgermeister Renate Brauner im Wiener Rathaus anlässlich der Organisation der Veranstaltung *Erkunden, Sammeln, Notieren und Vermitteln – Wissenschaft im Gepäck von Handelsleuten, Diplomaten und Missionaren* im Jahre 2013.

Hinter dem akribischen Archivar, der sich wie kein anderer als Wissenschaftler um die Etablierung der Naturwissenschaftsgeschichte in Österreich verdient gemacht hat, steckt jedoch ein Mensch, ein Freund, ein Partner mit vielschichtigen Interessen.

Eine große Leidenschaft, die sich schon in der Kindheit ausprägte, war jene für den Fußball, den Hannes auch aktiv betrieb. Er spielte unter anderem ab Mitte der 1970er-Jahre bis Anfang der 1980er-Jahre beim ASK Erlaa. Im Jahre 1978 legte er zudem erfolgreich die Schiedsrichterprüfung ab und leitete beim Niederösterreichischen Fußballverband auch mehrere Spiele. Seit der frühesten Jugend schlägt sein Herz unverdrossen bis heute für den FK Austria Wien, obwohl seine Anhängertreue und sein Durchhaltevermögen schon mehrfach auf eine harte Probe gestellt wurden. Aber unbeirrbar blieb er dem von Friedrich Torberg (1908–1979) ersonnenen Leitspruch »Austrianer ist, wer es trotzdem bleibt« treu. Von Kindheit an bis heute spielt Hannes auch gerne Tischtennis und Minigolf.

Von diesen sportlichen Neigungen abgesehen, entwickelte Hannes bereits in seinen Jugendtagen intensives Interesse für die Chemie, wobei er bei zahlreichen chemischen Experimenten erhebliche Risikofreude zeigte. Glücklicherweise kam es bei kleineren Explosionen, die nur den Experimentierraum verwüsteten, zu keinen größeren Personenschäden.

Seine erheblich weniger riskante Leidenschaft der späteren Jahre konzentriert sich nun vornehmlich auf Aktivitäten im Garten und hier sowohl auf die Obstbaumzucht, als auch auf das Heranziehen verschiedener Traubensorten und den Anbau aller möglicher Gemüsepflanzen und Kräuter. Große Experimentierfreude entwickelte Hannes in den letzten Jahren beim Heranziehen exotischer Gewächse, wie verschiedener Zitrusfrüchte, Bananen und Feigen, worin er bis jetzt sehr erfolgreich ist.

Auch Reisen, gemeinsam mit seiner Frau Christine, besonders in die sonnigen Gefilde Südfrankreichs oder zur Rotweinverkostung in die idyllischen Schlösser in der Umgebung von Bordeaux, gehören zu Hannes' gerne gepflogenen Freizeitaktivitäten.

Daniela Angetter – Christine Seidl-Danek

Werkverzeichnis

Autorenschaft

Johannes Seidl, *Pfahlbürgertum und Städtewesen im deutschen Südwesten und im Gebiet der schweizerischen Eidgenossenschaft*, Dipl. Arb., Wien 1982.

Johannes Seidl, *Das Kopialbuch der Zeche Unserer Lieben Frau zu Perchtoldsdorf*, ungedruckte Staatsprüfungsarbeit am Institut für österreichische Geschichtsforschung, Wien 1986.

Johannes Seidl, Johannes von Perchtoldsdorf. Ein Jurist und Klosterneuburger Chorherr des 15. Jahrhunderts (ca. 1380–15.8.1428). Ein Beitrag zur Geschichte der spätmittelalterlichen Rechtswissenschaft, in: *Unsere Heimat* 63 (1992), 108–119.

Johannes Seidl, Quellen zur Ortsgeschichte von Perchtoldsdorf, in: Paul Katzberger, *1000 Jahre Perchtoldsdorf 991–1991. Eine Siedlungsgeschichte.* Hg. Marktgemeinde Perchtoldsdorf, Perchtoldsdorf: Verlag der Marktgemeinde Perchtoldsdorf 1993, 487–602.

Johannes Seidl, Thomas Ebendorfer, Enea Silvio Piccolomini und Johannes Hinderbach. Gelehrte im Umkreis Friedrichs III., in: *Beiträge zur Wiener Diözesangeschichte* 34 (1993) 2, 39–43.

Johannes Seidl, Amt der NÖ-Landesregierung, Abt. III/3 – NÖ-Institut für Landeskunde (Hg.), *Das Kopialbuch der Zeche Unserer Lieben Frau zu Perchtoldsdorf. Studien zur Geistes-, Sozial- und Wirtschaftsgeschichte einer niederösterreichischen Kleinstadt am Ausgang des Mittelalters.* (Studien und Forschungen aus dem niederösterreichischen Institut für Landeskunde 18), Wien: NÖ-Institut für Landeskunde 1993 (erschienen 1994).

Johannes Seidl, *Studien zur Städtepolitik Herzog Albrechts V. von Österreich (als deutscher König Albrecht II.), 1411–1439*, phil. Diss., Wien 1995.

Johannes Seidl, Marktgemeinde Perchtoldsdorf (Hg.), *Schriftbeispiele des 17. bis 20. Jahrhunderts zur Erlernung der Kurrentschrift. Übungstexte aus Perchtoldsdorfer Archivalien* (Schriften des Archivs der Marktgemeinde Perchtoldsdorf 1), Perchtoldsdorf: Archiv der Marktgemeinde Perchtoldsdorf 1996, 2. Auflage 1997.

Johannes Seidl, Marktgemeinde Perchtoldsdorf (Hg.), *Historische Bibliographie des Marktes Perchtoldsdorf.* Zusammengestellt von Johannes Seidl, unter Mitarbeit von

Hermann Steininger und Gregor Gatscher-Riedl (Schriften des Archivs der Marktgemeinde Perchtoldsdorf 2), Perchtoldsdorf: Archiv der Marktgemeinde Perchtoldsdorf 1997.

Johannes Seidl, Österreichischer Arbeitskreis für Stadtgeschichtsforschung (Hg.)/Ferdinand Opll (Red.), *Stadt und Landesfürst im frühen 15. Jahrhundert. Studien zur Städtepolitik Herzog Albrechts V. von Österreich (als deutscher König Albrecht II.), 1411–1439* (Forschungen zur Geschichte der Städte und Märkte Österreichs 5), Linz: Österreichischer Arbeitskreis für Stadtgeschichtsforschung, 1997.

Johannes Seidl, Eine Umfrage zur Situation niederösterreichischer Stadt- und Marktarchive, in: *Mitteilungsblatt der Arbeitsgemeinschaft »Heimatforschung«* (Beilage von »Heimat Niederösterreich«, Heft 10–12/97) Nr. 85 (Dezember 1997), 5–8.

Johannes Seidl, Eduard Sueß, der Begründer der modernen Geologie in Österreich (20. August 1831–26. April 1914), in: Tillfried Cernajsek/Peter Csendes/Christoph Mentschl/Johannes Seidl, »*... hat durch bedeutende Leistungen ... das Wohl der Gemeinde mächtig gefördert.« Eduard Sueß und die Entwicklung Wiens zur modernen* Großstadt (Österreichisches Biographisches Lexikon - Schriftenreihe 5), Wien: Verlag der Österreichischen Akademie der Wissenschaften [ÖAW] 1999.

Johannes Seidl/Elisabeth Lebensaft, Ignaz Schwarz (1867-1925). Ein Bibliophile und Historiker der Jahrhundertwende. (A Turn-of-the-Century Bibliophile and Historian), in: *Juden in Österreich. Gestern. Heute. (Jewish Austria. Past. Presence)*, (2000), 22-26.

Johannes Seidl/Tillfried Cernajsek/Astrid Rohrhofer (Mitarb.), *Geowissenschaften und Biographik. Auf den Spuren österreichischer Geologen und Sammler (1748–2000)* (Österreichisches Biographisches Lexikon - Schriftenreihe 6), Wien: Verlag der ÖAW 2000.

Johannes Seidl/Tillfried Cernajsek/Christoph Mentschl, Eduard Sueß (1831–1914). Ein Geologe und Politiker des 19. Jahrhunderts, in: Gerhard Heindl (Hg.), *Wissenschaft und Forschung in Österreich. Exemplarische Leistungen österreichischer Naturforscher und Techniker*, Frankfurt am Main–Berlin–Bern–Bruxelles–New York–Oxford–Wien: Peter Lang Verlag 2000, 59–84.

Johannes Seidl, Bericht über das »5. internationale Erbe-Symposium«. Ziele der internationalen Symposien zum »Kulturellen Erbe in den Montan- und Geowissenschaften, Bibliotheken, Archive und Museen«. Mit Ergänzungen von Tillfried Cernajsek und Christoph Hauser, in: Helmuth Grössing/Alois Kernbauer/Karl Kadletz (Hg.), *Mensch – Wissenschaft – Magie* (Mitteilungen der Österreichischen Gesellschaft für Wissenschaftsgeschichte 19), Wien: Erasmus 1999 (2000), 141–149.

Johannes Seidl, Einige Inedita zur Frühgeschichte der Paläontologie an der Universität Wien. Die Bewerbung von Eduard Sueß um die Venia legendi für Paläontologie (1857), in: *Geschichte der Erdwissenschaften in Österreich* (Tagung, 17. und 18. November 2000 in Peggau) (Berichte der Geologischen Bundesanstalt 53), Wien: Geologische Bundesanstalt 2001, 61–67.

Johannes Seidl, On Some Problems Concerning a Bio-bibliography of Austrian Geoscientists and Collectors 1748–2000, in: Joann Lerud/Marilyn Stark/Cathy van Tassel (Hg.), *5th International Symposium: Cultural Heritage in Geosciences, Mining and Metallurgy.* Libraries - Archives - Museums: Mining History. Colorado School of Mines, July 24.–28. 2000. Proceedings Volume, Golden, Colorado 2002, 95–100.

Johannes Seidl, Die Bürger in österreichischen Städten des Spätmittelalters. Ein Überblick über Literatur und Quellen, in: *Stadt und Prosopographie. Zur quellenmäßigen Erforschung von sozialen Gruppen und Einzelpersönlichkeiten in der Stadt des Spätmittelalters und der frühen Neuzeit* (Forschungen zur Geschichte der Städte und Märkte Österreichs 6), Linz: Österreichischer Arbeitskreis für Stadtgeschichtsforschung 2002, 43–52.

Johannes Seidl, Ami Boué (1794–1881), géoscientifique du XIXe siècle, in: Académie des Sciences (Hg.), *C(omptes) R(endus) Palevol* 1, Paris: Editions scientifiques et médicales Elsevier 2002, 649–656.

Johannes Seidl, Die Verleihung der außerordentlichen Professur für Paläontologie an Eduard Sueß im Jahre 1857. Zur Frühgeschichte der Geowissenschaften an der Universität Wien, in: *Wiener Geschichtsblätter* 57 (2002) 1, 38–61.

Johannes Seidl/Christa Riedl-Dorn, Zur Sammlungs- und Forschungsgeschichte einer Wiener naturwissenschaftlichen Institution. Briefe von Eduard Suess an Paul Maria Partsch, Moriz Hoernes, Ferdinand Hochstetter und Franz Steindachner im Archiv für Wissenschaftsgeschichte am Naturhistorischen Museum in Wien, in: Helmuth Grössing/Alois Kernbauer/Kurt Mühlberger/Karl Kadletz (Hg.), *Mensch – Wissenschaft – Magie* (Mitteilungen der Österreichischen Gesellschaft für Wissenschaftsgeschichte 21/2001), Wien: Erasmus 2003, 17–49.

Johannes Seidl, Quelques documents inédits concernant le début des géosciences à l'université de Vienne. La tentative d'Eduard Sueß (1831–1914) d'obtenir l'autorisation d'enseigner la paléontologie dans la Faculté des lettres (1857), in: Manuel Serrano Pinto (Hg.), *Proceedings of the 26th Symposium of the International Commission on the History of Geological Sciences* »INHIGEO Meeting – Portugal 2001 – Geological Resources and History«. Aveiro and Lisbon, Portugal, 24th June – 1st July 2001, Aveiro: Centro de Estudos de História e Filosofia da Ciência e da Técnica 2003, 397–404.

Johannes Seidl/Tillfried Cernajsek, Zur Problematik einer bio-bibliographischen Dokumentation österreichischer Geowissenschaftler und Sammler 1748–2000, in: *23. Österreichischer Historikertag, Salzburg 2002,* Tagungsbericht, Salzburg: Verband Österreichischer Historiker und Geschichtsvereine – Österreichisches Staatsarchiv 2003, 453–464.

Johannes Seidl, Ami Boué (1794–1881). Kosmopolit und Pionier der Geologie, in: Daniela Angetter/Johannes Seidl (Hg.), *Glücklich, wer den Grund der Dinge zu erkennen vermag. Österreichische Naturwissenschafter, Techniker und Mediziner im 19. und 20. Jahrhundert,* Frankfurt am Main–Berlin–Bern–Bruxelles–New York–Oxford: Peter Lang Verlag 2003, 9–26.

Johannes Seidl, Quellenmaterialien zur biographischen Erforschung von Geowissenschaftern des 19. und 20. Jahrhunderts aus den Beständen des Archivs der Universität Wien, in: Christoph Hauser (Red.), *4. Symposium »Geschichte der Erdwissenschaften in Österreich«* 22. – 25. Oktober 2003, Klagenfurt, Abstractband (Berichte der Geologischen Bundesanstalt 64), Wien: Geologische Bundesanstalt 2003, 73–74.

Johannes Seidl/Tillfried Cernajsek, Zur Problematik der Nachlasserschließung von Naturwissenschaftern. Die Bibliothek der Geologischen Bundesanstalt als Stätte der Nachlassbearbeitung von Geowissenschaftern am Beispiel von Ami Boué (1794–1881), in: Tillfried Cernajsek/Johannes Seidl (Hg.), *Zwischen Lehrkanzel und Grubenhunt. Zur Entwicklung der Geo- und Montanwissenschaften in Österreich vom 18. bis zum*

20. Jahrhundert (Jahrbuch der Geologischen Bundesanstalt 144/1), Wien: Geologische Bundesanstalt 2004, 15–26.

Johannes Seidl, Von der Immatrikulation zur Promotion. Ausgewählte Quellen des 19. und 20. Jahrhunderts zur biographischen Erforschung von Studierenden der Philosophischen Fakultät aus den Beständen des Archivs der Universität Wien, in: *Stadtarchiv und Stadtgeschichte. Forschungen und Innovationen.* Festschrift für Fritz Mayrhofer zur Vollendung seines 60. Geburtstages (Historisches Jahrbuch der Stadt Linz 2003/2004), Linz: Archiv 2004, 289–302.

Johannes Seidl, Eduard Suess (1831–1914). Aperçu biographique. Avec une annexe par Michel Durand-Delga, in: *Travaux du Comité Français d'Histoire de la Géologie,* 3è série, 18 (2004), 133–146.

Johannes Seidl/Norbert Vavra, Geowissenschaften und Biographik. Zusammenfassende Gedanken zu einem interdisziplinären Seminar am Institut für Paläontologie der Universität Wien (Sommersemester 2005), in: *Cultural heritage in geosciences, mining and metallurgy: libraries - archives - collections.* 8th International Symposium. History of earth sciences in Austria: 5th Symposium (Berichte der Geologischen Bundesanstalt 65), Wien–Schwaz: Geologische Bundesanstalt 2005, 165–167.

Johannes Seidl, Auf dem Weg zur Urbanität. Perchtoldsdorf im Spätmittelalter, in: Gregor Gatscher-Riedl (Bearb.), *Perchtoldsdorfer Geschichten.* Die historische Vortragsreihe 2004 (Schriften des Archivs der Marktgemeinde Perchtoldsdorf 3), Perchtoldsdorf: Archiv der Marktgemeinde Perchtoldsdorf 2006, 29–43.

Johannes Seidl/Franz Pertlik, Franz Xaver Maximilian Zippe (1791–1863). Inhaber des ersten Lehrstuhles für Mineralogie an der philosophischen Fakultät der Universität Wien, in: *Eduard Sueß (1831–1914) und die Entwicklung der Erdwissenschaften zwischen Biedermeier und Sezession,* Wien: Geologische Bundesanstalt 2006, 43–48.

Johannes Seidl/Tillfried Cernajsek, Ami Boué – Ein Pionier der geologischen Balkanforschung in Österreich und sein Nachlass an der Bibliothek der Geologischen Bundesanstalt in Wien, in: Wolfgang Geier/Jürgen M. Wagener (Hg.), *Ami Boué. 1794–1881. Leben und ausgewählte Schriften,* Melle: Wagener Edition 2006, 535–572.

Johannes Seidl, Ein Fotoalbum für Eduard Sueß aus dem Jahre 1901 in der Fotosammlung des Archivs der Universität Wien, in: *Die Anfänge der universitären erdwissenschaftlichen Forschung in Österreich: Eduard Sueß (1830–1914) zum 90. Todestag* (Jahrbuch der Geologischen Bundesanstalt 146/3–4), Wien: Geologische Bundesanstalt 2006, 253–263.

Johannes Seidl/Franz Pertlik, Eduard Sueß als akademischer Lehrer. Eine Synopsis der unter seiner Anleitung verfassten Dissertationen, in: *res montanarum.* Zeitschrift des Montanhistorischen Vereins Österreich (Festschrift für Lieselotte Jontes zur Vollendung des 65. Lebensjahres) 40 (2007), 40–47.

Johannes Seidl/Michel Durand-Delga, Eduard Suess (1831–1914) et sa fresque mondiale »La Face de la Terre«, deuxième tentative de Tectonique Globale, *in: Géoscience* (Comptes-Rendus, Académie des Sciences, Paris) 339 (2007), 85–99.

Johannes Seidl/Tillfried Cernajsek, Zwischen Wissenschaft, Politik und Praxis – 100 Jahre Österreichische Geologische Gesellschaft (vormals Geologische Gesellschaft in Wien), in: *Austrian Journal of Earth* Sciences (Mitteilungen der Österreichischen Geologischen Gesellschaft) 100 (2007), 252–274.

Johannes Seidl/Franz Pertlik, Lehrveranstaltungen an der Universität Wien mit Bezug zur Mineralogie von 1786 bis 1848, in: *Mitteilungen der Österreichischen Mineralogischen Gesellschaft* 154 (2008), 69–82.

Johannes Seidl, *Eduard Suess (1831–1914) und die Entwicklung der modernen Erdwissenschaften in Österreich. Bausteine zu seiner Biographie,* Habilschrift, Graz 2008.

Johannes Seidl, Ami Boué (1794–1881), ein Vermittler erdwissenschaftlicher Erkenntnisse zwischen Westeuropa und Österreich, in: *res montanarum.* Zeitschrift des Montanhistorischen Vereins Österreich 44 (2008), 38–43.

Matthias Svojtka/Johannes Seidl/Barbara Steininger, Von Neuroanatomie, Paläontologie und slawischem Patriotismus: Leben und Werk des Josef Victor Rohon (1845–1923), in: Helmuth Grössing/Alois Kernbauer/Kurt Mühlberger/Karl Kadletz (Hg.), *Mensch – Wissenschaft – Magie* (Mitteilungen der Österreichischen Gesellschaft für Wissenschaftsgeschichte 26), Wien: Erasmus 2009, 123–159.

Johannes Seidl/Franz Pertlik/Matthais Svojtka, Franz Xaver Maximilian Zippe (1791–1863) – Ein böhmischer Erdwissenschafter als Inhaber des ersten Lehrstuhls für Mineralogie an der Philosophischen Fakultät der Universität Wien, in: Johannes Seidl (Hg.), *Eduard Suess und die Entwicklung der Erdwissenschaften zwischen Biedermeier und Sezession* (Schriften des Archivs der Universität Wien 14), Göttingen: V&R unipress 2009, 161–209.

Marta Riess/Johannes Seidl, Die Universität Wien im Blick. Das Bildarchiv des Archivs der Universität Wien wird digitalisiert – ein Werkstattbericht, in: *Mitteilungen der Vereinigung österreichischer Bibliothekarinnen und Bibliothekare* 62 (2009) 1, 7–17.

Tillfried Cernajsek/Johannes Seidl, 100 Jahre Österreichische Geologische Gesellschaft, vormals Geologische Gesellschaft in Wien. Zur Problematik einer Vereinsgeschichtsschreibung und ihrer Methoden, in: *Geohistorische Blätter* 12 (2009) 1, 47–52.

Johannes Seidl, Von der Geognosie zur Geologie. Eduard Sueß (1831–1914) und die Entwicklung der Erdwissenschaften an den österreichischen Universitäten in der zweiten Hälfte des 19. Jahrhunderts, in: *Festschrift für HR Dr. Tillfried Cernajsek, Bibliotheksdirektor i. R. der Geologischen Bundesanstalt zum 66. Geburtstag* (Jahrbuch der Geologischen Bundesanstalt 149/2+3), Wien: Geologische Bundesanstalt 2009, 375–390.

Matthias Svojtka/Johannes Seidl, Michel Coster Heller, Frühe Evolutionsgedanken in der Paläontologie – Materialien zur Korrespondenz zwischen Charles Robert Darwin und Melchior Neumayr, in: *Festschrift für HR Dr. Tillfried Cernajsek, Bibliotheksdirektor i. R. der Geologischen Bundesanstalt zum 66. Geburtstag* (Jahrbuch der Geologischen Bundesanstalt 149/2+3), Wien: Geologische Bundesanstalt 2009, 357–374.

Johannes Seidl, Der Nachlass Paul Uibleins – eine bedeutende Quelle zur Erforschung der Frühgeschichte der Universität Wien. Ein Werkstattbericht, in: Kurt Mühlberger/Meta Niederkorn-Bruck (Hg.), *Die Universität Wien im Konzert europäischer Bildungszentren* (Veröffentlichungen des Instituts für österreichische Geschichtsforschung 56), Wien: Böhlau Verlag 2010, 213–219.

Vera M. F. Hammer/Franz Pertlik/Johannes Seidl, Friedrich Martin Berwerth (1850–1918). Eine Biographie, in: *Annalen des Naturhistorischen Museums in Wien,* Serie A (Mineralogie und Petrographie) 112 (2010), 67–110.

Johannes Seidl, Quellen des 19. und frühen 20. Jahrhunderts zur biographischen Erforschung österreichischer Erdwissenschaftler aus den Beständen des Archivs der Universität Wien, in: Bernhard Hubmann/Johannes Seidl (Hg.), *Workshop der Ar-*

beitsgruppe »Geschichte der Erdwissenschaften«. 19. November 2010 (Berichte der Geologischen Bundesanstalt 83), Wien: Geologische Bundesanstalt 2010, 34–39.

Tillfried Cernajsek/Bernhard Hubmann/Johannes Seidl, 10 Jahre österreichische Arbeitsgruppe für die Geschichte der Erdwissenschaften. Ein interinstitutionelles Projekt, in: Bernhard Hubmann/Elmar Schübl/Johannes Seidl (Hg.), *Die Anfänge geologischer Forschung in Österreich.* Beiträge zur Tagung »Zehn Jahre Arbeitsgruppe Geschichte der Erdwissenschaften« (Scripta geo-historica. Grazer Schriften zur Geschichte der Erdwissenschaften 4), Graz: Leykam - Grazer Universitätsverlag 2010, 1–11.

Bernhard Hubmann/Johannes Seidl, Bibliographie der Arbeitsgruppe im Zeitraum 1999–2009, in: Bernhard Hubmann/Johannes Seidl, *Workshop der Arbeitsgruppe »Geschichte der Erdwissenschaften«.* 19. November 2010 (Berichte der Geologischen Bundesanstalt 83), Wien: Geologische Bundesanstalt 2010, 69–93.

Matthias Svojtka/Johannes Seidl/Barbara Steininger, Aus der Batschka in die weite Welt. Leben und Werk des Josef Victor Rohon (1845–1923) zwischen Wien, München, Sankt Petersburg und Prag (A Bácskából a nagyvilágba. Josef Victor Rohon /1845–1923/ élete és munkásságra Bécsben, Münchenben, Szentpétervárott és Prágában, in: *Österreichisch-ungarische Beziehungen auf dem Gebiet des Hochschulwesens (Osztrák-magyar felsőoktatási kapcsolatok).* Begegnungen in Fürstenfeld 1 = Fürstenfeldi találkozók 1; Fürstenfeld, 9.–10. Mai 2008; Fürstenfeld, 2008, május 9.–10. Székesfehérvár–Budapest: Kodolányi János Főiskola - Eötvös Loránd Tudományegyetem Könyvtára 2010, 195–222.

Johannes Seidl (Bearb.)/Andreas Bracher (Mitarb.)/Thomas Maisel (Mitarb.)/Kurt Mühlberger (Hg.), *Die Matrikel der Wiener Rechtswissenschaftlichen Fakultät. Matricula Facultatis Juristarum Studii Wiennensis.* Band 1: 1402–1442. (Publikationen des Instituts für österreichische Geschichtsforschung, VI. Reihe: Quellen zur Geschichte der Universität Wien, 3. Abt.: Die Matrikel der Wiener Rechtswissenschaftlichen Fakultät), Wien–München: Böhlau Verlag 2011.

Bernhard Hubmann/Daniela Angetter/Johannes Seidl, Physicians and their importance for the early history of Earth Sciences in Austria, in: C. J. Duffin/R. T. J. Moody/C. Gardner-Thorpe (Hg.), *A History of Geology and Medicine.*, Abstracts book, London 2011, 64–65.

Bernhard Hubmann/Johannes Seidl, Im Schatten seines Vaters? Zur Biographie von Franz Eduard Suess (1867–1941), in: Johannes Seidl/Bernhard Hubmann (Hg.), *GeoGeschichte und Archiv.* Wissenschaftshistorischer Workshop. 10. Tagung der Österreichischen Arbeitsgruppe »Geschichte der Erdwissenschaften« (Berichte der Geologischen Bundesanstalt 89), Wien: Geologische Bundesanstalt 2011, 25–33.

Johannes Seidl/Claudia Schweizer, Ami Boué's (1794–1881) valuation of geological research regarding its application to human civilisation, in: *Earth Sciences History* 30 (2011), 183–199.

Bernhard Hubmann/Johannes Seidl, Franz Eduard Suess – »gütiger Mensch und bahnbrechender Forscher«. (*7. Oktober 1867 in Wien, + 25. Jänner 1941 ebenda), in: *Unsere Heimat.* Zeitschrift des Vereins für Landeskunde von Niederösterreich 82 (2011) 2, 79–103.

Bernhard Hubmann/Johannes Seidl, Hommage an Franz Eduard Suess (1867–1941) zur 70. Wiederkehr seines Todestages, in: *Jahrbuch der Geologischen Bundesanstalt* 151/1+2, Wien: Geologische Bundesanstalt 2011, 61–86.

Bernhard Hubmann/Johannes Seidl, Die Donau und ihr Gebiet. Carl Ferdinand Peters (1825–1881) und sein Beitrag zur geologischen Kenntnis der k.k. Monarchie und der »unteren Donauländer«, in: Ingrid Kästner/Jürgen Kiefer (Hg.), *Beschreibung, Vermessung und Visualisierung der Welt.* Beiträge der Tagung vom 6. bis 8. Mai 2011 an der Akademie gemeinnütziger Wissenschaften zu Erfurt (Europäische Wissenschaftsbeziehungen 4), Aachen: Shaker 2012, 211–230.

Bernhard Hubmann/Johannes Seidl, Carl Dieners Expedition in den Himalaya – ein internationales Forschungsprojekt aus dem Jahr 1892, in: *Mitteilungen der österreichischen geographischen Gesellschaft* 154 (2012), 322–334.

Daniela Angetter/Bernhard Hubmann/Johannes Seidl, Physicians and their contribution to the early history of earth sciences in Austria, in: C J. Duffin/R. T. J. Moody/C. Gardner-Thorpe (Hg.), *A History of Geology and Medicine,* London: Geological Society, Special publications 375, 2012. http://sp.lyellcollection.org/cgi/reprint/SP375.4v1.pdf?ijkey=Q0SCVTZVm9MWG7c&keytype=finite.

Gregor Gatscher-Riedl/Johannes Seidl, *Von Menschen und Häusern in Perchtoldsdorf. Zur Besitzgeschichte des Hausbestandes einer niederösterreichischen Kleinstadt,* Perchtoldsdorf: Marktgemeinde Perchtoldsdorf 2013.

Bernhard Hubmann/Johannes Seidl, Zu Leben und Wirken eines österreichischen Pioniers der Grundgebirgsgeologie. Franz Eduard Suess (1867 bis 1941) zur 70. Wiederkehr seines Todestages, in: *Geohistorica.* Zeitschrift des Vereins Berlin-Brandenburgische Geologie-Historiker »Leopold von Buch« e. V., Heft 8/2012 (2013), 14–22.

Johannes Seidl, Archivwesen und Öffentlichkeit. Einige Gedanken zu Funktionsweise und Benützung öffentlicher Archive in Österreich, in: Wolfgang Rohrbach (Red.), *Ethik – Nachhaltigkeit – Versicherung* (Versicherungsgeschichte Österreichs 11) Jubiläumsband, Beograd–Wien: Tronik Dizajn 2013, 587–602.

Daniela Angetter/Bernhard Hubmann/Johannes Seidl, Physicians and their contribution to the early history of earth sciences in Austria, in: C. J. Duffin/R. T. J. Moody/C. Gardner-Thorpe (Hg.), *A History of Geology and Medicine,* London: Geological Society 2013, 445–454.

Helmut W. Flügel/Johannes Seidl, Die Entdeckung des Tellurs, ein Beispiel für Wissenstransfer im 18. Jahrhundert. in: *Geohistorische Blätter* 23 (2013), 7–19.

Johannes Seidl/Inge Häupler (Mitarb.)/Claudia Schweizer (Mitarb.), Zum Testament und zum wissenschaftlichen Nachlass von Ami Boué, in: Johannes Seidl/Angelika Ende (Hg.), *Ami Boué (1794–1881): Autobiographie (in deutscher Übersetzung) – Genealogie – Opus,* Melle: Wagener Edition 2013, 405–435.

Inge Häupler/Johannes Seidl, Werkverzeichnis von Ami Boué, in: Johannes Seidl/Angelika Ende (Hg.), *Ami Boué (1794–1881): Autobiographie (in deutscher Übersetzung) – Genealogie – Opus,* Melle: Wagener Edition 2013, 436–495.

Bernhard Hubmann/Johannes Seidl, Der »steirische« Geologe Artur Winkler-Hermaden: Biographische Skizze anlässlich seines 50. Todesjahres, in: Helmuth Grössing/Karl Kadletz/Alois Kernbauer/Kurt Mühlberger/Maria Petz-Grabenbauer/Johannes Seidl (Hg.), *Mensch – Wissenschaft – Magie* (Mitteilungen der Österreichischen Gesellschaft für Wissenschaftsgeschichte 30), Wien: Erasmus 2013, 157–187.

Johannes Seidl/Franz Pertlik/Angelika Ende, Emil Dittler (1882–1945) – Ordentlicher Professor an der philosophischen Fakultät der Universität Wien. Eine Biographie und Würdigung seines wissenschaftlichen Erbes, in: *Geohistorische Blätter* 24 (2014), 1–41.

Johannes Seidl, Eduard Sueß (1831–1914). Ein Leben zwischen Geologie und Politik. Eine Hommage an den am 26. April 1914 verstorbenen großen österreichischen Erdwissenschaftler, in: *Geohistorische Blätter* 24 (2014), 137–148.

Johannes Seidl, *Biographie des Monats April 2014: Eduard Sueß – zwischen Naturwissenschaft und Politik. Österreichisches Biographisches Lexikon, Online-Version:* http://www.oeaw.ac.at/oebl/Bio_d_M/bio_2014_04.htm.

Bernhard Hubmann/Johannes Seidl, Carl Diener (1862–1928) und die Expedition in den zentralen Himalaya, in: Ingrid Kästner/Jürgen Kiefer/Michael Kiehn/Johannes Seidl (Hg.), *Erkunden, Sammeln, Notieren und Vermitteln – Wissenschaft im Gepäck von Handelsleuten, Diplomaten und Missionaren* (Europäische Wissenschaftsbeziehungen 7), Aachen: Shaker 2014, 407–430.

Johannes Seidl, Eduard (Carl Adolph) Suess. Geb. 20.08.1831 in London; gest. 26.04.1914 in Wien, in: Daniela Angetter/Wolfgang Raetus Gasche/Johannes Seidl (Hg.), *Eduard Suess (1831–1914). Wiener Großbürger – Wissenschaftler – Politiker. Zum 100. Todestag.* Begleitheft zur gleichnamigen Ausstellung in der Volkshochschule Wien-Hietzing (22. Oktober 2014 bis 19. November 2014) (Berichte der Geologischen Bundesanstalt 106), Wien: Geologische Bundesanstalt 2014, 9–12.

Thomas Hofmann/Werner E. Piller/Johannes Seidl, Österreichische Aktivitäten anlässlich des 100. Todesjahres von Eduard Suess – eine Chronologie. in: Daniela Angetter/Bernhard Hubmann/Johannes Seidl (Hg.), *15 Jahre Österreichische Arbeitsgruppe »Geschichte der Erdwissenschaften«.* Tagung 12. Dezember 2014 (Berichte der Geologischen Bundesanstalt 107), Wien: Geologische Bundesanstalt 2014, 50–56.

Kurt Mühlberger/Johannes Seidl, Zur Herausgabe der Universitätsmatrikel und der Matrikel der Rechtswissenschaftlichen Fakultät durch das Archiv der Universität Wien, in: Thomas Maisel/Meta Niederkorn-Bruck/Christian Gastgeber/Elisabeth Klecker (Hg.), *Artes – Artisten – Wissenschaft. Die Universität Wien in Spätmittelalter und Humanismus* (Singularia Vindobonensia 4), Wien: Praesens Verlag 2015, 331–342.

Johannes Seidl, Eduard (Carl Adolph) Suess. Geologe, Techniker, Kommunal-, Regional- und Staatspolitiker, Akademiepräsident, in: Mitchell G. Ash/Josef Ehmer (Hg.), *Universität – Politik – Gesellschaft* (650 Jahre Universität Wien – Aufbruch ins neue Jahrhundert 2), Wien: V&R unipress 2015, 217–223.

Johannes Seidl/Richard Lein, Eduard Suess und der Beginn des Frauenstudiums an der Wiener Universität, in: Ingrid Kästner/Jürgen Kiefer (Hg.), *Von Maimonides bis Einstein – Jüdische Gelehrte und Wissenschaftler in Europa* (Europäische Wissenschaftsbeziehungen 9), Aachen: Shaker 2015, 179–202.

Johannes Seidl, Ami Boué (1794–1881). Ein Naturforscher und Mediziner des Vormärz, in: *Festschrift für Georg Heilingsetzer zum 70. Geburtstag* (Jahrbuch für Landeskunde von Oberösterreich 160), Linz: Gesellschaft für Landeskunde, Oberösterreichischer Musealverein 2015, 511–523.

Johannes Seidl/Angelika Ende, Hermann Göhler. Vita, in: Johannes Seidl/Angelika Ende/Johann Weißensteiner, Hermann Göhler, *Das Wiener Kollegiat-, nachmals Domkapitel zu St. Stephan in Wien,* Wien–Köln–Weimar: Böhlau Verlag 2015, 47–59.

Bernhard Hubmann/Daniela Angetter/Johannes Seidl/, *100 Grazer Erdwissenschaftler/innen. Ein bio-bibliographisches Handbuch 1812–2016* (Scripta geo-historica 6), Graz: Leykam – Grazer Universitätsverlag 2017.

Daniela Angetter/Johannes Seidl, Ferdinand von Hochstetter (1829–1884) und Franz von Toula (1845–1920) – zwei österreichische Pioniere der geologischen Balkanforschung, in: Johannes Seidl/Ingrid Kästner/Jürgen Kiefer/Michael Kiehn (Hg.), *Deutsche und österreichische Forschungsreisen auf den Balkan und nach Nahost* (Europäische Wissenschaftsbeziehungen 13), Aachen: Shaker 2017, 183–202.

Johannes Seidl, Ami Boué (1794–1881) und die Herausgabe seiner medizinischen Dissertation aus dem Jahre 1817, in: *Versicherungsgeschichte Österreichs,* Band 13: Der Umbruch Europas und das digitale Versicherungszeitalter, hg. aus Anlass des 70. Geburtstages von Univ. Prof. DDr. Wolfgang Rohrbach, Beograd–Wien: Tronik dizajn 2017, 946–957.

Fritz Steininger /Daniela Angetter/Johannes Seidl, *Zur Entwicklung der Paläontologie in Wien bis 1945* (Abhandlungen der Geologischen Bundesanstalt 72), Wien: Geologische Bundesanstalt 2018.

Johannes Seidl, Erschließungsprojekte mittelalterlicher Quellen am Archiv der Universität Wien und ihre Relevanz für die Forschungsgeschichte des Ostseeraumes, in: Dietrich von Engelhardt/Ingrid Kästner/Jürgen Kiefer †/Karin Reich (Hg.), *Der Ostseeraum aus wissenschafts- und kulturhistorischer Sicht* (Europäische Wissenschaftsbeziehungen 15), Aachen: Shaker 2018, 27–44 (erschienen 2019).

Johannes Seidl, Ami Boué (16.3.1794–21.11.1881), in: Johannes Seidl/Rudolf Werner Soukup (Hg. und Bearb.)/Bruno Schneeweiß (Bearb.)/Christa Kletter (Bearb.), *Ami Boué. De urina in morbis (1817). Eine Dissertation an der Schwelle zur modernen Medizin,* Melle: Wagener Edition 2019.

Johannes Seidl, *Geschichte der Geologie in wissenschaftshistorischer Perspektive. Von der Antike bis ins 20. Jahrhundert,* Weißenthurm: Cardamina Verlag 2019.

Herausgeber, Mitherausgeber, Redaktion

Johannes Seidl, *Thomas Ebendorfer von Haselbach (1388–1464). Gelehrter, Diplomat, Pfarrer von Perchtoldsdorf.* Ausstellung anlässlich der 600. Wiederkehr des Geburtstages von Thomas Ebendorfer in der Burg zu Perchtoldsdorf. 18. September – 16. Oktober 1988 Perchtoldsdorf: Marktgemeinde Perchtoldsdorf 1988.

Johannes Seidl (Red.)/Peter Csendes/Elisabeth Lebensaft (Hg.), *Traditionelle und zukunftsorientierte Ansätze biographischer Forschung und Lexikographie* (Österreichisches Biographisches Lexikon – Schriftenreihe 4), Wien: Verlag der ÖAW 1998.

Johannes Seidl (Hg. und Red.)/Peter Csendes (Hg.), *Stadt und Prosopographie. Zur quellenmäßigen Erforschung von sozialen Gruppen und Einzelpersönlichkeiten in der Stadt des Spätmittelalters und der frühen Neuzeit* (Forschungen zur Geschichte der Städte und Märkte Österreichs 6), Linz: Österreichischer Arbeitskreis für Stadtgeschichtsforschung 2002.

Daniela Angetter/Johannes Seidl (Hg.), *Glücklich, wer den Grund der Dinge zu erkennen vermag. Österreichische Naturwissenschafter, Techniker und Mediziner im 19. und 20. Jahrhundert,* Frankfurt am Main–Berlin–Bern–Bruxelles–New York–Oxford: Peter Lang Verlag 2003.

Tillfried Cernajsek/Johannes Seidl (Hg.), *Katalog zur Ausstellung: Der Geologe Eduard Sueß: Ein Wissenschafter und Politiker als Initiator der 1. Wiener Hochquellenwasserleitung.* Sonderausstellung anlässlich des Internationalen Jahres des Süßwassers und des 130-Jahrjubiläums der Ersten Wiener Hochquellenwasserleitung 10. Oktober bis 26. Oktober 2003. Veranstalter: Stadt Wien und Wiener Volksbildungsverein, Wien 2003.

Tillfried Cernajsek/Johannes Seidl (Hg.), *Zwischen Lehrkanzel und Grubenhunt. Zur Entwicklung der Geo- und Montanwissenschaften in Österreich vom 18. bis zum 20. Jahrhundert* (Jahrbuch der Geologischen Bundesanstalt 144/1), Wien: Geologische Bundesanstalt 2004.

Tillfried Cernajsek/Johannes Seidl (Hg.), *Die Anfänge der universitären erdwissenschaftlichen Forschung in Österreich: Eduard Sueß (1830–1914) zum 90. Todestag* (Jahrbuch der Geologischen Bundesanstalt 146/34), Wien: Geologische Bundesanstalt 2006.

Tillfried Cernajsek/Bernhard Hubmann/Johannes Seidl/Lisa Verderber (Hg.), *Eduard Sueß (1830–1914) und die Entwicklung der Erdwissenschaften zwischen Biedermeier und Sezession.* 6. Wissenschaftshistorisches Symposium »Geschichte der Erdwissenschaften in Österreich«. 1.–3. Dezember 2006 (Berichte der Geologischen Bundesanstalt 69; Berichte des Institutes für Erdwissenschaften der Karl-Franzens-Universität Graz 12), Wien: Geologische Bundesanstalt 2006.

Johannes Seidl (Red.), Claudia Schweizer, *Wissenschaftspolitik im Spiegel geistiger Nachfolge. Zur Korrespondenz von Friedrich Mohs an Franz-Xaver Zippe aus den Jahren 1825–1839 (aus dessen Nachlass)* (Berichte der Geologischen Bundesanstalt 71), Wien: Geologische Bundesanstalt 2007.

Wolfgang Vetters/Johannes Seidl/Tillfried Cernajsek, *»Von Paracelsus bis Braunstingl/Hejl/Pestal«. Erdwissenschaftliche Forschung in Salzburg im Laufe der Jahrhunderte.* 7. Wissenschaftshistorisches Symposium »Geschichte der Erdwissenschaften in Österreich«. 22.–25. Mai 2008 (Berichte der Geologischen Bundesanstalt 72), Wien: Geologische Bundesanstalt 2008.

Johannes Seidl (Hg.)/Martin Enne (Red.), *Eduard Suess und die Entwicklung der Erdwissenschaften zwischen Biedermeier und Sezession* (Schriften des Archivs der Universität Wien 14), Göttingen: V&R unipress 2009.

Tillfried Cernajsek/Johannes Seidl (Hg.), Vladimir A. Obručev und M. Zotina, *Eduard Sueß.* Aus dem Russischen übersetzt von Barbara Steininger mit einem Geleitwort von A. M. Celâl Sengör (Berichte der Geologischen Bundesanstalt 63), Wien: Geologische Bundesanstalt 2009.

Bernhard Hubmann/Elmar Schübl/Johannes Seidl (Hg.), *10 Jahre Arbeitsgruppe Geschichte der Erdwissenschaften Österreichs.* 8. Wissenschaftshistorisches Symposium, 24.–26. April 2009 (Berichte der Geologischen Bundesanstalt 45), Wien: Geologische Bundesanstalt 2009.

Bernhard Hubmann/Elmar Schübl/Johannes Seidl (Hg.), Helmut W. Flügel, *Briefe österreichischer »Mineralogen« zwischen Aufklärung und Restauration* (Scripta geo-historica. Grazer Schriften zur Geschichte der Erdwissenschaften 1), Graz: Leykam – Grazer Universitätsverlag 2009.

Bernhard Hubmann/Elmar Schübl/Johannes Seidl (Hg.), A. M. Celâl Şengör, *Globale Geologie auf das Denken von Eduard Suess. Der Katastrophismus-Uniformitarianismus-*

Streit (Scripta geo-historica. Grazer Schriften zur Geschichte der Erdwissenschaften 2), Graz: Leykam – Grazer Universitätsverlag 2009.

Bernhard Hubmann/Elmar Schübl/Johannes Seidl (Hg.), Elmar Schübl, *Mineralogie, Petrographie, Geologie und Paläontologie. Zur Institutionalisierung der Erdwissenschaften an österreichischen Universitäten, vornehmlich an jener in Wien, 1848–1938* (Scripta geo-historica. Grazer Schriften zur Geschichte der Erdwissenschaften 3), Graz: Leykam – Grazer Universitätsverlag 2010.

Bernhard Hubmann/Johannes Seidl (Hg.), *Workshop der Arbeitsgruppe »Geschichte der Erdwissenschaften«.* 19. November 2010 (Berichte der Geologischen Bundesanstalt 83), Wien: Geologische Bundesanstalt 2010.

Bernhard Hubmann/Elmar Schübl/Johannes Seidl (Hg.), *Die Anfänge geologischer Forschung in Österreich. Beiträge zur Tagung »Zehn Jahre Arbeitsgruppe Geschichte der Erdwissenschaften«* (Scripta geo-historica. Grazer Schriften zur Geschichte der Erdwissenschaften 4), Graz: Leykam – Grazer Universitätsverlag 2010.

Johannes Seidl/Bernhard Hubmann (Hg.), *GeoGeschichte und Archiv.* Wissenschaftshistorischer Workshop. 10. Tagung der Österreichischen Arbeitsgruppe »Geschichte der Erdwissenschaften«, 2. Dezember 2011 (Berichte der Geologischen Bundesanstalt 89), Wien: Geologische Bundesanstalt 2011.

Daniela Angetter/Bernhard Hubmann/Johannes Seidl (Hg.), *»Geologie und Militär: Von den Anfängen bis zum MilGeo-Dienst«.* 11. Wissenschaftshistorische Tagung der Österreichischen Arbeitsgruppe »Geschichte der Erdwissenschaften«. 14. Dezember 2012 (Berichte der Geologischen Bundesanstalt 96), Wien: Geologische Bundesanstalt 2012.

Daniela Angetter/Bernhard Hubmann/Johannes Seidl (Hg.), *Geologie und Bildungswesen.* 12. Tagung der Österreichischen Arbeitsgruppe »Geschichte der Erdwissenschaften«. 29. November 2013 (Berichte der Geologischen Bundesanstalt 103), Wien: Geologische Bundesanstalt 2013.

Johannes Seidl (Hg.)/Angelika Ende (Hg.)/Inge Häupler (Mitarb.)/Claudia Schweizer (Mitarb.), *Ami Boué (1794–1881). Autobiographie (in deutscher Übersetzung) – Genealogie – Opus,* Melle: Wagener Edition 2013.

Ingrid Kästner/Jürgen Kiefer/Michael Kiehn/Johannes Seidl (Hg.), *Erkunden, Sammeln, Notieren und Vermitteln – Wissenschaft im Gepäck von Handelsleuten, Diplomaten und Missionaren* (Europäische Wissenschaftsbeziehungen 7), Aachen: Shaker 2014.

Daniela Angetter/Wolfgang Raetus Gasche/Johannes Seidl (Hg.), *Eduard Suess (1831–1914). Wiener Großbürger – Wissenschaftler – Politiker. Zum 100. Todestag.* Begleitheft zur gleichnamigen Ausstellung in der Volkshochschule Wien-Hietzing (22. Oktober 2014 bis 19. November 2014) (Berichte der Geologischen Bundesanstalt 106), Wien: Geologische Bundesanstalt 2014.

Kurt Mühlberger/Thomas Maisel/Johannes Seidl (Hg.), Elisabeth Tuisl, *Die Medizinische Fakultät der Universität Wien im Mittelalter* (Schriften des Archivs der Universität Wien 19), Göttingen: V&R unipress 2014.

Kurt Mühlberger/Thomas Maisel/Johannes Seidl (Hg.), Tone Smolej, *Etwas Größeres zu versuchen und zu werden. Slowenische Schriftsteller als Wiener Studenten (1850–1926)* (Schriften des Archivs der Universität Wien 17), Göttingen: V&R unipress 2014.

Bernhard Hubmann/Daniela Angetter/Johannes Seidl (Hg.), *15 Jahre Österreichische Arbeitsgruppe »Geschichte der Erdwissenschaften«.* Tagung 12. Dezember 2014 (Berichte der Geologischen Bundesanstalt 107), Wien: Geologische Bundesanstalt 2014.

Johannes Seidl/Angelika Ende/Johann Weißensteiner, Hermann Göhler, *Das Wiener Kollegiat-, nachmals Domkapitel zu St. Stephan in Wien,* Wien–Köln–Weimar: Böhlau Verlag 2015.

Johannes Seidl/Thomas Maisel/Kurt Mühlberger (Hg.), Margret Hamilton, *Die Notizbücher des Mineralogen und Petrographen Friedrich Becke 1855–1931. Der Weg von der praktischen Erkenntnis zur theoretischen* Deutung (Schriften des Archivs der Universität Wien 23), Göttingen: V&R unipress 2016.

Bernhard Hubmann/Daniela Angetter/Johannes Seidl (Hg.), *Geologie und Glaube. 15. Treffen der Österreichischen Arbeitsgruppe »Geschichte der Erdwissenschaften«.* 18. November 2016 (Berichte der Geologischen Bundesanstalt 118), Wien: Geologische Bundesanstalt 2016.

Johannes Seidl/Ingrid Kästner/Jürgen Kiefer/Michael Kiehn (Hg.), *Deutsche und österreichische Forschungsreisen auf den Balkan und nach Nahost* (Europäische Wissenschaftsbeziehungen 13), Aachen: Shaker 2017.

Bernhard Hubmann/Daniela Angetter/Johannes Seidl (Hg.), *Geologie und Frauen.* 16. Jahrestagung der österreichischen Arbeitsgruppe der Österreichischen Geologischen Gesellschaft »Geschichte der Erdwissenschaften«. 15. Dezember 2017 (Berichte der Geologischen Bundesanstalt 123), Wien: Geologische Bundesanstalt 2017.

Johannes Seidl/Rudolf Werner Soukup (Hg. u. Bearb.)/Bruno Schneeweiß (Bearb.)/Christa Kletter (Bearb.), *Ami Boué. De urina in morbis (1817). Eine Dissertation an der Schwelle zur modernen Medizin,* Melle: Wagener Edition 2019.

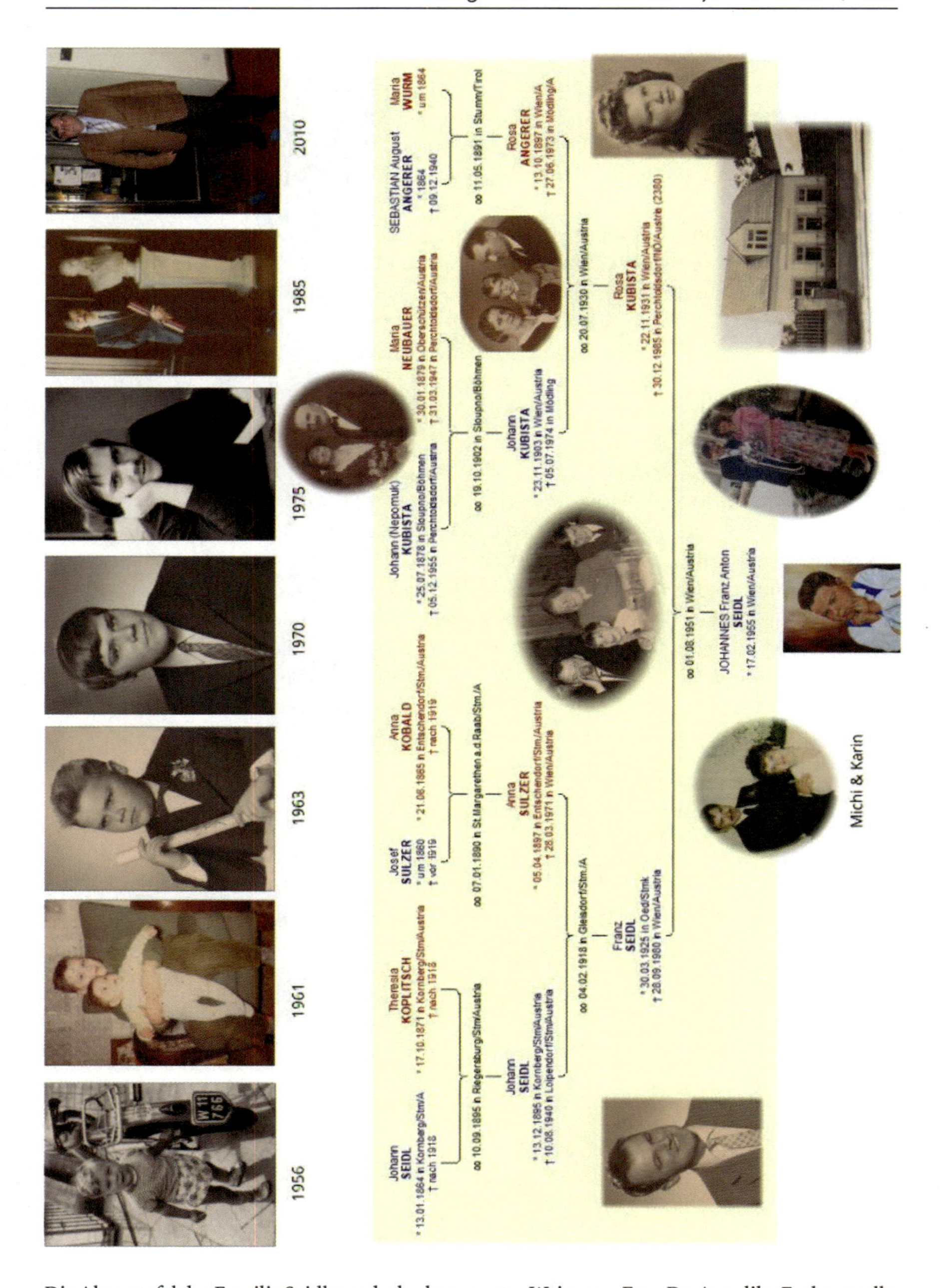

Die Ahnentafel der Familie Seidl wurde dankenswerter Weise von Frau Dr. Angelika Ende erstellt.

Grußbotschaften

Grußworte des Leiters des Archivs der Universität Wien

Wann ich Johannes Seidl, von allen seinen Freunden und Kollegen stets Hannes genannt, zum ersten Mal begegnete, ist mir in der Fülle an Erinnerungen gemeinsamer Erlebnisse inzwischen entfallen; fest steht jedoch, dass es wohl vor unglaublichen 35 Jahren gewesen sein muss, als wir beide am prestigeträchtigen und sich noch sehr exklusiv gebenden Lehrgang des Instituts für österreichische Geschichtsforschung (von allen nur »der Kurs« genannt) teilnahmen, den wir beide 1986 auch erfolgreich mit einer Hausarbeit und einer kommissionellen Staatsprüfung absolvierten. Fest steht ebenfalls, und dies ist sogar mit Dokumenten und Fotografien im Archiv der Universität Wien – unser gemeinsamer Arbeitsplatz seit beinahe zwanzig Jahren – belegbar, dass wir im Jahr zuvor am selben Tag, wenn auch zu unterschiedlichen Tageszeiten, zum Magister der Philosophie promoviert worden waren.

Doch trotz dieser gemeinsamen Anfänge und zufällig zeitgleicher Zäsuren: Wer von uns beiden hätte damals gedacht, dass wir einen guten Teil unserer Berufslaufbahn Seite an Seite verbringen würden? Hannes' Weg dorthin war weniger geradlinig, dafür jedoch vielseitiger und abwechslungsreicher. Tatsächlich hatten wir uns nach gemeinsamen Studienjahren zunächst kurz aus den Augen verloren – Hannes trat vorübergehend in den Schuldienst ein, während der Autor dieser Zeilen schon sehr bald im Archiv der Universität Wien eine Anstellung fand. Doch »Kurskollegen« stehen meist immer irgendwie in Kontakt oder wissen wenigstens durch gemeinsame Freunde voneinander. Und es dauerte nicht lange, bis sich unsere Wege auch aus beruflichen Gründen wieder kreuzten.

Hannes Seidl war schon bald im Archiv der Marktgemeinde Perchtoldsdorf tätig, und wie jeder gute Archivar forschte und publizierte er auch selbst zur Historie seines »Archivträgers«. Wer sich mit der Geschichte dieses malerischen Ortes befasst, stößt unweigerlich auf Verbindungen zur mittelalterlichen Universität Wien. So publizierte Hannes Seidl unter anderem über zwei namhafte Gelehrte, deren Wirken beide Tätigkeitskreise verband, nämlich den Juristen Johannes von Perchtoldsdorf (ca. 1380–1428) und den bedeutenden Theologen und Geschichtsschreiber Thomas Ebendorfer von Haselbach (1388–1464), der auch Pfarrer von Perchtoldsdorf gewesen war. Zu dessen 600. Geburtstag konzipierte Hannes Seidl eine Ausstellung in der Burg Perchtoldsdorf, und der Autor dieser Zeilen – gerade erst mit einer Stellung im Universitätsarchiv bedacht – kann sich noch lebhaft daran erinnern, wie beeindruckt er von der Gestaltung wie auch vom Ausstellungskatalog gewesen war.

Die Beschäftigung mit der mittelalterlichen Universität Wien, deren Quellen und den dort nachweisbaren Gelehrten und Studenten ist weiterhin ein Fixpunkt in Hannes Seidls Schaffen, und sollte noch viele fruchtbare Folgen für die Archivarbeit an der Universität Wien zeitigen. Doch bevor er dort seinen letzten beruflichen Ankerplatz fand, war er noch an der Österreichischen Akademie der Wissenschaften in der Redaktion des Österreichischen Biographischen Lexikons tätig, was nun ebenfalls, und womöglich in noch stärkerem Ausmaß, zu Anknüpfungspunkten mit der Wiener Universitätsgeschichte und den dazu verfügbaren Archivbeständen führte.

So erscheint es im Rückblick konsequent, dass Hannes Seidl im Jahr 2001 an das Archiv der Universität Wien wechselte, wo er ab 2010 auch die stellvertretende Leitung innehatte. Wollte man seine Leistungen in diesem Bereich mit nur wenigen Worten charakterisieren, so wäre wohl die Formulierung »Leiter der wissenschaftsgeschichtlichen Forschungsabteilung« am ehesten zutreffend. Nun gibt es eine solche Abteilung im Universitätsarchiv natürlich nicht, aber Hannes Seidls Aktivitäten könnten eine solche Bezeichnung ohne Weiteres rechtfertigen. Es ist hier nicht der Platz, um eine erschöpfende Würdigung und Aufzählung all seiner Leistungen und Errungenschaften zu bieten, und Hannes Seidl wie auch die Leser dieser Zeilen mögen mir verzeihen, sollte ich in ihren Augen Wesentliches unerwähnt lassen.

Zuallererst möchte ich seinen Einsatz für die Edition mittelalterlicher universitätsgeschichtlicher Quellen erwähnen, was nicht nur in eigene editorische »Knochenarbeit« mündete, sondern auch in die Initiierung und Betreuung einschlägiger Projekte. Hier manifestierte sich ein weiteres Charakteristikum: Hannes Seidl ist nicht nur eifriger Verfasser universitäts- und wissenschaftsgeschichtlicher Arbeiten, sondern auch engagierter Betreuer und Begleiter für all jene, die im selben Bereich tätig sind – oft genug erst von ihm dazu angeregt. Seit seiner Habilitation an der Universität Graz umfasst dies auch die eine oder andere universitäre Qualifikationsarbeit.

Dass nach seinem Eintritt in das Universitätsarchiv die hauseigene Reihe *Schriften des Archivs der Universität Wien* aus einem einige Jahre andauernden Dornröschenschlaf erwachte, ist natürlich kein Zufall. Hannes Seidl wurde nicht nur Reihen-Mitherausgeber, sondern war als Bandherausgeber unmittelbar mit der Wiederbelebung befasst. Im Zentrum dieses ersten Reihenbandes nach mehr als zehn Jahren Unterbrechung stand das Wirken des berühmten Geologen

Eduard Suess (1831–1914) – »what else«, möchte man in Anlehnung an einen berühmten Werbespot dazu bemerken. Bei vielen der 13 nachfolgenden Bände dieser Schriftenreihe fungierte er oft genug als Akquisiteur, Redakteur, Lektor und Gutachter in Personalunion.

Zu Hannes Seidls Agenden im Universitätsarchiv zählte auch die Zuständigkeit für die archiveigenen Bibliotheksbestände. Unter der von ihm eingeschlagenen Erwerbsstrategie entwickelte sich die Archivbibliothek (hier natürlich anders zu verstehen als im bibliotheksfachlichen Sinn) zu einem erstklassigen universitäts- und wissenschaftsgeschichtlichen Arbeitsinstrument. Einige der hier verfügbaren Werke sind an der Universität, manches Mal sogar in ganz Österreich, nirgendwo anders vorhanden.

Es möge hier jedoch nicht der Eindruck entstehen, als ob Hannes Seidl die Betreuung von Archivbeständen – also die Kernaufgabe von Archivaren – vernachlässigt hätte. Etliche Ablieferungen – Nach- und Vorlässe ebenso wie klassische »Amtsablieferungen« – sind unter seiner maßgeblichen Beteiligung in die Bestände des Universitätsarchivs aufgenommen, geordnet und verzeichnet worden. Auch die Aufarbeitung von Verzeichnungsrückständen bei älteren Archivbeständen, insbesondere aus Zeitperioden stammend, welche noch universitäts- und wissenschaftsgeschichtliche Forschungslücken aufweisen, war und ist ihm ein Anliegen.

Gerade hier zeigt sich der Wert wissenschaftsbasierter Archivarbeit: Historische Forschung ohne Quellenbasis läuft Gefahr, sich auf theoretischer Metaebene in allzu verstiegen erscheinenden Diskursen zu verlieren. Um der Forschung jedoch den Zugang zu den Quellen zu erschließen, bedarf es archivischer Verzeichnungsarbeit, die nur mit einschlägigen historischen Kenntnissen und dem Bewusstsein um den Stand aktueller Forschungsfragen brauchbare Ergebnisse zeitigen kann. Letzteres gilt mutatis mutandis natürlich auch für die mündliche und schriftliche Beratung und Betreuung von Historikerinnen und Historikern, welche sich hilfesuchend an das Archiv wenden. Alle, die in dieser Hinsicht mit Hannes Seidl in Kontakt stehen, wissen um die Qualität seiner Arbeit.

Man könnte noch Vieles erwähnen, und je mehr aus den Tiefen der Erinnerung hochkommt, desto beeindruckender erscheint die Fülle von Hannes Seidls archivarischen Unternehmungen. Nur ganz kurz angerissen: Die Mitwirkung an der Erschließung und Digitalisierung der Fotosammlung des Universitätsarchivs; die Aufarbeitung des Nachlasses seines Lehrers Paul Uiblein (1926–2003); die Organisation von Vorträgen und wissenschaftsgeschichtlichen Tagungen im »Festsaal« des Archivs; die Herausgabe und Autorschaft zahlreicher Veröffentlichungen auch abseits der archiveigenen Publikationsreihen; und so vieles mehr.

Das abgenutzte Diktum vom »wohlverdienten Ruhestand« trifft selten so ins Schwarze wie in Hannes Seidls Fall. Er wird mit dem Ausscheiden aus dem aktiven Dienst im Universitätsarchiv eine Lücke hinterlassen, die in vollem Umfang nicht zu schließen sein wird.

Ad multos annos, lieber Hannes, und großen Dank für Deinen unermüdlichen Einsatz!

Wien, im September 2019

HR Mag. Thomas Maisel, MAS
Leiter des Archivs der Universität Wien

Grußworte des Präsidenten der Österreichischen Gesellschaft für Wissenschaftsgeschichte

Johannes Seidl und die Wissenschaftsgeschichte (Besinnliche Einbegleitung zu einer Festschrift)

Eigentlich lernte ich ihn erst richtig kennen, als er, nach einem vergeblichen Anlauf meinerseits, 2010 definitiv das Generalsekretariat der Österreichischen Gesellschaft für Wissenschaftsgeschichte (ÖGW) übernommen hatte. Und er war von Anfang an – wie ich bei einer anderen Gelegenheit zu sagen pflegte – das, was man einen echten »Mittäter« nennt. (Das Wort gibt es weder in positivem noch negativem Sinne, es ist einfach so, wie es ist, wie man es im Ohr hat, und das bedeutet es dann auch.)

Wenn man Johannes Seidls Biographica ansieht, wäre man fast geneigt zu sagen: Der übliche Werdegang eines (donau)österreichischen Historikers, der sich seiner Herkunft bewusst ist und im Rahmen konservativer wissenschaftlicher Methodik sein Arbeitsfeld absteckt. Ein Mann, der unter anderem am Institut für österreichische Geschichtsforschung sein geschichtswissenschaftliches Handwerk gediegen erlernt hat und kein Hehl daraus macht, dieses auch anzuwenden. Der Titel »Master of Advanced Studies« (MAS) mag dies nicht nur sinnbildlich zum Ausdruck bringen.

Natürlich hat er in Wien Volksschule und Realgymnasium besucht, danach die Fächer Geschichte und Romanische Philologie an der Universität Wien studiert und das Studium mit der Lehramtsprüfung für Gymnasien sowie 1996 mit dem Doktorat abgeschlossen. Von 1983 bis 1986 nahm er am Ausbildungslehrgang des Instituts für österreichische Geschichtsforschung teil, den er mit der Staatsprüfung beendete.

Der nächste Fixpunkt als Lebensabschnitt ist seine Habilitation an der Universität Graz im Jahre 2010.

Man wird sich fragen: Warum »Natürlich«? Nicht »ex facultate«, sondern »ex natura« hat er diesen Lebensweg beschritten, weil er ihm ganz und gar eigentümlich ist.

In seinem Lebenslauf, der reich an Ehrungen, Auszeichnungen und Funktionen ist, sticht insbesondere die im Juli 2015 erfolgte Ernennung zum Mitglied der Akademie gemeinnütziger Wissenschaften zu Erfurt hervor; man kann sagen, eine adäquate Anerkennung der Verdienste, die sich Johannes Seidl um diese seit 1754 bestehende Akademie und deren Kommission »Europäische Wissenschaftsbeziehungen« erworben hat.

Man hat mich eingeladen, einen kurzen Beitrag zur Position des Jubilars innerhalb der Wissenschaftsgeschichte zu verfassen. Ich habe davon abgesehen, sein Lebenswerk in summa zu würdigen – dazu gehört ja auch dessen universitäre Vorlesungs- und internationale Vortragstätigkeit sowie seine vielfältige Herausgeberschaft wissenschaftsgeschichtlicher Werke und Periodika, – sondern beschränke mich darauf, seine größeren Publikationen zur Wissenschaftsgeschichte einer Nennung und Einreihung zu unterziehen. Freilich muss ich in manchen Fällen quasi im Blindflug vorgehen, aber den guten Willen, diese Aufgabe zu erfüllen, bringe ich ohne Zweifel auf.

Wenn man die Liste seiner größeren Publikationen Revue passieren lässt, so fallen prima vista im Rahmen erdwissenschaftsgeschichtlicher Forschungen zwei spezielle Schwerpunkte ins Auge: Eduard Suess (1831–1914) und Ami Boué (1794–1881). Man hat den Eindruck, als würde Johannes Seidl auf diese zwei großen Gelehrten durch einen unwiderstehlichen Anreiz immer wieder hingewiesen, auf dieses Faszinosum durch eine Art mentaler Obsession hingezogen. Diese zwei Themen sind wohl wesentliche Attraktionen seines Wissenschaftlerlebens, eine Anziehung gleichsam, welche sich zuletzt auch 2019 in seiner *Geschichte der Geologie in wissenschaftshistorischer Perspektive* geäußert hat. Das umfassende Werk (Untertitel: *Von der Antike bis ins 20. Jahrhundert*) klingt von der Aufschrift her wie ein szientifisches Legat des Autors.

In diesen Bereich wissenschaftlicher Forschung ist auch das von Johannes Seidl, Fritz Steininger und Daniela Angetter 2018 verfasste Werk *Zur Entwicklung der Paläontologie in Wien bis 1945* einzureihen.

Die zwei Titel seines Werkverzeichnisses *Thomas Ebendorfer von Haselbach (1388–1464). Gelehrter, Diplomat, Pfarrer von Perchtoldsdorf* und *Das Kopialbuch der Zeche Unserer Lieben Frau zu Perchtoldsdorf* zeigen auf, wo sein (auch beruflicher) Weg in die Wissenschaftsgeschichte begann, der von seinem akademischen Lehrer Paul Uiblein (1926–2003) mitinauguriert wurde. Der Nachlass Uibleins wurde von Johannes Seidl in die richtige Relevanz zur Wiener Universitätsgeschichte gebracht: *Der Nachlass Paul Uibleins – eine bedeutende Quelle zur Erforschung der Frühgeschichte der Universität Wien* (2010).

Johannes Seidl ist seit 2001 im Archiv der Universität Wien tätig, sein wissenschaftliches Werk trägt auch diesem Umstand Rechnung. 2011 hat er die Matrikel der Wiener Rechtswissenschaftlichen Fakultät (*Matricula Facultatis Juristarum Studii Wiennensis*) von 1402–1442 ediert und gemeinsam mit

Bernhard Hubmann und Daniela Angetter über *Grazer Erdwissenschaftler/innen (1812–2016)* gehandelt.

Wir, Johannes Seidl und ich, gestalten in echter, einträchtiger »Mittäterschaft« die Agenden und Geschicke der Österreichischen Gesellschaft für Wissenschaftsgeschichte nunmehr schon seit bald zehn Jahren. Eigentlich war (und ist er noch) mein Generalsekretär – de iure und auf dem Papier – de facto war und ist er aber, simultaneo loco, so etwas wie ein zweiter Präsident der ÖGW; nicht Vizepräsident, davon hat es während meiner Amtszeit viele gegeben; nein, wir, Hannes und ich, stehen gleichwertig und gleichberechtigt nebeneinander an der Spitze dieses wissenschaftlichen Vereins. Und das weiß jeder von uns beiden und respektiert es in gegenseitiger Achtung und Anerkennung.

Ich habe diese wenigen Zeilen salva meliore cognitione, unbeschadet besseren Wissens, nach bestem Wissen und Gewissen verfasst.

Explicit. Feliciter.

Univ.-Prof. Dr. Helmuth Grössing
Präsident der Österreichischen Gesellschaft für Wissenschaftsgeschichte

Grußworte der Leiterin der Projektkommission »Europäische Wissenschaftsbeziehungen« der Akademie gemeinnütziger Wissenschaften zu Erfurt

Es ist mir eine besondere Freude, unserem Akademiemitglied Herrn Univ.-Doz. Mag. Dr. Johannes Seidl, MAS, im Namen der Projektkommission »Europäische Wissenschaftsbeziehungen« der Akademie gemeinnütziger Wissenschaften zu Erfurt die herzlichste Gratulation und die besten Wünsche zum Geburtstag und zum Eintritt in den Ruhestand zu übermitteln.

Diese Wünsche verbinden wir mit dem Dank für eine jahrelange fruchtbare Zusammenarbeit, die Herr Dr. Seidl als Generalsekretär der Österreichischen Gesellschaft für Wissenschaftsgeschichte (ÖGW) und stellvertretender Leiter des Archivs der Universität Wien wesentlich gefördert hat.

Anstoß zu dieser Zusammenarbeit, das sei hier erwähnt, war ein glücklicher Zufall: Die Leiterin der Projektkommission hatte erfahren, dass Wiener Kollegen mit dem Freundeskreis des Botanischen Gartens Wien unter Leitung von Univ.-Prof. Dr. Michael Kiehn eine Exkursion nach Thüringen planten. Sogleich eingeladen zur Teilnahme an der im Mai 2010 zeitgleich stattfindenden Erfurter Tagung »Botanische Gärten und botanische Forschungsreisen«, hielten Univ.-Prof. Kiehn (seit 2014 auch Mitglied der Erfurter Akademie), Leiter Core Facility Botanischer Garten, und seine Gattin, Mag. Dr. Monika Kiehn, interessante Vorträge, und in den folgenden lebhaften Diskussionen wurden auch Pläne für eine Zusammenarbeit entwickelt.

Bereits zur folgenden Tagung »Beschreibung, Vermessung und Visualisierung der Welt« im Mai 2011 hatten wir die große Freude, in Erfurt erneut das Ehepaar Kiehn sowie die Herren Univ.-Prof. Dr. Hubmann und Doz. Dr. Seidl als Referenten begrüßen zu dürfen. Von da an festigten sich die Kontakte, und für Mai 2013 erhielten wir eine Einladung nach Wien. Die Projektkommission »Europäische Wissenschaftsbeziehungen« der Erfurter Akademie nahm die Einladung dankend an und führte in Wien ihre 7. Tagung zum Thema »Erkunden, Sammeln, Notieren und Vermitteln – Wissenschaft im Gepäck von Handelsleuten, Diplomaten und Missionaren« durch, und zwar gemeinsam mit der Österreichischen Gesellschaft für Wissenschaftsgeschichte (ÖGW), dem Fakultätszentrum für Biodiversität, der Core Facility Botanischer Garten und dem Archiv der

Universität Wien; zugleich war es die Jahrestagung der ÖGW. Der Einladung der Wiener Kollegen zur wissenschaftlichen Arbeit in das Universitätsarchiv und das Institut für Botanik der Universität Wien folgten Referenten aus Deutschland, Österreich, Italien und der Türkei, die zudem ein reiches Rahmenprogramm mit Führungen in bedeutenden Wiener Sammlungen erleben durften.

Univ.-Prof. Dr. Michael Kiehn und Doz. Dr. Johannes Seidl realisierten damit ein Projekt, das auch dank weiterer Unterstützung durch die ÖGW mit ihrem Präsidenten Univ.-Prof. Dr. Helmuth Grössing, MAS, zukunftsweisend wurde. Von da an gab es kaum eine der weiteren wissenschaftlichen Tagungen ohne Beteiligung österreichischer Referenten. Zwei als Gemeinschaftstagungen konzipierte Veranstaltungen fanden wieder in Wien statt: im Mai 2016 zum Thema »Deutsche und österreichische Forschungsreisen auf den Balkan und nach Nahost« und im Mai 2019 über »Tauschen und Schenken. Wissenschaftliche Sammlungen als Resultat europäischer Zusammenarbeit«. Letztere Tagung leitete unser geschätzter Kollege Johannes Seidl, der gemeinsam mit dem leider viel zu früh verstorbenen Generalsekretar der Erfurter Akademie, Priv.-Doz. Dr. Jürgen Kiefer (1954–2018), dieses Thema favorisiert hatte. Die Ergebnisse der Wiener Tagung sollen 2020 im Shaker Verlag Düren erscheinen als Band 20 der Erfurter Akademie-Reihe *Europäische Wissenschaftsbeziehungen*, herausgegeben von Johannes Seidl und Ingrid Kästner. Die Tagungsbände zeigen den großen Anteil, den Johannes Seidl in inhaltlicher und organisatorischer Hinsicht an der österreichisch-deutschen Zusammenarbeit hat: Er ist nicht nur Mitherausgeber der Ergebnisse aller gemeinsamen Wiener Tagungen, sondern auch in mehreren der Bände mit profunden wissenschaftlichen Beiträgen als Autor vertreten. Alle Bände unserer Akademie-Reihe liegen im Druck und als online-Publikation vor >https://www.shaker.de/de/content/catalogue/index.asp?lang=de&ID=6&category=516& …<

Das wissenschaftliche Profil von Univ.-Doz. Mag. Dr. Johannes Seidl, MAS, würdigte die Akademie gemeinnütziger Wissenschaften zu Erfurt, 1754 als drittälteste Wissenschaftsakademie im deutschsprachigen Raum gegründet, mit seiner Zuwahl und Aufnahme in die Reihe ihrer Mitglieder.

Zum Eintritt in den Ruhestand wünschen wir dem Jubilar vor allem feste Gesundheit, Freude und Erfolg bei der Erfüllung der von nun an selbst bestimmten Aufgaben – wobei wir auch auf weitere gute Zusammenarbeit hoffen – und viele glückliche Jahre, in denen auch schöne Erlebnisse mit der Gattin und im Wiener Freundeskreis ihren gebührenden Platz erhalten sollen. Wir freuen uns darauf, ihn bei den jährlichen Festveranstaltungen der Akademie in Erfurt begrüßen zu dürfen.

Den guten Wünschen schließen sich Akademiepräsident Prof. Dr. Klaus Manger sowie der Senat der Akademie gemeinnütziger Wissenschaften zu Erfurt an.

Ad multos annos!

Leipzig und Erfurt, im September 2019

Prof. Dr. Ingrid Kästner
Leiterin der Projektkommission
»Europäische Wissenschaftsbeziehungen« der
Akademie gemeinnütziger Wissenschaften zu Erfurt

Univ.-Doz. Dr. Johannes Seidl nach der feierlichen Aufnahme in die Akademie am 4. Juni 2016 im Erfurter Augustinerkloster. Copyrigth Christine Seidl-Danek 2016

Grußworte der Direktorin der Abteilung Archiv für Wissenschaftsgeschichte am Naturhistorischen Museum in Wien

Ein bisher unbekanntes Schreiben von Eduard Suess über eine seiner Tätigkeiten am Naturhistorischen Museum

Johannes Seidl zu seinem 65. Geburtstag gewidmet

Vor mehr als 20 Jahren hatte ich die Ehre den Jubilar kennenzulernen. Im Zuge seiner Tätigkeit beim Österreichischen Biographischen Lexikon der Österreichischen Akademie der Wissenschaften (ÖBL) unterstützte er mich ebenso völlig unbürokratisch wie später in seinen Funktionen im Archiv der Universität Wien.

Jahrelang widmete er seine Forschungen der Persönlichkeit und dem Wirken von Eduard (Carl Adolph) Suess (1831–1914). Bald durften wir ihn mit einem Porträt und Briefen von Eduard Suess zu von ihm kuratierten und initiierten Ausstellungen[1] helfen. Im Zuge dieser Recherchen entstand vorerst eine gemeinsame Publikation.[2] Von seinen zahlreichen Veröffentlichungen sowohl als

1 Eduard Sueß und die Entwicklung Wiens zur modernen Großstadt. (12.1.–28.1.2000 in der Aula der Österreichischen Akademie der Wissenschaften; 16.11.2000–31.3.2001 in der Bibliothek der Geologischen Bundesanstalt). Der Geologe Eduard Sueß: Ein Wissenschafter und Politiker als Initiator der 1. Wiener Hochquellenwasserleitung. Sonderausstellung anlässlich des Internationalen Jahres des Süßwassers und des 130-Jahrjubiläums der Ersten Wiener Hochquellenwasserleitung in der Alten Schieberkammer am Meislmarkt in Wien 15 (Rudolfsheim-Fünfhaus). 10. Oktober bis 26. Oktober 2003. Veranstalter: Stadt Wien und Wiener Volksbildungsverein (Organisation: gemeinsam mit Tillfried Cernajsek). »Eduard Suess (1831–1914). Wiener Großbürger – Wissenschaftler – Politiker. Zum 100. Todestag.« Volkshochschule Hietzing: Eröffnung am 21. Oktober 2014; 22. Oktober bis 19. November 2014 (gemeinsam mit Wolfgang Raetus Gasche und Daniela Angetter).

2 Vgl. Christa Riedl-Dorn/Johannes Seidl, Zur Sammlungs- und Forschungsgeschichte einer wissenschaftlichen Institution. Briefe von Eduard Suess an Paul Maria Partsch, Moriz Hoernes, Ferdinand Hochstetter und Franz Steindachner im Archiv für Wissenschaftsgeschichte am Naturhistorischen Museum in Wien, in: Mensch – Wissenschaft – Magie (Mitteilungen der Österreichischen Gesellschaft für Wissenschaftsgeschichte 21/2001), Wien: Erasmus 2003, 17–49.

Autor wie als Herausgeber sind viele dem Begründer der modernen Geologie in Österreich und dem späteren Politiker sowie Akademiepräsidenten gewidmet.

2010 habilitierte sich Johannes Seidl zum Dozenten für Wissenschaftsgeschichte an der Universität in Graz. Zu dem Kreis seiner DiplomantInnen und DissertantInnen zählt auch die Autorin dieses Artikels, deren Dissertation er zuletzt betreute. Völlig uneigennützig setzte er sich für den Druck des Werks ein.

Die Autorin ist Johannes Seidl für seine Hilfestellung überaus dankbar und widmet ihm diesen Aufsatz.

Eduard Suess war vom 13. Mai 1852 bis zum 4. August 1862 im k. k. mineralogischen Hof-Cabinet – dem Vorgänger der heutigen Mineralogischen und Geologisch-Paläontologischen Abteilungen am Naturhistorischen Museum – anfangs als Assistent, dann als Erster Custos-Adjunkt beschäftigt.[3] Auch nach seinem Austritt aus dem Museum blieb der Kontakt zu der Stätte seines zehnjährigen Wirkens aufrecht. Einerseits verband ihn ein freundschaftliches Verhältnis zu seinen ehemaligen Kollegen, anderseits war er in die Planung des Neubaus des Naturhistorischen Museums am Burgring in Wien 1 eingebunden.[4] In seiner Funktion als Sekretär der mathematisch-naturwissenschaftlichen Klasse der kaiserlichen Akademie der Wissenschaften setzte er sich persönlich für Forschungsvorhaben des Museums ein, wie etwa 1889 für die geplanten Tiefseeforschungen des Transportdampfers »Pola«. Bei sechs der sieben Tiefsee-Expeditionen war der letzte Intendant des k. k. Naturhistorischen Hofmuseums Franz Steindachner (1834–1919) der wissenschaftliche Leiter. Als Präsident der kaiserlichen Akademie der Wissenschaften machte Suess seinen Einfluss geltend, damit größere Expeditionen, die dem Museum zu Gute kamen, gefördert wurden.

In den Publikationen über Suess' Wirken am k. k. mineralogischen Hof-Cabinet wird auf ihn als den ersten Wissenschaftler, der sich am Cabinet mit Wirbeltierpaläontologie befasste, und seine wissenschaftlichen Publikationen, in denen Arbeiten über fossile Wirbeltiere und Brachiopoden (= Armfüßer) vorherrschen, hingewiesen. Suess schrieb in der erst von seinem Sohn herausgegebenen Autobiografie über diesen Abschnitt seines Lebens: »die Zeit meiner ersten wissenschaftlichen Schulung [...]. Zu dieser Schulung rechne ich ausdrücklich auch die freilich ermüdenden mechanischen Arbeiten. Die laufende Vervollständigung der Kataloge der Bibliothek und der Sammlungen [...]«.[5]

---

3 Vgl. Christa Riedl-Dorn, »Die Zeit meiner ersten wissenschaftlichen Schulung« – Eduard Suess und das Naturhistorische Museum, in: Johannes Seidl (Hg.), *Eduard Suess und die Entwicklung der Erdwissenschaften zwischen Biedermeier und Sezession* (Schriften des Archivs der Universität Wien 14), Göttingen: Vienna University Press 2009, 23–66.

4 Vgl. ebd., 63–64.

5 Riedl-Dorn, Die Zeit, 42 zitiert nach Erhard Suess (Hg.), Eduard Suess, *Erinnerungen*, Leipzig: Hirzel 1916, 146.

Nahezu 30 Jahre später, nachdem Suess das Museum verlassen hatte, erinnerte er sich an seine anfängliche Tätigkeit im mineralogischen Hof-Cabinet. Im Zuge einer Anfrage des Intendanten des k. k. Naturhistorischen Hofmuseums Franz Ritter von Hauer (1822–1899)[6] gab Suess Auskunft über den Verbleib eines von ihm geordneten Nachlasses.

Zum leichteren Verständnis sei an dieser Stelle kurz die Entstehung dieses Nachlasses erläutert.

Auf Betreiben des Tiroler Montanisten Johann Karl Hocheder (1800–1864)[7] wurde der 1805 in Salzburg geborene Geologe und Montanist Virgil von Helmreichen zu Brunnfeld (1805–1852)[8] 1836 vom Staatsdienst beurlaubt und begleitete Hocheder nach Brasilien. Bald entwickelte Helmreichen den Plan, Südamerika von der Atlantikküste Brasiliens bis zur Pazifikküste Perus zu durchqueren. Dabei sollten einerseits geologische Profile durch den gesamten südamerikanischen Kontinent entworfen und andererseits naturwissenschaftliche Sammlungen und Messdaten von den bereisten Gebieten angelegt werden. Zahlreiche bedeutende Wissenschaftler in Wien, darunter der Direktor der Vereinigten Naturalien-Cabinete Carl Franz Anton Ritter von Schreibers (1775–1852), befürworteten dieses Projekt. Die am 1. April 1843 gewährte Subvention von 6.000 Gulden war an die Auflage, alle gesammelten Gegenstände und Beobachtungen an die k. k. Vereinigten Naturalien-Cabinete zu senden, gebunden. Nach dem Erhalt der finanziellen Unterstützung aus Österreich sandte Helmreichen in mehreren Lieferungen Kollektionen von Insekten, Vögeln, Schnecken und Muscheln, wertvolle Mineralien, darunter Diamanten und Topase, geologische Handstücke, Pflanzen und ethnologische Objekte sowie schriftliche Aufzeichnungen an die k. k. Vereinigten Naturalien-

6 Geologe und Paläontologe, ab 1866 Direktor der k. k. Geologischen Reichsanstalt, ab 1885 Intendant des k. k. Naturhistorischen Hofmuseums. Vgl. Emil Tietze, Franz v. Hauer: sein Lebensgang und seine wissenschaftliche Thätigkeit. Ein Beitrag zur Geschichte der österreichischen Geologie, in: *Jahrbuch der kaiserlich-königlichen geologischen Reichsanstalt* 49 (1900), 679–827.

7 Montanist, verbrachte im Auftrag einer englischen Bergwerksgesellschaft zuletzt als deren Superintendent die Jahre 1830–1832, 1833–1835 und 1836–1840 in Brasilien. Er avancierte 1849 zum k. k. Ministerial-Sekretär im Ministerium für Landeskultur und Bergwesen. Vgl. O. A., Hocheder, Johann Karl, in: Österreichische Akademie der Wissenschaften [ÖAW] (Hg.), *Österreichisches Biographisches Lexikon 1815–1950* [ÖBL] (Band 2), 2. Auflage, Wien: Verlag der ÖAW 1993, 343.

8 Vgl. Bernd Hausberg, Virgil von Helmreichen zu Brunnfeld (1805–1852). Ein österreichischer Geologe in Brasilien, in: *Mitteilungen der Österreichischen Gesellschaft für Geschichte der Naturwissenschaften* 4 (1984) 4, 143–151. – Ders., *Virgil von Helmreichen zu Brunnfeld (1805–1852). Ein österreichischer Geologe in Brasilien*, Dipl. Arb., Wien 1984. – Christa Riedl-Dorn, Johann Carl Hocheder und Virgil von Helmreichen, in: Wilfried Seipl (Hg.), *Die Entdeckung der Welt. Die Welt der Entdeckungen. Österreichische Forscher, Sammler, Abenteurer*, Milano: Skira 2001, 347–351.

Cabinete. Wegen seines frühen Todes, Helmreichen war an schwarzen Blattern erkrankt und verschied am 6. Jänner 1852 in Rio de Janeiro, konnten große Teile seiner Sammlungen jedoch nicht mehr transportiert werden und wurden mangels konservatorischer Maßnahmen zerstört. Der österreichische Gesandte in Rio de Janeiro Hippolit Baron von Sonnleithner (1814–1897) sandte die verbliebenen Aufzeichnungen und Kollektionen nach Wien.

Im Folgenden ist der in der Abteilung Archiv für Wissenschaftsgeschichte am Naturhistorischen Museum Wien befindliche Akt Z.: 488/1891 an den Intendanten Franz von Hauer buchstabengetreu wiedergegeben. Ergänzungen wurden in eckige Klammern und Anmerkungen in Fußnoten gesetzt.

Eingelangt: K. und k. Intendanz des k. k. naturhistorischen Hofmuseums Wien, am 27. Juli 1891 Z: 488
[1r]
An das
wirkliche Mitglied
P.[leno] T[itulo]. Herrn
Hofrath Dr Franz Ritter von Hauer
Intendant des k. k. naturhist[orischen] Hofmuseums
etc. etc. Hochwohlgeboren
Wien.

Wien, den 23. Juli 1891.
I. N$^{o.}$ 774.

In Erwiderung des sehr geehrten Schreibens vom 19. l[aufenden]. M[ona]ts. habe ich die Ehre vorerst mitzutheilen, daß ich selbst im Jahre 1852 von dem damaligen Director des k. Hof-Mineralien-Cabinetes Paul Partsch[9] mit der Ordnung von Virgil v. Helmreichen's Sammlung und Papieren beauftragt gewesen bin.

Die Registratur der k[aiserlichen]. Akademie der Wissenschaften weist nach, daß am 21. April 1852 das w[irkliche] M[itglied] Paul Partsch der Akademie »Zum Nachlasse des Naturforschers V[irgil] v[on] Helmreichen gehörende Tabellen und Durchschnitte« übermittelt hat. Diese Schriften, welche zugleich die Routenlinien umfassen, nach denen ich seinerzeit die Handstücke ordnete, enthalten auch eine Tabelle über die Ausbeute von Waschgold und Diamanten in Brasilien. Sie wurden im Jahre 1846 P. Partsch zur Aufbewahrung übergeben und

9 Paul Maria Partsch (1791–1856) wurde mit 60 Jahren zum 1. Kustos und Vorstand des mineralogischen Hof-Cabinets ernannt. Vgl. Helmut W. Flügel, Partsch, Paul Maria, in: ÖAW (Hg.), *ÖBL* (Band 7), Wien: Verlag der ÖAW 1978, 328–329.

dann ~~und dann~~, wie gesagt, am 21. April 1852, nach Helmreichen's Tode der
[1v]
Akademie übergeben. Sie erliegen sub Z: 332 ex 1852 und stehen jederzeit zur Verfügung.

Am 21. Juli 1853 übergab P. Partsch weiters der Akademie »den ihm zugesandten Nachlaß V. v. Helmreichen's« und ersuchte (sub Z: 492) um Ernennung einer Commission zur Prüfung des Nachlasses. Diese Commission wurde ernannt, und bestand aus Haidinger[10], Kreil[11], Baumgarten[12] und Tschudi[13]. Am 25. Oktober 1853 übersandte Tschudi einen Bericht über diesen Gegenstand.

Am 17. November übergab P. Partsch ein Schreiben des brasilianischen Consuls Dr Sturz[14] in Dresden, in welchem derselbe um Mittheilung des geologischen Theiles von Helmreichen's Nachlaß ersuchte. In die Classensitzung vom 1. December 1853 sandte Haidinger einen vorläufigen Bericht über diesen Nachlaß: Haidinger wurde von der Classe ersucht, seine Arbeiten über diesen Gegenstand wieder aufzunehmen, zugleich aber wurde am 14. Dezember 1853 eine Kiste mit Manuscripten und Zeitungen, den geologischen Theil von Helmreichen's Nachlaß enthaltend, an Consul Sturz in Dresden geschickt.
[2r]

Es scheint damals von dem geologischen Theile der Handschriften ein montanistischer Theil abgeschieden worden zu sein. Wenigstens erliegt bis heute hier ein Recepisse von 12. August 1853 sub Z: 815 ex 1853, gezeichnet »Wissinger«, über »Die Originalien aus Helmreichen's Nachlaß, u[nd] zwar den montanistischen Theil sammt Zuschrift«. Dieser montanistische Theil war dem k. k. Finanzministerium über dessen Ersuchen im August 1853 übersendet,

10 Wilhelm Karl von Haidinger (1795–1871), Geologe und Mineraloge, wurde 1849 zum Direktor der k. k. Geologischen Reichsanstalt ernannt. Vgl. O. A., Haidinger, Wilhelm von, in: ÖAW (Hg.), *ÖBL* (Band 2), 2. Auflage, Wien: Verlag der ÖAW 1993, 150.

11 Karl Kreil (1798–1862), Astronom, Meteorologe und Geomagnetiker, Gründer der k. k. Centralanstalt für Meteorologie und Erdmagnetismus (heute: Zentralanstalt für Meteorologie und Geodynamik), war ab 1847 Mitglied der kaiserlichen Akademie der Wissenschaften in Wien. Vgl. Ferdinand Steinhauser, Kreil, Karl, in: ÖAW (Hg.), *ÖBL* (Band 4), 2. Auflage, Wien: Verlag der ÖAW 1993, 245.

12 Gemeint: Andreas Ritter von Baumgartner (1793–1865), Physiker und Politiker, war von 1851 bis 1865 Präsident der kaiserlichen Akademie der Wissenschaften in Wien. Vgl. O. A., Baumgartner, Andreas Frh. von, in: ÖAW (Hg.), *ÖBL* (Band 1), 2. Auflage Wien: Verlag der ÖAW 1993, 58.

13 Johann Jakob Tschudi (1818–1889), Naturwissenschaftler und Diplomat, Schweizer Gesandter in Brasilien. Vgl. Friedrich Ratzel, Tschudi, Johann Jakob v., in: Historische Kommission bei der Bayerischen Akademie der Wissenschaften (Hg.), *Allgemeine Deutsche Biographie* [ADB] (Band 38), Leipzig: Duncker & Humblot 1894, 749–752.

14 Johann Jakob Sturz (1800–1877), 1843–1859 preußischer Generalkonsul in Brasilien. Vgl. Hugo Schramm-Macdonald, Sturz, Johann Jakob, in: Historische Kommission bei der Bayerischen Akademie der Wissenschaften (Hg.), *ADB* (Band 37), Leipzig: Duncker & Humblot 1894, 61–68.

später demselben wieder abgefordert worden, und das Recepisse wurde offenbar darum dem Aussteller nicht zurückgestellt, weil in der Rücksendung die Karten fehlten, worüber am 17. December 1853 Z: 815 und 23. December 1853 Z: 835 ein Schriftenwechsel zwischen dem Finanzministerium und dem General-Secretär Schrötter[15] stattgefunden hat, der erfolglos geblieben zu sein scheint. Uebrigens müßen diese montanistischen Aufschreibungen wieder mit den anderen vereinigt worden sein. Es fehlt jede weitere Spur einer solchen Trennung, obwohl der Finanzminister angezeigt hatte, daß er den quiescirten Bergoberamts-Assessor Gustav Rössler[16] mit der Bearbeitung dieser Materialien
[2v]
beauftragt habe.

Am 27. Jänner 1854 bestätigte Sturz den Empfang der an ihn gesendeten Schriften und frug sich wegen etwaiger Publication an; am 9. Februar beschloß die mathem[atisch]-naturw[issenschaftliche]. Classe die Lithografirung eines größeren geologischen Profiles zuzugestehen. Am 16. Februar 1854 zeigte Sturz an, daß er alles Empfangene direct an Sectionsrath Haidinger zurückgesendet habe, der mit der Anfertigung einer geologischen Karte Brasilien's beschäftigt sei.

Am 22. Februar 1854 übergab neuerdings der k. k. Ministerial-Secretär Hocheder der Akademie 16 Hefte von Helmreichen's Notaten aus den Jahren 1842 und 1843, die ihm direct aus Rio de Janeiro zugeschickt worden waren. Auch diese wurden an Sturz zur Einsicht geschickt, von diesem am 26. April 1854 retournirt und am 16. Mai 1854 an Haidinger abgegeben.

Am 1. Juni 1854 sendete Kreil 1 Notizbuch in 8° und 1 Buch Aufschreibungen in Fol° zurück, welche nur meteorologischen Inhaltes sind oder sich auf Ortsbestimmungen beziehen. Diese erliegen hier sub Z: 206 ex 1854.
[3r]

Hiemit erlöschen die Aufschreibungen über diesen Gegenstand an der k[aiserlichen]. Akademie der Wissenschaften. Es scheint jedoch aus einem bald darauf, in der Classensitzung vom 13. Juli 1854, gehaltenen Vortrage Haidinger's

15 Anton Konrad Friedrich Schrötter von Kristelli (1802–1875), Chemiker, Physiker und Mineraloge, ab 1851 bis zu seinem Tod General-Sekretär der kaiserlichen Akademie der Wissenschaften in Wien und Sekretär deren mathematisch-naturwissenschaftlicher Klasse. Vgl. Alois Kernbauer/Margret Friedrich, Schrötter von Kristelli, Anton (Konrad Friedrich Dimas), in: ÖAW (Hg.), *ÖBL* (Band 11), Wien: Verlag der ÖAW 1999, 246–247.

16 Gustav Rösler auch Rössler (1814–1857) quiescirter k. k. Bergamts-Assessor. Arbeitete eng mit Friedrich Mohs (1773–1839) zusammen, begleitete ab 1836 bis zu dessen Tod 1839 Mohs auf seinen Reisen. Er sollte nach dessen Ableben seine Lehrkanzel (Mineralogie und Geognosie) supplieren. Vgl. Wilhelm Haidinger, Nekrolog, in: *Jahrbuch der kaiserlich-königlichen geologischen Reichsanstalt* 8 (1857), 158–159.

(Sitzungsberichte Bd XIII. S. 356, oben)[17] mit Sicherheit hervorzugehen, daß Haidinger diese Materialien der k. k. geologischen Reichsanstalt übergeben hat. Eine Rückstellung derselben ist nirgend ersichtlich.

In der k[aiserlichen]. Akademie befinden sich daher dermalen nur:

a. die Geologischen Profile und Routen welche P. Partsch am 21. Juli 1853 übergeben hat, und welche bei allen späteren Mittheilungen und Versendungen außer Acht geblieben zu sein scheinen und

b. die von Kreil am 1. Juni 1854 zurückgestellten Schriften, welche sich auf das Klima und die Ortsbestimmungen beziehen.

Mit dem Ausdrucke der vollsten Hochachtung
in Vertretung
des General-Secretärs der
kaiserl[ichen]. Akademie der Wissenschaften:
Suess

[3v] [*Notiz von Hauer:*]
Um Zusendung der unter a verzeichneten Schriften ersucht
Hauer

Eduard Suess beantworte in seiner Funktion als Vertreter des General-Sekretärs der kaiserlichen Akademie der Wissenschaften die Anfrage über den Verbleib von Nachlassteilen von Virgil von Helmreichen. Er selbst hatte in dem ersten Jahr seiner Anstellung am Museum Objekte und Aufzeichnungen des in Raten eingetroffenen Nachlasses geordnet. Paul Partsch (1791–1856) ließ 1853 den schriftlichen Bestand (aus Brasilien eingelangte Manuskripte und Karten sowie Schriften, die dem Custos Joseph Natterer (1786–1852)[18] und dem Vorstand des zoologischen Hof-Cabinets Vincenz Kollar (1797–1860)[19] anvertraut worden waren) an die kaiserliche Akademie der Wissenschaften überführen.[20] In seinem Begleitschreiben vom 19. Juli 1853 wies er darauf hin, dass Wilhelm Haidinger sich als wirkliches Mitglied der Akademie dafür eingesetzt hatte, bereits die

17 Wilhelm Haidinger, Über zwei von Foetterle geologisch colorirte Karten von Brasilien, in: *Sitzungsberichte der kaiserlichen Akademie der Wissenschaften* [in Wien], mathematisch-naturwissenschaftliche Classe (Band 13), Wien: k. k. Hof- und Staatsdruckerei 1854, 355–357, 356.

18 Joseph Natterer arbeitete bereits 1801 unentgeltlich am Thierkabinet, wurde 1804 Aufseheradjunkt und avancierte 1835 zum 1. Custos am Zoologischen Hof-Cabinet. Vgl. Kurt Bauer, Natterer, Joseph, in: ÖAW (Hg.), *ÖBL* (Band 7), Wien: Verlag der ÖAW 1978, 41.

19 Vincenz von Kollar, ab 1817 am k. k. Zoologischen Hof-Cabinet, ab 1851 dessen Vorstand. Vgl. Otto Guglia, Kollar, Vincenz, in: ÖAW (Hg.), *ÖBL* (Band 4), 2. Auflage, Wien: Verlag der ÖAW 1993, 85–86.

20 Vgl. dazu auch: Helmreichen 1/7. Archiv für Wissenschaftsgeschichte, Naturhistorisches Museum in Wien.

Unternehmung des Virgil von Helmreichen zu fördern und nach dessen Ableben bemüht war, dessen Nachlass zu retten.[21]

Ersichtlich ist aus dem Schreiben an Hauer, dass bereits in den 1850er-Jahren die Unterlagen zu wissenschaftlichen Bearbeitungen, wie etwa Anfertigen einer geologischen Karte[22] oder zur Klima- und Ortsbestimmung verwendet worden waren. Suess weist darauf hin, dass Teile des Bestandes an die Geologische Reichsanstalt weitergegeben wurden.

Aus dem Brief geht hervor, wie ein Nachlass an verschiedenen Institutionen wie die heutige Geologische Bundesanstalt, die Österreichische Akademie der Wissenschaften und das Naturhistorische Museum aufgeteilt wurde. Dazu kommt das heutige Weltmuseum, wohin die ethnologischen Objekte der Sammlung Helmreichen nach der Ausgliederung des Völkerkundemuseums aus dem Naturhistorischen Museum gelangten.

Immer wieder finden wir Hinweise, dass Nachlässe, die an das Naturhistorische Museum gelangten, teilweise an andere Institutionen abgegeben wurden, wie z. B. Nachlassteile des Zoologen und »Haushistoriographen« Leopold Fitzinger (1802–1884) 1939 an die Akademie der Wissenschaften oder des Botanikers Stephan Ladislaus Endlicher (1804–1849), wobei Diplome, Urkunden und Briefe 1915 an die Österreichische Nationalbibliothek abgetreten wurden.

Wünschenswert wäre durch Digitalisierungsprojekte Nachlassteile wieder zusammenzufügen, damit sie wenigstens im Internet vereint und problemlos zugänglich sind.

HR Prof. Mag. Dr. Christa Riedl-Dorn
Direktorin der Abteilung
Archiv für Wissenschaftsgeschichte
Naturhistorisches Museum, Wien

21 Allgemeine Akten, No. 492/1853. Archiv der ÖAW. Für die Information habe ich Herrn Stefan Sienell zu danken.

22 Franz Foetterle (1823–1876) stützte sich bei der ersten geologischen Übersichtskarte des mittleren Teils Südamerikas auf Helmreichens Nachlass und Hocheders mündliche Angaben; sie wurde in Wien 1854 im Maßstab 1:7,5 Mio. publiziert. Den Anstoß zu dieser Karte gab der bayrische Naturforscher und Teilnehmer an der österreichischen Brasilienexpedition von 1817, Carl Friedrich Philipp von Martius (1794–1868), der sie als Illustration zur »Flora Brasiliensis« verwendete. 1856 erschien die kolorierte Endfassung »Geologische Übersichts-Karte von Süd-Amerika, nach verschiedenen Quellen zusammengestellt« von Franz Foetterle im Maßstab 1:25 Mio in August Petermann, *Mittheilungen aus Justus Perthes' geographischer Anstalt über wichtige neue Erforschungen auf dem Gesammtgebiete der Geographie* 2 (1856), Tafel 11.

Grußworte des Historikers Wolfgang Geier

Johannes Seidl zum 65. Geburtstag

Um das Jahr 2000 entstand die Absicht, in künftigen Bänden der im Wieser-Verlag Klagenfurt erscheinenden *Wieser Enzyklopädie des Europäischen Ostens*, WEEO, deren Mitbegründer und Mitautor der Verfasser dieses Beitrags ist, die Geschichte Ost-, Ostmittel- und Südosteuropas ausführlicher und umfassender zu behandeln. Der Schwerpunkt sollte auf der im weitesten Sinne geo- und topo-, ethno- und historio-, ebenso bio- und bibliografisch zu erfassenden Kulturgeschichte der Völker und Länder dieser Regionen liegen. Als Quellen kamen jene Darstellungen bekannter Gelehrter in Frage, in denen schon seit dem 16., besonders jedoch im 19. Jahrhundert, in diesem Falle das südöstliche Europa behandelt wurde. Bei deren Sichtung fiel auf, dass in den vorliegenden als Standardwerke der Südosteuropa-Kunde geltenden Publikationen eine der interessantesten und umfangreichsten zum südöstlichen Europa oft nur am Rande erwähnt wurde und hierzu mit gleich zu würdigenden Ausnahmen kaum größere Abhandlungen vorhanden waren. Es handelte sich um das bis vor Kurzem nur einmal erschienene mehrbändige Werk des Wahlösterreichers französisch-hugenottischer Herkunft Ami (Amédée) Boué (1794–1881)

La Turquie d'Europe, ou observations sur la Géologie, l'Histoire naturelle, la Statistique, les Mœrs, les Costumes, l'Archéologie, le Commerce, l'Agriculture, l'Industrie, les Gouvernements divers, le Clergé, l'Histoire et l'etat politique de cet empire, Paris 1840, in vier Bänden. Die von der Boué-Stiftungs-Commission der kais[erlichen] Akademie der Wissenschaften in Wien herausgegebene zweibändige deutsche Ausgabe *Die Europäische Türkei,* Wien 1889–1892, blieb bis zu den mit dem Wirken von Johannes Seidl verbundenen Publikationen von und über Boué die bisher einzige. Es war also notwendig, Boué für eine Darstellung der Südosteuropa-Kunde gewissermaßen wieder neu zu entdecken, zu erschließen.

Die Suche nach Arbeiten zu Boué, vor allem die Absicht, einen durch Studien über Boué ausgewiesenen Wissenschaftler zur Mitwirkung zu gewinnen, führte zu Johannes Seidl, dessen Daten im *Jahrbuch der Geologischen Bundesanstalt*, Band 144, Heft 1, Wien, Mai 2004, enthalten waren. Außerdem fanden sich bei entsprechenden Recherchen weitere Veröffentlichungen von ihm in deutschen und französischen Fassungen, so Ami Boué (1794–1881), géoscientifique du XIXe siécle, in: *Palevol* 1, fascicule 7, Paris: Editions Elsevier, Académie des sciences 2002.

In einem Brief des Verfassers vom 8. Februar 2006 an Johannes Seidl wurde die Absicht angekündigt, einen Nach- oder Neudruck der deutschsprachigen zweibändigen Wiener Ausgabe vorzubereiten und ihn zur Mitarbeit einzuladen sowie um weitere Hinweise und Informationen zu bitten.

Um dies zu bewerkstelligen, musste ein Verleger bzw. ein Verlag gefunden und für dieses Projekt gewonnen werden, wobei allerdings noch keinerlei Vorstellungen bestanden, wie hoch die Kosten sein würden und wie die finanziellen Mittel zu beschaffen wären. Eine mehr als glücklich zu nennende, bereits bestehende Verbindung des Verfassers dieses Beitrags mit dem Verleger half, dieses Problem zu lösen. Sie besteht bis zu den jüngsten Fortsetzungen der Publikationen über Boué, besonders auch in der Zusammenarbeit zwischen Johannes Seidl und dem Verleger Jürgen M. Wagener, Wagener Edition Melle, weiter. Er ist ein bibliophiler, geschichts-, literatur- und buchwissenschaftlich höchst kenntnisreicher und risikobewusster Verleger, der sich seit Jahren mit Nach- und Neudrucken vor allem geschichts- sowie geistes- und sprachwissenschaftlicher, besonders historiografischer Rarissima, verfasst von Autoren aus mehreren Jahrhunderten und mehreren europäischen Regionen beschäftigt.

Die Verbindung Geier – Wagener – Seidl war bald hergestellt und in einem Brief vom 12. Juni 2006 beschrieb Seidl den Verleger als »äußerst sympathischen Menschen« und sagte seine Mitwirkung auf »die nun definitive Einladung als Mitarbeiter – wie ich jetzt sagen darf unserer – Publikation« zu.

Die Sorgen um die Finanzierung des Vorhabens nahm uns der Verleger mit dem Bemerken: Geld habt ihr sowieso nicht, es reicht, wie man auch in Österreich sagt, ein »Vergelt's Gott!«.

Der Verleger, Johannes Seidl und der Verfasser kamen überein, den beabsichtigten Neudruck des umfangreichen südosteuropakundlichen Hauptwerks von Boué durch einen Vorausband anzukündigen und vorzubereiten. Dieser Vorausband erschien in der Wagener Edition, Melle 2006, mit dem Titel *Ami Bouè 1794–1881. Leben und ausgewählte Schriften,* Wolfgang Geier/Jürgen M. Wagener (Hg.) unter Mitarbeit von Johannes Seidl und Tillfried Cernajsek. Er enthielt die Autobiografie von Boué *Mon autobiographie pour mes amis*, vier Akademie-Schriften, darunter eine überaus kritische Schrift *Ein freies Wort über die kaiserliche Akademie der Wissenschaften sammt Vergleich der Akademien mit den freien, gelehrten Vereinen* (1869) mit dem Nachsatz *Honi soit qui mal y pense*, dem Motto des englischen Hosenbandordens, einen Beitrag von Johannes

Seidl und Tillfried Cernajsek *Ami Boué – Ein Pionier der geologischen Balkanforschung in Österreich und sein Nachlass an der Bibliothek der Geologischen Bundesanstalt in Wien* sowie ein Nachwort von Wolfgang Geier *Ami Boué in der Südosteuropa-Kunde des 19. Jahrhunderts.*

Der Vorausband wurde in einer Veranstaltung in Wien im Dezember 2006 vorgestellt. Damit begannen die Vorbereitungen für den Druck von Boués Hauptwerk. Gleichzeitig fanden erste Gespräche darüber statt, wie nach dessen Erscheinen die Veröffentlichungen zu Boué, besonders mit seiner nur in Französisch vorliegenden Autobiografie fortgesetzt werden könnten. Jürgen M. Wagener erklärte, wie bisher werde er die finanzielle, kommerzielle und verlegerische Unterstützung sichern.

So entstanden die vorliegenden Fortsetzungen, die inzwischen eine noch ausstehende Ausgabe des Gesamtwerks wenigstens zum Teil ersetzen beziehungsweise eine wichtige Vorarbeit wären. Ihr Zustandekommen ist Johannes Seidl und ihr Erscheinen ist Jürgen M. Wagener zu verdanken, zunächst der Publikation von Johannes Seidl/Angelika Ende (Hg.) unter Mitarbeit von Inge Häupler und Claudia Schweizer *Ami Boué 1794–1881. Autobiographie – Genealogie – Opus.* In deutscher Übersetzung, Melle 2013.

Bereits bei der Vorbereitung des Vorausbands war, wie gesagt, überlegt worden, die in französischer Sprache vorliegende Autobiografie Boués in einer weiteren Ausgabe seiner Schriften in einer deutschen Übersetzung aufzunehmen. Das ist nun hier geschehen: Unter Einbeziehung einer früheren Übersetzung von Hans Pruszinsky hat Johannes Seidl unter Verwendung seiner stupenden Französisch-Kenntnisse den Text für diese Sammlung ins Deutsche übertragen. Außerdem hat er für diesen Band mit Claudia Schweizer den *Catalogue des œuvres* von Boués Schriften übersetzt. Er enthält zusätzlich ausführliche und gründliche Darstellungen weiterer Schriften, Notizen, ehrenvoller Schreiben, der Genealogien der Herkunftsfamilien sowie der Familien und Verwandten seiner österreichischen Frau (erarbeitet von Angelika Ende), seines Grundbesitzes und seiner Wohnanschriften sowie weitere Angaben zu Quellen aller Art, seinem Testament, Fundstellen zum wissenschaftlichen Nachlass, ein Personen- und Ortsregister sowie ein von Inge Häupler und Johannes Seidl wohl erstmals erarbeitetes Werkverzeichnis von Ami Boué sowie ein informatives Verzeichnis der Endnoten. Mit dieser beispielhaften und hervorragenden, umfangreichen und gründlichen Forschungsarbeit – sie füllt über zwei Drittel des Bands – wäre, wie gesagt, bereits der an eine Werkausgabe zu stellende Anspruch weitgehend erfüllt.

Das Umschlagbild zeigt ein im Privatbesitz des Ururgroßneffen Peter Boué aus Hamburg, befindliches Porträt Boués (Ölgemälde).

Ein weiteres Porträt (Lithografie) Boués aus dem Jahre 1830 von Julien-Léopold Boilly (1796–1874), aus der Porträtsammlung der Österreichischen Nationalbibliothek, ziert den Umschlag dieser in jeder Hinsicht bemerkenswerten Publikation, die wiederum von Johannes Seidl unter Mitwirkung weiterer Personen erschienen ist

Ami Boué: De Urina in Morbis (1817). Eine Dissertation an der Schwelle zur modernen Medizin, Johannes Seidl, Rudolf Werner Soukup (Hg. u. Bearb.), Bruno Schneeweiß, Christa Kletter (Übers. u. Bearb.), mit einem Geleitwort von Peter Boué und einem Vorwort von Helmuth Grössing, Melle 2019.

Auf der Rückseite des Umschlags wird sie eine kleine wissenschaftliche Sensation genannt, sie ist vielmehr als das, sie ist eine wissenschaftliche, forscherische, herausgeber- und verlegerische Leistung ersten Rangs. Sie beginnt mit einem Geleitwort des Ururgroßneffen Peter Boué und einem Vorwort des Präsidenten der Österreichischen Gesellschaft für Wissenschaftsgeschichte, Helmuth Grössing, Wien. Dort heißt es nach einer kurzen Schilderung der Entstehungsgeschichte zweier Doktor-Dissertationen Boués – der botanisch-geografischen von 1817 *De Methodo Floram regionis cujusdam conducendi exemplis e Flora Scotia ductis* – und der Angabe des vollständigen Titels dieser *Dissertatio inauguralis De Urina in Morbis auctore Amico Boué, Reipulicae Hamburgensis civis* am Schluss:

»Der moderne Wissenschaftshistoriker erkennt, dass Ami Boué nach den wissenschaftlichen Prinzipien und Kriterien seiner Zeit seine Dissertation [...] abgefasst hat. Man kann sagen, dass hier ein paradigmatisch spezifisches Beispiel für den Stand der Medizin um 1800 vorliegt und dass es daher aus historischer Sicht gerechtfertigt ist, den jüngsten aufgefundenen handschriftlichen Text, die Konzeptschrift, die der Umstände halber zugleich das Original ist, einer kritischen Publikation zuzuführen. Quod factum est« (Seite XIV).

Dieser Band enthält weiter Beiträge zur Biografie Boués (Seidl), zum medizinischen Stellenwert der Dissertation (Schneeweiß und Soukop), einen Editionsteil (Seidl, Schneeweiß, Soukop, Kletter), ein Glossarium medizinischer und chemischer Fachausdrücke, einen Kommentar zu Arzneimittelangaben und eine Liste der Arzneimittel nach Boué sowie ein Register der in der Dissertation von Boué genannten Werke und ein mehrseitiges, umfangreiches Personenregister.

Der Ururgroßneffe Peter Boué erwähnt in seinem Geleitwort aufschlussreiche Details aus der Biografie Boués und die von ihm betonte nach wie vor aktuelle Bedeutung der »Lösung der Orientfrag« sowie die originelle Idee, »die Meerenge zwischen Dover und Calais zu untertunneln« (Seite X).

So kann man feststellen, dass es insbesondere der unermüdlichen und gründlichen Forschungsarbeit Seidls zu verdanken ist, dass das wissenschaftliche Lebenswerk von Ami Boué, hier vor allem sein einzigartiger Beitrag zur Südosteuropa-Kunde, auch wieder Gegenstand internationaler wissenschaftlicher Beschäftigung wurde.

Die Bekanntschaft mit Johannes Seil erhielt außer dem Geschilderten andere Inhalte durch seine Mitwirkung und die des Verfassers an gemeinsamen Kolloquia der Akademie gemeinnütziger Wissenschaften zu Erfurt (gegründet 1754) und der Österreichischen Gesellschaft für Wissenschaftsgeschichte, ÖGW Wien (gegründet 1978), die in Erfurt und Wien, wie erneut im Mai 2019, stattfanden.

Johannes Seidl hatte an der thematischen, wissenschaftlichen und organisatorischen Vorbereitung mehrerer Kolloquia mitgewirkt, besonders an jenen, die sich mit europäischen Wissenschaftsbeziehungen beschäftigten.

An folgenden Akademie-Tagungen, deren Bände *Europäische Wissenschaftsbeziehungen* im Shaker-Verlag Aachen erscheinen, hat er an der Vorbereitung und Gestaltung mitgearbeitet:

Mai 2013, Wien

Ingrid Kästner/Jürgen Kiefer/Michael Kiehn/Johannes Seidl (Hg.), *Erkunden, Sammeln, Notieren und Vermitteln – Wissenschaft im Gepäck von Handelsleuten, Diplomaten und Missionaren* (Europäische Wissenschaftsbeziehungen 7), Aachen: Shaker 2014.

Bernhard Hubmann/Johannes Seidl, Carl Diener (1892–1928) und die Expedition in den zentralen Himalaja, in: Ebd., 407–430.

Mai 2014, Erfurt

Johannes Seidl/Richard Lein, Eduard Suess und der Beginn des Frauenstudiums an der Wiener Universität, in: Ingrid Kästner/Jürgen Kiefer (Hg.), *Von Maimonides bis Einstein – Jüdische Gelehrte und Wissenschaftler in Europa* (Europäische Wissenschaftsbeziehungen 9), Aachen: Shaker 2015, 179–202.

Mai 2016, Wien

Johannes Seidl/Ingrid Kästner/Jürgen Kiefer/Michael Kiehn (Hg.), *Deutsche und österreichische Forschungsreisen auf den Balkan und nach Nahost* (Europäische Wissenschaftsbeziehungen 13), Aachen: Shaker 2017.

Daniela Angetter/Johannes Seidl, Ferdinand von Hochstetter (1829–1884) und Franz von Toula (1845–1920) – zwei österreichische Pioniere der geologischen Balkanforschung, in: Ebd., 183–202.

Mai 2017, Erfurt

Johannes Seidl, Erschließungsprojekte mittelalterlicher Quellen am Archiv der Universität Wien und ihre Relevanz für die Forschungsgeschichte des Ostseeraumes, in: Dietrich von Engelhardt/Ingrid Kästner/Jürgen Kiefer †/Karin Reich (Hg.), *Der Ostseeraum aus wissenschafts- und kulturhistorischer Sicht* (Europäische Wissenschaftsbeziehungen 15), Aachen: Shaker 2018, 27–44 (erschienen 2019).

Mai 2019, Wien
Diese Tagung der Österreichischen Gesellschaft für Wissenschaftsgeschichte und der Akademie gemeinnütziger Wissenschaften zu Erfurt hat Johannes Seidl maßgeblich vorbereitet und moderiert. Der Tagungsband wird im Jahre 2020 erscheinen.

Johannes Seidl ist ein außerordentlich vielseitiger, hoch geachteter und sehr geschätzter Wissenschaftler, Kollege und Freund. Besonders die Forschungen und Veröffentlichungen zu Ami Boué bleiben für immer mit seinem Wirken verbunden, sie sind ein besonderer Teil seines Lebenswerks und sein Verdienst.

In diesem Sinne: Ad multos annos – amice carissime et illustrissime!

Univ.-Prof. Dr. Wolfgang Geier, Leipzig

Grußworte des ehemaligen Leiters des Archivs der Stadt Wien

Lieber Freund! Lieber Hannes!

Unsere Bekanntschaft reicht in die Zeit deines Studiums am Institut für österreichische Geschichtsforschung zurück, für uns beide die wissenschaftliche Heimat, die uns zum Beruf des Archivars hingeführt hat. Die Tätigkeit am Österreichischen Biographischen Lexikon, die, wie ich denke, in unser beider Lebensplanung a priori nicht vorgesehen war, hat uns 1997 zusammengeführt, und ich danke dir für die vier Jahre unserer Zusammenarbeit, in der wir über den Arbeitsauftrag hinaus einiges gemeinsam auf den Weg bringen konnten. Auch nach deinem Wechsel an das Archiv der Universität Wien blieben wir in freundschaftlichem Kontakt, und ich hoffe auch auf künftige anregende Gesprächsabende in Perchtoldsdorf.

Zum Gruß und Dank darf ich dir zu deinem 65. Geburtstag herzliche Glückwünsche aussprechen und dir für deinen Ruhestand Gesundheit und Schaffenskraft wünschen. Ad plurimos annos!

Univ.-Prof. HR Dr. Peter Csendes
Ehemaliger Leiter des Archivs der Stadt Wien

Grußworte des ehemaligen Direktors der Bibliothek der Geologischen Bundesanstalt sowie Vorsitzenden der Österreichischen Exlibris-Gesellschaft

Die Kunst auf kleinen Blättern. Die Paläontologie im Exlibris

Der Autor dieser Grußworte ist der ehemalige Direktor der Bibliothek der Geologischen Bundesanstalt. Darüber hinaus fungiert er gegenwärtig sowohl als Vorsitzender der Österreichischen Exlibris-Gesellschaft (ÖEG) als auch der Österreichischen Gesellschaft für zeitgenössische Graphik (ÖGzG). Er ist unter anderem Publizist zum Thema Exlibris, Kurator einiger Exlibris-Ausstellungen, Mitbegründer des Internationalen Symposiums »Das kulturelle Erbe in den Bergbau- und Geowissenschaften Bibliotheken – Archive – Sammlungen« sowie Mitbegründer der Arbeitsgruppe für die Geschichte der Erdwissenschaften. Mit Johannes Seidl verbindet nicht nur der gemeinsame Wohnort Perchtoldsdorf, sondern auch eine Jahrzehnte lange Freundschaft und enge Zusammenarbeit im Rahmen seiner Mitarbeit im Österreichischen Biographischen Lexikon 1815–1950, aber auch bei Ausstellungsgestaltungen, insbesondere für Eduard Suess (1831–1914).

Exlibris sind als Kunstwerke, die in Zusammenarbeit von AuftraggeberInnen und KünstlerInnen entstehen, beliebte Sammelobjekte geworden. Wenig bekannt ist bisher, dass auch die Paläontologie Eingang in das Metier dieser Gebrauchsgrafiken gefunden hat, wohl aus dem Interesse der Paläontologen heraus, ihren oft mühsam ausgegrabenen und präparierten Resten vorzeitiger Lebewesen nach ihren Vorstellungen Leben »einzuhauchen.« Als ein Pionier auf dem Gebiet der paläontologischen Exlibris gilt Othenio Abel (1875–1946), der Begründer der Paläobiologie, gemeinsam mit dem Maler Franz Roubal (1889–1967).

In diesem Beitrag werden zwölf Exlibris mit paläontologischen, aber auch geologischen Motiven aus der privaten Sammlung des Autors vorgestellt, insbesondere, weil sich der Jubilar in jüngster Zeit wissenschaftshistorisch intensiv mit der Paläontologie und der Geologie in Wien befasst hat. Neben der Beschreibung der Exlibris werden die Verbindungen des jeweiligen Bucheigners bzw. der Bucheignerin, aber auch des Malers bzw. der Malerin zu dem speziellen Gebiet der Geowissenschaften angerissen.[1]

Abb. 1. Exlibris *Lotte Adametz*, Bleistiftzeichnung von Franz Roubal, 1940, 165 x 158 mm.

Auf einem Fensterbrett mit Blick auf Wien in Richtung Kahlenberg und Donau liegen bzw. stehen Urnen, Bücher sowie Fossilien. Letztere sind auch in einer geöffneten Tischlade zu sehen. Karoline Adametz, genannt Lotte (1879–1966), war als Sekretärin im Naturhistorischen Museum in Wien für Paläontologen und Geologen, unter anderem für Franz Xaver Schaffer (1876–1953) tätig.[2] Der akademische Maler Franz Roubal studierte von 1906 bis 1914 an der Akademie der Bildenden Künste in Wien.[3] Bekanntheit erreichte er als Tiermaler, aber auch als Maler historischer Motive und Landschaften. Für die Paläontologie sind seine zahlreichen bildlichen und plastischen Rekonstruktionen und Lebensbilder vorzeitlicher Wirbeltiere von großer Bedeutung. Roubal war langjähriger künstlerischer Mitarbeiter von Othenio Abel, später auch von anderen Paläontologen in Österreich, wie etwa für Helmut Zapfe (1913–1996). Er hatte bis 1945 sein Atelier in Wien, dann im steirischen Irdning an der Enns, wo er auch begraben wurde. Werke von Franz Roubal befinden sich heute im Paläontologischen Institut der Universität in Wien, im Naturhistorischen Museum in Wien,

1 Vgl. Tillfried Cernajsek, Geologische und montanistische Exlibris. Katalog zur Ausstellung. 27. April bis 21. Juni 2019, Pettenbach, in: *Berichte der Geologischen Bundesanstalt* 131 (2019). – Ilse Seibold, *Die Geologen und die Künste* (Kleine Senckenberg-Reihe 39), Stuttgart: E. Schweizerbart 2001.

2 Vgl. Helmut Zapfe, Lotte Adametz †, in: *Annalen des Naturhistorischen Museums in Wien* 69 (1966), 11–13.

3 Vgl. Helmut Zapfe, Akad. Maler Prof. Franz Roubal †, in: *Annalen des Naturhistorischen Museums in Wien* 73 (1969), 19–23.

im Joanneum in Graz, im Haus der Natur in Salzburg, in diversen ausländischen Instituten aber auch in Privatbesitz.[4] Roubal erhielt zahlreiche künstlerische Auszeichnungen. 1964 wurde ihm der Berufstitel Professor verliehen. Dem Autor dieses Beitrags sind derzeit nur drei Exlibris von Roubal bekannt. Das hier gezeigte Exemplar schenkte Helmut Zapfe dem Autor in den 1980er-Jahren zur weiteren Aufbewahrung. Dieses Blatt dürfte bis jetzt nicht im Druck erschienen sein.

Abb. 2. Exlibris *Dr. Oth[enio] Abel* von Franz Roubal, Lithographie. Entstehungsjahr unbekannt, 112 x 76 mm.

Ein Stillleben vorzeitiger Lebewesen und Knochen. Mammut, *Iguanodon*, *Tyrannosaurus*, Flugsaurier, im Vordergrund Schädelskelette von Mammut, Saurier, Riesenhirsch. Othenio Abel wurde 1898 zum Doktor der Philosophie promoviert, wirkte von 1898 bis 1899 als Assistent am Geologischen Institut der Universität Wien und habilitierte sich 1902 an der Universität Wien. Von 1902 bis

4 Vgl. Helmut Zapfe, *Index Palaeontologicorum Austriae* (Catalogus Fossilium Austriae 15), 1971, Wien: Springer-Verlag, 97–98.

1907 als Geologe an der Geologischen Reichsanstalt in Wien tätig, erhielt er 1907 einen Ruf als außerordentlicher Professor an die Universität Wien. 1917 wurde er zum ordentlichen Professor ernannt, ehe er als solcher 1928 das neu vereinigte Institut für Paläontologie und Paläobiologie an der Universität Wien übernahm. Von 1935 bis 1940 wirkte er als ordentlicher Professor für Paläontologie an der Universität in Göttingen. Othenio Abel arbeitete hauptsächlich auf dem Gebiet der Wirbeltier-Paläontologie, gilt aber auch als Begründer der Paläobiologie und veröffentlichte neben zahlreichen Fachbeiträgen 22 Monografien.[5]

Abb. 3. Exlibris *Dr. med. Bercht Angerhofer* von Andreas Raub (geb. 1967), mehrfarbige Radierung (Strichätzung mit Aquatinta), 2016, 153 x 84 mm. Titel des Blattes: *Austromola angerhoferi.*

5 Vgl. Kurt Ehrenberg, *Othenio Abel's Lebensweg, unter Benützung autobiographischer Aufzeichnungen*, Wien: O. A. 1975.

Die Beschriftung in einem gebogenen Band trennt das Motiv: Oben befinden sich Fische in ihrem Wassermilieu, darunter die Bergungsverhältnisse vor Ort, davor ein Jeep mit den geborgenen Fossilresten, Spaten, Kübel und Abraumhaufen. Der Eigner ist neben seiner Tätigkeit als Mediziner ein verdienter Fossiliensammler und Entdecker von Fossilfundstellen. Darüber hinaus ist er Mitglied der Österreichischen Paläontologischen Gesellschaft (ÖPG), Exlibrissammler und Exlibriskünstler. Nach ihm wurde auch ein fossiler Fisch benannt: *Austromola angerhoferi.* Hierbei handelt es sich um einen Sonnenfisch, der aus der unteren Miozän (Ebelsberg-Formation; Neogen) bei Pucking in Oberösterreich bekannt geworden ist. Diese Art war im Paratethys-Meer (ein großes flaches Meer vor etwa 20 bis 40 Mio. Jahren nördlich der Alpen) ansässig und wurde schätzungsweise 320 cm lang.[6] Der Künstler Andreas Raub wurde 1967 in Münster/Westfalen geboren. Nach der Matura erlernte er das Buchbinderhandwerk, anschließend folgte ein Studium der Grafik an der Fachhochschule Münster/FB Design. Seither ist er selbstständig auf verschiedenen Gebieten künstlerisch aktiv, darunter als Exlibriskünstler. Raub schuf zahlreiche Blätter mit montanistischen, geologischen und paläontologischen Motiven. Vor kurzem konnte er sein 500. Exlibris fertigstellen. Aus diesem Anlass gab die Deutsche Exlibris-Gesellschaft eine Festschrift für den Künstler heraus.[7] Raub hat für Bercht Angerhofer noch andere Exlibris mit paläontologischem Inhalt gestaltet.

6 Vgl. Gregorova Ruzena/Ortwin Schultz/Mathias Harzhauser/Andreas Kroh/ Stjepan Ćorić, A giant early Miocene sunfish from the North Alpine Foreland Basin (Austria) and its implication for molid phylogeny, in: *Journal of Vertebrate Paleontology* 29 (2009) 2, 359–371.

7 Vgl. Henry Tauber/Andrea Gabriele Fritz, *50 aus 500. Exlibris und Gelegenheitsgraphik von Andreas Raub 2005–2019*, Berlin: Verlag Utz Benkel 2019.

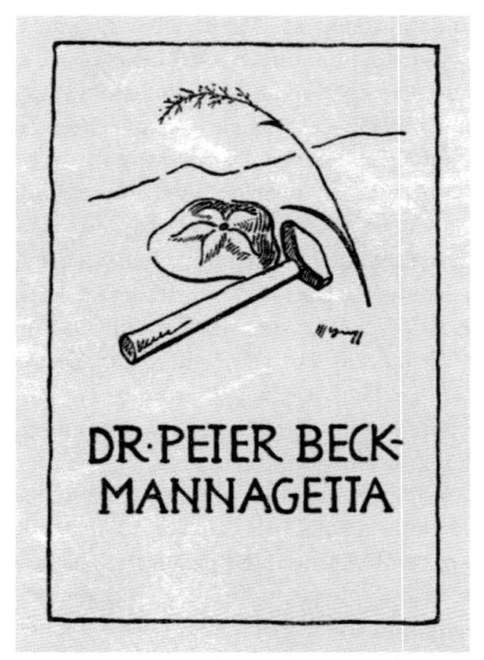

Abb. 4. [Exlibris] *Dr. Peter Beck-Mannagetta* (1917–1998)[8] von Maria Grengg (1888–1963)[9], Klischee, Entstehungsjahr unklar. Seeigel, Geologenhammer und Grasrispe.

Peter Beck-Mannagetta maturierte 1936 am Schottengymnasium in Wien. Nach der Absolvierung des Einjährig-Freiwilligen-Jahrs 1936/37 beim Österreichischen Bundesheer, studierte er Geologie an der Universität Wien und legte 1941 die Prüfung für das Lehramt für Naturgeschichte ab. Im Zweiten Weltkrieg eingezogen, konnte er seine Studien während seiner Fronturlaube fortsetzen und wurde im Februar 1941 zum Doktor der Naturwissenschaften promoviert. Zunächst als Assistent am Institut für Geologie an der Universität Wien tätig, wurde er ab 1943 als Wehrgeologe eingesetzt und geriet kurzzeitig in amerikanische Kriegsgefangenschaft. Nach seiner Rückkehr fungierte er bis Februar 1947 wieder als Assistent an der Universität Wien, danach trat er in die Geologische Bundesanstalt über, wo er viele Jahre hindurch als Personalvertreter aktiv war. Zu seinem Hauptarbeitsgebiet zählte die Koralpe, wodurch auch sein Spitzname »Chorherr« entstand. Beck-Mannagetta war berüchtigt dafür, seine Aufnahmsgebiete akribisch Zentimeter für Zentimeter abzugehen. Dabei entdeckte er 1951

8 Vgl. Susanna Scharbert, Hofrat Dr. Peter Beck-Mannagetta 21. Juni 1917–20. November 1998, in: *Jahrbuch der Geologischen Bundesanstalt* 142 (2000), 5–10.

9 Vgl. Heinrich Fuchs, *Die österreichischen Maler der Geburtsjahrgänge 1881–1900* (Band 1) A–L. Wien: Selbstverlag 1976, 79.

im Bereich der Koralpe am Brandrücken bei der Weinebene ein Mineralvorkommen mit hohem Lithium-Gehalt. Diese Fundstelle stellte sich nach näherer Untersuchung in späterer Zeit durch weitere Kollegen als europaweit größtes Vorkommen von Lithium heraus. 1982 trat er in den dauernden Ruhestand. Auf Anregung Peter Beck-Mannagettas, der auch als Kurator der »Johann Wilhelm Ritter von Mannagetta-Stiftung« fungierte, wurden mehrere geologisch bedeutsame Objekte zu Naturdenkmälern erklärt. Des Weiteren unterstützte er die Volksabstimmung gegen den Bau des Atomkraftwerkes Zwentendorf. Mehrfach geehrt, erhielt er unter anderem den Hofratstitel. Die Künstlerin Maria Grengg wurde 1888 in Stein/Krems geboren und lebte vorwiegend in Wien-Rodaun als Erzählerin, Jugendbuchautorin und bildende Künstlerin, wo sie 1963 verstarb. Maria Grengg liegt in einem Ehrengrab am Friedhof Perchtoldsdorf. Nach ihr sind Gassen in Wien-Rodaun, in Krems-Stein und in Perchtoldsdorf benannt. Welche Beziehungen die Künstlerin zu Beck-Mannagetta hatte, konnte selbst der Eigner dieses Exlibris nicht mehr erläutern.

Abb. 5. Exlibris *Dr. Benno Plöchinger* (1917–2006)[10] von Monika Brüggemann-Ledolter, Klischee, 1992, 103 x 74 mm.

10 Vgl. Hans-Peter Schönlaub, Chefgeologe i.R. Professor Dr. Benno Karl Johann Plöchinger 7. März 1917–31. Jänner 2006, in: *Jahrbuch der Geologischen Bundesanstalt* 146 (2006), 11–17.

Benno Plöchinger leistete nach Ablegung seiner Matura in Wien 1938 bis 1945 Wehrdienst. Danach begann er mit dem Studium der Geologie an der Universität Wien, welches er 1949 mit der Promotion abschloss. 1949 trat er in die Geologische Bundesanstalt ein, wo er von 1972 bis 1979 als Abteilungsleiter für Oberösterreich und Salzburg tätig war. Mit dem Übertritt in den dauernden Ruhestand 1982 erhielt er den Berufstitel Professor. In den 1980er-Jahren hielt er allerdings noch Vorlesungen an der Universität Salzburg. Plöchinger galt als ausgesprochener Spezialist für die nördlichen Kalkalpen. Er war Ehrenmitglied der Österreichischen Geologischen Gesellschaft und unterstützte mit allen Kräften die Einrichtung der erdwissenschaftlichen Abteilung des Bezirksmuseums Mödling. 1964 erhielt er den Theodor-Körner-Preis, 1963 den Kardinal-Innitzer-Preis, 1975 das Österreichische Ehrenzeichen für Wissenschaft und Kunst. Die Künstlerin Monika Brüggemann-Ledolter ist Grafikerin an der Geologischen Bundesanstalt, Schriftführerin der österreichischen Exlibris-Gesellschaft und Redakteurin von deren Mitteilungen.

Abb. 6. Exlibris *Vladimir Bujárek* von Jan Konůpek (1883–1950), Klischee, 1945, 102 x 130 mm.

Drei Paläontologen betrachten und vermessen einen »*Archaeopteryx*-Abdruck«. Der Auftraggeber war Grafikdrucker. Der tschechische Künstler Jan Konůpek wurde am 10. Oktober 1883 in Jungblunzau (Mladá Boleslav, Tschechien) geboren und starb am 13. März 1950 in Prag. Er zählt neben František Kobliha (1877–1962) und František Drtikol (1883–1961) zu den wichtigsten tschechischen Vertretern der Zwischenkriegskunst und ist vorrangig als Illustrator und Kupferstecher bekannt. Die Liste seiner grafischen Arbeiten umfasst 1.448 Werke und mehr als 600 Buchillustrationen. Von 1903 bis 1906 studierte Jan Konůpek Architektur an der heutigen ČVUT (Tschechische Technische Universität) in Prag, wechselte jedoch unter dem Einfluss von Pavel Janák (1882–1956) und Václav Vilém Štech (1885–1974) zur Kunst. Von 1906 bis 1908 erhielt er eine Ausbildung im Atelier von Professor Maximilian Pirner (1853–1924).[11]

Abb. 7. Exlibris *geologicis Georg Schneider* von Sepp Frank (1889–1970), o.J., Radierung, 175 x 150 mm (Platte).

Ein Geologe im langen Mantel steigt aus einem Schacht, darunter Remarque mit Saurierskelett. Der Auftraggeber ist als Geologe unbekannt, möglicherweise war er ein Sammler erdwissenschaftlicher Objekte. Sepp Frank war ein deutscher Maler, Glasmaler, Radierer und Grafiker. Joseph August Frank wurde in Miesbach, Bayern, 1889 geboren und studierte in München an der Akademie der Bildenden Künste. Er wandte sich früh Exlibris-Arbeiten zu, die ein für ihn sehr charakteristisches Aussehen haben. Bekannt wurde er auch durch seine Glas- und Porträtmalereien. Seine Werke wurden im Zweiten Weltkrieg teilweise zerstört.[12]

11 Vgl. Jan Konůpek, URL: https://www.galerieubetlemskekaple.cz/umelci/jan-konupek/ (abgerufen am 18.9.2019).

12 Vgl. Sepp Frank, URL: https://de.wikipedia.org/wiki/Sepp_Frank_(Architekt) (abgerufen am 30.8.2019).

Abb. 8. Exlibris *Werner Quenstedt* (1893–1960)[13] von Hans Volkert (1878–1945), Radierung, 1919.

Eine Nixe stützt sich auf einen Amaltheus, der von Puttis, welche wiederum in Ammonitenschalen sitzen, gestützt wird. Im Hintergrund befindet sich eine Insel im Meer. Quenstedt war der Enkel des berühmten Paläontologen Friedrich August Quenstedt (1809–1889). Nach seiner Matura 1911 am Wilhelmsgymnasium in München studierte er zunächst Medizin, aber auch Geologie und Paläontologie bei Ferdinand Broili (1874–1946) und August Rothpletz (1853–1918). Im Ersten Weltkrieg meldete er sich freiwillig und war sowohl im Sanitätsdienst, zuletzt als Truppenarzt in Frankreich, als auch als Feldgeologe aktiv. Nach dem Krieg vollendete er sein Medizinstudium in München mit der Approbation als Arzt, wandte sich aber der Paläontologie zu und wurde 1922 bei Broili promoviert. Danach war er Assistent in Königsberg und ab 1923 bei Josef Felix Pompeckj (1867–1930) in Berlin, bei dem er sich 1929 auch habilitierte. 1935 wurde Quenstedt außerordentlicher und 1939 außerplanmäßiger Professor für Paläontologie in Berlin. Zu Kriegsende findet man ihn in Tirol (Achenkirch). 1946 erhielt er einen Lehrauftrag in Innsbruck, 1950 in München und Regens-

13 Vgl. Georg Mutschlechner, Werner Quenstedt, in: *Verhandlungen der Geologischen Bundesanstalt* (1961), 1961, 1–5.

burg. »Unermüdlich suchte er seine Hörer mit der Stratigraphie des Jura vertraut zu machen; den drei Tafeln zum Deutschen Jura, die sein Großvater Friedrich August Quenstedt berühmt gemacht haben, fügte er eine vierte mit der Gliederung des alpinen Jura hinzu.«[14] Er starb an einem Schlaganfall und liegt in München (Nordfriedhof) begraben. Der Maler und Grafiker Hans Volkert wurde als Hans Gustav Friedrich Volkert 1878 in Erlangen geboren. Vorerst Lithograf, bildete er sich als Radierer bei Peter Halm (1854–1923) weiter. Danach wechselten seine Familie und er oft den Wohnsitz, 30 Jahre seines Lebens verbrachte er dann aber in München. Hier vertiefte er seine Kenntnisse in allen Künsten des Tiefdrucks, versuchte sich aber auch in der Industriegrafik. Ab 1901 studierte er an der Akademie der Bildenden Künste in München. Im Ersten Weltkrieg wurde er zum Dienst im Bayerischen Hauptstaatsarchiv/Kriegsarchiv eingezogen. 1926 begab er sich auf eine zweijährige Weltreise. 1932 wurde er von seiner Frau Lene (?–?) geschieden, danach heiratete er Frau Dr. Nora Gabriele Maria Feichtinger (?–1945), mit welcher er in Buchenau lebte. 1938 übersiedelte er in das Schloss Gneixendorf bei Krems, welches im Besitz seines Schwagers war. Kriegsbedingt musste er mit seiner Frau Gneixendorf zwangsweise verlassen und nach Groß Olkowitz/Bezirk Znaim übersiedeln, wo das Ehepaar bis April 1945 lebte. Mit dem Einmarsch der Roten Armee in die Tschechoslowakei mussten er und seine Familie mit zwei Pferdegespannen nach Oberösterreich fliehen. Volkerts Familie fand Zuflucht im Pfarrhaus in Buchkirchen bei Wels. Am Abend des 6. Mai 1945 (zwei Tage vor Kriegsende!) schieden Hans Volkert und seine Frau freiwillig aus dem Leben.[15]

14 Ludwig Pongratz, Naturforscher im Regensburger und ostbayerischen Raum: Dr. Werner Quenstedt, in: *Acta Albertina Ratisbonensia* 25 (1963), 143–144.

15 Vgl. Evelyn Dünstl-Walter/Manfred Dünstl, Hans Volkert. Bekannt – Unbekannt, in: *DEG Jahrbuch 2016. Exlibriskunst und Grafik*, Frankfurt/Main: Deutsche Exlibris-Gesellschaft 2016, 19–40.

Abb. 9. Ex libris *Prof. Dr. Mario Pleničar* (1924–2016) von Jože Trpin (1910–1990), Klischee, um 1980, 70 x 54 mm. Hippurit.

Mario Pleničar studierte Geowissenschaften an der Universität Ljubljana und wurde 1960 promoviert. Danach war er sechs Jahre Mitglied der slowenischen Geologen in Algerien. Ab 1970 lehrte er als Professor an der Fakultät für Naturwissenschaften und Technologie der Universität Ljubljana. Sein Hauptarbeitsgebiet umfasste die Fossilien der Kreidezeit. 1991 erfolgte die Ernennung zum ordentlichen Mitglied der Slowenischen Akademie der Wissenschaften. Der Künstler Jože Trpin war ein slowenischer Maler und Grafiker.[16]

16 Vgl. Jože Trpin URL: https://www.itis.si/oseba/TRPIN-JOZE?5315589 (abgerufen am 30.8.2019).

Abb. 10. Exlibris *Elfriede Prillinger* (1922–2010) von Franz Johann Pilz (1921–2018), Kupferstich, 75 x 56 mm; dunkelbraun-weiß. Exlibris Nr. 21, Opus 49. Schnitt durch einen Ammoniten der Hallstätter Kalke, die nach wie vor großes Ziel von Fossiliensammlern sind.

Elfriede Prillinger ist eine der großen oberösterreichischen Lyrikerinnen, Essayistinnen, Landeskundlerinnen, Gmunden-Spezialistinnen und ist als Brahms- und Hebbel-Forscherin bekannt. Besondere Verdienste erwarb sie sich vor allem um das Kammerhofmuseum in Gmunden, welches sie zu einer bedeutenden Pflegestätte der oberösterreichischen Kulturgeschichte erhob. Sie war auf vielen Gebieten der Kulturwissenschaften tätig, aber auch an der geogenen Landeskunde interessiert. So geht auf sie die Gründung einer »Geologisch-paläontologischen Arbeitsgemeinschaft« im Jahre 1981 zurück.[17] Der Künstler Franz Johann Pilz verstarb 2018. Er war Maler und Grafiker. Seine Hauptthemen umfassten die Natur, Pflanzen, Tiere, aber auch Landschaften. Daneben betätigte er sich als Topograf, indem er alte Bauernhäuser, Mühlen, Auszugshäuseln usw. zeichnete, malte und auch in grafische Motive einbrachte.[18]

17 Vgl. Heidelinde Dimt, Elfriede Prillinger (5.6.1922–19.9.2010), in: *Jahrbuch des Oberösterreichischen Musealvereins* 156 (2011), 212–214.

18 Vgl. Tillfried Cernajsek, Dem Maler und Grafiker Franz Johann Pilz zum Gedenken, in: *Österreichisches Jahrbuch für Exlibris und Gebrauchsgrafik* (Band 70), Wien: Österreichische Exlibris-Gesellschaft 2017–2019, 2019, 162–176.

Abb. 11. *Ex libris – geobotanicis Prof.-is Dr. R[ezsö] Soó de Bere* (1903–1980) von Károly Várkonyi (1910–2001), Debrecen, Klischee, 1934, 120 x 90 mm. Urzeitlicher Wald.

Rezsö Soó war ein ungarischer Botaniker und lehrte als Professor für Botanik an der Universität von Budapest. Er verfasste rund 600 Publikationen und 30 Bücher. Sein bevorzugtes Arbeitsgebiet waren Orchideen und die Phytogeografie der Karpaten. Soó hatte offenbar auch eine Sammlung paläobotanischer Bücher besessen.[19] Károly Várkony war ein ungarischer Maler und Grafiker. Er begann sein künstlerisches Studium an der Grafikabteilung der School of Design, wo er 1931 seinen Abschluss machte. In diesem Jahr studierte er an der Albert-Reimann-Kunsthochschule in Berlin. Nach seiner Rückkehr von einer Studienreise im Ausland, wurde er Student am Budapester College of Fine Arts, unter dem Meister Ágost Benkhard (1882–1961). Ab 1935 arbeitete er in der Dürer-Gilde von Ajtósi, ab 1936 verdiente er seinen Lebensunterhalt als Beamter im Landwirtschaftsministerium in Budapest. Von 1957 bis 1973 arbeitete Várkony als

19 Vgl. Gustav Wendelberger, Reszö Soó (1903–1980), in: *Verhandlungen der Zoologisch-Botanischen Gesellschaft in Wien* 118–119 (1980), 11.

Zeichenlehrer an einem Berufsbildungsinstitut. Von 1973 bis 1978 fungierte er auch als künstlerischer Leiter eines Exlibris Circles, vermutlich, nach Angaben des Autors dieses Beitrags, jenem in Debrecen.[20]

Abb. 12. Ex libris *Michael Wachtler* (geb. 1959) von Alexandra von Hellberg (geb. 1968), Eppan, Südtirol[21], Radierung / blau auf weißem Papier, 2005, 90 x 100 mm. Das Motiv zeigt Lebensbilder von in Südtirol von Michael Wachtler gefundenen Fossilien, die auch beschriftet sind. Der kleine Saurier wurde als *Megachirella wachtleri* beschrieben, daneben befindet sich ein *Gordonopteris lorigae*, ein »Urfarn«, im Hintergrund sichtbar schematische Mineralstufen.

Michael Wachtler begann in seiner Studentenzeit mit der Teilnahme an Exkursionen in die Bergwelt, wo besonders Mineralien und Fossilien sein Interesse erweckten. Ab 1990 befasste er sich mit der versteinerten Flora der Dolomiten und entdeckte eine Reihe neuer fossiler Pflanzen, welche wichtige Entwicklungsschritte darstellen und als »Garten Eden der Urzeit« eingestuft werden. Im Jahr 1999 entdeckte Wachtler in den Pragser Dolomiten ein gut erhaltenes Skelett eines kleinen Landsauriers aus der frühen Mitteltrias vor 245 Millionen Jahren, der von italienischen Forschern im Jahr 2003 den Namen *Megachirella wachtleri* erhielt. Im Jahr 2018 kam *Megachirella wachtleri* auf die Titelseite von Nature, welche als Ahnherr der Schuppenkriechtiere wie Schlangen, Eidechsen, Leguane, Geckos usw., aber auch als »Mutter aller Eidechsen und Schlangen« angesehen wird.[22]

20 Vgl. Károly Várkony, URL: https://www.kieselbach.hu/muvesz/varkonyi-karoly_6543 (abgerufen am 18.9.2019).

21 Vgl. Claudia Karolyi, *Bilder vom Glück: die Exlibris der Alexandra von Hellberg* (Exlibris-Publikation 409), Frederikshavn: Kunstmuseum, 2004.

22 Vgl. URL: Nature.com/articles/sdata2018244.pdf (abgerufen am 18.9.2019).

Aufsehen erregte ein von Wachtler gefundener Urfarn, der von ihm und Mitautoren 2005 mit dem Namen *Gordonopteris lorigae* benannt wurde. Damit wurden die schottische Paläontologin Maria Ogilvie-Gordon (1864–1939) sowie die italienische Forscherin Carmela Loriga-Broglio (1929–2003) geehrt. In der Folge beschrieb Wachtler eine Fülle von neuen fossilen Pflanzen. Der österreichische Mineraloge Georg Kandutsch (geb. 1959) benannte daraufhin eine neue Farngattung *Wachtleria* nach ihm. Auch bedeutende Goldfunde in Brusson im Aostatal gelangen Wachtler und seinen Kollegen auf Grund alter Schatzkarten in den Jahren 2003 bis 2008. Am Piz da Peres in den Pragser Dolomiten fand er im Jahr 2007 gut erhaltene Fußspuren primitiver Dinosaurier, welche in eine Zeit vor 240 Millionen Jahren datieren. Wachtler widmete sich gleichzeitig der Organisation von Ausstellungen und Museumskonzepten. Zusammen mit dem Kärntner Georg Kandutsch initiierte er erste »Schatzkammern der Natur«, bekannt geworden ist »Dolomythos« in Wachtlers Villa in Innichen, das die Geschichte der Dolomiten vom Beginn bis in die Jetztzeit zeigt. Von Michael Wachtler sind bis jetzt neun Bücher erschienen, die auch für Laien leicht lesbar und erfassbar sind.[23]

HR. Dr. Tillfried Cernajsek
Ehemaliger Direktor der Bibliothek der Geologischen Bundesanstalt
Vorsitzender der Österreichischen Exlibris-Gesellschaft (ÖEG)
Vorsitzender der Österreichischen Gesellschaft für zeitgen. Graphik (ÖGzG)

23 Vgl. Michael Wachtler, URL: https://de.wikipedia.org/wiki/Michael_Wachtler (abgerufen am 3.3.2019).

Archivwesen bzw. Sammlungsbestände

Fritz F. Steininger

Bedeutende naturkundliche und kulturwissenschaftliche Sammlungen des frühen 19. Jahrhunderts aus dem westlichen Weinviertel und dem östlichen Waldviertel von Candid Ponz, Reichsritter von Engelshofen (1803–1866)

Als Nucleus und Grundlagen des Unterrichts sowie der beschreibenden Naturwissenschaften und Kulturwissenschaften sind die im 18. und 19. Jahrhundert angelegten wissenschaftlichen institutionellen, staatlichen und privaten Sammlungen von besonderer Bedeutung. Durch die Erfassung und Bestimmung der Objekte in solchen Sammlungen wurden nicht nur die Grundlagen für den universitären Unterricht, sondern vor allem für die darauf aufbauenden wissenschaftlichen Arbeiten geschaffen. Solche frühen Sammlungen sind dann als wissenschaftliche zu bezeichnen, wenn sie nicht unbeschriftet oder trivial beschriftet vorliegen, und eindeutige Hinweise auf die Herkunft (Provenienz, »Fundort«) des Sammlungsguts geben.
Die naturwissenschaftlichen und kulturwissenschaftlichen Sammlungen des Candid Ponz, Reichsritter von Engelshofen (1803–1866), sind ein überzeugendes Beispiel einer solchen privaten Sammlung. Alle Objekte dieser Sammlung, die heute im Krahuletz-Museum in Eggenburg aufbewahrt werden, sind, neben der Beschreibung des Objekts, mit entsprechenden detaillierten Herkunfts-(Provenienz-, Fundort-)angaben versehen.

Significant natural and cultural collections of the early 19th century from the western wine district (Weinviertel) and the eastern forest district (Waldviertel) by Candid Ponz, Reichsritter von Engelshofen (1803–1866)
The scientific collections created in the 18th and 19th centuries (institutional, state, or private) are of particular importance not only as the nucleus of further expanded collections, but also as support for teaching purposes and as a basis for further descriptive natural and cultural scientific studies. The specification and determination of the objects in collections not only created the basis for university teaching, but also provided the basis for further academic work. Such early collections can be described as scientific ones if the objects are not unlabeled or only trivially labeled, and provide clear indications of their origin (provenance, place of discovery).
The scientific and cultural collections of Candid Ponz, Imperial Knight of Engelshofen, are a convincing example of such a private collection. All objects in this collection, which are kept in the Eggenburg Krahuletz Museum today, provide in addition to the description of the objects, detailed information of their origin.

Keywords: Candid Ponz, Reichsritter von Engelshofen, Krahuletz Museum, Eggenburg, Stockern, Weinviertel, Waldviertel, naturwissenschaftliche Sammlungsbestände

Candid Ponz, Imperial Knight of Engelshofen, Krahuletz Museum, Eggenburg, Stockern, Weinviertel (wine district), Waldviertel (forest district), natural science collections

Candid Ponz, Reichsritter von Engelshofen (1803–1866)

Candid (Candidus oder auch Kandidus) Ponz, Reichsritter von Engelshofen, der heute als einer der Pioniere der österreichischen Urgeschichtsforschung gilt, kam am 22. Februar 1803 als Sohn des Ferdinand Ponz, Reichsritter von Engelshofen, (?–1837) und seiner Gattin Aloysia (?–?), geborene von Stettner, in Wien zur Welt (Abb. 1).[1] Die Familie entstammte aus dem Geschlecht des »kaiserlichen Feldapothekers« Johann Sigmund Ponz (?–1723), der 1697 von Kaiser Leopold I. (1640–1705) gemeinsam mit seinem Bruder Johann Ignaz Ponz (?–?) für deren Verdienste im Kampf gegen die Osmanen in den erbländisch österreichischen Ritterstand mit dem Prädikat »von Engelshofen« erhoben wurde. Johann Sigmund Ponz erwarb 1690 das Gut Rothmühle bei Schwechat, wo Kaiser Karl VI. (1685–1740), der als begeisterter Jäger seinem Hobby in der Gegend von (Kaiser) Ebersdorf bis Laxenburg frönte, angeblich des Öfteren Gast der Familie Ponz in Schloss Rothmühle gewesen war. Nachdem Johann Sigmund Ponz von Engelshofen 1723 gestorben war, übertrug seine Witwe Maria Rosina (?–?) 1739 Schloss und Mühle an ihren Neffen, den »Niederösterreichischen Regimentsrat« Ferdinand Andre Ponz von Engelshofen (?–?), welcher den Besitz ein Jahr später an den »Wiener Feldapotheker« Georg Friedrich von Eylenschenk (1687–1750) und dessen Gattin Maria Regina (1687–1770) verkaufte. Das Wappen des Johann Sigmund Ponz von Engelshofen ist heute noch am Plafond der Schlosskapelle der Rothmühle zu sehen.[2]

Im Jahre 1769 erwarb Ferdinand Ponz, Reichsritter von Engelshofen, die Herrschaft und das Schloss Stockern (Abb. 2), das sich seit 1566 im Besitz der Grafen Lamberg befand. 1798 wurde der erste Sohn Adolf (1798–1876) und weitere fünf Jahre danach Candid geboren. Dieser begann eine soldatische Karriere, trat im Alter von 15 Jahren, am 7. September 1818 als Zögling in die Theresianische Militärakademie in Wiener Neustadt ein und wurde am 21. Dezember 1825 als Fähnrich zum Infanterieregiment Nr. 4 Hoch- und Deutschmeister ausgemustert. Ein Jahr später, am 16. Oktober 1826, wurde er als Leutnant zum Kürassierregiment Nr. 8 Constantin Cesarewitsch Großfürst von Russland versetzt, das von 1820 bis 1836 in Klattau (Klatovy, Tschechien) stationiert war und danach nach Podiebrad (Poděbrady, Tschechien) verlegt wurde. Candid Ponz, Reichsritter von

1 Vgl. Erich Heinrich Kneschke (Hg.), *Neues allgemeines Deutsches Adels-Lexicon im Vereine mit mehreren Historikern* (Band 3), Leipzig: Verlag von Friedrich Voigt 1861, 118.

2 Vgl. Geschichte der Rothmühle I, URL: http://www.nestroy.at/inz_schwechat/rothmuehle/rothm_1.html (abgerufen am 10.5.2019).

Abb. 1: Candid Ponz, Reichsritter von Engelshofen

Engelshofen, wurde am 16. Oktober 1830 zum Oberleutnant und am 1. April 1836 zum Seconde-Rittmeister (Rittmeister 2. Klasse) befördert. Nach dem Tod seines Vaters quittierte er am 15. Oktober 1837 den Militärdienst unter Beibehaltung seines Offizierscharakters und übernahm gemeinsam mit seinem Bruder Adolf das väterliche Gut in Stockern.[3]

3 Vgl. Hermann Maurer, Candidus Ponz, Reichsritter von Engelshofen, in: *Das Waldviertel* 28 (1979), 83–85. – Ders., Pontz (Ponz) von Engelshofen, Kandidus, in: Österreichische Akademie der Wissenschaften [ÖAW] (Hg.), *Österreichisches Biographisches Lexikon 1815–1950* [ÖBL] (Band 8), Wien: Verlag der ÖAW 1983, 193–194. – Ders., Candidus Ponz, Reichsritter von Engelshofen, in: *Horner Schriften zur Ur- und Frühgeschichte* 7/8 (1983/84), 73–75. – Burghard Gaspar/Fritz F. Steininger/Johannes M. Tuzar, Candid Ponz, Reichsritter von Engelshofen (1803–1866) – Forscher und Sammler, in: Harald Hitz/Franz Pötscher/Erich Rabl/Thomas Winkelbauer (Hg.), *Waldviertler Biographien* (Band 2) (Schriftenreihe des Waldviertler Heimatbundes 45), Horn: Waldviertler Heimatbund 2004, 109–132.

Abb. 2: Schloss Stockern um 1900

Der Geologe Eduard Suess (1831–1914) erinnert sich in seinen »Lebenserinnerungen« (1916) an Candid Ponz von Engelshofen wie folgt:

> »In unserer Gesellschaft ist es, als wäre man seit fünfzig Jahren von der Wiese mit den Individualitäten in den Wald von Durchschnittsmenschen gelangt. Die Solitaires waren in der Stadt immer seltener als draußen auf dem Lande, dort fand man sie aber noch. Heute muß man sie im Gebirge suchen. Ein solcher kernhafter Solitär war Candid Reichsfreiherr von Engelshofen auf Schloß Stockern bei Horn, oder einfach Candid, als welcher er weit und breit bekannt war. Er war groß, breitschultrig mit einem buschigen Schnurrbart. Einen Schlapphut am Kopfe, einen zerrissenen Rock, darunter den Hirschfänger, hohe Wasserstiefel, auf den Schultern den Stutzen, in der Hand einen Stock, an dem ein Bajonett befestigt war, um am Wege die Steine zu wenden, so pflegte er durch das Land zu streifen (Siehe bei Abb. 1 – Engelshofen in Feldadjustierung). Kein Bauer noch viel weniger eine Bäuerin durfte ihm entgegenkommen ohne eine kurze Ansprache zu finden. Er war ein so genauer Betrachter der Natur, daß er schon viele Jahre vor dem Bekanntwerden prähistorischer Steinwerkzeuge bei Amiens, hier in Niederösterreich Pfeilspitzen und Messer aus Feuerstein erkannte und sammelte. Später fand er auch die geschliffenen Werkzeuge aus Grünstein, und manches Stück in dem Museum, das er in Stockern bildete, hatte seine eigene Geschichte. Der eine Steinhammer hatte einem Bauer als Gewicht an der Schwarzwälder Uhr, der andere als Leuchter im Weinkeller gedient usf. ›Ich bin nicht stolz,‹ pflegte er zu sagen, ›aber darauf, daß so viele Leute mich für verrückt halten, bilde ich mir was ein‹, oder: ›Die Leute unten in Eggenburg haben mir Kanonenkugeln verkauft, welche die Schweden in die Stadt geschossen haben. Diese Kugeln hätten ihnen heilig sein sollen; ich will mit den Eggenburgern nichts mehr zu tun haben‹. Durch viele heiße Sommertage hat der

> gute Candid mich begleitet und im Jahre 1866 hat ihn und einen Teil der Familie die Summe von Krankheiten[4] weggerissen, die verheerend dem Feldzuge[5] folgte.«[6]

Ebensolche Beschreibungen von der Persönlichkeit bzw. den Schicksalsschlägen des Candid Ponz, Reichsritter von Engelshofen, finden sich bei Angela Stifft-Gottlieb[7] (1881–1941), Bertha von Suttner[8] (1843–1914) und in einem Manuskript von Johann Krahuletz (1848–1928), das heute im Archiv des Krahuletz-Museums aufbewahrt wird.[9]

Zur österreichischen Friedensnobelpreisträgerin Bertha von Suttner bestand eine ganz weitschichtige Verbundenheit. Als nämlich die letzte Namensträgerin Emilie Ponz von Engelshofen (1819–1890), die Witwe nach Adolf Ponz, Reichsritter von Engelshofen, am 29. Oktober 1890 verstarb, war dieser Zweig der Familie erloschen und die Gutsinhabung trug von nun an den Namen der Freiherrn von Suttner, da deren jüngste Tochter Pauline Ponz von Engelshofen (1848–1925), Richard Freiherrn von Suttner (1844–1909), einen Schwager von Bertha von Suttner, geheiratet hatte und somit das Schloss in den Besitz der Familie von Suttner gelangte.[10]

Im Gedenkbuch der Pfarre Stockern ist darüber hinaus noch ein weiteres schwerwiegendes Ereignis im Leben des Candid Ponz festgehalten:

> »[...] Aber noch ein anderes Unglück traf in diesem Jahre den guten Baron. Am Feste Allerheiligen, am 1. Nov. um $\frac{1}{2}$ 6 Uhr früh ertönte die Sturmglocke; was giebts: Es brennt in der Scheune des Schlosses. Und nicht nur die Scheunen samt allen Fruchtgattungen, sondern auch alle andern Wirtschaftsgebäude wurden in Asche gelegt. Einen ungeheuren Schaden erlitt Herr Baron durch den Verlust der Feldfrüchte in den Scheunen, weil sie nicht assicurirt waren. Auch das Pfarrhaus u. die Kirche waren in Gefahr, die uns durch die Papel-Alle im Schlosse abgewendet wurde. Schon an vielen Orten fingen die Schindeln Feuer. Aber eine Unzahl Menschen waren beschäftigt die auflodernde Flamm zu ersticken u. so wurde das Schloß vor der Zerstörung gerettet. – Boshafte Menschen, herumziehende Leute, die betteln u. dabei stehlen, scheinen den

4 Hierbei handelt es sich um eine Cholera-Epidemie.
5 Gemeint ist der Preußisch-Österreichische Krieg.
6 Erhard Suess (Hg.), Eduard Suess, *Erinnerungen*, Leipzig: Hirzel 1916, 137–138.
7 Vgl. Angela Stifft-Gottlieb, Die vor- und frühgeschichtlichen Sammlungen des Candid Ponz, Reichsritter von Engelshofen, auf der Rosenburg, in: *Das Waldviertel* 74 (1998), 250–261.
8 Vgl. Bertha von Suttner, *Die Waffen nieder!* Eine Lebensgeschichte (Band 2), Dresden-Leipzig-Wien: Person 1889, 173. Diese Publikation wurde auf Schloss Harmannsdorf verfasst.
9 Vgl. Johann Krahuletz, *Candid Reichsritter von Engelshofen. Nach Aufzeichnungen Krahuletz's.* – ohne Ortsangabe, ohne Jahreszahl (wahrscheinlich nach 1930), Archiv Krahuletz-Museum, Eggenburg.
10 Vgl. Johann Svoboda, Die *Theresianische Militärakademie zu Wiener-Neustadt und ihre Zöglinge von der Gründung der Anstalt bis auf unsere Tage* (Band 2), Wien: k. k. Hof- und Staatsdruckerei 1894, 476.

> Brand gelegt zu haben.«[11] »In diesem Elend nahm sich der verstorbene alte Graf Hoyos von Horn der Familie an und lieferte alles, was zum Weiterbestand der Wirtschaft nötig war. Bei dieser Gelegenheit kam das Geschäft zustande, daß die Engelshofen'schen Sammlungen die Wanderschaft von Stockern nach Rosenburg antreten mußten.«[12]

Unter den Sammlungsobjekten, die nun von Stockern nach Rosenburg verlagert wurden, befand sich das Eggenburger Scharfrichterschwert, das seinerzeit Baron Candid aus dem Rathaus in Eggenburg gekauft hatte.[13] Es sollte fast 70 Jahre dauern, bis dieses Richtschwert durch persönliche Kontakte von Angela Stifft-Gottlieb zu Rudolf Graf Hoyos-Sprinzenstein (1884–1972) wieder nach Eggenburg, diesmal ins Krahuletz-Museum, gelangte. Stifft-Gottlieb hatte nämlich die Engelshofschen Sammlungen auf der Rosenburg inventarisiert und als Dank wurde ihr von Graf Hoyos-Sprinzenstein das Eggenburger Richtschwert übergeben.

Adolf Ponz, Reichsritter von Engelshofen, der Erbe des Guts, sah sich nun gezwungen, die einzigartige Sammlung Candids einerseits aus Platzgründen und andererseits aufgrund finanzieller Probleme zu veräußern. Der Schätzwert betrug 600 Gulden. Dazu kamen noch Ölbilder, Waffen und Rüstungen. Die Familie Hoyos-Sprinzenstein fungierte als Käufer, wobei sich deren bereits erwähnter Nachkomme Rudolf Graf Hoyos-Sprinzenstein, der später diese Gegenstände erwarb und bestimmte, dass die Ölbilder zuerst in Horn gelagert, dann aber auf die Rosenburg gebracht wurden, als besonders wichtiger Förderer des Sammlungsguts entpuppte.

Die Sammlungen des Candid Ponz von Engelshofen

Die Sammlungen von Engelshofen umfassen Objekte aus den Wissensgebieten Mineralogie, Paläontologie, Biologie sowie Archäologie, darüber hinaus Waffen und diverse Sammlungsgüter aus Eisen. Die einzelnen Sammlungsbestände, die im Rahmen dieses Beitrags kurz charakterisiert werden, wurden 2013 von Markus Graf Hoyos als Dauerleihgaben an das Krahuletz-Museum in Eggenburg übergeben.[14] Repräsentative Teile der Mineralogischen, Paläontologischen und Biologischen Sammlungen sind seit dem Jahr 2014 im Krahuletz-Museum ausgestellt.

11 Gedenkbuch der Pfarre Stockern 1844–1925 (Pfarrarchiv Stockern, derzeit im Diözesanarchiv St. Pölten, Signatur 5/1), 20.

12 Johann Krahuletz, Candid Reichsritter von Engelshofen.

13 Vgl. Heinz Krebs, Vater und Mutter Krahuletz, in: *Tätigkeitsbericht des Vereines Krahuletz-Gesellschaft in Eggenburg erstattet anläßlich des 25jährigen Bestandes für die Jahre 1901 bis 1925*, Eggenburg: Verlag der Krahuletz-Gesellschaft 1926, 121.

14 Die folgenden Beschreibungen der Sammlungen resultieren aus den Forschungen des Autors dieses Beitrags gemeinsam mit Burghard Gaspar und Johannes M. Tuzar.

Mineralogisch–Paläontologische Sammlungen

Die Mineralogisch-Paläontologischen Sammlungen waren bis 1991 in ihrem Inhalt mehr oder weniger unbekannt. Es gab nur einzelne Hinweise auf deren Existenz, zum Beispiel bei Angela Stifft-Gottlieb[15], Hermann Maurer[16] oder bei Anna Maria Sigmund[17].

Mineralogische Sammlung

Im Material der Mineralogischen Sammlung finden sich nur wenige Objekte und Gesteine (insgesamt 40 Zähleinheiten in zwei Schachteln), die aus der näheren Umgebung von Stockern stammen, darunter allerdings aus Fundorten, die heutzutage, da verbaut oder verschüttet, nicht mehr zugänglich sind. Weitere Objekte aus der Steiermark, aus Tirol, aber auch verschiedenen anderen Ländern, die der Sammlung einverleibt sind, stammen, wie aus den Anmerkungen auf den Fundzetteln ersichtlich ist, in der Regel von Kameraden, die Engelshofen in Stockern besuchten und diese Stücke als Geschenk mitbrachten. Alle Objekte der Mineralogischen Sammlung befinden sich heute als Dauerleihgabe im Krahuletz-Museum. (Abb. 3)

Paläontologische Sammlung

Die paläontologischen Objekte sind unterschiedlichster Herkunft und aus unterschiedlichen Zeitabschnitten der Erdgeschichte. Der Großteil der Sammlungsbestände stammt aus der näheren und weiteren Umgebung von Stockern, Eggenburg und Horn (aus dem Zeitabschnitt des Unter-Miozäns = Eggenburgium) sowie Hollabrunn (aus dem Zeitabschnitt des Mittel-Miozäns = Badenium). Darüber hinaus findet sich eine Reihe einzelner Objekte aus diversen europäischen Ländern, die Engelshofen, wie wiederum aus den Fundzetteln hervorgeht, ebenfalls von seinen Gästen als Geschenke überreicht bekam.

Die Paläontologische Sammlung ist digital mit insgesamt 2.280 Zähleinheiten erfasst und befindet sich ebenfalls als Dauerleihgabe im Krahuletz-Museum.

15 Vgl. Angela Stifft-Gottlieb, Die Sammlung Engelshofen auf Rosenburg, in: *Fundberichte aus Österreich* 1, 1920/33 (1930/34), 138–141.

16 Vgl. Maurer, Candidus Ponz, in: *Das Waldviertel*, 84.

17 Vgl. Anna Maria Sigmund, Die Rettung der Rosenburg. Restauration und Umbau 1859–1875, in: *Unsere Heimat. Zeitschrift des Vereines für Landeskunde von Niederösterreich* 63 (1992), 313–339, 330.

Abb. 3: Mineralien aus der näheren Umgebung von Stockern

Aus den oben angeführten Literaturstellen[18] ist zu entnehmen, dass die Mineralogischen und Paläontologischen Sammlungen, die natürlich auch geologische Objekte beinhalten, von Stockern auf die Rosenburg überführt und dort aufbewahrt wurden. Auf Grund von Hinweisen von Prof. Dr. Hanns Haas (Universität Salzburg) und Direktor Dr. Johannes M. Tuzar (Krahuletz Museum, Eggenburg) wurden sowohl diese »erdwissenschaftlichen«, als auch die biologischen Sammlungen, von denen später noch die Rede sein wird, bis zur Niederösterreichischen Landesausstellung 1990 *Adel im Wandel* im oberen Geschoß des Mitteltrakts der Rosenburg in einem Raum, der an den Bergfried angrenzt, aufbewahrt. Auf Grund der Landesausstellung, die auf der Rosenburg stattfand, musste die Sammlung in einen südlich an das Archiv angrenzenden, kleinen dreieckigen Raum umgesiedelt werden. Dort konnte die Sammlung 1991 durch HR Dr. Friedrich Berg auf Nachfragen des Autors lokalisiert werden. Die Sammlung war zum Teil in den für die Engelshofschen Sammlungen typischen Kartons untergebracht (Abb. 4), die vor zwei, mit Fossilien gefüllten Sammlungskästen (Abb. 5) gelagert waren.

Die erste Besichtigung der Sammlungsbestände erfolgte im Jahre 1991 gemeinsam mit Dipl. Ing. Hans Graf Hoyos, HR Dr. Friedrich Berg, Prof. Dr. Heinrich Reinhart (1927–2013) und dem Autor dieses Beitrags. Rasch ließ sich der immense wissenschaftliche Wert dieser Sammlungen und die Notwendigkeit einer wissenschaftshistorischen Aufarbeitung erkennen. Graf Hoyos erteilte seine Zustimmung die Sammlung zu inventarisieren, dokumentieren und wissenschaftlich zu bearbeiten.

18 Siehe Fußnoten 15–17.

Abb. 4: Die typischen, selbst angefertigten Kartons der Engelshofschen-Sammlungen

Die Inventarisierungen dieser Sammlungen erfolgten im Juli 1992 sowie im August 1993, wobei alle Objekte auch fotografisch dokumentiert wurden. Dazu wurde eine Datenbank erstellt, die 21 Grunddaten erfasst, darunter eine Neue *Inventar Nummer = Zähleinheit* (die neue Zähleinheits-Nummer wurde auf den alten Etiketten mit Bleistift und mit Tusche am Objekt selbst vermerkt, wobei unter einer Zähleinheit ein oder mehrere Objekte erfasst sein können); (zum Teil der heute gültige) *Gattungs- bzw. Artname* (nur wenige Stücke der Fossiliensammlung waren ursprünglich taxonomisch bestimmt); *Fundort* (einerseits nach den Angaben Engelshofens auf den Fundzetteln, andererseits aus der Kenntnis des Autors dieses Beitrags); *Stratigraphie* (aus der Kenntnis des Autors); *Anzahl* (der angetroffenen Stücke); *Erwerbsdatum* (sofern von Engelshofen vermerkt); *Standort* (nach der Inventarisierung, wobei die angetroffene Anordnung beibehalten wurde, obwohl zu erkennen war, dass sie nicht der ursprünglichen Anordnung von Engelshofen entsprechen konnte); *Bemerkungen* (einerseits zur Originalbeschriftung auf den Etiketten von Engelshofen, andererseits Anmerkungen der Forscher).

Der Vollständigkeit halber soll erwähnt werden, dass einige Originalfundzettel auf blauem, die Mehrzahl jedoch auf weißem Papier geschrieben war.

Diese Inventarisierung und fotografische Dokumentation der Sammlung erfolgten unter der dankenswerten Mithilfe von Frau Mag. Brigitta Schmidt und

Abb. 5: Sammlungskasten geöffnet

den Herren HR Dr. Friedrich Berg, Prof. Dr. Heinrich Reinhart, HR Dr. Reinhard Roetzel, Mag. Thomas Vavra sowie dem Autor dieses Beitrags. Die Kulturabteilung des Landes Niederösterreich (HR Mag. Andreas Kusternig) unterstützte dieses Vorhaben finanziell, das Institut für Paläontologie der Universität Wien stellte die PC- und Fotoausrüstung zur Verfügung.

Die Sammlung war mit Sicherheit bereits von Engelshofen in den beiden doppeltürigen, als Sammlungskasten[19] adaptierten, spätbiedermeierlichen Kästen (siehe Abb. 5) und in den für Engelshofen charakteristischen Kartons (siehe Abb. 4) aufbewahrt worden.

In die Kästen sind zehn bis elf rohe Fachbretter eingebaut, auf denen unterschiedlich große, offenbar dem Inhalt angepasste Tabletts eingeschoben wurden. Auf diesen Tabletts mit niederem Holzleistenrand[20] finden sich die paläontolo-

19 Maße: Breite: 85 cm; Tiefe: 48 cm; Höhe: 177 cm.

20 Zwei verschiedene Größen: 19 x 43 x 3 cm und 25,5 x 43 x 2,5 cm.

gischen Objekte in selbstgefertigten, den Objekten in Größe und Form angepassten, mit Kleisterpapier überzogenen Schachteln und zum Teil bei Kleinobjekten in Fläschchen aus der Zeit (Abb. 6).

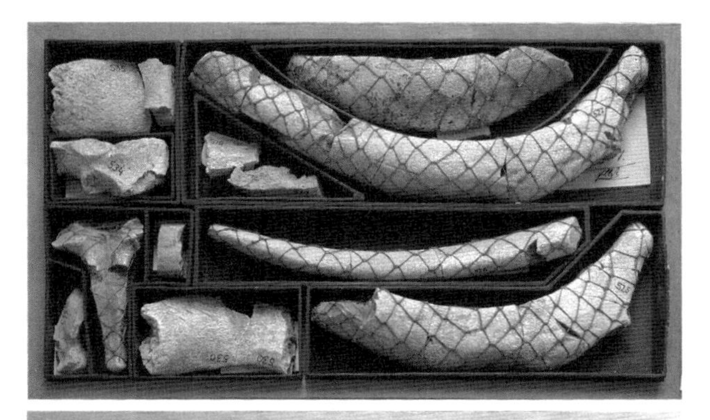

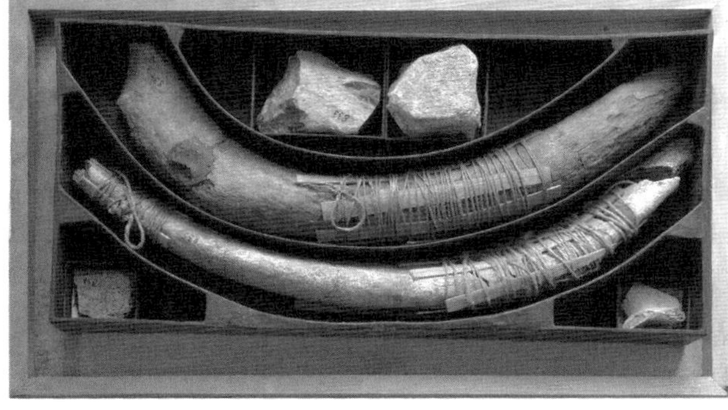

Abb. 6: An die Objekte angepasste Sammlungsschachteln und Präparation von Knochen mittels Messingdraht oder geschient mit Holzleistchen und Schnüren

Weitere Objekte wurden in 17 offenbar von Engelshofen selbst angefertigten Kartons aufbewahrt. Diese bestehen aus alten zusammengeleimten Akten, wobei die Kartons und die dazugehörigen Deckel außen mit Kleisterpapier in schwarz/bläulichem Grundton und innen mit einfärbig blauem oder schwarzem Papier überzogen wurden. Da die Kartons in unterschiedlicher Höhe und voneinander in oft abweichender Größe angefertigt wurden, war auf der Vorderseite mittig, zwischen Kartondeckel und Kartonunterteil, geteiltes Scherenschnittmuster angebracht, sodass der exakt passende Deckel zum entsprechenden Kartonunterteil eindeutig zugeordnet werden konnte (siehe Abb. 4).

Vor allem das pleistozäne Knochenmaterial und die Skelettreste der untermiozänen Seekuhreste von *Metaxytherium krahuletzi* sind, wenn sie nicht präparatorisch behandelt werden, sehr brüchig. Engelshofen hat diese Reste zum

Teil daher mit einem Messinggeflecht umgeben (s.o. Abb. 6) oder mittels Holzleistchen geschient und danach mit Schnüren umwunden.

Die paläontologische Sammlung umfasst, wie bereits erwähnt, 2.280 Zähleinheiten, wobei auf den originalen Fundzetteln der Fundort (mit zum Teil derart detaillierten Angaben, die es ermöglichen, die Fundorte auch heute noch zu lokalisieren), ferner häufig der Eigentümer des Fundortes, teilweise auch der Anlass diesen Ort aufzusuchen (z.B. ein Jagdausflug bei befreundeten Familien) und meist das Jahr (mitunter sogar Tag und Monat) der Aufsammlung vermerkt sind. So fehlen nur bei ca. 380 Zähleinheiten Angaben über das Datum der Aufsammlung. Die eigene regionale Sammeltätigkeit begann offenbar im Jahr 1828 (Zähleinheit Nr.: 0870 umfasst verschiedene Fossilstücke wie Austern, Balaniden etc. mit folgenden Angaben auf der Originaletikette, die auf blauem Papier geschrieben sind: »Kuenring Weg zum Dorf den 23. März 1828«), wobei die Fossilstücke eindeutig aus der Gauderndorf-Formation stammen, die sowohl am Weg von Kühnring Richtung Stockern ansteht, als auch am Weg von Eggenburg nach Kühnring. Bis zum Jahr 1850 wurden wenige Objekte aufgenommen, die Zähleinheiten beschränken sich meist unter zehn, maximal 30 bis 40 Zähleinheiten pro Jahr. Besonders intensiv wurde von 1851 bis 1853 gesammelt, mit über 540 Zähleinheiten im Jahr 1852. In diesen Jahren waren es Fundorte in der Region um Eggenburg und um Hollabrunn, die häufig besucht wurden. Das datumsmäßig letzte erfasste Stück der wahrscheinlich eigenen Aufsammlungstätigkeit findet sich unter der Zähleinheit Nr. 2273. Es handelt sich hierbei um einen mittelmiozänen Korallenstock mit folgender Aufschrift auf der auf weißem Papier geschriebenen Originaletikette: »Braunsdorf Josef Mukenhuber Haldersknecht 31. Dezember 1865«.

Neben diesen Objekten finden sich viele weitere, die überbracht oder möglicherweise eingetauscht wurden. Die ältesten dieser Objekte datieren aus den Jahren 1760 (Molar einer fossilen Elefantenart aus Istanbul) und 1774 (Gesteinsstück mit Steinkernen von Fossilien aus dem Mainzer Becken). Es finden sich aber auch Objekte aus der Umgebung Wiens (z.B. Zähleinheit Nr. 0007 mit folgendem Text auf dem originalen Etikett: »Kahlenberg bey Wien von Hr. Lieutnant Constantin Pesta 12. April 1865«) sowie aus der gesamten Monarchie z.B. aus Oberitalien zwei eozäne Fischskelette aus der berühmten Fundstelle am Monte Bolca bei Verona (Zähleinheit Nr. 0971: »Versteinerter Fisch von Monte Bolca bey Verona 1845« und Zähleinheit Nr. 0972: »Karl v. Maerkl K.K. Genie Lieutnant bey Verona 11. April 1861«). Interessant sind zudem die Fundstücke aus Böhmen, besonders aus der eozänen Fundstelle Altsattel bei Elbogen (Zähleinheiten Nr. 0973, 0974, 0975 aus dem Jahr 1835), einer Fundstelle die mehrfach von Caspar Graf Sternberg (1761–1838) zusammen mit Johann Wolfgang von Goethe (1749–1832) aufgesucht wurde. Aus böhmischen Fundstellen des Erdaltertums (Kambrium) stammen mehrere Trilobitenreste (Zähleinheit Nr. 0519: »Ellipsocephalus hoffer BRONN Ginetz Böhmen« und Zähleinheit Nr. 0521: »Phacops bohemicus STERNBERG Ginetz Böhmen«, bei beiden Stücken besteht die Etikette aus einem anderen Papier, ist mit Bleistift geschrieben und trägt eine andere Handschrift. Bei den Zähleinheiten Nr. 0520 und 0522 ist auf der Rückseite der Etikette mit Engelshofens Handschrift vermerkt: »Proff. Leydolt Wien 20. September 1851« – wobei er sich selbst korrigierte, er hatte zunächst Oktober geschrieben). Diese Stücke hatte Engelshofen, wie er selbst bemerkte, von seinen Regimentskameraden, die ihn auf Schloss Stockern besuchten, zum Geschenk erhalten.

Es ist charakteristisch, dass Engelshofen selbst die Fossilstücke nicht oder nur ganz allgemein taxonomisch auf den Etiketten bezeichnet hat. Dort, wo taxonomische Zuordnungen vorliegen, handelt es sich um überbrachte oder eingetauschte Stücke, bzw. wurden diese Angaben später von entsprechenden Fachleuten ergänzt. Ein diesbezüglich repräsentativer Fall sind die 34 Zähleinheiten (0035 bis 0068) von mittelmiozänen Fossilien aus den Fundorten Nußdorf, Grinzing, Gainfarn, Steinabrunn, Vöslau, Baden, Enzesfeld, Matzleinsdorf und Kostel in Mähren (Podivín, Tschechien), die offensichtlich von dem in Eggenburg geborenen Naturforscher Johann Zelebor (1819–1869) 1846 bereits taxonomisch bestimmt an Engelshofen weitergegeben wurden.

Waren seine Bestimmungen oft einfach gehalten, galt Engelshofen jedoch als ausgezeichneter Zeichner, wie dies seine Skizzen zu den Fundorten für ur- und frühgeschichtliche Objekte dokumentieren.

Es ist geplant, sukzessive die ca. 120 Fundorte, deren Fossilinhalt und die damit zusammenhängenden Anmerkungen wissenschaftlich auszuwerten und in speziellen Publikationen vorzulegen. Bisher wurden die Sirenen (*Metaxytherium krahuletzi*) von Daryl Paul Domning und Peter Pervesler[21] publiziert und die Selachier von Herrn HR Dr. Ortwin Schulz, Naturhistorisches Museum in Wien, gesichtet. Bei dieser ersten Sichtung konnten 28 Hai- bzw. Rochenarten nachgewiesen werden.[22]

---

21 Daryl Paul Domning/Peter Pervesler, The osteology and relationships of *Metaxytherium krahuletzi* Depéret, 1895 (Mammalia: Sirenia), in: *Abhandlungen der Senckenbergischen Naturforschenden Gesellschaft Frankfurt* 553 (2001), 1–89.

22 *Notorynchus primigenius* (Agassiz, 1835), *Carcharias acutissimus* (Agassiz, 1843), *Carcharias cuspidatus* (Agassiz, 1843), *Megaselachus megalodon* (Agassiz, 1835), *Otodus auriculatus* (Blainville, 1818), *Carcharhinus priscus* (Agassiz, 1843), *Galeocerdo aduncus* (Agassiz, 1835), *Chaenogaleus affinis* (Probst, 1878), *Hemipristis serra* (Agassiz, 1835), *Paragaleus pulchellus* (Jonet, 1966), *Pachyscyllium dachiardii* (Lawley, 1876), *Scyliorhinus fossilis* (Leriche, 1927), *Schwanzstachel* – Myliobatiformis, Mylobatidae / Rhinopteridae indet., *Aetobatus arcuatus* (Agassiz, 1843), *Myliobatis* sp., *Rhinoptera studeri* (Agassiz, 1843), *Diplodus jomnitanus* (Valenciennes, 1844), *Diplodus sitifensis* (Valenciennes, 1844), *Pagrus cinctus* (Agassiz, 1839), *Sparus umbonatus* (Münster, 1846), *Labrodon multidens* (Münster, 1846), *Squatina serrata* (Münster, 1846), *Carcharhinus priscus* (Agassiz, 1843), *Cosmopolitodus hastalis* (Agassiz, 1843), *Isurus desori* (Agassiz, 1843), *Dasyatis* sp. sowie diverse Sparidae.

Biologische Sammlung

Die Biologische Sammlung, deren Objekte sich als Dauerleihgabe im Krahuletz-Museum befinden, subsummiert vor allem rezente Muschel- und Schneckenschalen – meist aus der Adria (2 Kartons; Abb. 7), aber auch tropische Mollusken und Korallen (2 Kartons), Schädelpräparate sowie Langknochen von Klein- und Groß-Säugetieren (Abb. 8), ebenso krankhafte Erscheinungen an Knochen, Magensteinen und Bezoaren sowie Fischschädel (insgesamt 10 Kartons) und Vögel. (6 Kartons; Abb. 9). Laut einer Übersichtsbestimmung durch Herrn Johannes Hohenegger, Missingdorf, Niederösterreich, lassen sich 36 Vogelarten[23] nachweisen. Daneben finden sich einige »Kuriositäten« (getrocknete Schlangen und Kröten oder eine Katzenmumie) sowie Organpräparate (z. B. ein Kehlkopfpräparat vom Schwein). Nach mündlichen Berichten waren bis 1990 auch Flüssigkeitspräparate (z. B. ein Löwenembryo) vorhanden.[24]

Abb. 7: Marine Mollusken aus dem Mediterranen Raum

23 darunter: Ammern, Auerhahn, Baumfalke, Bekassine, Birkhuhn, Buntspecht, Drosseln, Ente, Finken, Großer Brachvogel, Großtrappe, Grünschenkel, Habicht, Kiebitz, Kleiber, Krähe, Kuckuck, Lerche, Mäusebussard, Meise, Mönchsgeier, Pirol, Ringeltaube, Rohrdommel, Schwarzspecht, Seidenreiher, Sichler, Sperlinge, Turmfalke, Uhu, Waldohreule, Waldschnepfe, Wendehals, Wiedehopf, Würger sowie Eier.

24 Mündliche Erläuterungen von Hanns Haas und Johannes M. Tuzar.

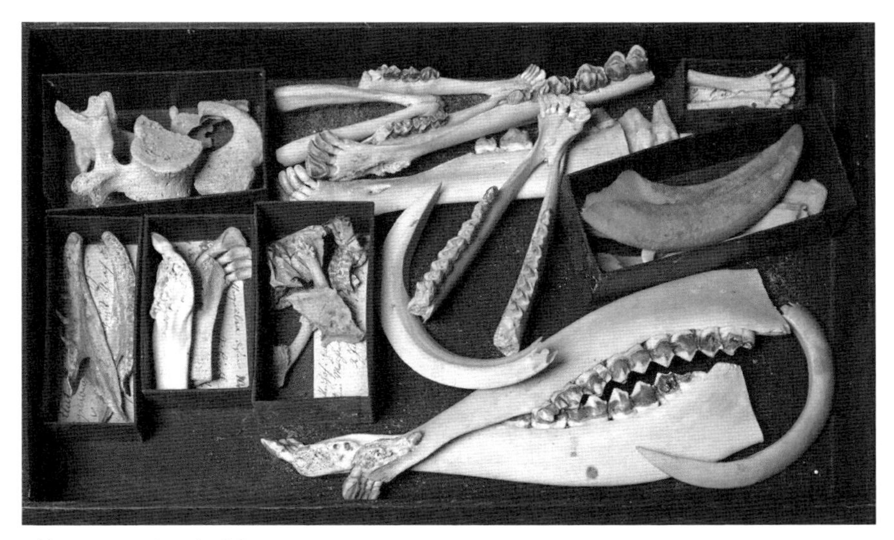

Abb. 8: Säugetierschädel

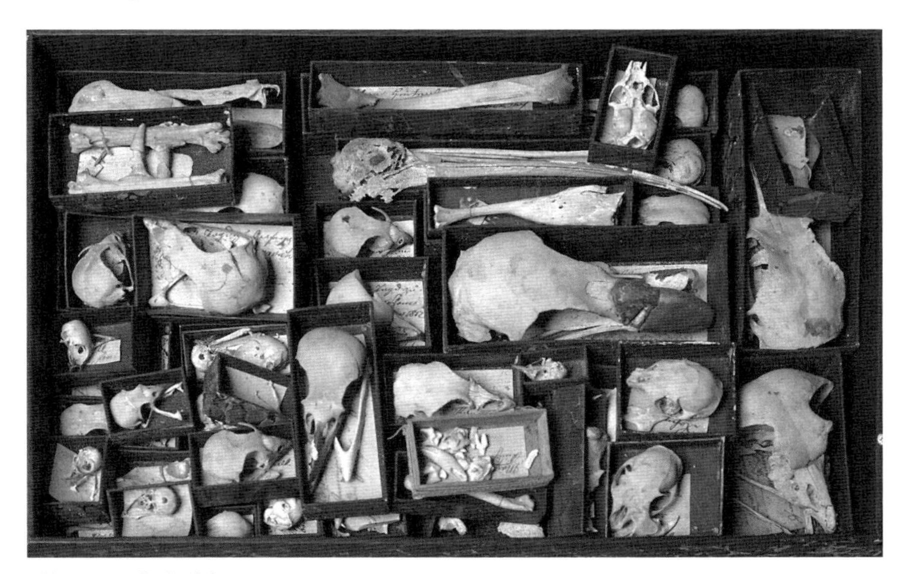

Abb. 9: Vogelschädel

Diese biologischen Sammlungsbestände wurden bisher nicht näher wissenschaftlich erfasst, dokumentiert oder publizistisch ausgewertet und zählen genauso, wie die Bearbeitung der Vogelskelettsammlung zu wichtigen Forschungsdesideraten.

Archäologische Sammlung

Im Gegensatz zu der Mineralogisch-Paläontologischen und der Biologischen Sammlung fand die Archäologische Sammlung des Candid Ponz von Engelshofen immer wieder Erwähnung in der Fachliteratur.[25]

Engelshofen begann bereits während seiner Zeit als Kadett in Wiener Neustadt sich für die Archäologie zu interessieren. Sein erster schriftlich festgehaltener Fund, ein römisches Grab, datiert aus dem Jahr 1826.[26] Auch in seiner Klattauer Zeit beschäftigte er sich mit dem Sammeln von alten Gegenständen, wie Aufzeichnungen aus einem Notizbuch, das sich im Archiv des Krahuletz-Museums befindet, zeigen (Abb. 10).

Nachdem er seinen Militärdienst quittiert und sich auf das Familiengut in Stockern zurückgezogen hatte, begann er mit Freunden und bezahlten Helfern vor allem die nähere Umgebung nach Funden abzusuchen. Wahrscheinlich war es die Bekanntschaft mit dem Eggenburger Büchsenmacher Georg Krahuletz (1809–1899), die ihn veranlasste, die Region des Manhartsberges systematisch zu begehen. Die meisten Funde stammen neben jenen aus der Umgebung von Stockern, hier werden 71 Fundplätze angegeben, vor allem vom Vitusberg, zwischen Grafenberg und Eggenburg, und von der Heidenstatt bei Limberg (hier schon ab 1848).[27]

Candid Ponz von Engelshofen sammelte nicht nur, sondern dokumentierte, so gut es ging, auch die genaue Lokalisation und die Fundumstände. Er fertigte sogenannte »Heimatzettel« an, auf denen die Informationen (Fundort, Datum und Auffindungsart) niedergeschrieben und den Funden, in die von ihm selbst gefertigten Kartons und Sammlungsschachteln, beigelegt wurden. Zusätzlich existieren Fundtagebücher auf Schloss Stockern, in denen sich auch Lageskizzen finden. Diese Tagebücher sind dem Autor leider nicht zugänglich.

So umfasst diese gut dokumentierte Sammlung 357 Fundplätze aus 135 Fundorten.

Nach seinem Tod gelangte die Sammlung (über 400 Kartons) auf die Rosenburg. Im Jahr 1868 kam ein Teil, als Dank für die Durchsicht der Sammlung Engelshofen, in das k. k. Münz- und Antiquitätenkabinett (heute Naturhistori-

25 Vgl. Michaela Lochner, Studien zur Urnenfelderkultur im Waldviertel (Niederösterreich), in: *Mitteilungen der Prähistorischen Kommission* 25, 1991. – Johannes Tuzar, *Die ur- und frühgeschichtliche Besiedelung der Heidenstatt bei Limberg, NÖ.*, phil. Diss., Wien 1998.

26 Vgl. Adolf Papp, Die Rolle des Candid von Engelshofen im Leben von Johann Krahuletz, in: *Johann Krahuletz 1848–1928.* Bebildeter Katalog der Sonderausstellung der Krahuletz-Gesellschaft im Krahuletz-Museum zum 125. Geburtstag seines Begründers, Eggenburg: Krahuletz-Gesellschaft 1973, 45–52, 48–49.

27 Vgl. Stifft-Gottlieb, *Die Sammlung Engelshofen*, 138–141.

Abb. 10: Eintragung aus dem Notizbuch aus der »Klattauerzeit« von Candid Ponz von Engelshofen, »Nr. 28« vom 20. Juni 1834

sches Museum) nach Wien. Etwa 350 Kartons blieben auf der Rosenburg. Davon sind laut Angela Stifft-Gottlieb 308 prähistorische Funde enthalten.

Die Urgeschichtliche Sammlung wurde in den Jahren 1918, 1921 und 1922 von dem promovierten Urgeschichtswissenschaftler Pfarrer Anton Hrodegh (1875–1926) unter der Mitarbeit von Angela Stifft-Gottlieb, mit Einverständnis des Bundesdenkmalamtes und des Besitzers, Graf Rudolf Hoyos-Sprinzenstein, gesichtet, zum Teil bestimmt und inventarisiert. Es wurden ein Inventarbuch und ein Zettelkatalog angelegt sowie 1925 ein Teil der Sammlung in den Schauräumen des Schlosses Rosenburg ausgestellt.[28]

Nach dem Tod von Hrodegh 1926 vollendete Stifft-Gottlieb in den Jahren 1927 und 1928 diese Arbeiten. 1928 erfolgte durch die Bearbeiterin eine Ergänzung der Schausammlung (Abb. 11).

Das handgeschriebene Inventarbuch von Hrodegh und Stifft-Gottlieb umfasst 10.016 Zähleinheiten. Interessant ist, dass in diesem Inventarbuch die ältesten Funde aus dem Jahr 1844 stammen. Angela Stifft-Gottlieb bemerkt hin-

28 Vgl. Eduard Stepan (Hg.), *Anton Hrodegh, Das Waldviertel*. Band 2: Die Urgeschichte. (Deutsches Vaterland 7), Wien: Verlag Zeitschrift Deutsches Vaterland 1925.

Abb. 11: Ausstellung der ehemaligen Urgeschichtlichen Schausammlung auf der Rosenburg

gegen, dass schon am 24. Oktober 1841 von Johann Wunderbaldinger (?–?) aus Schönberg am Kamp ein Bronzelappenbeil an Engelshofen übergeben wurde.[29] Bis 1858 sammelte Engelshofen nur Stein- und Metallgegenstände, ab diesem Jahr fanden auch Keramikscherben Eingang in seine Sammlung.

Die jüngsten Eintragungen stammen aus dem Todesjahr Engelshofens. Erwähnenswert ist hierbei der Umstand, dass aus diesem Jahr auch Funde aus dem Hallstätter Gräberfeld (Zähleinheiten Nr. 5877 [alte Inv. Nr. 12142] bis 5880 [alte Inv. Nr. 12176]) in seine Sammlung gelangten.

Bei Fundorten wie beispielsweise Carnuntum sind keine alten Inventarnummern angegeben und es fehlt das Fundjahr, ebenso bei den Funden aus Italien (z. B. Rom) oder Deutschland (z. B. Mainz/Therme). Aus dem heutigen Ungarn ist der Fundort Batka, aus welchem ein spätbronzezeitlicher Depotfund stammt, von Bedeutung. Die Bronzefunde (Bronzespiralen, Beile und andere Gegenstände) dürften Engelshofen 1850 beim Besuch von Regimentskameraden auf Schloss Stockern übergeben worden sein.

Die Aufstellung der Ur- und frühgeschichtlichen Schausammlung auf der Rosenburg (siehe Abb. 12) aus den Jahren 1925 und 1928 wurde 2012 abgebaut.

29 Vgl. Stifft-Gottlieb, Die vor- und frühgeschichtlichen Sammlungen des Candid Ponz, 250–261.

Abb. 12: Ausstellung der ehemaligen Sammlung von Metallgegenständen und Waffen auf der Rosenburg

Eine Reihe von Schachteln mit umfangreichen Funden sind im Zuge der bereits erwähnten Niederösterreichischen Landesausstellung *Adel im Wandel* aus dem alten Depotraum abgesiedelt worden, wobei offensichtlich einige Fundposten durcheinandergebracht wurden.

Heute befinden sich alle Objekte der Ur- und frühgeschichtlichen Sammlung als Dauerleihgabe im Krahuletz-Museum.

Waffensammlung bzw. Metallobjekte-Sammlung

Die Waffensammlung stammt vermutlich einerseits aus dem Besitz Engelshofens und seiner engeren Verwandtschaft und andererseits wiederum, wie wir es bereits von den anderen Sammlungen kennen, von Objekten, die ihm von seinen Freunden geschenkt wurden. Besonders beachtenswert ist eine größere Anzahl von Radschlössern. Ergänzend finden sich unzählige Armbrustbolzen, Lanzen- und Pfeilspitzen, die aus Bodenfunden der näheren Umgebung von Stockern stammen. Die übrigen Metallobjekte inkludieren vorrangig Bodenfunde wie Zaumzeuge (Trensen), Steigbügel und Sporen, Hufeisen, Gürtelschnallen, Jagdmesser und Beile, Schlagfallen, Schlüssel, Möbelbänder und Beschläge aus der Umgebung von Stockern.

Auch zu diesen Objekten existieren Aufzeichnungen und ein Zettelkatalog.

Nach dem Abbau der Ausstellung 2012 wurden alle Objekte der Waffen und Metallobjekte-Sammlung als Dauerleihgabe an das Krahuletz-Museum abgegeben.

Candid Ponz von Engelshofen gilt heute wohl als einer der letzten Adeligen, der die humanistische Idee der Wunderkammern und Naturalienkabinette im Rahmen seiner autodidaktischen Möglichkeiten in wissenschaftlich bedeutende Sammlungen umstrukturierte, und dadurch für nachfolgende Forschergenerationen im Waldviertel, wie Johann Krahuletz[30], Franz Kießling (1859–1940) und Josef Höbarth (1891–1952), richtungsweisend wurde. Mit seinen Sammlungen legte er einen Grundstein für die Erforschung der Erdwissenschaften und Archäologie im nördlichen Niederösterreich und vor allem im Bereich des Gebiets um den Manhartsberg. Eine komplette Aufnahme der gesamten Sammlungsbestände wäre wünschenswert und sollte noch künftige Forschergenerationen beschäftigen.

Abbildungserläuterungen und Bildnachweise

Abb. 1: Candid Ponz, Reichsritter von Engelshofen (Archiv Krahuletz-Museum, Eggenburg)
Abb. 2: Schloss Stockern um 1900, Foto Georg Hiesberger, Eggenburg (Archiv Prof. Burghard Gaspar, Grafenberg)
Abb. 3: Mineralien aus der näheren Umgebung von Stockern (Archiv Krahuletz-Museum, Eggenburg)
Abb. 4: Die typischen, selbst angefertigten Kartons der Engelshofschen Sammlungen (Archiv Krahuletz-Museum, Eggenburg)
Abb. 5: Sammlungskasten geöffnet (Archiv Krahuletz-Museum, Eggenburg)
Abb. 6: An die Objekte angepasste Sammlungsschachteln und Präparation von Knochen mittels Messingdraht oder geschient mit Holzleistchen und Schnüren
Abb. 7: Marine Mollusken aus dem Mediterranen Raum (Archiv Krahuletz-Museum, Eggenburg)
Abb. 8: Säugetierschädel (Archiv Krahuletz-Museum, Eggenburg)
Abb. 9: Vogelschädel (Archiv Krahuletz-Museum, Eggenburg)

30 Vgl. Burghard Gaspar, Johann Krahuletz (1848–1928). Heimatforscher und Museumsbegründer, in: Harald Hitz/Franz Pötscher/Erich Rabl/Thomas Winkelbauer (Hg.), *Waldviertler Biographien* (Band1) (Schriftenreihe des Waldviertler Heimatbundes 42), Horn: Waldviertler Heimatbund 2001, 165–178.

Abb. 10: Eintragung aus dem Notizbuch aus der »Klattauerzeit« von Candid Ponz von Engelshofen, »Nr. 28« vom 20. Juni 1834 (Archiv Krahuletz-Museum, Eggenburg)

Abb. 11: Ausstellung der ehemaligen Urgeschichtlichen Schausammlung auf der Rosenburg (Archiv Krahuletz-Museum, Eggenburg)

Abb. 12: Ausstellung der ehemaligen Sammlung von Metallgegenständen und Waffen auf der Rosenburg (Archiv Krahuletz-Museum, Eggenburg)

Der Autor dankt Herrn Prof. Burghard Gaspar (Grafenberg), Kurt Linsbauer (Eggenburg) und Herrn Dir. Dr. Johannes Tuzar (Eggenburg, Krahuletz-Museum) für wertvolle Hinweise und Herrn Dr. Ortwin Schultz (Tulln) für die Bestimmung der Hai- und Rochenreste sowie Herrn Johannes Hohenegger (Kühnring) für die Übersichtsbestimmung der Vogelreste.

fritz.steininger@senckenberg.de

Mediävistik

Martin Georg Enne

Prosopographische Schätze an der Universität Wien. Der erste Band der Nationsmatrikel der Rheinischen Nation an der Universität Wien (1415–1470)

Vom Nationswesen an der Wiener Universität hat man im Regelfall als nicht mit der Universitätsgeschichte befasste Forscherin / befasster Forscher wenig bis gar nichts gehört, schon gar nicht von der Rheinischen Nation. Dennoch repräsentierte gerade diese Vereinigung von Scholaren, Bakkalaren, Magistern und Doktoren aus den »rheinischen Landen« über Jahrzehnte hinweg die einflussreichste Korporation an der Universität Wien und zählte zahlreiche bedeutende Persönlichkeiten zu ihren Mitgliedern.

Prosopographical treasures at the University of Vienna. The first volume of the Nationsmatrikel of the Rhenish Nation at the University of Vienna (1415–1470)
If you are not concerned with the history of the university as a scientist, you normally have not heard anything about the nation system, especially not from the Rhenish Nation. Nonetheless, this association of scholars, baccalaurers, masters and doctors from the »Rhenish Lands« represented the most influential corporation at the University of Vienna for decades and counted numerous important people among its members.

Keywords: Universitätsgeschichte, Mittelalter, Rheinische Nation, Prosopographien
History of universities, middle ages, Rhenisch Nation, prosopographics

Universitätsgeschichtlicher Überblick

Anhand eines kurzen universitätsgeschichtlichen Überblicks und eines konkreten Einblicks in das Nationswesen soll die Bedeutung der Rheinischen Nation für die Wiener Universität herausgestrichen werden, abgerundet durch die Vorstellung einiger Vorsteher dieser Nation, ergänzt aus einigen anderen universitären Quellen, wie beispielsweise den Akten der vier Fakultäten, in denen neben den Eintragungen zum Studienbetrieb und den erfolgten Promotionen auch bedeutende Ereignisse ihre Spuren hinterlassen haben. Ebenso wurden die Matriken der vier Fakultäten, soweit sie bereits für den genannten Zeitraum bearbeitet wurden, zu Rate gezogen.

Als am 12. März 1365 die Wiener Universität durch Herzog Rudolf IV. (1339–1365) aus der Taufe gehoben wurde, war sie nach der 1348 gegründeten Prager Universität die älteste Universität im Heiligen Römischen Reich und wurde nach dem Vorbild des Pariser Universitätstyps gegründet.[1] Die Gründungsurkunde enthält neben einer Fülle von Privilegien und den ersten Statuten der Universität auch eine Aufteilung der Studenten entsprechend ihrer Herkunft in akademische »Nationen«, deren Vorstände, die sogenannten Prokuratoren, den Rektor wählten.[2]

Papst Urban V. (1310–1370) genehmigte in der Bulle »In supreme dignitatis« das Wiener Generalstudium und bewilligte alle Fakultäten mit Ausnahme der Theologie.[3]

Die Umsetzung der Vorgaben aus der Gründungsurkunde kam durch den viel zu frühen Tod Rudolfs IV. fast vollständig zum Erliegen, da seine Brüder einerseits minderjährig waren und andererseits nicht an seiner Statt den Ausbau der Universität fortführen konnten und die Stadt Wien, die anfänglich dem Projekt einer Universität noch positiv gegenübergestanden war, mittlerweile heftigen Widerstand gegen die zu gewährenden Privilegien leistete.[4]

Anders als diese Situation erwarten ließ, kam der Studienbetrieb der neu gegründeten Universität dennoch nicht vollständig zum Erliegen, sogar ein Promotionsbetrieb ist nachweisbar.[5]

Jedoch erst mit dem großen abendländischen Schisma des Jahres 1378 eröffneten sich für die Wiener Universität bessere Aussichten, da viele bedeutende Theologen Paris verließen. Diese wurden von Berthold von Wehingen (um 1345–1410), einst selbst Student und sogar Rektor der Wiener Universität und nun Kanzler von Herzog Albrecht III. (1349–1395), nach Wien geholt.[6] Der Herzog nutzte die Gelegenheit und ersuchte Papst Urban VI. (1318–1389) um Erlaubnis, nun auch noch eine Theologische Fakultät an der Wiener Universität

1 Vgl. Kurt Mühlberger, Die Gemeinde der Lehrer und Schüler – Alma Mater Rudolphina, in: Peter Csendes/Ferdinand Opll (Hg.), *Wien. Geschichte einer Stadt* (Band 1) – Von den Anfängen bis zur ersten Wiener Türkenbelagerung (1529), Wien–Köln–Weimar: Böhlau 2001, 319–410, 325–326.

2 Vgl. Paul Uiblein, Beiträge zur Frühgeschichte der Universität Wien, in: Ders., *Die Universität Wien im Mittelalter. Beiträge und Forschungen* (Schriften des Archivs der Universität Wien 11), Wien: WUV-Universitäts-Verlag 1999, 15–44, 36.

3 Vgl. Rudolf Kink (Bearb.), *Geschichte der kaiserlichen Universität zu Wien* (Band 2), Wien: Gerold & Sohn 1854, 26–28.

4 Vgl. Paul Uiblein, Die Universität Wien im 14. und 15. Jahrhundert, in: Ders., *Die Universität Wien im Mittelalter*, 75–100, 77.

5 Vgl. Sabine Schumann, *Die »nationes« an den Universitäten Prag, Leipzig und Wien. Ein Beitrag zur älteren Universitätsgeschichte*, phil. Diss., Berlin 1974, 240–241.

6 Vgl. Paul Uiblein, Die Universität Wien im 14. und 15. Jahrhundert, in: *Das alte Universitätsviertel in Wien: 1385–1985* (Schriften des Archivs der Universität Wien 2), Wien: Universitätsverlag für Wissenschaft und Forschung 1985, 17–36, 18.

Abb. 1: Stiftbrief der Universität Wien, 1365 – UAW, Bildarchiv, Sign. 106.I.3194

errichten zu dürfen. Diesem Wunsch entsprach der Papst, womit 1384 der Status einer Volluniversität erreicht war.[7]

Nachdem diese wichtige Etappe geschafft war, wurde die vorhandene Gründungsurkunde überarbeitet, die finanzielle Dotierung der Universität wesentlich erweitert und in den Ausführungen in der Urkunde auf die geänderte Situation von 1384 eingegangen. So entstand das sogenannte »Albertinum«.[8]

Im Albertinum findet sich – wie schon zuvor im Rudolfinum – die Einteilung der Studenten in Nationen entsprechend ihrer Herkunft. Diese Einteilung und die Bezeichnung derselben als »Nation« wurde von den Universitäten in Paris und Bologna übernommen, wo sich diese Korporationen allerdings spontan entwickelt hatten, um deren Mitglieder vor Schikanen der oft feindlich gesinnten Stadt und ihrer Bewohner zu bewahren.[9]

7 Vgl. Uiblein, Die Universität Wien, in: Ders., *Die Universität Wien im Mittelalter*, 78–79.

8 Vgl. Christian Lackner, Diplomatische Bemerkungen zum Privileg Herzog Albrechts III. für die Universität Wien vom Jahre 1384, in: *Mitteilungen des Instituts für Österreichische Geschichtsforschung* [MIÖG] 105 (1997), 114–129.

9 Vgl. Wolfgang Eric Wagner, Von der »Natio« zur Nation? Die »nationes«-Konflikte in den Kollegien der mittelalterlichen Universitäten Prag und Wien im Vergleich, in: Helmuth

Abb. 2: Erneuerter (Albertinischer) Stiftbrief der Universität Wien, 1384 – UAW, Bildarchiv, Sign. 106.I.3199

An der Wiener Universität hatte die Nationeneinteilung hingegen verwaltungstechnische Gründe, so wurden – anders als beispielsweise an der Pariser Universität – auch einfache Scholaren und Graduierte aller Fakultäten in die Nationen aufgenommen.[10]

Die ursprüngliche Nationeneinteilung des Rudolfinums, die jedoch nicht realisiert wurde, sah nachfolgende Einteilung vor:

An erster Stelle sollte die Österreichische Nation stehen, die sich aus Studenten aus dem Patriarchat Aquileja und den umliegenden Gebirgszonen, die sich der deutschen Sprache bedienten, zusammensetzen sollte, sowie aus Stu-

Grössing/Alois Kernbauer/Kurt Mühlberger/Karl Kadletz (Hg.), *Mensch – Wissenschaft – Magie* (Mitteilungen der Österreichischen Gesellschaft für Wissenschaftsgeschichte 20), Wien: Erasmus 2000, 141–162, 144.

10 Vgl. Kurt Mühlberger, Relikte aus dem Mittelalter: Die »Akademischen Nationen« im Rahmen der neuzeitlichen Universitätsgeschichte. Mit einem Exkurs zur Natio Hungarica Universitatis Vindobonensis, in: *Österreichisch-ungarische Beziehungen auf dem Gebiet des Hochschulwesens* (Begegnungen in Fürstenfeld 1), Székesfehérvár–Budapest: Kodolányi János Föiskola / Eötvös Loránd Tudományegyetem Könyvtára 2010, 11–32, 16.

denten, die aus folgenden Diözesen stammten: Salzburg, Freising, Passau, Brixen, Trient, Regensburg, Gurk, Seckau, Lavant, Chur, Chiemsee, Konstanz, Augsburg, Eichstädt, Straßburg und Basel.

An zweiter Stelle war die Böhmische Nation geplant, die Studenten aus Böhmen, Mähren und Polen umfassen sollte.

An dritter Stelle war die Sächsische Nation gereiht, die Studenten aus westlichen und nördlichen Kirchenprovinzen sowie aus Preußen stammende Personen inkludieren sollte.

An vierter Stelle sollte die Ungarische Nation stehen, der alle Studenten aus Ungarn sowie jenen Ländern, die der ungarischen Krone zugeordnet waren, samt Siebenbürgen und anderen von Rumänen bewohnten Gebieten zugerechnet wurden.

Mit der Reform der Wiener Universität unter Herzog Albrecht III. wurden die akademischen Nationen dem Einzugsbereich der Alma Mater Rudolphina angepasst und besonders die zu groß dimensionierte Österreichische Nation in die Österreichische und in die Rheinische Nation aufgeteilt.[11] Hierbei wurde insbesondere betont, dass der Begriff der »Nation« nur verwendet wurde, weil er der Tradition und dem Usus entsprochen habe. Die nun mit dem Albertinum getroffene Nationseinteilung blieb für über 450 Jahre gültig, konkret bis zum Jahr 1838.[12]

An erster Stelle stand die Österreichische Nation, zu der Studenten aus den Österreichischen Erblanden zählten, ebenso wie aus dem Patriarchat Aquileja, aus den Diözesen Trient und Chur sowie aus ganz Italien.

An zweiter Stelle stand die Rheinische Nation, der Studenten aus Bayern, Schwaben, dem Elsass, dem Rheinland, Franken und Hessen ebenso zugerechnet wurden wie aus allen westlichen und südlichen Ländern wie Frankreich, Aragon, Spanien, Navarra, Holland, Flandern und Brabant.

An dritter Stelle stand die Ungarische Nation, zu der neben Studenten aus Ungarn, Böhmen und Mähren auch alle übrigen Slawen und Griechen zählten.

An vierter Stelle schließlich stand die Sächsische Nation, zu der Studenten aus Sachsen, Westfalen, Friesland, Thüringen, Meißen, Brandenburg, Preußen, Livland, Litauen, Pommern und Dänemark sowie aus England, Irland, Schottland, Schweden und Norwegen gehörten.[13]

Bis sich aus diesen »angeordneten Gemeinschaften« Korporationen entwickelten, dauerte es allerdings noch einige Zeit. Am ehesten lässt sich die Ausprägung einer Gemeinschaft am Beginn einer Matrikelführung festmachen.

11 Vgl. Uiblein, Die Universität Wien, in: *Das alte Universitätsviertel in Wien*, 19–20.

12 Vgl. Franz Gall, *Alma Mater Rudolphina. 1365–1965. Die Wiener Universität und ihre Studenten*, Wien: Verlag Austria Press 1965, 79. – Mühlberger, Relikte aus dem Mittelalter, 28–29.

13 Vgl. Kurt Mühlberger, Die Gemeinde der Lehrer und Schüler, 339.

Diese begann für die Österreichische Nation 1399, für die Ungarische Nation 1414, für die Rheinische Nation 1415 und zuletzt für die Sächsische Nation.[14]

Aufgaben und Funktionen der Nationen

Wie bereits zuvor angesprochen, hatten die Nationen an der Universität Wien eine Reihe von sowohl nationsinternen wie auch universitätsweiten Funktionen, die hier kurz erläutert werden sollen.

Der Nation stand ein von den Studenten gewählter, sogenannter Prokurator vor, dessen Wahl am Anfang jedes Semesters die Aufzeichnung der Matrikel einleitete. Dieses Amt war strengen Richtlinien unterworfen, nicht nur im Hinblick auf die Nation, sondern auch hinsichtlich der Universität. Prokuratoren waren zur Wahl des Rektors ermächtigt, diesem dann aber auch zu unbedingtem Gehorsam verpflichtet. Im Regelfall blieben sie meist nur ein halbes Jahr im Amt. Die gleichzeitige Ausübung eines anderen universitären Amtes wie beispielsweise das eines Dekans war streng untersagt.[15]

Der Wahlmodus für die Wahl des Prokurators war ebenfalls strengen Regeln unterworfen, um keine Fakultät zu vernachlässigen; dennoch konnte dieser Modus nur mit höchstem Aufwand und der Berufung der gleichen Personen gewährleistet werden, da weder alle Nationen genügend Mitglieder hatten, noch sich diese gleichmäßig auf die vier Fakultäten aufgliederten.[16]

Die Wahltermine für die Wahl des Rektors galten gleichzeitig als Beginn des Semesters und fielen auf den 14. April – den Tag der Heiligen Tiburtius und Valerian – sowie den 13. Oktober – den Tag des Heiligen Koloman.[17]

Doch die Prokuratoren waren nicht nur für universitätsweite Belange verantwortlich, sie waren auch ihrer jeweiligen Nation verpflichtet. Der Prokurator musste zweimal in seiner Amtszeit eine Generalversammlung einberufen: das erste Mal, um den Mitgliedern der Nation die Statuten und Nationsbeschlüsse zu verkünden beziehungsweise sie in Erinnerung zu rufen, das zweite Mal zur Abhaltung der Vigilien für das Seelenheil der verstorbenen Nationsmitglieder. Des Weiteren hatte er die Nationsmatrikel zu führen. Ebenso oblag die gesamte Finanzgebarung dem Prokurator, der am Ende seiner Dienstzeit für seine Entscheidungen Rechenschaft ablegen musste. Dafür hatte er die gesamte Diszi-

14 Vgl. Astrid Steindl, Die Akademischen Nationen an der Universität Wien, in: Kurt Mühlberger/Thomas Maisel (Hg.), *Aspekte der Bildungs- und Universitätsgeschichte* (Schriften des Archivs der Universität Wien 7), Wien: WUV-Universitäts-Verlag 1993, 15–39, 23.

15 Vgl. Mühlberger, Relikte aus dem Mittelalter, 17–18.

16 Vgl. Astrid Harhammer, *Die Ungarische Nation an der Universität Wien (1453–1711)*, phil. Diss., Wien 1980, 20–22.

17 Vgl. Mühlberger, Relikte aus dem Mittelalter, 18.

plinargewalt über alle Mitglieder der Nation inne. Ab dem Jahr 1419 wurde noch die Bestimmung ergänzt, dass ausschließlich Graduierte zum Prokurator gewählt werden durften.[18]

Zu den internen Hauptaufgaben der Nationen gehörte die Ausrichtung eines Patronatsfestes, bei dem die Nationen als Körperschaften in Erscheinung traten. Diese Feste wurden am Tag des jeweiligen Schutzheiligen der Nation veranstaltet. Für die Österreichische Nation war das bis 1486 der 13. Oktober, der Tag des Heiligen Koloman, des bisherigen Landespatrons von Österreich. Danach fand das Patronatsfest der Österreichischen Nation am 15. November, am Tag des Heiligen Leopold, des neuen Landespatrons von Österreich, statt.[19] Für die Rheinische Nation war der 22. Oktober maßgeblich, der Tag der Heiligen Ursula, für die Ungarische Nation hingegen der 27. Juni, der Tag des Heiligen Ladislaus. Für die Sächsische Nation zu guter Letzt war es der 22. September, der Tag des Heiligen Mauritius.[20]

Bei den Patronatsfesten wurden Gottesdienste mit Festpredigten auf den Patron – den sogenannten Panegyrici – in der Dominikanerkirche gefeiert, wobei kunstvoll gearbeitete Kupferstiche des Patrons an die anwesenden Hörer verteilt wurden, um den Gemeinschaftsgeist zu stärken. Daran anschließend fand man sich bei festlichen Mahlzeiten zusammen.

Nicht minder wichtig war die Organisation von Anniversarien, anlässlich derer heilige Messen für verstorbene Mitglieder gelesen wurden. Dazu gehörte auch die Durchführung des Bestattungszeremoniells und einer Totenwache. Dafür notwendige Utensilien wie Kerzen oder Tücher finden sich in den Aufzeichnungen der jeweiligen Nation vermerkt.

Abgesehen von den inneren Aufgaben hatten die Nationen auch nicht unwesentliche Pflichten innerhalb der Gesamtuniversität zu übernehmen. Wie bereits erwähnt, war die zentrale Funktion der Prokuratoren die Wahl des Rektors, allerdings nahmen sie auch an anderen wichtigen Vorgängen teil. So besorgten die vier Prokuratoren gemeinsam mit dem Dekan der Artistenfakultät die Visitation der Stiftungen und der Studentenhäuser. Zu guter Letzt amtierten die Prokuratoren als Senatoren des Universitätskonsistoriums neben den vier Dekanen und dem Rektor. Das Konsistorium fungierte ursprünglich als Universitätsgericht, aber bereits 1481 bestimmte eine Universitätsversammlung aller Doktoren, Magister und Lizenziaten, dass die Beschlüsse des Konsistoriums

18 Vgl. Gall, *Alma Mater Rudolphina*, 81.

19 Vgl. Paul Uiblein, Die Kanonisation des Markgrafen Leopold und die Wiener Universität, in: Ders., *Die Universität Wien im Mittelalter*, 510.

20 Vgl. Pearl Kibre, *The Nations in the Mediaeval Universities* (Mediaeval Academy of America 49), Cambridge, Massachusetts: Mediaeval Academy of America 1948, 173.

Abb. 3: Frontispiz eines Panegyrikus auf die Heilige Ursula, der Patronin der Rheinischen Nation, 1749 – UAW, Bildarchiv, 135.826

als Universitätsbeschlüsse zu gelten hätten. Trotz dieser Bestimmung trat bei wichtigen Entscheidungen weiterhin die Universitätsversammlung zusammen.[21]

Die Rheinische Nation an der Universität Wien

Von der allgemeinen Geschichte der Universität Wien und dem kurzen Überblick über das dortige Nationswesen möchte ich nun speziell zur Rheinischen Nation überleiten. Wie bereits herausgearbeitet, entstand die Nation durch die Teilung der Österreichischen Nation in eine Österreichische und eine Rheinische mit der Neugründung der Universität Wien im Jahr 1384. Bis es zum Einsetzen der Nationsmatrikel kam, sollten jedoch nochmals 30 Jahre vergehen. Erst zu diesem Zeitpunkt können die wissenschaftlichen Untersuchungen ansetzen, denn erst ab diesem Zeitpunkt sind Mitgliederlisten und vereinzelt Bemerkungen zum »Leben« als Nation nachweisbar.

Im ersten Band der Rheinischen Nationsmatrikel[22] findet sich am Vorsatzblatt eine regionale Auflistung, welche Studierenden zur Rheinischen Nation gezählt werden können. Diese Aufzählung lautet wie folgt:

> »Inclita Natio Rhenensis complectitur:
> Bavaros, inter quos connumerantur dioecesium Salisburgensis et Pataviensis. Tyrolenses
> Suevos, Alsaticos, Rhenenses omnes, Rheti superiores et inferiores, Helveti, Valesii, Grisones, Sabaudi, Lombardi etc. ab origine Rheni usque ad locum sui casus in mare.
> Francones, Hassones, inter Franconiam et Bavariam habitantes, praeter iam nominatos.
> Francos, Arragones, Hispanos, Navarros, Hollandos, Flandros, Brabantos. Et quotquot incolunt Regna et Provincias versus occidentem et meridiem sitas.«[23]

Man kann also von einer recht breit aufgestellten Gruppe von Studenten sprechen, die zur Nation gerechnet wurden. Auf fol. 2r der Handschrift gibt es – quasi

---

21 Vgl. Martin G. Enne, *Die Rheinische Matrikel der Universität Wien. Sozioökonomische und wissenschaftsgeschichtliche Studien zu süd- und südwestdeutschen Studenten an der Universität Wien im 15. und 16. Jahrhundert (1415–1470)*, phil. Diss., Wien 2017, 10.

22 Vgl. Archiv der Universität Wien [UAW], Natio Rhenensium, NR 1 Protocollum Inclytae Nationis Rhenanae (1415–1582).

23 Zitiert nach: Enne, *Die Rheinische Matrikel*, 11. Übersetzung: Die große Rheinische Nation wird aus folgenden Mitgliedern gebildet: Bayern, und zwar jene aus den Diözesen Salzburg und Passau, Tiroler, Schwaben, Elsässer, alle Rheinländer, Ober- und Unterräter, Helveter, Anwohner von Wallis, Graubünder, Savoyer, Lombarden etc. von der Quelle des Rheins bis zu seiner Mündung ins Meer. Franken, Bewohner von Hessen, Einwohner, die zwischen Franken und Bayern leben und zuvor schon genannt wurden, Franzosen, Aragonesen, Spanier, Navarrer, Holländer, Flandern, Brabanter und wer sonst noch die Königreiche und Provinzen im Süden und Westen bewohnt.

als Gegenprobe – auch eine Liste jener Studenten, die nicht zur Rheinischen Nation zu zählen sind. So sind dies nämlich weder jene, die aus einer der Provinzen des Hauses Österreich kämen, noch

> »regnorum Ungarie et Bohemie sive Bolonie. Neque ad regnum Nerweye, Suetie, Saxonum, Misne vel regionum stagnalium sunt suborta sive procurato.«[24]

Einige Beispiele im Editionstext[25] zeigen aber, dass es durchaus Ausnahmen von dieser Regelung gab.

Die Statuten der Rheinischen Nation an der Universität Wien

Überblicksmäßig möchte ich erwähnen, dass nach der genauen Definition, wer zur Nation zu zählen sei (und wer eben nicht) auch die Statuten der Nation, die im Jahr 1470 endgültig niedergelegt wurden, in diesem ersten Band vor dem eigentlichen Text der Matrikel gesetzt wurden. Diese Statuten wurden von den Magistern und Doktoren der Nation beschlossen.

In diesen Statuten wurde in mehreren Punkten das Verhalten innerhalb der Nation festgelegt, ebenso wie das Verhalten der Nation der Universität gegenüber. Wie bei allen Ordnungen und Regelungen des Mittelalters und der Frühen Neuzeit spiegelt wohl die Vorgabe wider, was in der Nation eben nicht funktioniert hat.

So finden wir gleich im ersten Punkt die dringende Aufforderung, man möge sich an der Nation immatrikulieren, sobald man sich an der Universität eingeschrieben hatte. Die Wirklichkeit sah hier anders aus, meist inskribierte man sich an der Nation erst, wenn man eine weitere – universitäre – Karriere anstrebte, denn die Immatrikulation war mit der Zahlung einer Taxe verbunden, wie sie auch bei der Einschreibung in die Universität fällig war. Für die Inskription an der Universität Wien waren Immatrikulationstaxen gestaffelt nach der sozialen Herkunft vorgesehen, die niedrigsten Gebühren mussten Studenten der Artistenfakultät mit zwölf Kreuzern bezahlen, Bischöfe und Herzöge jedoch drei Gulden. Mittellose Studenten waren von dieser Gebühr befreit, die den

24 Vgl. UAW, NR 1, fol. 2r. Übersetzung: [Nicht] aus dem Königreich Ungarn und Böhmen oder Polen. Auch nicht aus den Königreichen Norwegen, Schwaben, Sachsen oder eine andere Region, die hier nicht angeführt wurde.

25 Vgl. Martin G. Enne, *Teiledition der Matrikel der Rheinischen Nation der Universität Wien*, Dipl.-Arb., Wien 2010. – Ders., *Die Rheinische Matrikel*. Eine Publikation dieser beiden Qualifikationsarbeiten, die ohne die unschätzbare Hilfe von Johannes Seidl nicht möglich gewesen wären, ist in Planung.

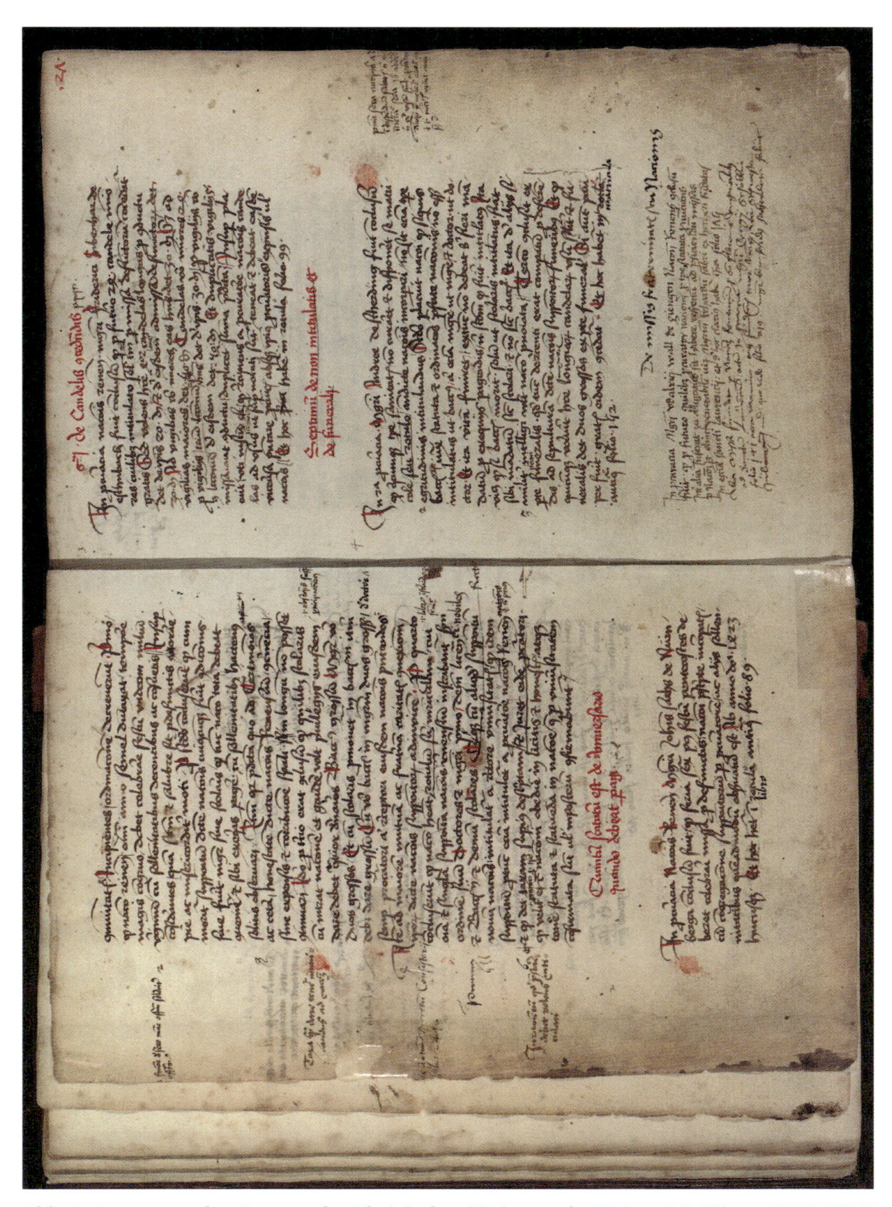

Abb. 4: Auszug aus den Statuten der Rheinischen Nation an der Universität Wien – UAW, NR 1, fol. 26v–27r

Immatrikulierenden in den Stand als Angehöriger der Universität Wien samt aller zugehöriger Privilegien versetzte.[26]

In den weiteren Punkten wurden Versammlungen festgelegt, die die Nation abhalten sollte, ebenso wie die Rolle des Prokurators. Damit dieser nicht die alleinige Gewalt über die Akten und die Kasse der Nation innehatte, wurden diesem zwei Berater beigestellt, die sein Verhalten überwachen sollten.

In den Statuten niedergelegt sind zudem die bereits erwähnten Gottesdienste, die die Nation jedes Jahr abzuhalten hatte. Des Weiteren war angeführt, wie die Taxen für die Mitglieder der Nation aussehen sollten. So musste jeder Scholar vier Denare zahlen, jeder Bakkalar einen Groschen und jeder Magister zwei Groschen. Wohl im Hinblick auf die immer wieder grassierende Pest finden sich in den Statuten darüber hinaus recht hart klingende Passagen, unter anderem, dass beispielsweise erkrankten Studenten, die noch nicht an der Nation immatrikuliert waren, diese Immatrikulationen verwehrt wurden. Es ging sogar so weit, dass, sollte jemand nicht entsprechend seiner akademischen Abschlüsse Beitragstaxen bezahlt haben, ihm ein Begräbnis – im Falle seines Todes – nicht entsprechend seines aktuellen Ranges, sondern nur entsprechend des Ranges, den er bezahlt hatte, gewährt werden würde.

Auch die Führung des von mir bearbeiteten Matrikelbuchs samt dem inneren Aufbau findet sich in den Statuten. So beginnen die einzelnen Semester mit der Eintragung der Prokuratorenwahl. Anschließend finden sich – unterteilt durch rubrizierte Überschriften – die in der Nation eingeschriebenen Doktoren, Magister, Bakkalare und Scholaren. Schloss einer der Scholaren seine Studien ab, so musste er nochmals beim Prokurator der Nation vorstellig werden, um sich entsprechend seines neuen Ranges neu in die Matrikel einschreiben zu lassen und die entsprechend höhere Taxe zu bezahlen.

Beschreibung des Codex UAW, NR 1

In diesem Abschnitt möchte ich die zugrundeliegende Handschrift kurz beschreiben.

Der Einband des Codex NR 1 ist mit dunkelbraunem Leder bezogen und wurde mit Blindstempeln reich verziert. Der hintere und der vordere Buchdeckel bestehen vermutlich aus Hartholz. Diese neue Fassung des Einbandes datiert aus dem Jahr 1716, wie auch im eingeprägten Aufdruck vermerkt ist.

26 Vgl. Ulrike Denk, *Alltag zwischen Studieren und Betteln. Die Kodrei Goldberg, ein studentisches Armenhaus an der Universität Wien, in der Frühen Neuzeit* (Schriften des Archivs der Universität Wien 16), Göttingen: Vienna University Press 2013, 128–129.

Diese und eine in der 2. Hälfte des 20. Jahrhunderts durchgeführte Restaurierung haben im Inneren des Codex zu einer Störung geführt, die die Lagenbestimmung nicht unerheblich erschwert hat: Der Band wurde neu gebunden, und durch die angewendete Bindemethode ist die Bestimmung der Lagen im ersten Teil des Codex nur mehr anhand der Folierung möglich.

Bei dem Codex handelt es sich um eine Papierhandschrift, in der fünf verschiedene Wasserzeichen auffindbar sind. Dominierend ist hierbei ein Ochsenkopf mit Blume, der Ähnlichkeiten mit Piccard Nr. 65285 aufweist. Bei den anderen Wasserzeichen handelt es sich um einen Ochsenkopf ohne Augen, einen Turm ohne Fenster bzw. im hinteren Teil des Bandes auch um die Buchstaben C und W.

Die verwendete Tinte weist eine bräunliche Farbe auf, Überschriften und Randvermerke zur leichteren Auffindbarkeit von Prokuratoren wurden rubriziert ausgeführt, ebenso wie die Jahresdatierungen am Beginn jeder Seite. Das Schriftbild ist geprägt von einer gotischen Kursive, die mit breiter Feder geschrieben wurde. In späteren Jahren wird die Feder immer spitzer, und es treten vermehrt humanistisch geprägte Schriftformen auf. Der Schreiber, der die Abschrift der ursprünglichen ersten Matrikel besorgt hat, lässt sich von 1415 bis 1470 – also bis fol. 148v – nachweisen.

Der Codex wurde im Jahr 1461 unter dem Prokurator Ludwig Stainkircher[27] (?–1474) neu geschrieben, unter Verwendung der alten Aufzeichnungen und bei den Prokuratorenwahlen stets auf die alte Vorlage referenzierend. Anders als Kink in seinen Ausführungen zum Matrikelbuch schreibt[28], erfolgte die Neuanlage nicht unter Conrad Müllner von Nürnberg (?–?), sondern unter Ludowicus (Ludwig) Stainkircher von Augsburg. Ein kurzer prosopographischer Abriss zu diesem Prokurator: Er wurde in Augsburg geboren und immatrikulierte sich 1447 an der Universität Wien. 1449 wurde er zum Bakkalaureus, 1454 zum Magister artium promoviert. Er wandte sich danach der Theologischen Fakultät zu, an der er 1461 zum Bakkalaureus der Theologie promoviert wurde. Er verstarb 1474 in Augsburg.[29]

Das Layout wurde – wie bereits erwähnt – in den Statuten festgeschrieben. Sich ganz der Funktion unterordnend, die Namen jener festzuhalten, die sich in die Rheinische Nation eingeschrieben haben, wechseln sich lange Reihen an Namenslisten mit kurzen Einschüben zur Prokuratorenwahl ab.

In späteren Jahren, insbesondere ab dem Jahr der Neuanlegung 1461, werden die Textpassagen zu Beginn der Prokuratur umfangreicher und vermehrt In-

27 Eine vollständige Angabe der Lebensdaten ist aufgrund der Quellenbestände nur in seltenen Fällen möglich.

28 Vgl. Rudolf Kink, *Mittheilungen aus dem Matrikelbuche der rheinischen Nation bei der k. k. Universität in Wien*, Wien: Eigenverlag 1853, 1.

29 Vgl. Enne, *Die Rheinische Matrikel*, 83.

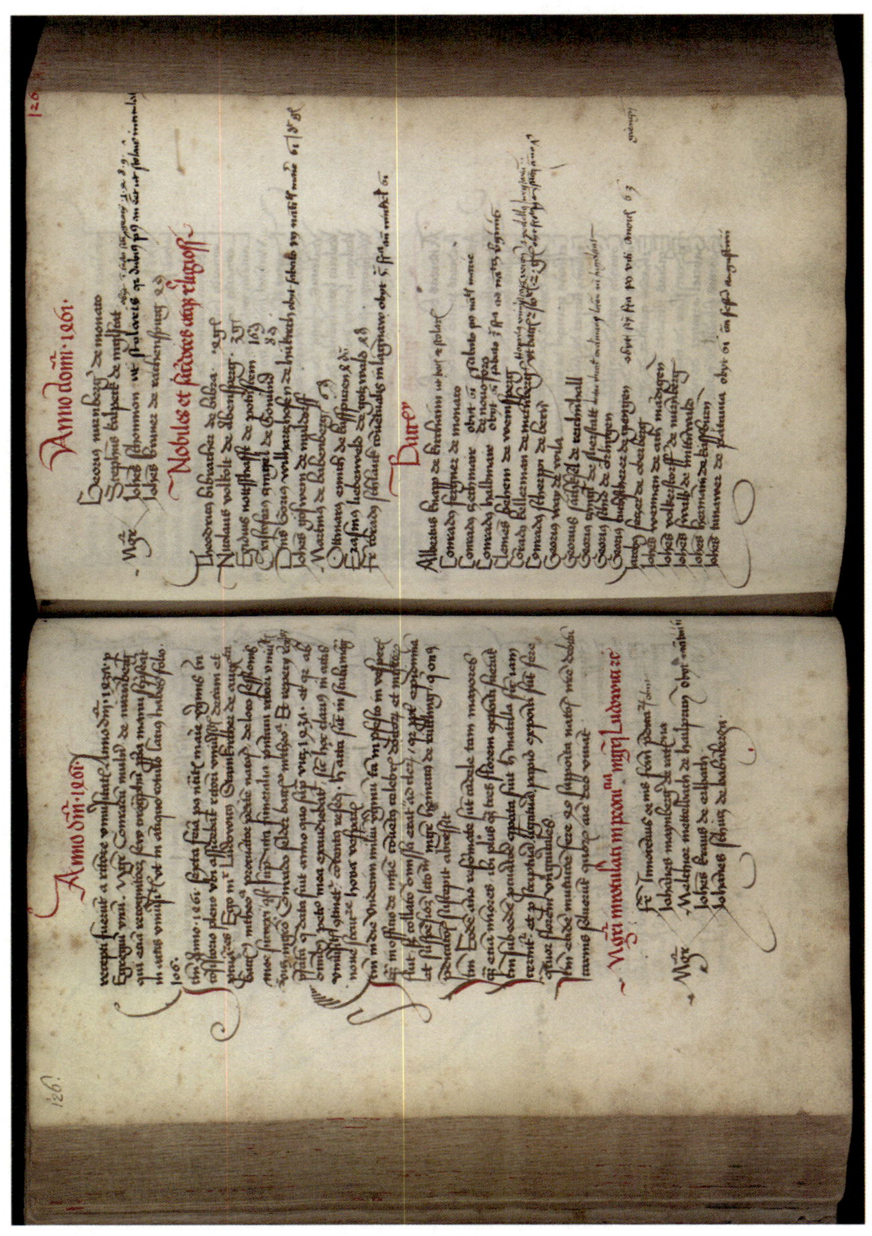

Abb. 5: Doppelseite aus dem ersten Band der Rheinischen Nationsmatrikel, 1461 – UAW, NR 1, fol. 125v–126r

formationen über die Vorgänge in der Nation niedergelegt. Auch die Einschübe zur Prokuratorenwahl werden immer kunstvoller ausgefertigt, der Schreiber dokumentiert seine kalligrafischen Fähigkeiten, indem er beispielsweise die Versalie »I«[30] über eine halbe Seite zieht.

Immer wieder zeigen sich Hinweiszeichen auf einzelne Namen und oft wurde die weitere Karriere eines Studenten von späterer Hand ergänzt. Aber auch einzelne Ortsvermerke, an den Rand gerückt zur leichteren Auffindbarkeit, sind keine Seltenheit.

Je näher die Einträge dem Jahr 1461 rücken, desto mehr Hinweise finden sich in der Matrikel auf den Tod einzelner Mitglieder der Rheinischen Nation. Neben schlichten »obiit«-Vermerken sind auch tagesgenaue Sterbedaten, die am Rand neben dem Namen ergänzt wurden, angeführt.[31] So beispielsweise jener Eintrag des Scholars Georius Schrettler de Novoforo (?–1520). Hier wurde im Nachtrag nicht nur die Information ergänzt, dass er Doktor der Jurisprudenz war, sondern auch, dass er am 26. September 1520 verstorben sei.[32] Oder etwas später der Eintrag zu Magister Leonardus Friman (?–1492) aus Hirsau, auf dessen Eintrag mit Fingerzeig (gezeichnete Hand mit ausgestrecktem Zeigefinger) hingewiesen wurde und der als Pfarrer von Sankt Hieronymus (der heutigen Franziskanerkirche) als Doktor der Theologie und Lektor der Theologie in Wien ausgewiesen wurde und dessen Tod im Jahr 1492 vermerkt wurde.[33]

Wie unschwer zu sehen ist, sind diese Hinweiszeichen, Ergänzungen und Todesnachrichten als Quelle für prosopographische Studien von unglaublichem Wert. Im Verbund mit anderen universitären Quellen – genannt seien hier die Rektorsmatrikel ebenso wie die Akten der vier Fakultäten – lassen sich hier Karrieren nicht nur an der Wiener Universität nachzeichnen.

All diese Karrieren mit Hilfe weiterer Quellen (beispielsweise von der Universität Wien, von anderen Universitäten, mit höfischen Quellen oder auch anhand der Quellen zum Domkapitel von St. Stephan) nachzuvollziehen, ist eine der noch ausstehenden Aufgaben der Erforschung der Universitätsgeschichte.

30 Vgl. UAW, NR 1, fol. 124r.
31 Vgl. Handschriftenbeschreibung nach: Enne, *Die Rheinische Matrikel*, 16–17.
32 Vgl. ebd., 238.
33 Vgl. ebd., 252.

Beispielprosopographien von Prokuratoren der Rheinischen Nation

In meiner Dissertation habe ich die Prosopographien jener Prokuratoren erarbeitet, die im Zeitraum zwischen 1415 und 1470, dem Ende meiner Edition, diese Stellung innehatten.

Für den von mir untersuchten Zeitraum sind dies, weil manche Personen das Amt öfters innehatten, insgesamt 85 Prosopographien. Von diesen möchte ich hier exemplarisch drei herausgreifen und vorstellen.[34]

Narzissus Herz von Berching (?–1442) ist wohl einer der bekanntesten Gelehrten aus den frühen Tagen der Rheinischen Nation. Er wurde in Berching in der Oberpfalz geboren und immatrikulierte sich im 2. Halbjahr 1406 an der Universität Wien. Da sich neben seinem Namen ein »pauper«-Verweis[35] findet, musste er, – der sich nach eigener Angabe die Immatrikulationstaxe nicht leisten konnte, – keine bezahlen. Er durchlief erfolgreich die Artistische Fakultät, wurde 1408 zum Bakkalaureus und 1412 zum Lizenziaten und Magister artium promoviert. Ab demselben Jahr ist seine Vorlesungstätigkeit bis zumindest 1430 nachweisbar. Insgesamt viermal war Herz Dekan der Artistischen Fakultät. Neben seiner Prokuratorentätigkeit ist auch sein Studium an der Theologischen Fakultät ab 1420 nachweisbar, wo er 1433 zum Doktor der Theologie promoviert wurde. Bereits in den Jahren zuvor war Herz zweimal Rektor der Wiener Universität, bevor er 1434 nach Melk ging. Er war Kollegiat am Herzogskolleg und seit 1430 Kanoniker von St. Stephan in Wien. 1437 wurde Herz vom Konzil in Basel mit der Visitation der Klöster in den Ländern Herzog Albrechts V. betraut. Er starb am 16. Oktober 1442.[36]

Als zweiter Prokurator soll Leonhard Egrer (?–1473) aus Berching vorgestellt werden. Wie Narzissus Herz wurde auch er in Berching in der Oberpfalz geboren. Er immatrikulierte sich im 1. Semester 1431 an der Wiener Universität. 1433 erreichte er den Grad eines Bakkalaureus artium, 1438 wurde er zum Magister artium promoviert. Ab diesem Zeitpunkt sind auch etliche Vorlesungen an der Artistischen Fakultät nachweisbar. Er wirkte als Examinator und Consiliarius, bevor er insgesamt dreimal Prokurator der Rheinischen Nation wurde. Ebenso fungierte er insgesamt viermal als Dekan der Artistischen Fakultät. Er immatrikulierte sich auch an der Juridischen Fakultät und war einmal Rektor und einmal Vizerektor der Wiener Universität. An der Artistischen Fakultät wurde er in den Akten als »expertus in iure« geführt. Ab 1456 wird er als Pfarrer von Hausen genannt, 1458 auch als Altarist im Himmelpfortkloster in Wien. Ab 1465

34 Ausführliche Prosopographien sind in der Dissertation des Autors ab Seite 37 nachzulesen.
35 Vgl. Denk, *Alltag zwischen Studieren und Betteln*, besonders 13–34.
36 Vgl. Enne, *Die Rheinische Matrikel*, 37–38.

wirkte er als Pfarrer von Grüntal. Ab Mai 1472 wird er in den Quellen als schwer krank bezeichnet, er verstarb schließlich 1473.[37]

Als dritter und letzter Prokurator sei Johannes Roeut alias Veylinger oder auch Veyhinger (?–1498) aus Pforzheim genannt. Er immatrikulierte sich 1449 an der Wiener Universität als »pauper« und zahlte somit keine Immatrikulationstaxen. Der Abschluss als Bakkalar lässt sich mit den Jahren 1450 oder 1451 nicht genau festlegen, in beiden Jahren schloss ein Johannes aus Pforzheim sein Bakkalauriat ab. Mit seinem Magisterium 1454 setzte auch seine umfangreiche Vorlesungstätigkeit ein, die sich bis 1472 nachverfolgen lässt. Er wirkte bald an der Theologischen Fakultät und als Examinator. Zweimal wurde er als Dekan der Artistischen Fakultät genannt. 1476 wurde er zum Doktor der Theologie promoviert, danach wurde er noch dreimal Dekan der Theologischen Fakultät. Auch als Rektor der Universität Wien fungierte er. Ab 1476 ist er als Kanoniker von St. Stephan nachweisbar, 1491 wurde er als Mautner der Kanoniker von St. Stephan in Mauthausen genannt. Er trat 1493 in die Kartause Mauerbach ein, wo er 1498 verstarb.[38]

Anhand dieser ausgewählten Beispiele hoffe ich demonstriert zu haben, welche Schätze bereits aus dieser wichtigen Quelle gehoben werden konnten. Wichtiger sind aber jene, die noch ihrer Entdeckung durch den interessierten Forscher harren.

martin.georg.enne@univie.ac.at

37 Vgl. ebd., 64–65.
38 Vgl. ebd., 88–89.

Elisabeth Köck

Die Marktbücher von Perchtoldsdorf. Präliminarien zu einer Dissertation

Im Beitrag werden die beiden Marktbücher von Perchtoldsdorf vorgestellt, die uns interessante Einblicke in die kommunalen Lebensbereiche der Bürger dieses niederösterreichischen Marktes in der zweiten Hälfte des 15. Jahrhunderts bieten.

Perchtoldsdorf's market books. Preliminaries for a dissertation
The article deals with the two market books of Perchtoldsdorf, which offer interesting insights into municipal spheres of the life of the citizens from this lower Austrian market in the second half of the 15th century.

Keywords: Perchtoldsdorf, Spätmittelalter, Marktbücher, Rechtsgeschäfte, Weinbau, Thomas Ebendorfer von Haselbach
Perchtoldsdorf, Late Middle Ages, market books, legal transactions, viniculture, Thomas Ebendorfer von Haselbach

Perchtoldsdorf liegt am Osthang des Wienerwaldes. Der Markt wird nun von den Bezirken Rodaun, Liesing und Siebenhirten, die von der Bundeshauptstadt Wien eingemeindet sind, sowie von den niederösterreichischen Ortschaften Brunn am Gebirge, Gießhübl und Kaltenleutgeben fast kreisförmig umschlossen. Die wirtschaftliche Bedeutung von Perchtoldsdorf lag seit alters her im Weinanbau sowie im Wein- und Mosthandel, welcher die Produkte bis nach Oberösterreich, Salzburg und Bayern brachte.[1] Obwohl etliche Acker- und Weingartenfluren im Laufe der Zeit verbaut worden sind, finden sich im Ortsbild von Perchtoldsdorf zahlreiche mittelalterliche Spuren und Bauten, wie etwa ein Wehrturm, die Pfarrkirche, die Spitalskirche und einige im Kern gotische Weinhauer- und

1 Vgl. Johannes Seidl, *Stadt und Landesfürst im frühen 15. Jahrhundert. Studien zur Städtepolitik Herzog Albrechts V. von Österreich (als deutscher König Albrecht II.) 1411–1439* (Forschungen zur Geschichte der Städte und Märkte Österreichs, hg. vom Österreichischen Arbeitskreis für Stadtgeschichtsforschung 5), Linz: Gutenberg-Werbering G.m.b.H. 1997, 66–71. – Silvia Petrin, *Perchtoldsdorf im Mittelalter* (Forschungen zur Landeskunde von Niederösterreich, hg. vom Verein für Landeskunde von Niederösterreich und Wien 18), Wien: Verlag Verein für Landeskunde von Niederösterreich und Wien 1969, 1, 206–213.

Bürgerhäuser.[2] Gerade solche Bauten üben auf die lokalen Touristen einen besonderen Reiz aus.[3]

Perchtoldsdorf im Mittelalter[4]

Einleitend ist zu bemerken, dass archäologische Befunde eine Siedlungsgeschichte in und um Perchtoldsdorf bereits seit 8.000 Jahren bezeugen.[5] Es gibt weder schriftliche Aufzeichnungen über die Gründung des Ortes noch über die Entstehung der ersten mittelalterlichen Siedlungen. Ein gewisses Maß an Sicherheit für die Menschen im Wiener Donauraum gewährleistete ab dem Jahr 955 der Sieg König Ottos I. (912–973) auf dem Lechfeld bei Augsburg über die Magyaren und in weiterer Folge deren Zurückdrängung über den Wienerwald ins Wiener Becken östlich der Flüsse Triesting und Schwechat 991 durch den Bayernherzog Heinrich II. den Zänker (951–995).[6] In diesem eroberten Gebiet entlang des Alpenostrandes entstanden nun Burgen und Siedlungen. Im Ortsgebiet des heutigen Perchtoldsdorfs, so nimmt die Forschung an, wurde eine Turmburg mit einer Marienkapelle[7] und nördlich davon die älteste mittelalterliche Siedlungsanlage am Rand eines Dreiecksangers an einer Straßengabelung (heutiger Heldenplatz) errichtet;[8] ein Siedlungstyp, der um die erste Jahrtausendwende öfters im Schutze von Burgen entstand, so auch in Krems (Hoher Markt), Wien (Tuchlauben), Baden und Hainburg.[9] Der Babenberger Markgraf Heinrich I. (994–1018) nahm am 1. November 1002 von König Heinrich II.

2 Vgl. Gregor Gatscher-Riedl/Johannes Seidl, *Von Menschen und Häusern in Perchtoldsdorf. Zur Besitzgeschichte des Hausbestandes einer niederösterreichischen Kleinstadt* (Schriften des Archivs der Marktgemeinde Perchtoldsdorf 5), Perchtoldsdorf/Schwarzach: Heimat-Verlag 2013. – Paul Katzberger, *Weinhauer- und Bürgerhäuser von Perchtoldsdorf mit einem Beitrag von Otto Riedel*, Perchtoldsdorf: Verlag der Marktgemeinde Perchtoldsdorf 1996.

3 Vgl. Petrin, *Perchtoldsdorf*, 1.

4 Das ausführliche Werk *Perchtoldsdorf im Mittelalter* von Silvia Petrin fußt auf einer umfangreich ausgeschöpften Quellengrundlage und beinhaltet die Geschichte Perchtoldsdorfs von den Anfängen bis zum Jahre 1529, die Wirtschaft und das kulturelle Leben des Marktes und der Pfarre. Diese Abhandlung stützt sich zum großen Teil auf Petrins Werk und auch auf die Veröffentlichungen von Paul Katzberger und Johannes Seidl.

5 Vgl. Dorothea Talaa, 8000 Jahre Besiedlung des Raumes Perchtoldsdorf, in: Paul Katzberger, *1000 Jahre Perchtoldsdorf 991–1991. Eine Siedlungsgeschichte mit einem Beitrag von Dorothea Talaa*, Perchtoldsdorf: Verlag Marktgemeinde Perchtoldsdorf 1993, 165–223, 191–192.

6 Vgl. Johannes Seidl, Quellen zur Ortsgeschichte von Perchtoldsdorf, Chronica summorum pontificum et imperatorum, Stiftsbibliothek Vorau, Codex 33 (früher 111), fol. 169^{v}, in: Katzberger, *1000 Jahre Perchtoldsdorf*, 488.

7 Vgl. Paul Katzberger, *Die Pfarrkirche von Perchtoldsdorf*, Perchtoldsdorf: Verlag der Marktgemeinde Perchtoldsdorf 1987, 20.

8 Vgl. Katzberger, *1000 Jahre Perchtoldsdorf*, 157.

9 Vgl. ebd., 29, 279 (Zeichnung 45).

(973–1024) die Schenkung eines Gebietes zwischen der Dürren Liesing und der Triesting sowie 20 Hufen zwischen Kamp und March in Besitz.[10]

Über den Ortsnamen Perchtoldsdorf kann nur gemutmaßt werden. Wahrscheinlich kamen nach der Landnahme im 11. Jahrhundert »Leute eines Berthold«[11] aus dem Westen in das Gebiet. Historisch ist dieser Berthold nicht fassbar, doch über die Flurnamenforschung lassen sich so manche Indizien nachweisen. So könnten diese Siedler, die auf Viehzucht und Ackerbau spezialisiert waren, bayerische Mundart gesprochen und im Laufe der Zeit die dort auch ansässige, slawisch sprechende Bevölkerung assimiliert haben. In dieser ersten Siedlungsphase wird ein Bestand von etwa acht Gehöften mit ca. 70 Einwohnern angenommen. 100 Jahre später soll die Bevölkerung auf rund 150 Personen angewachsen sein, die auf etwa 17 Gehöften lebten. Paul Katzberger spricht in Bezug auf die Siedlungsentwicklung in Perchtoldsdorf von sechs Ortserweiterungen. Am Ende des Mittelalters, vor der ersten Türkenbelagerung 1529, wo die Burg zwar verteidigt werden konnte, der Markt aber abbrannte, verfügte Perchtoldsdorf über 255 Häuser und etwa 2.000 Bewohner.[12]

Die erste schriftliche Erwähnung von Perchtoldsdorf ist quellenmäßig mit 1138 zu belegen. Sie findet sich in einer Klosterneuburger Traditionsnotiz, in welcher ein »H(einricus) de Pertoldesdorf als Zeuge einer Schenkung [...]« angeführt wird.[13] Dieser Heinrich von Perchtoldsdorf (?–?) wird ein zweites Mal genannt, als er mit Zustimmung seiner Frau Mathilde[14] ein Dorf (Wilhelmsdorf bei Poysdorf) dem Augustinerchorherrenstift Klosterneuburg schenkt. Allerdings ist diese Notiz nicht datiert.[15] Heide Dienst tritt für die Datierung »um 1140«[16] ein. Dieses Faktum lässt wohl darauf schließen, dass das Ministerialengeschlecht mit Sitz auf der Burg Perchtoldsdorf, die den Mittelpunkt des Ortes bildete, vermögend gewesen ist. Über die Vorfahren von Heinrich gibt es keine

10 Vgl. Johannes Seidl, Quellen, 1002 November 1. Haselbach, Haus-, Hof- und Staatsarchiv, Wien, in: Katzberger, *1000 Jahre Perchtoldsdorf*, 490–493.

11 Silvia Petrin, *Geschichte des Marktes Perchtoldsdorf von den Anfängen bis 1683* (Band 1), Perchtoldsdorf: Verlag der Marktgemeinde Perchtoldsdorf 1983, 7.

12 Vgl. Katzberger, *1000 Jahre Perchtoldsdorf*, 29–55.

13 Klosterneuburger Traditionsbuch, Stiftsarchiv Klosterneuburg, in: *FRA* (*Fontes rerum Austriacarum*) 4, 38, Nr. 187, Abt. II: Diplomataria et Acta 1849, Universität Wien, Institut für österreichische Geschichtsforschung, in: Petrin, *Perchtoldsdorf*, 366, Anm.: 3.

14 Vgl. Seidl, Quellen, Klosterneuburger Traditionsbuch, Stiftsarchiv Klosterneuburg, in: *FRA* 4, Nr. 610, Abt. II: Codex Traditionum Claustroneoburgensis, in: Katzberger, *1000 Jahre Perchtoldsdorf*, 494–495.

15 Vgl. Petrin, *Geschichte*, 8.

16 Ebd., 171, Anm.: 7.

Kenntnis, jedoch sind seine Nachkommen in Quellen des 12. und 13. Jahrhunderts, in den Urkunden der Babenberger etwa,[17] öfters als Zeugen genannt.[18]

Otto I. von Perchtoldsdorf (?–?) ersuchte den Passauer Bischof Ulrich II. (?–1221), die Marienkapelle auf der Burg Perchtoldsdorf, deren Patronatsherr er war, zur Pfarrkirche zu erheben, die sich zuvor von der Mutterpfarre Mödling gelöst hat. Das geschah am 19. September 1217.[19] Über die »Standesqualität der Herren von Perchtoldsdorf«[20] wird vermutet, dass sie einst ein freies Geschlecht waren und sich dann später in die Ministerialität begaben. Otto I. ist im Umkreis des letzten Babenbergerherzogs Friedrich II. (um 1210–1246) nachweisbar. Dieser zerstörte 1236 die Turmburg mit der Pfarrkirche. Vermutlich wurden auch große Teile des Ortes in Mitleidenschaft gezogen. Die Aktion könnte man als Racheakt auslegen, denn das sollte im Zusammenhang mit der Ächtung dieses Babenbergerherzogs durch Kaiser Friedrich II. (1194–1250) gesehen werden, in dessen Verlauf zahlreiche Ministerialen – darunter auch Otto von Perchtoldsdorf – dem Herzog die Gefolgschaft verweigerten. Diese Annahme wird nach Silvia Petrin noch durch die Anwesenheit des Herzogs am 18. Oktober 1236 in Mödling verstärkt, da sich beide Orte in geringer Entfernung zueinander befinden, womit ein mögliches Datum für die Aggression des Babenbergers gegeben wäre.[21] Thomas Ebendorfer von Haselbach (1388–1464), der von 1435–1464 als Pfarrer in Perchtoldsdorf wirkte, berichtet von diesem Ereignis in einer vor nicht allzu langer Zeit entdeckten längeren Fassung des *Kathalogus presulum Laureacensium*,[22] die er im Jahre 1451 verfasst hat.[23]

In den Jahren zwischen 1250 und 1270 muss ein Wiederaufbau und eine weitere Ortserweiterung in Perchtoldsdorf erfolgt sein. Da die teilweise zerstörte Turmburg nicht mehr bewohnbar war, veranlasste Otto II. (?–1286) die Erbau-

17 Vgl. O. von Mitis (vorbereitet), Heinrich Fichtenau/Erich Zöllner/Heide Dienst (bearbeitet), *Urkundenbuch zur Geschichte der Babenberger in Österreich* (Band 1–4), Wien: Holzhausen 1950–1968.

18 Vgl. Petrin, *Geschichte*, 8–9.

19 Vgl. Petrin, *Perchtoldsdorf*, 11. Von mehreren Ausfertigungen existiert heute nur mehr ein Original der Perchtoldsdorfer Pfarrgründungsurkunde. Sie ist im 19. Jahrhundert unter nicht geklärten Umständen an das Institut für österreichische Geschichtsforschung gelangt. Vgl. ebd., 233–234.

20 Ebd., 11–12.

21 Vgl. ebd., 12, 248, 367, Anm.: 14.

22 Vgl. Paul Uiblein, *Thomas Ebendorfer (1388–1464)*, in: *Thomas Ebendorfer von Haselbach (1388–1464). Gelehrter/Diplomat/Pfarrer von Perchtoldsdorf*, Marktgemeinde Perchtoldsdorf, Ausstellungskatalog, Wien: Agens-Werk Geyer+Reisser 1988, 35. Die Geschichte der Bischöfe von Lorch (Lauriacum) und Passau ist eine kirchengeschichtliche Ergänzung im Katalog. Diese Diözese umfasste damals fast das gesamte Seelsorgegebiet von Ober- und Niederösterreich. Eine überarbeitete und gekürzte Fassung ist unter »Schreitwein« bekannt und beinhaltet auch die Fortsetzungen von 1477–1508 bzw. 1477–1517.

23 Vgl. Petrin, *Perchtoldsdorf*, 246–247.

ung einer Stadtburg und die Gründung eines befestigten Marktes. Die Turmburg allerdings wurde, wie Paul Katzberger annimmt, zur ersten im spätromanischen Stil errichteten Pfarrkirche umgebaut.[24] So berichtet auch Thomas Ebendorfer im erwähnten Werk *Kathologus presulum Laureacensium*[25] von einer wiederhergestellten Kirche und von der am 9. November 1270 erfolgten Weihe dieses Gotteshauses durch Bischof Petrus von Passau (?–1280). Zu diesem Ereignis findet sich im Archiv der Marktgemeinde Perchtoldsdorf eine Urkunde, in welcher der päpstliche Legat Guido (?–?), Kardinalpriester aus San Lorenzo in Lucina, auf eine Bitte des Otto von Perchtoldsdorf (wahrscheinlich ein Sohn Ottos I., des Pfarrgründers) am 25. Mai 1267 alle bisher von den Erzbischöfen und Bischöfen verliehenen Ablässe und Privilegien bestätigt. In dieser Urkunde wird der Herr von Perchtoldsdorf als »camerarius Austrie«[26] betitelt. In dieser Funktion gehörte er daher zu den Mächtigen im Lande, welche die Herrschaftsübernahme durch den König von Böhmen, Přemysl Ottokar II. (um 1230–1278), 1251 nach dem Tod des letzten Babenbergers Friedrich II. befürworteten. Doch die immer stärker werdenden Gegensätze veranlassten Otto von Perchtoldsdorf, sich auf die Seite des neugewählten römisch-deutschen Königs Rudolf I. von Habsburg (1273–1291) zu stellen. Vermutlich nahm er auch in dessen Heer an der Schlacht auf dem Marchfeld (Dürnkrut und Jedenspeigen 1278) teil, denn Otto soll jener Ritter gewesen sein, der den entstellten Leichnam des böhmischen Königs mit einem »schaperun«, den er einem »garzun« abnahm, bedeckt hat, wie es einem Bericht des steirischen Reimchronisten Ottokar aus der Gaal (»*Otacher ouz der Geul*«, um 1265–1320)[27] zu entnehmen ist.

Über das Sterbedatum Ottos II. von Perchtoldsdorf besitzen wir einige Informationen. Zwei Urkunden mit angehängten Siegeln berichten von Schenkungen Ottos und auch seiner Gattin Euphemia, die am Totenbett Ottos erfolgt sind. So vermacht er am 30. Juni 1286 seinen gesamten Waldbesitz an der »Reichen Liesing« seinem Onkel »Chalhocho de Hintperch«[28] (Himberg bei Schwechat), weiters schenken seine Gattin Euphemia und er am 4. Juli 1286 eine

24 Vgl. Katzberger, *Pfarrkirche*, 23.

25 Thomas Ebendorfer von Haselbach, *Kathalogus presulum Laureacensium*, Bayerisches Hauptstaatsarchiv, München. Kasten schwarz 9991/8, fol. 138ʳ–138ᵛ, in: Katzberger, *Pfarrkirche*, 457–460.

26 *Camerarius Austrie*, Archiv der Marktgemeinde Perchtoldsdorf, Urkunde Nr. 1, in: Katzberger *Pfarrkirche*, 456.

27 Vgl. *Monumenta Germaniae Historica*, *Chronik* 3, Vers 16.723: *der von Berchtoldsdorf über in do warf einen schaperun, den nam er sin garzun* (*schaperun:* Decke, Überwurf, *garzun:* Knappe). Vgl. Petrin, *Geschichte*, 9, 171, Anm.: 11.

28 Seidl, Quellen, 1286 Juni 30, Erzbischöfliches Diözesanarchiv, Wien, in: Katzberger, *1000 Jahre Perchtoldsdorf*, 504–505.

Hufe in Wampersdorf (Ebreichsdorf) dem Stift Lilienfeld.[29] Am 7. Juli 1286 ist im *Necrologium*[30] des Stiftes Lilienfeld, dessen Wohltäter Otto war, diesem eine Eintragung gewidmet. Somit scheint dieses erwähnte Datum wohl den Todestag zu markieren; mit ihm ist das Geschlecht der Herren von Perchtoldsdorf erloschen.

»Wir wissen über die Herren von Perchtoldsdorf nicht allzu viel. An die Genealogie und Besitzgeschichte der Familie knüpft sich noch manch ungelöste Frage, und die Stellung der Perchtoldsdorfer im späteren 13. Jahrhundert als ›camerarii Austrie‹, die Rolle, die sie im österreichischen Landadel spielten, [...] würden wohl einer neuen Untersuchung bedürfen.«[31] So fasst Silvia Petrin das Ende der Perchtoldsdorfer zusammen; sie bezieht dabei unter anderem die nur bei Thomas Ebendorfer in seiner *Chronica Austriae*[32] beschriebene Zerstörung der Burg Kammerstein bei Perchtoldsdorf[33] durch Herzog Albrecht I. (König Albrecht I. 1255–1308) mit ein, ein Ereignis, das vor 1286 geschehen sein muss.

Zu Beginn des 14. Jahrhunderts befand sich Perchtoldsdorf im Besitz des Landesfürsten und wurde verpfändet, was bis zum Ende des Spätmittelalters noch öfters geschah, vorerst an die Gebrüder von Gerlos[34] und deren Schwester. Neben diesem Hinweis findet sich im Register der Pfandschaften Friedrichs des Schönen unter »bona obligata« zum 27. Mai 1308 die Erwähnung von »castrum et forum in Perchtolstdorff«,[35] die erste Erwähnung des Marktes Perchtoldsdorf.

In diesem Jahrhundert wurde der landesfürstliche Besitz in Perchtoldsdorf mehrmals zur »Dotierung des Wittums der Gemahlinnen der österreichischen Herzoge herangezogen [...].«[36] So wird dies für Königin Elisabeth (gest. 28. Oktober 1313, Mutter von Herzog Albrecht II.) angenommen. Sie muss eine nähere Beziehung zu Perchtoldsdorf gehabt haben, denn sie plante im Ort ein Spital errichten zu lassen, wie in einem Regest des nicht mehr erhalten gebliebenen Pfarrinventars von 1557 erwähnt wird:

29 Vgl. Seidl, Quellen, 1286 Juli 4, Lilienfeld, Stiftsarchiv Lilienfeld, in: Katzberger, *1000 Jahre Perchtoldsdorf*, 506–507.

30 Vgl. Petrin, *Geschichte*, 11.

31 Petrin, *Perchtoldsdorf*, 12–13.

32 Vgl. Seidl, Quellen, Thomas Ebendorfer, Chronica Austriae, Handschriftensammlung der Österreichischen Nationalbibliothek Wien, Codex 7583 (Uni. 842), 165, Wien; Autograph verloren, Abschrift des 16. Jahrhunderts, in: Katzberger, *1000 Jahre Perchtoldsdorf*, 508–509.

33 »1240–1250: Errichtung der Burg Kammerstein auf einem Felssporn im Tal der Dürren Liesing durch Otto II. von Perchtoldsdorf;« in: Katzberger, *1000 Jahre Perchtoldsdorf*, 158.

34 Gerlos: verödetes Dorf bei Eckartsau an der Donau. Vgl. Petrin, *Perchtoldsdorf*, 368, Anm.: 18.

35 Seidl, Quellen, Erstmalige Nennung Perchtoldsdorfs als Markt, Haus-, Hof- und Staatsarchiv, Handschrift »Böhm« 49 (»Weis 19«), Wien, in: Katzberger, *1000 Jahre Perchtoldsdorf*, 510–511. – Petrin, *Perchtoldsdorf*, 13.

36 Petrin, *Perchtoldsdorf*, 13.

»Ain uralts klains brieffl, dessen vermög weylend hertzog Albrecht zue Österreich die Prandstatt, sonnst Hofmarch genant, darauf ihrer durchleuchtigkait gelibste fraw muetter, Elisabeth, römische künigin, bede hochlöblicher gedächtnuß, ain spital zu stifften vorhabens gwesen, bey der pharr zue Perchtolstorf beleiben zu lassen bewilligt hatt; sub dato zue Wienn, am phingstag vor Tiburcii, anno 1347, unnder irer durchleuchtigkait anhange(n)dem insigl.«[37]

Nach einer weiteren Verpfändung der Burg und der dazugehörigen Güter und Einnahmen siegelte die Witwe Herzog Heinrichs (1299–1327), Elisabeth von Virneburg, bis zu ihrem Tod 1343. Danach hatte die Gattin Herzog Albrechts II. (1298–1358), Johanna von Pfirt (?–1351), den landesfürstlichen Besitz in Perchtoldsdorf inne, der nach dem Tod Albrechts 1358 an die Gemahlin Herzog Rudolfs IV. (1339–1365), Katharina von Böhmen (?–1395, Tochter Kaiser Karls IV.) überging. Sie verbrachte in ihrem Witwenstand noch einige Jahre in Perchtoldsdorf. Zu ihren Lebzeiten allerdings siegelte ab 1381 bereits Herzog Albrecht III. (1349–1395). Fünf Jahre später übernahm der Marktrichter Hans Lang (?–?) die Geschäftsbereiche für Herzogin Beatrix von Zollern (gest. 10. Juni 1414), die Gemahlin Albrechts III. Ihre Wirksamkeit war von allen Adeligen am nachhaltigsten. Perchtoldsdorf verdankt ihr das Privileg, Jahrmärkte abhalten zu können, und die Gründung und Errichtung des Spitals, dessen Eröffnung sie nicht mehr erlebte. Ihre Stiftung hatte bis ins 19. Jahrhundert Bestand.[38]

Vom 14. bis zum Anfang des 15. Jahrhunderts brachten der Weinanbau und der Weinhandel den Bürgern von Perchtoldsdorf Wohlstand. Der Markt gehörte im Umkreis von Wien zu den reichsten Pfarren. Dazu trugen auch mehrere landesfürstliche Privilegien bei, die ihm verliehen wurden.[39] Doch die Zeit des Friedens und der Aufwärtsentwicklung hatte mit der 1420–1421 stattgefundenen Judenverfolgung einen schweren Rückschlag erfahren, bei der – vermutlich wie in vielen anderen Orten in Niederösterreich auch – die Judengemeinde in Perchtoldsdorf vernichtet wurde.[40] Woher die Juden kamen, die sich in Perchtoldsdorf niedergelassen hatten und über Geldverleih vermögend geworden sind, ist nichts bekannt. Nachgewiesen ist jedenfalls eine Judenschule sowie ein Bet- und Versammlungshaus.[41] Über den Kreis der Schuldner blieb in Perchtoldsdorf nichts erhalten, daher sind bezüglich der Namen die Wiener Grundbücher heranzuziehen. In den Handschriften B-19-1 und B-19-2 im Archiv der Marktgemeinde Perchtoldsdorf – beide werden später genauer beschrieben –

37 Ebd., 13, 368–369, Anm.: 19.
38 Vgl. ebd., 13–14.
39 Vgl. ebd., 14.
40 Vgl. ebd., 14. Thomas Ebendorfer berichtet in seiner *Chronica Austrie* von der Judenverfolgung.
41 Diese Gebäude befanden sich auf dem Gelände der heutigen Liegenschaften Nr. 9 bis Nr. 13 in der Wienergasse.

sind einige verschuldete Ortsbewohner namentlich genannt, ihre Gläubiger, ihr Schuldenstand sowie auch die Art und Weise, wie diese Beträge beglichen wurden. So etwa das »gescheft« (Testament) des »Hannsn der Tribl, der Nacham dem judn in der Newnstat newn phunnt phennig« schuldig ist und »Andren der Pechen«[42] diesen Betrag bezahlen soll, dem er sein Haus vermacht hat. Die Judenrichter, meist Bürger des Marktes und christlichen Glaubens, überwachten den Geldverkehr. Sie sind uns namentlich bekannt. Einige bekleideten auch das Amt des Marktrichters, übten beide Tätigkeiten aber nicht zur selben Zeit aus.[43] Jorg Hairla (?–?)[44] war 1420 der letzte Judenrichter.

In den folgenden Jahrzehnten bis um 1500 mussten die Bewohner von Perchtoldsdorf Kriegswirren, finanzielle Belastungen und Zerstörungen erdulden. Nach Silvia Petrin sei dies »nur im Zusammenhang mit der allgemeinen Landesgeschichte zu verstehen.«[45] König Albrecht II., der sich zu Lebzeiten mehrmals in Perchtoldsdorf aufgehalten hat, starb überraschend 1439 nach nur zweijähriger Regentschaft. Er hinterließ seine schwangere Gemahlin, Königin Elisabeth von Ungarn (?–1442), Tochter von Kaiser Siegmund von Luxemburg (1368–1437). Die beiden Brüder aus der leopoldinischen Linie, Herzog Friedrich V. (1415–1493) und Albrecht VI. (1418–1463), konnten sich in den Erbschaftsfragen nicht einigen, deshalb entschied eine Ständeversammlung am 15. November 1439 in Wien. Vertraglich wurde festgelegt, falls die schwangere Witwe einen Sohn zur Welt bringe, solle Herzog Friedrich V. als dessen Vormund fungieren. Mit dem am 1. Dezember 1439 in Perchtoldsdorf unterzeichneten *Perchtoldsdorfer Revers*[46] erklärte Herzog Friedrich V. sich mit den Beschlüssen der Stände einverstanden. Herzog Albrecht VI. anerkannte diese Entscheidung nicht, was zum endgültigen Bruch zwischen den beiden Brüdern führte. Außerdem forderten ungarische Magnaten die Auslieferung von Friedrichs Mündel, Ladislaus Postumus (1440–1457), der noch im Kleinkindalter zum König von Ungarn gekrönt wurde und daher in Ungarn aufwachsen und erzogen werden sollte. Da sich Friedrich darauf nicht einließ, verwüsteten ungarische Regimenter unter der Führung des Gubernators Johann Hunyadi (1409–1456) große Teile Niederösterreichs, auch Perchtoldsdorfs mit Ausnahme der Hoch-

42 AMP (Archiv der Marktgemeinde Perchtoldsdorf), Marktbuch B–19–1, fol. 3r, *1444 Oktober 16.* – Petrin, *Perchtoldsdorf,* 409–410, Anm.: 53.

43 Vgl. ebd., 100–105.

44 Jorg Hairla war von 1425–1426 auch als Marktrichter in Perchtoldsdorf tätig. Vgl. Petrin, *Perchtoldsdorf,* 105. Ob er mit der im Marktbuch B–19–2, fol. 1r erwähnten Person des *ambtmans hannden, des erbern manns Jorigen des Hairla, markrichter ze Perchtoltzdorf* ident ist, muss noch geklärt werden.

45 Petrin, *Geschichte,* 16.

46 Perchtoldsdorfer Revers, Haus- Hof- und Staatsarchiv, Allgemeine Urkundenreihe, Privilegien 33, Wien. – Petrin, *Perchtoldsdorf,* 14, 370, Anm.: 34.

straße.[47] Thomas Ebendorfer fertigte eine eigenhändig geschriebene Notiz in lateinischer Sprache zu diesem Ereignis an.

Thomas Ebendorfer von Haselbach gilt als eine herausragende Persönlichkeit in kirchlichen und politischen Bereichen und bleibt wegen seines Schaffens und Wirkens in Perchtoldsdorf unvergessen. Er war »Gelehrter, Diplomat und Pfarrer von Perchtoldsdorf«, so lautete der Untertitel einer Ausstellung im Jahre 1988 auf der Burg Perchtoldsdorf anlässlich der 600. Wiederkehr seines Geburtstages.[48] Abgesehen von den Großen der Gesellschaft war es im Mittelalter nicht üblich, Geburtstage zu verzeichnen, sondern je nach Rang und Stand fanden die Todestage in den Nekrologien der Klöster Erwähnung.[49] Thomas Ebendorfers Geburtstag lässt sich aus einer Predigt erschließen, die er an einem 10. August[50] zu Ehren des heiligen Laurentius gehalten hat, bei der er sich auf seinen Geburtstag und seinen Geburtsort Haselbach bei Niederhollabrunn bezieht. Sein Todesjahr wiederum lässt sich aus seiner Geschichte über den ersten Kreuzzug in der *Chronica Austrie* errechnen, wo er am Ende dieses Kapitels darauf verweist, er habe das Werk im 68. Lebensjahr und im 21. Jahr als Pfarrer von Perchtoldsdorf vollendet. Daher kann man den 10. August 1388 als Geburtsdatum annehmen.[51]

Thomas Ebendorfer begann 1408 mit dem Studium an der Artistenfakultät der Universität Wien und beendete es 1428 mit der Promotion zum Doktor der Theologie. In diesen 20 Jahren übte er nach Erlangung der Würde eines »Licentiatus in artibus«[52] eine intensive Lehrtätigkeit aus, empfing 1421 die Priesterweihe und bekleidete in seiner Universitätslaufbahn von 1423–1460 mehrmals das Amt des Rektors der Wiener Universität. 1431–1435 wurde er als deren Vertreter auf das Konzil nach Basel (1431–1449) entsandt und war bemüht, einen Ausgleich mit den Hussiten zu erreichen, die von Böhmen aus das nördliche Niederösterreich kriegerisch in Mitleidenschaft zogen. Für seine Bemühungen in diesem Konflikt erhielt er 1435 die gut dotierte Pfarre Falkenstein, zog jedoch wegen der Nähe zu Wien und zur Universität Perchtoldsdorf vor.[53] Schon bald nahm er sich baulich der Pfarrkirche an. Er ließ an den wesentlich niedrigeren, schon bestehenden Albertinischen Chor einen Langhausbau anfügen. Nach rund 15-jähriger Bauzeit war der gotische Ausbau der Pfarrkirche bis auf die

47 Vgl. Petrin, *Geschichte*,16–17.
48 Die vielfältigen Aufgaben von Konzeption, Organisation und Katalogerstellung der Ausstellung vom 18. September bis 16. Oktober 1988 in Perchtoldsdorf hatte Herr Univ. Doz. Mag. Dr. Johannes Seidl, MAS inne.
49 Vgl. Paul Uiblein, *Thomas Ebendorfer*, Ausstellungskatalog, 14.
50 Es wird das Jahr 1440 angenommen.
51 Vgl. Uiblein, *Thomas Ebendorfer*, Ausstellungskatalog, 14–15.
52 Silvia Petrin, Die wichtigsten Daten zur Lebensgeschichte Thomas Ebendorfers, in: Uiblein, *Thomas Ebendorfer*, Ausstellungskatalog, 70.
53 Vgl. ebd., 70.

Südportalvorhalle und den Sakristeizubau abgeschlossen. 1449 wurde von Herrn Johannes, Legat der römisch-katholischen Kirche in Deutschland, die Weihe vorgenommen. Thomas Ebendorfers Bericht im *Kathalogus presulum Laureacensium* von 1451 ist die einzige schriftliche Quelle über dieses Bauvorhaben.[54]

Er verstarb am 12. Januar 1464. Sein Grabstein befindet sich nun im Perchtoldsdorfer Wehrturm, der ab 1450 wegen des Ungarneinfalles unter Johann Hunyadi zu bauen begonnen wurde, aber zu Lebzeiten Ebendorfers noch nicht fertigstellt war.

1448–1449 wurde die Burg Perchtoldsdorf zum wiederholten Male verpfändet, von König Friedrich IV. (1415–1493) an den Grafen Ulrich II. von Cilli (1406–1456), der Pfleger für die Verwaltung einsetzte. Friedrich traute dem Grafen nicht – zu Recht, wie es sich herausstellen sollte, denn nach seiner Reise nach Rom, wo er am 19. März 1452 vom Papst zum Kaiser gekrönt wurde, belagerten Graf Ulrich II. und Ulrich von Eyczing (um 1395–1460) Wiener Neustadt und zwangen Friedrich, sein Mündel Ladislaus auszuliefern. Sie brachten ihn nach Perchtoldsdorf und anschließend nach Wien. Später fiel Ulrich II. von Cilli bei König Ladislaus in Ungnade. Wieder war Perchtoldsdorf sein Aufenthaltsort, bevor er sich auf seine untersteirischen Besitzungen zurückzog. Auch König Ladislaus war nur ein kurzes Leben vergönnt. Er verstarb 1457 und nach dessen Tod flammten die Streitigkeiten um das Erbe Ladislaus' zwischen Friedrich und Albrecht mit aller Heftigkeit wieder auf, bei denen Thomas Ebendorfer von Haselbach um 1460 zu vermitteln versuchte.[55] In den folgenden Auseinandersetzungen stellten sich die Perchtoldsdorfer auf die Seite Herzog Albrechts VI. Auch er war wegen Geldnot gezwungen, die Einkünfte des Ortes zu verpfänden. Der Bruderkrieg fand durch den plötzlichen Tod Herzog Albrechts VI. am 2. Dezember 1463 ein Ende.

Nach einigen ruhigeren Jahren verwickelte König Matthias Corvinus (1458–1490) von Ungarn, Sohn von Johann Hunyadi, Niederösterreich in einen Krieg, in dem sich Perchtoldsdorf widerstandslos ergab. Von 1482 bis zum Tod des Matthias Corvinus am 6. April 1490 blieb Perchtoldsdorf unter ungarischer Herrschaft.[56] In der Folgezeit übernahm Erzherzog Maximilian I. (1459–1519), der Sohn Kaiser Friedrichs III., die Herrschaft in Niederösterreich. Perchtoldsdorf erholte sich, dazu trugen der Weinbau und der Weinhandel sowie das Handwerk[57] wesentlich bei. Um die Wende zum 16. Jahrhundert hatte Perchtoldsdorf etwa 250 Häuser aufzuweisen.[58]

54 Vgl. Paul Katzberger, Thomas Ebendorfer als Bauherr in Perchtoldsdorf, in: Uiblein *Thomas Ebendorfer,* Ausstellungskatalog, 50.

55 Vgl. Uiblein, *Thomas Ebendorfer,* Ausstellungskatalog, 38–39. – Petrin, *Perchtoldsdorf,* 15–16.

56 Vgl. ebd., 20–21.

57 Von den Handwerksvereinigungen, im damaligen Sprachgebrauch Bruderschaften oder Zechen genannt, ist die 1316 erstmals erwähnte Zeche »Unser Lieben Frau zu Perchtoldsdorf«

Die handschriftliche Überlieferung

Ausgehend von den Schreibschulen der mittelalterlichen Klöster, entwickelten sich neben der Vervielfältigung liturgischer Texte und der Ausfertigung von Urkunden frühzeitig die Buchform und buchähnliche Formen für die Dokumentation von Verwaltungstätigkeiten der Behörden in Städten und Märkten. Ursprünglich auf Pergament, ab Mitte des 14. Jahrhunderts auf Papier als Beschreibstoff gebracht, hat sich für diese Art der Niederschriften der Terminus »Amtsbücher«[59] in der Quellenkunde festgesetzt, wobei die Stadt- und Marktbücher herkunftsmäßig eine bestimmte Gruppe unter den Amtsbüchern darstellen, die aus dem Spätmittelalter und der Frühneuzeit in größerer Zahl erhalten geblieben sind und sich im Rechtsleben zuerst in den Städten, dann im Laufe des 15. Jahrhunderts auch im ländlichen Raum durchgesetzt haben.[60] Auf Niederösterreich bezogen finden sich solche für Perchtoldsdorf,[61] Grein an der Donau,[62] Waidhofen an der Ybbs, Retz, Zwettl und Tulln.[63] Für Perchtoldsdorf waren, bedingt durch die Nähe zur Stadt Wien, die Stadtbücher von großer Bedeutung und sicher hatte Wien dabei Vorbildcharakter.[64]

---

die bedeutendste und älteste aller Perchtoldsdorfer Bruderschaften, in welchen berufliches und soziales Miteinander gelebt wurde. Gemeinschaftliches Auftreten bei Prozessionen, Totengedenken in Form von Stiftungsmessen und die Hilfe der Bruderschaft für in Not geratene Mitglieder waren vorrangige Anliegen. Vgl. Johannes Seidl, *Das Kopialbuch der Zeche Unserer Lieben Frau zu Perchtoldsdorf. Studien zur Geistes-, Sozial- und Wirtschaftsgeschichte einer niederösterreichischen Kleinstadt am Ausgang des Mittelalters* (Silvia Petrin/Wilibald Rosner, Hg. Studien und Forschungen aus dem Niederösterreichischen Institut für Landeskunde 18), Wien: Selbstverlag des NÖ Instituts für Landeskunde 1993, 7. – Petrin, *Perchtoldsdorf*, 105.

58 Vgl. Katzberger, *1000 Jahre Perchtoldsdorf*, 302.

59 Josef Hartmann, Amtsbücher. Allgemeine Entwicklung des Amtsbuchwesens, in: Friedrich Beck/Eckart Henning (Hg.), *Die archivalischen Quellen. Mit einer Einführung in die Historischen Hilfswissenschaften*, Wien–Köln–Weimar: Böhlau Verlag 2003, 40.

60 Vgl. Christian Neschwara, Rechtsformen letztwilliger Verfügungen in den Wiener Stadtbüchern (1395–1430). Eine Bilanz aufgrund der vorliegenden Edition, in: Thomas Olechowski/Christoph Schmetterer (Hg.), *Testamente aus der Habsburgermonarchie. Alltagskultur/Recht/Überlieferung* (Beiträge zur Rechtsgeschichte Österreichs 1), Wien: Verlag der Österreichischen Akademie der Wissenschaften 2011, 134.

61 Vgl. Andrea Griesebner/Martin Scheutz/Herwig Weigl (Hg.), *Stadt – Macht – Rat 1607. Die Ratsprotokolle von Perchtoldsdorf, Retz, Waidhofen an der Ybbs und Zwettl im Kontext* (Forschungen zur Landeskunde von Niederösterreich 33), St. Pölten: Verein für Landeskunde von Niederösterreich 2008.

62 Vgl. Alexandra Kaar, Das Greiner Marktbuch. Inhalt, Datierung und Auftraggeber eines Repräsentationsobjektes, in: *Pro Civitate Austriae. Informationen zur Stadtgeschichtsforschung in Österreich* 16, Linz: Österreichischer Arbeitskreis für Stadtgeschichtsforschung 2011, 41–70.

63 Vgl. Johannes Ramharter, *Profile einer landesfürstlichen Stadt. Aus den Ratsprotokollen der Stadt Tulln 1517–1679,* Wien: Böhlau Verlag 2013.

64 Vgl. Neschwara, *Rechtsformen*, 135–136.

Meine angestrebte Dissertation[65] hat es sich zum Ziel gesetzt, zwei mittelalterliche Marktbücher aus dem Archiv von Perchtoldsdorf (AMP) in einer textkritischen Edition zu bearbeiten, sie zu kommentieren und auszuwerten. Es sind dies die Handschrift B–19–1, welche die Jahre 1444 bis 1449 umfasst, und die Handschrift B–19–2, die Eintragungen aus den Jahren 1449–1451, 1454–1461 und 1482–1485 enthält.[66] Beide Marktbücher bringen Aussagen zu Ehe- und Erbverhältnissen im Alltagsleben der niederösterreichischen Kleinstadt Perchtoldsdorf am Ende des Mittelalters.

Inhaltliche Kurzbeschreibung

Die Eintragungen in den beiden erwähnten Handschriften vermitteln uns interessante Einblicke in kommunale Lebensbereiche der zweiten Hälfte des 15. Jahrhunderts in Perchtoldsdorf. Den Inhalt der beiden Handschriften bilden vor allem Angelegenheiten, die mündlich dem Rat unter Anwesenheit von Zeugen vorgetragen, abgehandelt und danach von einem Schreiber in das Marktbuch eingetragen wurden, womit diese Geschäfte Rechtsgültigkeit erlangten. Bei Immobiliengeschäften über Grundstücke und den sich darauf befindlichen Häusern äußerten die Auftraggeber mitunter auch die Bitte, ein solches Rechtsgeschäft in das Grundbuch der Marktgemeinde einzutragen.

Die meisten Eintragungen in den Marktbüchern werden mit »geschefft« oder »weisung« übertitelt, während die Bezeichnung Testament nicht vorkommt, obwohl die beiden Marktbücher auch als Testamentsbücher anzusprechen sind. Im österreichischen Raum werden solche Handschriften zu letztwilligen Verfügungen jedoch als »Geschäftsbücher«[67] bezeichnet. Der Begriff »weisung« in den Marktbüchern ist im Kontext der Rechtshandlung auch als Rechtserläuterung bzw. Rechtsbelehrung in Erbschaftsangelegenheiten zu sehen.

Die geistige und physische Gesundheit der handelnden Personen wird zumeist mit den Worten »mit gueter vernuͤfft, wiczen vnd syͤnnen«[68] zum Ausdruck

65 Die Autorin ist Herrn Ao. Univ.-Prof. Dr. Günther Bernhard, MAS und Herrn Univ. Doz. Mag. Dr. Johannes Seidl, MAS zu großem Dank verpflichtet. Beide sind Ideengeber, Berater und werden nach Fertigstellung der Dissertation als Erst- und Zweitbegutachter fungieren.

66 Im Zuge der Eingemeindung von Perchtoldsdorf in Wien im Jahre 1938 wurden die beiden Handschriften in das Wiener Stadtarchiv gebracht. Die Rückgabe erfolgte im Oktober 1954, als der Ort wieder selbständig verwaltet wurde.

67 Gerhard Jaritz, *Österreichische Bürgertestamente als Quelle zur Erforschung städtischer Lebensformen des Spätmittelalters* (Jahrbuch für Geschichte des Feudalismus, hg. von der Akademie der Wissenschaften der DDR, Zentralinstitut für Geschichte 8), Berlin: Akademie-Verlag 1984, 250.

68 AMP, B–19–2, fol. 37^{r}.

gebracht. Jedem Mann und jeder Frau wurde »Testier-Fähigkeit«[69] zugestanden, sofern er oder sie die Volljährigkeit von achtzehn Jahre erreicht hatte, worauf seitens des Marktes auch geachtet wurde, wie das Beispiel »Ain weysung Hansl Jeger, Kolmans Jeger sun« vom 17. November 1447 zeigt: »daz in kund vnd wissentleich ist, daz Hensel Jeger, Kolmans Jeger sun seine vogtperleiche jar hat vnd sein alters vber achzehen jar allt ist nach des markts zu Perchtoltzdorf rechten«.[70]

Eine nicht geringe Anzahl der Eintragungen in den Marktbüchern machen die Seelgerätstiftungen aus, welche schon im germanischen Erbrecht eine Rolle spielten und das Testamentsrecht in Folge beeinflussten.[71] Solche Stiftungen für das Seelenheil Verstorbener bedurften einer »Ewigkeit«. Daher war es wichtig, diese Vorkehrungen für das Jenseits auch an öffentlicher Stelle hinterlegt zu haben, damit die Bestimmungen auch eingehalten würden. So hat »Elsbeth Erharts des Mullner seligen witib zu Perchtoltzdorf«[72] urkundlich vor den Ratsmitgliedern »Hans Trautman« und »Kaspar Strebman« bezeugt, der »gotzleichnams zech ze Perchtoltzdorf« einen Weingarten gestiftet zu haben, mit dessen Erträgen die jährlichen Messen auf 50 Jahre hindurch gesichert sein sollten, danach verblieb der Weingarten bei der Bruderschaft:

> »Von erst, so schaff ich durch hail vnd trost willen meiner sel mein weingarten, genant der krauczaker in gotzleichnams zech ze Perchtoltzdorf jerleich douon ze pegen am jartåg mit zwelf schilling phennig nach meinem abgankch auf fumfczikch jar vnd nach den vorgenant jarn, so sol der jartag absein vnd der weingarten der zech ledikleich beleiben. Man sol mir den jartag jerleichen begen zu der zeit, als mein ableibung sich begeben hat des nachts mit vigili. Dabey sullen sein sechs briester, der schulmaister mit den schuelern vnd sol der guster darzu dreystund lauttn nach gewonhait der kirchen, des morgens mit aim gesungen selambt«.[73]

In der Handschrift B-19-1 sind insgesamt 118 Einträge vorhanden; sie betreffen letztwillige Verfügungen, Verwandtschafts-[74] und Volljährigkeitsbezeugungen, Vererbungen von Hausrat und Kleidungsstücken, oftmals mit den angeführten Aktiva und Passiva, sowie Vormundschaftsangelegenheiten. Neben diesen Rechtsgeschäften war es üblich, in solche Marktbücher auch Mitgliederlisten oder Handwerksordnungen und dergleichen einzutragen. Auf die erwähnte Handschrift bezogen, findet sich dazu eine Mitgliederliste des Rats zu Perch-

---

69 Hans Lentze, Das Wiener Testamentsrecht des Mittelalters, in: *Zeitschrift der Savigny-Stiftung für Rechtsgeschichte*, Germanistische Abteilung 69 (1952) 1, 149.

70 AMP, B-19-1, fol. 22^{v}.

71 Vgl. Hans Lentze, Das Sterben des Seelgeräts, in: *Österreichisches Archiv für Kirchenrecht.* Halbjahresschrift 7 (1956), 30-31.

72 AMP, B-19-1, fol. 26^{r}.

73 Ebd., fol. 26^{r}-26^{v}.

74 Siehe Anhang: *Agatha Hans Desendl tochter weysung.*

toldsdorf vom Jahre 1449[75] sowie eine unvollständig überlieferte Handwerksordnung *Der schůster gerechtikhait.*[76]

Umfangreicher ist das zweite Marktbuch, die Handschrift B–19–2 mit insgesamt 205 Eintragungen. Inhalt und Formular entsprechen der ersten Handschrift. In dieser Handschrift befinden sich fünf Ratslisten aus den Jahren 1450 bis 1460 und ein Ratseid, geschworen auf Kaiser Friedrich III.[77] Das erwähnte Marktbuch enthält interessante Aussagen zu Erbschaftsangelegenheiten. So ist etwa das Beispiel des Thaman Verdrett anzuführen. Er ließ vor Zeugen eine Erklärung über den Sohn seines verstorbenen Bruders Hans abgeben, in der angeführt ist, »das Hånns Verdrett weilent Niklasen, des Verdretts selign sun, das der volligklich yͤeczund vͤber dreyͤssigk jar ausserlanndts seyͤ vnd nyͤematz wais, ob der lebenttig oder tod ist, als des markts vnd des landts ze O̊sterreich recht ist.«[78]

Äußere Merkmale der Handschriften

Das Marktbuch B–19–1 stellt eine Papierhandschrift mit 39 Folien und mit nachträglich angefertigter Blattzählung dar. Sie besitzt einen modernen Einband, während die alten Pergamentdeckel nur lose zugeordnet und schadhaft sind. Die Lesbarkeit der ersten Blätter ist, bedingt durch große Wasserschäden, stark beeinträchtigt und an manchen Stellen unmöglich. Ab fol. 6^{r} ist die Lesbarkeit wieder einigermaßen gegeben. Die Ausmaße von B–19–1 betragen: Einband-Höhe 28,6 cm und -breite 21,0 cm, während der Buchblock eine geringere Höhe von 27,5 cm und eine Breite von 20,4 cm aufweist.

Das Marktbuch B–19–2 ist ebenfalls eine Papierhandschrift. Im Gegensatz zu B–19–1 sind die Eintragungen gut lesbar, doch Schwierigkeiten ergeben sich restaurationsbedingt[79] bei fol. 17^{v} bis fol. 23^{v}, wo die ursprünglichen Schriftränder bei der Restaurierung abgeklebt wurden. Durch Wasserschäden bedingte Flecken sind kaum vorhanden, sie befinden sich überwiegend zum Buchfalz hin, beinträchtigen aber die Lesbarkeit kaum. Die Ausmaße von B–19–2 betragen: Einband-Höhe 29,5 cm und -breite 22,2 cm. Auf fol. 52^{r} macht ein relativ großer Tintenfleck die Lesbarkeit unmöglich, ein Umstand, der auch für die nachfolgende Seite gilt. Ab fol. 55^{r} kommt es in dieser Handschrift zu einem Format-

75 Vgl. AMP, B–19–1, fol. 37^{r}.
76 AMP, B–19–1, fol. 39^{r}–39^{v}.
77 Vgl. Petrin, *Perchtoldsdorf,* 153.
78 AMP, B–19–2, fol. 39^{r}.
79 Die Restaurierung von Handschrift B–19–1 wurde vermutlich in den 1930er-Jahren durchgeführt, jene von Handschrift B–19–2 in den Jahren zwischen 1954 und 1960.

wechsel; während das kleinere Format bis fol. 54^{v} im Buchblock eine Höhe von 28 cm aufweist, besitzen die Blätter ab fol. 55^{r} eine Höhe von 29 cm.

Die Handschrift B-19-1 umfasst 39 Folien in fünf Lagen, bei B-19-2 sind es 86 Folien, allerdings ist hier aufgrund des Formatwechsels keine übersichtliche Lagenfolge mehr feststellbar.[80] Die Sprache der Eintragungen stellt ein frühes Neuhochdeutsch dar, der Text der beiden Marktbücher ist in gotischer Geschäftsschrift abgefasst. Wie in der inhaltlichen Kurzbeschreibung ersichtlich, wurden die Handschriften in der Zeit von 1444–1485 abgefasst und liegen somit im Zeitrahmen des Julianischen Kalenders. Daher sind die Datumsangaben in der Edition nach dem Gregorianischen Kalender aufgelöst.

Gerade im Hinblick auf die paläografische Auswertung der beiden Perchtoldsdorfer Marktbücher stellt sich natürlich auch die Frage nach den Schreiberhänden. In diesem Zusammenhang sind die Namen von nur zwei Schreibern bekannt, die in der Zeit der Abfassung der beiden Marktbücher quellenmäßig auch nachgewiesen werden können: Leb von St. Pölten (?–?) und Pangraz Pawr (?–?). Ersterer war in der Zeit zwischen 1448–1455 als Marktschreiber tätig, von Letzterem ist bezeugt, dass er von 1458–1460 das Marktschreiberamt innehatte.[81]

Abschließend ist zu bemerken, dass die Eintragungen in den Marktbüchern von Perchtoldsdorf eine Vielzahl von unterschiedlichen Lebenssituationen der Bewohner widerspiegeln. Für die Forschung stellen diese Marktbücher eine interessante Quelle dar, die im Rahmen meiner Dissertation »gehoben« werden soll.

Anhang

Agatha Hans Desendl tochter weysung

1447 Mai 5

Der Ratsgeschworene *Kaspar Strebman* und *Paull Phendl*, beide Bürger zu *Perchtoltstorff*, bezeugen, dass *Agatha*, die eheliche Tochter des *Hannsn des Desendl* und seiner Hausfrau *Angnesen*, sowie die Enkelin von *Hannsn des altn Dessendlein* aus *Prugk auf der Leyta* ist.

Originaleintrag I, fol. 19^{v}.

Anno domini etc. quadragesimo septimo des freitags nach sand Philps vnd sand Jacobs tag komen fur den ratt zu Perchtoltstarff die erbern Kaspar Strebman, ainer des rats vnd Paull Plendl, bed purger daselbs vnd habnt da beweist vnd an

80 Die äußere Kurzbeschreibung geht auf eine erste Autopsie der beiden Handschriften zurück, durchgeführt am 7.6.2017 im Archiv des Marktes Perchtoldsdorf.

81 Vgl. Petrin, *Mittelalter*, 150–153, 425, Anm.: 62.

pracht, als sy zu recht soltn, das junchfraw Agatha Hannsn des Desendl, gesessen zu Perchtoltstorf, rechte tachter ist vnd bey seiner hawsfraw Angnesen eleich gehabt hat vnd die egenant junchfraw Agatha Hannsn des altn Dessendlein, gesessen zu Prugk auf der Leyta, rechts enichkl gewesen ist vater halben. Als darumb die vorgenantn erbern lewtt gesagt habnt, Kaspar Strebman hat gesagt pey dem aid, den er vnserm genedigistn herrn, dem Romischn kunigk etc. von rats wegen geswarn hat. Aber der egenant Paull Phendl hat gesagt pey seine aufgerachtn aid zu rechter zeit, als sӱ̊ zu recht soltn. Actum per Wolfgang Hasler iudicem.

elkoeck53@gmail.com

Universitätsgeschichte

Matthias Svojtka

Naturgeschichte, Zoologie und Paläobiologie an der Universität Wien. Streiflichter zu Institutionen und Personen, 1774–1924[1]

Ausgehend von der Naturgeschichte des 18. Jahrhunderts wird eine kurze Zusammenfassung der Geschichte der Zoologie an der Universität Wien und ihrer Institutionen gegeben. Dabei zeigt sich einerseits die Verzahnung von Zoologie und Medizin, andererseits die exemplarische Schlüsselrolle des Rudolf Kner (1810–1869) am Übergang der Philosophischen Fakultät von inhaltlich einführenden Vorstudien hin zu einer echten Forschungs-Struktur. Schließlich wird die Entwicklung der Paläobiologie in Wien, deren Wurzeln in der Zoologie und der noch geologisch geprägten Paläontologie des 19. Jahrhunderts liegen, kurz dargestellt.

Natural History, Zoology and Paleobiology at the University of Vienna. Sidelights to institutions and persons 1774–1924
Based on 18th century natural history a short summary on the history of zoology at the Vienna University and its institutions is given. In doing so close interrelations between zoology and medicine become evident. Rudolf Kner, first professor of zoology in the Habsburg monarchy, marks exemplarily the transition of the philosophical faculty from basically propaedeutic studies towards a genuine research facility. Finally, the development of palaeobiology in Vienna, rooting in 19th century in zoology and geologically shaped palaeontology, is shortly summarised.

Keywords: Naturgeschichte, Zoologie, Paläobiologie, Wissenschaftsgeschichte, Institutionengeschichte, Universitätsgeschichte
Natural history, zoology, palaeobiology, history of science, history of universities

Als Rudolf Kner (1810–1869) am 16. November 1849 mit ah. Entschließung zum Professor für Zoologie an der (reorganisierten) Philosophischen Fakultät der Universität Wien bestellt wurde, war die große Universitätsreform unter dem Minister für Kultus und Unterricht Leo Graf von Thun-Hohenstein (1811–1888) abgeschlossen, die Philosophische Fakultät hatte eine wesentliche Aufwertung gegenüber der früheren Situation erfahren. Gleichzeitig markierte dieses Datum einen wichtigen Wendepunkt sowohl für die weitere Entwicklung der Bio- und

1 Unter Verwendung eines Typoskripts von weiland Luitfried Salvini-Plawen (1939–2014).

Geowissenschaften, wie auch für den universitären Unterricht der naturgeschichtlichen Fächer in Österreich. Die Naturgeschichte war zunächst eine deskriptive und systematisierende Wissenschaft, die Naturkörper aus den »drei Reichen« Mineralogie, Botanik und Zoologie nach sinnlich wahrnehmbaren, äußeren Kennzeichen beschrieb und klassifizierte. Primär ist bei dem Begriff »Naturgeschichte« nicht an eine Geschichte der Natur, also eine Genese der Naturkörper im Laufe der Erdgeschichte zu denken, sondern vielmehr an eine »Geschichte über die Natur« im Sinne einer Naturerzählung.[2] Erst mit der zunehmenden »Verzeitlichung« der Naturwissenschaften in der zweiten Hälfte des 18. Jahrhunderts und dem Aufkommen des Begriffes »Biologie« (im moderneren Sinne) im Jahr 1802[3] entwickelte sich die Naturgeschichte von einer Beschreibung der Lebewesen zu einer Wissenschaft vom Leben.[4] Parallel dazu ist die Entwicklung der Geognosie aus der Mineralogie und ihre Verzeitlichung hin zur Geologie zu sehen.[5] Inhaltlich verzahnt mit der Zoologie etablierte sich schließlich die frühe Paläontologie von einer reinen Hilfswissenschaft der Geologie zu einer eigenständigen Wissenschaft. Ergänzt um das von Othenio Abel (1875–1946) konsequent ausgearbeitete Konzept der Paläobiologie bildet sie die moderne Paläontologie, wie wir sie heute kennen.

Präludium: Naturgeschichte 1774–1849

Im Zuge der Reform der Wiener Philosophischen Fakultät wurde die Naturgeschichte mit dem Reformplan vom 21. Juni 1752 in den philosophischen Fächerkanon zwar aufgenommen, es ist jedoch fraglich, ob das Fach in Wien tatsächlich wie geplant und angeordnet Eingang in den Studienbetrieb fand. Anders gestaltete sich die Situation in Prag: Hier reichte Johann Baptist Bohadsch (1724–1768) nach seiner medizinischen Promotion im Jahr 1751 ein Majestätsgesuch ein, mit dem er um Verleihung einer »Professura Medica historiae naturalis« einkam. Mit Hofdekret vom 16. September 1752 verlieh man ihm sodann die monarchieweit erste Lehrkanzel für Naturgeschichte (an der Medizinischen Fakultät).[6] Bohadsch unterrichtete zunächst hauptsächlich Zoo-

2 Vgl. Herbert H. Egglmaier, *Naturgeschichte. Wissenschaft und Lehrfach. Ein Beitrag zur Geschichte des naturhistorischen Unterrichts in Österreich* (Publikationen aus dem Archiv der Universität Graz 22), Graz: Akademische Druck- u. Verlagsanstalt 1988, VIII.

3 Verwendet von Gottfried Reinhold Treviranus (1776–1837).

4 Vgl. Wolf Lepenies, *Das Ende der Naturgeschichte. Wandel kultureller Selbstverständlichkeiten in den Wissenschaften des 18. und 19. Jahrhunderts*, München–Wien: Hanser Verlag 1976.

5 Vgl. Johannes Seidl, Von der Geognosie zur Geologie. Eduard Sueß (1831–1914) und die Entwicklung der Erdwissenschaften an den österreichischen Universitäten in der zweiten Hälfte des 19. Jahrhunderts, in: *Jahrbuch der Geologischen Bundesanstalt* 149 (2009), 375–390.

6 Vgl. Egglmaier, *Naturgeschichte*, 16–20.

logie und Mineralogie, führte jedoch im Sommersemester auch Pflanzendemonstrationen durch. Als Joseph Joachim Scotti von Campostella (1722–1794) im Jahr 1762 sein Lehramt der »Materia medica und Botanik« freiwillig niederlegte, übernahm Bohadsch auch diese Fächer, verstarb allerdings schon im Oktober 1768 an den Folgen einer schweren Erkältung.[7] In Wien und der übrigen Monarchie bestand an den Fächern Botanik[8] und Mineralogie[9] prinzipiell ein größeres Interesse, die Zoologie war (abgesehen von Prag) inhaltlich offenbar nicht vertreten. Erst im Zuge der Universitätsreform des Jahres 1774 wurde das Fach Naturgeschichte an der Philosophischen Fakultät institutionalisiert, die fachliche Kontrolle oblag jedoch dem medizinischen Studiendirektor Anton Freiherr von Störck (1731–1803). Als ersten Professor der Naturgeschichte an der Universität Wien ernannte man den gebürtigen Prager Johann Jakob von Well (1725–1787). Diese Professur wurde im Jänner 1780 an die Medizinische Fakultät in Form eines Nebenstudiums übertragen und 1783 dann an der Philosophischen Fakultät eine neue Lehrkanzel für physikalische Erdbeschreibung und Naturgeschichte errichtet, die man per 15. November 1783 dem Professor für Naturgeschichte und Ökonomie am Theresianum Peter Jordan (1751–1827) zunächst provisorisch, ab November 1784 definitiv übertrug. Im Zuge der Einführung eines neuen medizinischen Studienplans im Jahr 1786 verankerte man schließlich, auf Betreiben des Gottfried van Swieten (1733–1803), die Naturgeschichte als obligates Lehrfach im ersten Studienjahr der Mediziner. Durch die kaiserliche Genehmigung dieses Studienplans und die entsprechende Verordnung (vom 31. Oktober 1786) wurden naturgeschichtliche Inhalte nun sowohl im Rahmen der »Speziellen Naturgeschichte« (Zoologie und Mineralogie)[10] sowie »Botanik und Chemie«[11] an den Medizinischen, als auch im Rahmen der

7 Vgl. Matthias Svojtka, Das Fach Naturgeschichte und seine Fachvertreter an der Universität Prag von 1749 bis 1849, in: *Berichte der Geologischen Bundesanstalt* 118 (2016), 95–105.

8 Eine Professur für Botanik und Chemie war am 7. Februar 1749 errichtet und mit Robert-François Laugier (1722–1793) besetzt worden.

9 Am 29. Jänner 1763 wurde verfügt, dass an den Philosophischen Fakultäten mehr als bisher aus Mineralogie vorgetragen werden sollte, der Unterricht hatte in Deutsch zu erfolgen. Vgl. Egglmaier, *Naturgeschichte*, 11, Fußnote 8. 1763 kam es in Schemnitz (Banská Štiavnica, Slowakei) zur Errichtung einer höheren Lehranstalt für Bergwesen, die schon 1770 zur Bergakademie aufgewertet wurde.

10 Fachvertreter der Speziellen Naturgeschichte an der Universität Wien waren 1786 bis 1787 Johann Jakob von Well, 1787 bis 1806 Peter Jordan, 1806 bis 1833 Johann Baptist Andreas von Scherer, 1834 bis 1848 Sigmund Caspar Fischer (1833/34 suppliert durch Johann Gloisner).

11 Fachvertreter der Botanik und Chemie an der Universität Wien waren 1749 bis 1768 Robert-François Laugier, 1768 bis 1797 Nikolaus Joseph von Jacquin (1727–1817), 1797 bis 1838/39 Joseph Franz von Jacquin. 1838 legte J. F. von Jacquin das Lehrfach der Chemie nieder, womit die Lehrkanzeln für Botanik und Chemie nun endlich auch in Wien getrennt waren (Kaiser Franz, 1768–1835, hatte die Trennung bereits im Jahr 1810 für den Fall von Neubesetzungen verfügt). In Prag hatte dies schon 1812 stattgefunden. 1839 bis 1849 war Stephan Ladislaus

»Naturgeschichte mit physischer Erdbeschreibung«[12] an den Philosophischen Fakultäten der Monarchie gelehrt. Letztere waren jedoch bis 1849 hierarchisch nur für allgemeine, zunächst dreijährige (ab 1824 zweijährige) »philosophische Vorstudien« als Voraussetzung zur Ausbildung an den »höheren« Fakultäten (Theologie, Rechtswissenschaft, Medizin) zuständig und teilten sich diese Aufgabe mit den 1774 neu errichteten Lyzeen. Dementsprechend schwach fiel auch die wissenschaftliche Qualität der an den Philosophischen Fakultäten vorgetragenen naturgeschichtlichen Inhalte aus. Fach-Zoologie war somit (wie auch Mineralogie und Botanik) nur als Spezialgebiet und »Liebhaberei« im Rahmen eines Medizinstudiums an der Universität zu erlernen. Zudem hatte die Verstaatlichung der Studien durch die maria-theresianische Reform 1749 eine Genehmigungspflicht der Lehrpläne durch die Studien-Hofkommission mit sich gebracht, Vorlesungen erfolgten als tatsächliche »Lesungen« aus approbierten Lehrbüchern.[13] Auch die Professoren der Speziellen Naturgeschichte waren somit weitgehend nur in der – wenig innovativen – Lehre tätig, die eigentliche naturwissenschaftliche Forschung blieb zu größten Teilen außeruniversitären Einrichtungen[14] vorbehalten. Der wissenschaftliche Anspruch an einen Universitätsprofessor war zumeist mit der Abfassung eines Lehrbuches für die eigenen Vorlesungen erfüllt. Unter diesen, fachlich wenig reizvollen, Bedingungen begann der eingangs erwähnte Linzer Rudolf Kner im Herbst 1828 sein Medizinstudium. Dem Lehrplan entsprechend hörte Kner im ersten Jahrgang Botanik bei Joseph Franz Freiherrn von Jacquin (1766–1839) und Spezielle Naturgeschichte bei Johann Ritter von Scherer (1755–1844). 1835 wurde Kner unter Scherers Nachfolger Sigmund Caspar Fischer (1793–1860)[15] promoviert. Noch

Endlicher (1804–1849) der Fachvertreter der Botanik, erster Professor für Chemie in Wien wurde Adolf Martin Pleischl (1787–1867).

12 Fachvertreter der sogenannten Allgemeinen Naturgeschichte an der Universität Wien waren 1786 bis 1787 Peter Jordan, 1787 bis 1800 Joseph Ernst Mayer (1752–1814), 1800 bis 1817 Vincenz Cajetan Edler von Blaha (1766–1817), 1819 bis 1845 (und 1817 bis 1819 als Supplent) Anton Georg Braunhofer (1780–1846) und 1847 bis 1866 Johann Nepomuk Friese (1792–1866); 1845 bis 1847 suppliert durch Franz Leydolt (1810–1859).

13 Vgl. Matthias Svojtka, Lehre und Lehrbücher der Naturgeschichte an der Universität Wien von 1749 bis 1849, in: *Berichte der Geologischen Bundesanstalt* 83 (2010), 50–64.

14 Hier ist in erster Linie an die »Vereinigten k. k. Naturalien-Cabinete« in Wien, 1750 als Naturalien-Sammlung des Franz Stephan von Lothringen (1708–1765) gegründet und 1765 in Staatseigentum übergegangen, sowie an das 1811 in Graz gegründete Joanneum zu denken.

15 Fischer hatte noch während seiner Lehrtätigkeit am Josephinum ein *Handbuch der Zoologie* (1829) – das erste österreichische Lehrbuch dieses Faches – und ein *Handbuch der Mineralogie* (1831) verfasst, die später auch an der Universität Wien als approbierte Lehrbücher Verwendung fanden. Obwohl inhaltlich erstaunlich fortschrittlich – es wurden für die Zoologie anatomische, für die Mineralogie physikalisch-chemische Merkmale berücksichtigt – befand man beide Lehrbücher im Zuge der bildungspolitischen Diskussion 1848 als »reine Kompilazionen« und als solche ungenügend.

während seines Studiums hatte Kner die Gelegenheit gehabt, eine interessante Neuerung an der Universität Wien zu erleben: Johann Gloisner (1808–?), 1808 in Lemberg geboren, supplierte nach Scherers Pensionierung in den Jahren 1833 und 1834 die Lehrkanzel für Spezielle Naturgeschichte und kündigte dabei eine »Zoologie« im Vorlesungsverzeichnis an. Dies stellte die erste Lehrveranstaltung expressis verbis für Zoologie an der Universität Wien dar.[16] Abgesehen von den 1827 bis 1828 am Lyzeum in Kremsmünster absolvierten philosophischen Vorstudien, während derer er sich in Naturgeschichte hervortat und sich besonders für die Botanik interessierte, verfügte Kner über keine spezielle naturgeschichtliche Ausbildung, auch in Wien belegte er keine zusätzlichen Vorlesungen in dieser Richtung. Sein Studium war ganz normal auf den Medizin-Studienplan ausgerichtet und wurde durch eine physiologisch-medizinische Dissertation *De vitae phasibus amphemerinis* abgeschlossen. Dennoch bewarb sich Rudolf Kner als fertiger Arzt 1836 erfolgreich um eine der ausgeschriebenen, halbtägigen Praktikanten-Stellen im »Vereinigten k. k. Naturalien-Cabinete« (Vorläufer des Naturhistorischen Museums, damals im Augustiner-Trakt der Wiener Hofburg am Josefsplatz) und wurde hier ab März 1836 in der Fischsammlung unter Johann Jakob Heckel (1790–1857) angestellt. Hierfür hatte Kner sogar eine ihm ebenfalls in Aussicht gestellte Aufnahme als Sekundararzt im Allgemeinen Krankenhaus ausgeschlagen. Um die damals institutionelle und personelle Verzahnung von Zoologie und Medizin – gleiches gilt natürlich auch für die anderen Bereiche der Naturgeschichte[17] – noch deutlicher darzustellen, sei auch ein quasi umgekehrtes Beispiel gegeben: Joseph Christian Krackowizer (1814–1900) studierte ab 1835 Medizin an der Universität Wien und promovierte mit der systematisch-zoologischen Arbeit *Dissertatio inauguralis sistens enumerationem systematicam Curculionidum Archiducatus Austriae*, mithin einem Verzeichnis der Rüsselkäfer Ober- und Niederösterreichs, 1842 zum Doktor der Medizin. Von der allgemeinen Liebe zu Fauna und Flora der Alpen abgesehen, zeigte er später jedoch keine naturgeschichtlichen Interessen mehr und wirkte von 1850 bis 1893 als Stadtarzt von Steyr (Oberösterreich).[18] Rudolf Kner behielt seine Praktikanten-Stelle bis Ende Juli 1841, dann trat er seine Professur für Naturgeschichte und Landwirtschaftslehre an der Philosophischen Fakultät der

16 Vgl. Luitfried Salvini-Plawen/Maria Mizzaro, 150 Jahre Zoologie an der Universität Wien, in: *Verhandlungen der Zoologisch-Botanischen Gesellschaft in Österreich* 136 (1999), 1–76.

17 Vgl. Daniela Angetter/Bernhard Hubmann/Johannes Seidl, Physicians and their contribution to the early history of earth sciences in Austria, in: *Geological Society*, London, Special Publications 375 (2012), 445–454.

18 Vgl. Matthias Svojtka, Krackowizer, Josef Christian in: *Österreichisches Biographisches Lexikon ab 1815* (2. überarbeitete Auflage – online), URL: https://www.biographien.ac.at/oebl/oebl_K/Krackowizer_Josef-Christian_1814_1900.xml (abgerufen am 25.11.2016).

Universität Lemberg an.[19] In der Ukraine sammelte Kner aus eigenem Antrieb Fossilien und hielt in Lemberg ab 1846 außerordentliche Vorlesungen über *Geologie mit besonderer Berücksichtigung der geognostischen Verhältniße Galiziens* ab.[20]

Fuge: Zoologie ab 1849

Am 484. Gedenktag der Universitätsgründung (12. März 1848) brachten Universitätsangehörige eine Petition für mehr Lehr- und Lernfreiheit und gegen die lähmende Bürokratie an der Universität Wien ein. Eine mehr politisch-sozial ausgerichtete Eingabe der Studentenschaft begleitete das Anliegen. Die unbefriedigende Antwort des Kaisers und der Zuzug von Handwerkern und Arbeitern ließen die Demonstrationen am 13. März eskalieren und führten zur bekannten März-Revolution. Im Gegensatz zu vielen anderen Anliegen brachte die Revolution für den Bildungsbereich tatsächlich positive Neuerungen: Im Herbst 1849 realisierte man eine Reform des gesamten höheren Unterrichtswesens. Die zweijährigen philosophischen Vorstudien waren bereits am 10. Mai 1848 abgeschafft und den (damit achtklassigen) Gymnasien zugeordnet worden. Dies wurde durch einen Erlass vom 15. September 1849 nun auch umgesetzt. Am 12. Oktober 1849 erfolgte die Gleichstellung der Studien der Philosophischen Fakultäten zu jenen der Juridischen und Medizinischen Fakultäten und mit Erlass vom 16. November 1849 wurden die naturwissenschaftlichen Fächer den Philosophischen Fakultäten übertragen.[21] Diese wurden somit zu echten Forschungs-Strukturen, die Zahl der naturwissenschaftlichen Lehrkanzeln wurde wesentlich erhöht[22] und damit auch die Etablierung der Teilbereiche der ehemaligen Naturgeschichte zu eigenständigen Disziplinen strukturell und inhalt-

19 Ab 1824 war die Allgemeine Naturgeschichte kombinationspflichtig mit Landwirtschaftslehre. Kner hatte für dieses zusätzliche Fach im Juli 1840 erfolgreich Kurse belegt und wurde am 20. April 1841 als Professor nach Lemberg berufen.

20 Vgl. Matthias Svojtka, Eindrücke aus der Frühzeit der geologischen Erforschung Ostgaliziens (Ukraine): Leben und erdwissenschaftliches Werk von Rudolf Kner (1810–1869), in: *Geo.Alp Sonderband* 1 (2007), 145–154.

21 Vgl. Luitfried Salvini-Plawen, Die Zoologie in der Habsburger-Monarchie, in: Helmuth Größing/Alois Kernbauer/Kurt Mühlberger/Karl Kadletz (Hg.), *Mensch – Wissenschaft – Magie* (Mitteilungen der Österreichischen Gesellschaft für Wissenschaftsgeschichte 27), Wien: Erasmus 2010, 63–80.

22 So wurde in Wien neben der Lehrkanzel für Botanik, diese erhielt nach Endlichers Tod Eduard Fenzl (1808–1879), eine weitere Lehrkanzel für »Anatomie und Physiologie der Pflanzen« gegründet und mit Franz Unger (1800–1870) besetzt. Als Professor für Mineralogie wurde Franz Xaver Maximilian Zippe (1791–1863) berufen. Der erst 1847 neu ernannte Professor für Allgemeine Naturgeschichte, Johann N. Friese, wurde quasi als »Kuriosität« bis zu seinem Tod im Amt belassen.

lich wesentlich gefördert. Allerdings erfolgte nur in Wien eine sofortige Aufwertung des Faches Naturgeschichte mit der Errichtung eigener Lehrkanzeln für ihre Teilgebiete, an allen anderen Universitäten der Monarchie verzögerte sich dies aus finanziellen, wie auch personellen Gründen, wodurch sich dort zunächst keine wissenschaftlich effektive Zoologie etablieren konnte.[23] Der studierte Mediziner Rudolf Kner wurde zum ersten Professor für Zoologie in der gesamten Monarchie ernannt und brachte es auf dem Gebiet der Ichthyologie, durchaus unter Einbezug von Forschung auch an fossilen Fischen, zu Weltruhm.[24] Die Lehrkanzel wurde nach seinem Tod im Herbst 1869 erst 1873 wiederbesetzt, wofür verschiedene Gründe verantwortlich zeichneten: Einerseits sprachen sich Ludwig Karl Schmarda (1819–1908) und Carl Bernhard Brühl (1820–1899) gegen eine Nachbesetzung aus und verschleppten mit ihrer negativen Haltung die Kommissionstätigkeit, andererseits spielte auch fachlich der Aufschwung der vergleichenden Anatomie und Entwicklungsgeschichte eine wesentliche Rolle, da man überlegte, einen Fachvertreter aus dieser Richtung zu berufen. Zunächst wurde sogar Ernst Haeckel (1834–1919) in Aussicht genommen, am 24. Juli 1873 jedoch Carl Friedrich Claus (1835–1899) als Professor der Zoologie und vergleichenden Anatomie berufen.[25] Ihm folgte 1896–1925 der am 22. November 1896 berufene Berthold Hatschek (1854–1941). Schon ab 1861 hatte es in Wien sogar drei Lehrkanzeln der Zoologie gegeben: Carl B. Brühl hatte 1860 in Pest seine (ihm erst 1858 verliehene) Lehrkanzel der Zoologie eingebüßt, weil der Unterricht dort fortan nur mehr in Ungarisch (oder Latein) zu erfolgen hatte und Brühl dieser Anforderung nicht nachkommen konnte.[26] Am 8. Juni 1861 erhielt er in Wien die Lehrkanzel für »Zootomie« verliehen.[27] Ludwig K. Schmarda[28] wurde mit seiner am 29. Dezember 1861 erfolgten Berufung zum Professor für Zoologie (Lehrkanzel für Systematik und Tiergeographie) in Wien quasi »rehabilitiert«. Man hatte ihn hinsichtlich seiner Rolle in Graz zur Revolutionszeit 1848/49 verleumdet und ihn 1853 zur Zurücklegung seines Amtes (seit 1852 Professor der Zoologie in Prag) aufgefordert. Dem war Schmarda allerdings bis zu seiner Amtsenthebung 1855 nicht nachgekommen. Nach der Emeritierung Schmardas im Jahr 1883 wurde am 28. Juni 1884 Friedrich Moritz Brauer

23 Vgl. Salvini-Plawen, Zoologie, 67.

24 Vgl. Luitfried Salvini-Plawen/Matthias Svojtka, *Fische, Petrefakten und Gedichte: Rudolf Kner (1810–1869) – ein Streifzug durch sein Leben und Werk* (Denisia 24), Linz: Biologiezentrum der Oberösterreichischen Landesmuseen 2008.

25 Vgl. Salvini-Plawen/Mizzaro, 150 Jahre Zoologie, 21–23.

26 Dieses Schicksal teilte er mit dem Mineralogen Karl F. Peters (1825–1881) und dem Chemiker Theodor Wertheim (1820–1864).

27 Sein Nachfolger war von 1893 bis 1925 der am 5. November 1893 zum Ordinarius ernannte Karl Grobben (1854–1945).

28 Zu Schmarda vgl. Michael Wallaschek, *Ludwig Karl Schmarda (1819–1908): Leben und Werk*, Halle an der Saale: Eigenverlag 2014.

(1832–1904) zum Ordinarius ad personam ernannt, 1904 wurde die Lehrkanzel dann eingezogen. Trotz der in Wien institutionell günstigen Lage seit 1849 war es dennoch bis 1872 nicht möglich, ein Fachstudium an der Philosophischen Fakultät auch mit dem Titel eines doctor philosophiae abzuschließen. Erst dann wurde eine diesbezügliche Doktorats-Studienordnung erstellt, die weitgehend bis 1971 ihre Gültigkeit behielt. Ein naturwissenschaftliches Studium war somit bis 1849, das Doktorat in Wien sogar bis 1872 nur als Spezialgebiet eines Medizinstudiums möglich.[29] So wurde beispielsweise der erwähnte Friedrich Brauer, Entomologe am k. k. Zoologischen Hof-Cabinet, am 18. Juli 1871 noch als Dr. med. promoviert.[30] 1869 verlieh man jenen zehn Professoren der Philosophischen Fakultät, die noch nicht »Doctores der Philosophie« waren (darunter auch Rudolf Kner[31]) zum Zeichen ihrer Zugehörigkeit zur Fakultät das Ehrendiplom »Dr. phil. h.c.«.[32] Im Jahr 1873 wurde schließlich ein neues Gesetz über die Organisation der Universitätsbehörden erlassen, womit die Doktorkollegien abgeschafft und die Universitätskonsistorien in akademische Senate umgewandelt wurden.[33] Dabei erfolgte auch eine Vermehrung naturwissenschaftlicher Lehrkanzeln und Institute; so wurde Julius Wiesner (1838–1916) am 29. August 1873 zum ordentlichen Professor der Anatomie und Physiologie der Pflanzen ernannt und Melchior Neumayr (1845–1890) am 17. September 1873 zum außerordentlichen Professor an die neu gegründete Lehrkanzel für Paläontologie berufen.[34] Neumayr beantragte in Folge die Ausstattung der Lehrkanzel mit Räumlichkeiten und Sammlungen, die Basis des Sammlungsbestandes bildeten die »Petrefakten« des Rudolf Kner. Das in Folge am 20. November 1873 gegründete Paläontologische Institut darf als die weltweit älteste entsprechend ausgestattete Institution gelten.[35]

29 Die sinngemäße Nähe der naturwissenschaftlichen Fächer zur Medizin blieb in etlichen Bereichen auch noch weiterhin erhalten. So werden beispielsweise die 1896 testamentarisch festgehaltenen und 1901 erstmals verliehenen Nobel-Preise auch an Biologen für »Physiologie oder Medizin« vergeben.

30 Vgl. Wilhelm Haas, *Geschichte der zoologischen Lehrkanzeln und Institute an der Universität Wien*, phil. Diss. (nicht approbiert), Wien 1958.

31 Weiters für den naturgeschichtlichen Bereich interessant: Eduard Fenzl, Carl B. Brühl und Eduard Suess.

32 Vgl. Salvini-Plawen/Svojtka, Rudolf Kner, 96–97.

33 Vgl. Salvini-Plawen, Zoologie, 71.

34 Zu Neumayr vgl. Matthias Svojtka/Johannes Seidl/Michel Coster Heller, Frühe Evolutionsgedanken in der Paläontologie. Materialien zur Korrespondenz zwischen Charles Robert Darwin und Melchior Neumayr, in: *Jahrbuch der Geologischen Bundesanstalt* 149 (2009), 357–374.

35 Vgl. Fritz Steininger/Erich Thenius, *100 Jahre Paläontologisches Institut der Universität Wien 1873–1973*, Wien: Eigenverlag, 12–14.

Postludium: Paläobiologie

> »Ich, respektive mein Buch profitiert nämlich gewaltig von dem gebrochenen Haxel; meine ›Palaeobiologie‹ wird auch im Juni fertig. Der Stoß beschriebenen Papiers ist gewaltig – es steckt sozusagen meine ganze bisherige wissenschaftliche Leistung und Arbeit als Extrakt darin – wir werden ja sehen, wie das Zeug aufgenommen werden wird«

schrieb der Paläontologe Othenio Abel (1875–1946) an Pater Leonhard Angerer (1861–1934) am 12. Mai 1911.[36] Das zur Rede stehende Buch *Grundzüge der Paläobiologie der Wirbeltiere* konnte dann tatsächlich zeitgerecht vollendet werden und erschien noch 1911 im Schweizerbart-Verlag in Stuttgart.[37] Der Begriff »Paläobiologie« findet sich bei Abel schon im Vorlesungsverzeichnis der Universität Wien für das Wintersemester 1908/09; hier kündigte er die Vorlesung *Allgemeine Paläontologie (Morphologie, Paläobiologie und Phylogenie) der Säugetiere* an[38] und lieferte damit im Ausschlussverfahren bereits eine erste Definition, worum es bei dem Begriff gehen könnte: Jedenfalls nicht um eine rein morphologische Charakterisierung von Fossilien, wie sie die Geologie im Sinne ihrer »Leitfossilien« benötigte, und auch primär nicht um eine Rekonstruktion stammesgeschichtlicher Zusammenhänge zwischen den Fossilien. Prägende Eindrücke für sein Konzept der Paläobiologie hatte Abel von Louis Dollo (1857–1931)[39] und dessen *Paléontologie éthologique*[40] erhalten. Somit ist zunächst an die Erforschung der Lebensweise fossiler Tiere und ihrer Anpassungen an die Umwelt zu denken. Abel ging dabei ganz dezidiert von Studien an rezenten Lebewesen aus, er wollte »das Gesamtgebiet der Paläontologie für die Biologie erobern.«[41] Impulsgeber war dabei Eduard Suess (1831–1914), der Abel im Frühjahr 1898 eine Kiste mit rund 250 Fragmenten eines Delphinschädels zur Bearbeitung übergab. Über Suess heißt es bei Abel, er sei kein Paläozoologe (in Abels Sinne) und auch kein Morphologe (im Sinn der vergleichenden Anatomie) gewesen. Anlässlich immer tieferer osteologischer Studien in Verbindung mit

---

36 Kustodiatsarchiv der Sternwarte Kremsmünster, mitgeteilt durch P. Amand Kraml.

37 Am 14. Februar 1912 schrieb Abel dann an Angerer: »Ich stecke, wie immer, bis über die Ohren in Arbeit – ich bin froh, daß die Palaeobiologie heraus ist, heuer würde ich sie kaum fertig gekriegt haben!« (Kustodiatsarchiv der Sternwarte Kremsmünster, mitgeteilt durch P. Amand Kraml).

38 Öffentliche Vorlesungen an der k. k. Universität zu Wien im Winter-Semester 1908/09, 48.

39 Über Dollo sagte Abel: »Nun sah ich mich endlich einem Forscher gegenüber, der das fossile Tier nicht nur als ein chronologisches Dokument oder als Dokument der Stammesgeschichte betrachtete, was ja zu der damaligen Zeit schon etwas bedeutete, sondern als ein einstmals lebendig gewesenes Tier.« Kurt Ehrenberg, *Othenio Abel's Lebensweg*, Wien: Eigenverlag 1975, 56.

40 Vgl. Louis Dollo, La Paléontologie éthologique, in: *Bulletin de la Société Belge de Géologie, de Paléontologie et d'Hydrologie, Mémoires* 23 (1910), 377–421.

41 Ehrenberg, Abel's Lebensweg, 56.

Anpassungsforschung, die Abel betrieb, riet er ihm in Folge, er solle sich ja nicht in Einzelheiten verlieren.[42] Obwohl Suess hier als eher traditioneller Geologe erscheint, hatte auch er rund 40 Jahre zuvor schon bemerkenswerte Gedanken zur Paläontologie geliefert und durchaus paläobiologische Gedanken vorweggenommen. Am 9. Oktober 1857 hatte er anlässlich der Ernennung zum unbesoldeten außerordentlichen Professor für Paläontologie an der Universität Wien einen Vortrag gehalten, in dem zu hören gewesen war:

> »Wenn wir ein Petrefakt in die Hand nehmen, betrachten wir daran nicht die Masse des Steines, sondern die Ueberreste des urweltlichen Thieres, und suchen uns von seiner Organisation, seiner Verwandtschaft u.s.w. Rechenschaft zu geben. Sie werden sich, m[eine] [Herren], so hoffe ich wenigstens, im Laufe dieser Vorlesungen hinreichende Sachkenntniss erwerben, um sich so manches urweltliche Thier selbst aus kargen Resten im Geiste zu reconstruiren. Von dem Baue eines Theiles werden Sie auf die Beschaffenheit anderer Organe schliessen und sich ein Bild von einem Wesen schaffen, dessen Geschlecht bereits vor einem unermesslichen Zeitraume erloschen ist. Zoologie und vergleichende Anatomie werden dabei Ihre Führer sein; auf die mineralogische Beschaffenheit werden Sie nur in sehr seltenen Fällen Rücksicht zu nehmen haben. Treten Sie vor irgend eines der Meisterwerke der Bildhauerkunst, und betrachten Sie die Mienen und die Stellung. Fast hören Sie die Statue sprechen, Sie empfinden mit ihr Freude oder Leid. Den Gedanken des Meisters suchen Sie darin auf; den bewundern Sie und prüfen Sie, nicht aber den kohlensauren Kalk, aus dem das Meisterwerk besteht.«[43]

Die Grundgedanken der Paläobiologie wurzeln somit schon tief in der Zoologie der zweiten Hälfte des 19. Jahrhunderts, auch der Begriff selbst war bei Abel nicht neu. Er findet sich beispielsweise schon bei Fritz Kerner von Marilaun (1866–1944) im Jahr 1895.[44] Wesentlich für Abel als bedeutendsten Mitbegründer der Paläobiologie ist die Konsequenz, mit der er seine neue Forschungsrichtung betrieb und auch institutionalisierte. Am 27. Februar 1907 gründete er eine eigene Sektion für Paläozoologie innerhalb der Zoologisch-Botanischen Gesellschaft in Wien und sah in seinem Vortrag »Die Aufgaben und Ziele der Paläozoologie« den Paläozoologen viel eher als Biologen, denn als Geologen.[45] Im erwähnten Buch von 1911 bezeichnete er die Paläobiologie dann als den

42 Vgl. Othenio Abel, Wie und warum ich Paläontologe wurde [autobiographisches Fragment], in: Ehrenberg, Abel's Lebensweg, 46–47.

43 Eduard Sueß, *Ueber das Wesen und den Nutzen Palaeontologischer Studien*, Wien–Olmütz: Hölzel, 14–15.

44 Vgl. Fritz Kerner von Marilaun, Eine paläoklimatologische Studie, in: *Sitzungsberichte der kaiserlichen Akademie der Wissenschaften* [in Wien], mathematisch-naturwissenschaftliche Classe, Abteilung 2a, 104 (1895), 286–291.

45 Vgl. Othenio Abel, Die Aufgaben und Ziele der Paläozoologie, in: *Verhandlungen der kaiserlich-königlichen zoologisch-botanischen Gesellschaft in Wien* 57 (1907), (67)–(78).

jüngsten Zweig der Zoologie,[46] 1912 begründete er mit dem »Paläobiologischen Lehrapparat« eine einschlägige Spezialsammlung an der Universität Wien,[47] am 19. Juli 1917 wurde er zum ordentlichen Professor für Paläobiologie ad personam ernannt und 1924 der Lehrapparat in ein Paläobiologisches Institut umgewandelt. Die 1927 von Abel gegründete Zeitschrift »Palaeobiologica« konnte bis 1948 erscheinen. Nach dem Tod von Carl Diener (1862–1928) kam es 1928 schlussendlich zur Vereinigung des Paläontologischen und des Paläobiologischen Institutes durch die Schaffung des »Paläontologischen und Paläobiologischen Institutes« an der Universität Wien. Anlässlich der Einführungsrede zum Rektoratsjahr 1932/33 am 16. November 1932 konnte Abel bereits eine Rückschau über die Entwicklung der von ihm wissenschaftlich auf festen Boden gestellten und institutionalisierten Paläobiologie geben.[48] Kurz zuvor hatte er die Paläobiologie in knappen Worten als »jene[n] Zweig der Biologie« definiert, »der sich die Erforschung des Lebens früherer erdgeschichtlicher Zeiten zur Aufgabe gemacht hat«. Ihre Objekte, sagte er gerne scherzweise, seien »nur ein wenig länger tot« als die in naturwissenschaftlichen Museen aufbewahrten rezenten Leichen.[49]

matthias.svojtka@univie.ac.at

46 Vgl. Othenio Abel, *Grundzüge der Paläobiologie der Wirbeltiere*, Stuttgart: E. Schweizerbart'sche Verlagsbuchhandlung (Erwin Nägele) 1911, 1.

47 Vgl. Othenio Abel, Die paläobiologischen Sammlungen des Paläontologischen und Paläobiologischen Institutes der Universität Wien, in: *Palaeobiologica* 2 (1929), 270–282.

48 Vgl. Othenio Abel, *Die Entwicklung der Paläobiologie im Rahmen der Naturwissenschaften*, Wien: Verlag von Adolf Holzhausens Nachfolger 1932.

49 Othenio Abel, Wesen, Aufgaben und Ziele der Paläobiologie, in: *Der Biologe* 1 (1932), 259–263.

Gregor Gatscher-Riedl

Wiener Beiträge zur Studentengeschichte. Der jüdische Arzt, Bibliothekar und Hochschulkundler Oskar Franz Scheuer

Der farbentragende Student mit Band und Mütze galt im deutschsprachigen Raum bis in die erste Hälfte des vorigen Jahrhunderts als idealtypische Verkörperung des akademischen Lebens, wobei die Anzahl jener Studierender, die sich keiner Korporation anschlossen, zu allen Zeiten jene der in Verbindungen organisierten Hörer überwog. In den ideologisch und konfessionell heterogenen Verbindungen, die sich immer auch als elitistische Hochschulgruppen und halboffizielle studentische Vertretung verstanden, bildete sich eine spezifische akademische Kultur mit einem breiten Brauchtum aus. Die Geschichtsschreibung des Hochschulwesens und dessen Institutionalisierung nimmt bei historisch Interessierten, häufig aber fachfremden Akademikern, in den Verbindungen ihren Ausgang. Zu den bedeutendsten Vertretern dieser Richtung zählt der jüdische Burschenschafter, Arzt, Bibliothekar und Sammler Oskar Scheuer (1876–1941).

Viennese contributions to the history of Student life. The jewish doctor, librarian and University scholar Oskar Franz Scheuer
Students Fraternities (Studentenverbindungen) and their active members have long been considered as the emblematic archetype of a University student in German-speaking Middle Europe. The number of those students who did not join a Fraternity always outweighed that of those who engaged themselves in such an organisation. Students' corporations understood themselves always as elitist and semi-official Students representation. Inside these groups a specific academic culture, often unfamiliar to outside individuals with a broad heritage of tradition was both developed and encapsulated. In this framework members of Fraternities – academics but no historians – started the process of researching the history of academia and German Universities to advance the understanding of universities and their place in society. Among the first notable protagonists in this field is the Viennese author, librarian and physicist Oskar Scheuer.

Keywords: Hochschulgeschichte, jüdische Studentengeschichte, Privatbibliothek, Bibliophilie, Studentikasammlung
University history, history of Student life, jewish academic history, private library, bibliophily, students' artifacts collection

Der farbentragende Student mit Band und Mütze galt bis in die erste Hälfte des vorigen Jahrhunderts als idealtypische Verkörperung des akademischen Lebens, wobei die Anzahl jener Studierender, die sich keiner Korporation anschlossen, zu allen Zeiten jene der in Verbindungen organisierten Hörer überwog. An den österreichischen Hochschulen konnten nach kurzem, aber intensivem vormärzlichen Aufflackern erst wieder ab 1859 Korporationen gegründet werden. In Wien blühte ein reiches Verbindungswesen auf, das im späteren Corps »Saxonia« einen ersten Vertreter fand, dessen Geschichte bis 1850 zurückreicht.[1] Nach und nach traten die national akzentuierten Burschenschaften hinzu, die das waffenstudentische Element verkörperten, konfessionelle Verbindungen entstanden ab 1876.[2]

Ohne inneren Zusammenhang fällt die dauerhafte Verankerung farbentragender Studentenkorporationen an der »Alma Mater Rudolphina« mit den Anfängen einer Wiener Hochschulhistoriografie zusammen, wobei Harald Lönneckers auf Leipzig gemünzte Feststellung zunächst auch hier gilt: »In den klassischen Universitätsgeschichten ist die Geschichte der kopfstärksten Gruppe an den Hochschulen, der Studenten, nicht thematisiert.«[3] Rudolf Kink, ein historisch interessierter Verwaltungsbeamter, legte 1854 im Auftrag des Unterrichtsministers und Hochschulreformers Leo Graf Thun-Hohenstein (1811–1888) eine zweibändige Sammlung zur Geschichte der Wiener Universität vor.[4] Das fünfhundertjährige Gründungsjubiläum 1865 dynamisierte die historische Publizistik. Besonders ist hier Joseph Aschbachs Festschrift zu nennen, der vom selben Autor bis 1894 weitere, teilweise aus dem Nachlass publizierte Studien folgten.[5] War der Hintergrund der bisherigen Arbeiten von einer Nähe zur beschriebenen Institution geprägt bzw. im Umfeld der Universität oder der mit Bildungsfragen befassten Spitzenbürokratie entstanden, nimmt die vom Pädagogen und Geschichtsforscher Gerson Wolf (1823–1892) vorgelegte Studie der

1 Vgl. Joseph Neuwirth, *Das akademische Corps Saxonia in Wien 1850–1900*, Wien: Graeser 1900.

2 Vgl. Robert Spulak von Bahnwehr, *Die Geschichte der aus den Jahren 1859–1884 stammenden Wiener Couleurs*, Wien: Selbstverlag 1914. – Gary B. Cohen, Die Studenten der Wiener Universität von 1860 bis 1900. Ein soziales und geographisches Profil, in: Richard Georg Plaschka/Karlheinz Mack (Hg.), *Universitäten und Studenten. Die Bedeutung studentischer Migration in Mittel- und Südosteuropa vom 18. bis zum 20. Jahrhundert* (Wegenetz europäischen Geistes 2, zgl. Schriftenreihe des österreichischen Ost- und Südosteuropa-Instituts 12), Wien: Verlag für Geschichte und Politik 1987, 290–316.

3 Harald Lönnecker, *Quellen und Forschungen zur Geschichte der Korporationen im Kaiserreich und in der Weimarer Republik. Ein Archiv- und Literaturbericht.* URL: http://www.burschenschaftsgeschichte.de/pdf/loennecker_jena.pdf (abgerufen am 27.3.2019).

4 Vgl. Rudolf Kink, *Geschichte der kaiserlichen Universität zu Wien* (2 Bände), Wien: Gerold 1854.

5 Vgl. Joseph Aschbach, *Geschichte der Wiener Universität* (4 Bände), Wien: Holzhausen 1865–1894.

Jubelfeier erstmals eine kritische Distanz zur Hochschule, ihrer katholischen Grundierung und der offiziellen Jubiläumskultur ein.[6]

Gerson Wolf stammte aus Holleschau (Holešov, Tschechien) und hatte vor der Wiener Universität die berühmte Jeschiwa im südmährischen Nikolsburg (Mikulov, Tschechien) besucht.[7] Der Nikolsburger Bandhändler Abraham Hirsch Wengraf (?–?) war nach vierhundert Jahren der erste Jude, der sich 1860 in Znaim (Znojmo, Tschechien) niederließ und ein Haus erwarb. Die Verdichtung jüdischer Einzelpersonen zu einer Gemeinde vollzog sich bis 1865 und mündete in der Gründung einer israelitischen Kultusgenossenschaft, die 1868 einen eigenen Friedhof erwarb und sich bald als Kultusgemeinde konstituierte. Mit dem in Prag ausgebildeten Arzt Dr. Emanuel Ullmann (?–?) erhielt am 28. Mai 1876 ein Jude erstmals in Znaim das Heimat- und Bürgerrecht.[8]

Wenige Monate später wurde am 1. Dezember 1876 dem Handelsmann Adolf Scheuer (?–1913) und seiner Gattin Therese (?–?), geb. Pisker, in der Oberen Böhmgasse (Horní Česká) 2 der Sohn Oskar (1876–1941) geboren. In Unterlagen der Stadt Znaim wird der Beruf des Vaters als »Krämer und Trödler« angegeben.[9] Die Familie stammte aus Schaffa an der Thaya (Šafov, Tschechien), wo nach der Judenvertreibung aus Wien und Niederösterreich 1670/71 die Starhemberg'sche Grundherrschaft zahlreiche Familien aufgenommen hatte.[10] Adolf Scheuer – nicht zu verwechseln mit dem weitschichtig verwandten Lederhändler Adolf Aron Scheuer (?–1915) und dessen 1884 geborenem Sohn Oskar (1884–?)[11] – war eine im Znaimer Kleinstadtleben aktive Person, die auch öffentliche Ehrenämter bekleidete. Das über eine Verkaufsannonce erschließbare Vorhandensein eines Klaviers lässt auf eine entsprechende musikalisch-kulturelle Atmosphäre im Familienhaushalt schließen.[12] Oskar besuchte das k. k. Gymnasium seiner Vaterstadt und legte am 25. Juli 1896 dort die Reifeprüfung ab.[13]

6 Vgl. Gerson Wolf, *Studien zur Jubelfeier der Wiener Universität im Jahre 1865*, Wien: Herzfeld & Bauer, 1865.

7 Vgl. Adolf Brüll, *Gerson Wolf*, in: Historische Commission bei der königlichen Akademie der Wissenschaften (Hg.), *Allgemeine Deutsche Biographie* [ADB] (Band 43), Leipzig: Duncker & Humblot 1898, 750–751.

8 Vgl. zur Znaimer jüdischen Gemeinde: Hugo Beinhorn/Bernhard Wachstein, Geschichte der Juden in Znaim, in: Hugo Gold (Hg.), *Die Juden und Judengemeinden Mährens in Vergangenheit und Gegenwart*, Brünn: Jüdischer Buch- und Kunstverlag 1929, 579–585.

9 Vgl. XXVII. (927.) öffentliche Gemeinde-Ausschusssitzung, in: *Znaimer Tagblatt* und *Niederösterreichischer Grenzbote*, 12.1.1902, 3.

10 Vgl. Hugo Gold, *Gedenkbuch der untergegangenen Judengemeinden Mährens*, Tel Aviv: Olamenu 1974, 106.

11 Um Verwechslungen mit dem in Wien als Zahnarzt praktizierenden, allerdings zwölf Jahre jüngeren Namensvetter zu vermeiden, führte Oskar Scheuer ab Mitte der 1920er-Jahre den zweiten Vornamen »Franz«.

12 Vgl. Inserat, in: *Znaimer Wochenblatt*, 18.8.1900, 13. Über die Znaimer Lokalpresse ist auch eine jüngere Schwester Frieda (1878–?) zu erschließen.

Die darauffolgenden Ferien nutzte der Maturant, um sich auf die Universität vorzubereiten. Hierzu fand er Anschluss an die neu gegründete akademische Ferialverbindung »Thaya« in Znaim mit den Farben rot-grün-gold. Ihre Mitglieder waren Znaimer Studenten, die während des Semesters die Wiener und Prager Universität besuchten und in den Sommerferien in ihrem Heimatort einen Verbindungsbetrieb führten.[14]

Glanzvolle Höhepunkte der Verbindungstätigkeit waren die Stiftungsfeste, die in größerem Rahmen gefeiert wurden. Ein Zeitungsbericht listet für das zweite Stiftungsfest am 6. und 7. August 1898 die Präsenz des Bürgermeisters und einer starken Gemeindeabordnung, Vertreter des deutschen Schulvereins, des deutschen Bürgerclubs und der auswärtigen Hochschulverbindungen »Fidelitas« Wien, »Alemannia« Prag, Lese- und Redehalle deutscher Studenten in Prag, »Cheruscia« Brünn und der Ferialverbindung »Cimbria« Iglau (Ihlava, Tschechien) auf.[15] Letzterer Korporation gehörte der Schriftsteller Karl Hans Strobl (1877–1946) an, dessen Freundschaft mit Oskar Scheuer, der die Festrede am Kommers hielt, in diese Zeit zurückreicht.[16]

Die hier aufgezählten »freiheitlichen« Semestralverbindungen, mit denen »Thaya« Kontakt pflegte, waren dem nationalen Spektrum zuzuordnen, ohne jedoch einen »völkischen« Standpunkt einzunehmen.[17] Diese Bünde stellten sich in die bereits eingangs angesprochene Traditionslinie der Urburschenschaft von 1815 und identifizierten sich selbst ebenfalls überwiegend als »Burschenschaften«. Sie pflegten das waffenstudentische Prinzip, unterschieden sich von der Mehrzahl etwa der Wiener Burschenschaften der Jahrhundertwende dadurch, dass ihr jüdische Studierende als vollberechtigte Mitglieder angehören konnten.[18] Sie waren nicht gänzlich in den Sog der Schönerianer geraten, fanden sich

13 Vgl. *Jahresbericht des k. k. Gymnasiums Znaim über das Schuljahr 1895/96*, Znaim: Selbstverlag 1896, XXIX.

14 Vgl. Peter Krause, Ferialverbindungen, in: *Gaudeamus igitur – Studentisches Leben einst und jetzt.* (Katalog zur Ausstellung auf der Schallaburg 1992, 28. Mai bis 18. Oktober, zgl. Katalog des NÖ Landesmuseums, N. F., Nr. 296), Wien: Amt der Niederösterreichischen Landesregierung 1992, 139.

15 Vgl. Zweites Gründungsfest der Ferialverbindung »Thaya«, in: *Znaimer Wochenblatt*, 13.8. 1898, 6.

16 Vgl. Raimund Lang, Der Dramaturg von Prag. Karl Hans Strobl als studentischer Dichter, in: Detlef Frische/Ulrich Becker (Hg.), *Zwischen Weltoffenheit und nationaler Verengung* (Historica Academica. Schriftenreihe der Studentengeschichtlichen Vereinigung des Coburger Convents 39), Würzburg: Selbstverlag der Studentengeschichtlichen Vereinigung 2000, 137–166.

17 Vgl. Hermann Rink, Über den Begriff »Freiheitlich« im österreichischen Korporationswesen, in: *Einst und Jetzt. Jahrbuch des Vereins für corpsstudentische Geschichtsforschung* 51 (2006), 151–161.

18 Vgl. Robert Hein, Der Burschenbunds-Convent (BC), in: Jürgen Setter (Hg.), *Studentischer Antisemitismus und jüdische Studentenverbindungen* (Historia Academica. Schriftenreihe

zwar auch unter dem Schlagwort eines »grenzenlosen Deutschtums« wieder, lehnten aber jeglichen Antisemitismus ab.[19] In diesen Verbindungen verfing sich die vom deutschen Philosophen und Neukantianer Hermann Cohen (1842–1918) entworfene These, dass Deutschtum und Judentum durch eine Verwandtschaft zwischen messianischer Erwartungshaltung und kantianischer Ethik verbunden wären, die sich mit Eleonore Lappin auf dieselbe moralische Grundlage bezögen.[20] In Wien waren diesem Gedankengut die Verbindungen »Fidelitas« (gegründet 1876), »Budovisia« (gegründet 1894), »Suevia« (gegründet 1897), »Constantia« (gegründet 1878) und die Corps »Marchia« (gegründet 1888) sowie »Raetia« (gegründet 1912) verpflichtet.[21]

Die in den Ferien angefachte Begeisterung für das studentische Brauchtum führten Scheuer nach seiner Inskription in Wien zur medizinerlastigen Verbindung »Fidelitas«, die ihn am 7. Oktober 1896 bei der Semesterantrittskneipe im Gasthaus Eder in der Lazarettgasse unter dem Biernamen »Kuno« in ihre Reihen aufnahm.[22] Studentische Korporationen sind als Lebensbund konzipiert und auch bei Scheuer reichte sein Engagement weit über die Zeit des Medizinstudiums hinaus. Der aktive Student »Kuno« bekleidete sieben Semester lang eine »Charge« genanntes Leitungsamt, darunter als »Erstchargierter« (Obmann) oder als für die Nachwuchspflege zuständiger »Fuchsmajor«. Dem Sohn eines Altwarenhändlers war wohl auch die Sammelleidenschaft mitgegeben worden, denn neben dem Studium begann er reiche Sammlungstätigkeit zum studentischen Verbindungswesen in all seinen Facetten. Im Sommersemester 1900 wechselte er an die Medizinische Fakultät der Deutschen Karls-Universität in Prag, wo er sein farbstudentisches Engagement bei der Burschenschaft »Alemannia« fortsetzte und auch in der Lese- und Redehalle deutscher Studenten verkehrte, deren Ehrenmitgliedschaft er später erhielt. Nach seiner Rückkehr legte er in Wien am 18. November 1901, am 17. März 1903 sowie am 28. September 1903 die Rigorosen jeweils mit der Note »Genügend« ab. Seine Promo-

der Studentengeschichtlichen Vereinigung des Coburger Convents 27), Erlangen: Selbstverlag der Studentengeschichtlichen Vereinigung 1988, 89–105.

19 Vgl. Alexander Graf, *»Los von Rom« und »heim ins Reich«. Das deutschnationale Akademikermilieu an den cisleithanischen Hochschulen der Habsburgermonarchie 1859–1914* (Geschichte und Bildung 3), Berlin-Münster: LIT-Verlag 2014, 179–180.

20 Vgl. Eleonore Lappin, *Der Jude 1916–1928. Jüdische Moderne zwischen Universalismus und Partikularismus* (Schriftenreihe wissenschaftlicher Abhandlungen des Leo Baeck Instituts 62), Tübingen: Mohr Siebeck 2000, 141.

21 Vgl. Robert Hein, Liberale Corps und Burschenschaften in Wien, in: *Die Vorträge der 3. österreichischen Studentenhistorikertagung 1978* (Beiträge zur österreichischen Studentengeschichte 4), Wien: Selbstverlag 1978, 23–46.

22 Vgl. Oskar F. Scheuer, *Die Burschenschaft Fidelitas zu Wien 1876–1926*, Wien: Selbstverlag 1926, 73.

tion erfolgte am 30. September 1903, womit von Seiten der Verbindung die Versetzung in den Stand eines »Alten Herren« einherging.[23]

Als Fachgebiet entdeckte er die noch junge Disziplin der Haut- und Geschlechtskrankheiten und trat Ende 1903 als Aspirant in die dermatologische Abteilung des Wiener Krankenhauses »Rudolfstiftung« ein. Vermutlich wird eine Gemengelage aus Karrierechancen und tatsächlicher religiöser Abkehr den Ausschlag für den Austritt aus dem Verband der Israelitischen Kultusgemeinde gegeben haben,[24] obwohl laut dem Wiener Medizinhistoriker Michael Hubenstorf die Dermatologie »traditionellerweise gerade als ›jüdisches Fach‹ par excellence begriffen« wurde.[25] Sicherlich hat auch sein Engagement im Verbindungsmilieu eine Rolle gespielt, war doch seit den 1890er-Jahren außerhalb der paritätischen Korporationen der »[...] Antisemitismus zu einer nicht mehr hinterfragten ›sozialen Norm‹« mutiert.[26] 1906 avancierte er zum Sekundararzt und drei Jahre später zum Assistenzarzt an der Hautabteilung, verließ diese aber 1909 wegen fehlender weiterer Aufstiegsmöglichkeiten und eröffnete eine Facharztpraxis im Haus Wien III., Dapontegasse 12, die sich bald eines hervorragenden Rufs erfreute. 1908 ging er den Bund der Ehe mit der sechs Jahre jüngeren Emmi, geborene Fränkel (1882–?) ein. Dieser Verbindung entstammten zwei Töchter.

Die Möglichkeiten der wirtschaftlichen Selbstständigkeit nutzte Scheuer für eine breite publizistische Tätigkeit, deren Umfang im Vergleich mit der zeitgenössischen Hochschulhistoriografie deutlich wird. Erste studentengeschichtliche Arbeiten zur Wiener Universität waren einige Jahre zuvor vom Universitätsarchivar Karl Schrauf vorgelegt worden und befassten sich mit den Studentenhäusern und der Geschichte der ungarischen Nation.[27] Eine Gesamtdarstellung des deutschsprachigen studentischen Lebens gelang Scheuer mit dem 1908 abgeschlossenen und 1910 in Druck gegebenen Längsschnitt *Die geschichtliche Entwicklung des Deutschen Studententums in Österreich*, den er »als Beitrag zur Geschichte der Wiener Studentenschaft« aufgenommen wissen

23 Vgl. Promotionsanzeige, in: *Znaimer Wochenblatt*, 30.9.1903, 4.

24 Vgl. Anna L. Staudacher, *»...meldet den Austritt aus dem mosaischen Glauben«. 18.000 Austritte aus dem Judentum in Wien, 1868–1914: Namen – Quellen – Daten*, Frankfurt am Main: Peter Lang Verlag 2009, 518.

25 Michael Hubenstorf, Vertriebene Medizin – Finale des Niedergangs der Wiener Medizinischen Schule?, in: Friedrich Stadler (Hg.), *Vertriebene Vernunft II. Emigration und Exil österreichischer Wissenschaft 1930–1940* (Emigration – Exil – Kontinuität. Schriften zur zeitgeschichtlichen Kultur- und Wissenschaftsforschung 2), Wien–Münster: LIT 2004, 774.

26 Harald Lönnecker, *»... das einzige, das von mir bleiben wird ...« Die Burschenschaft Ghibellinia Prag zu Saarbrücken 1880–2005*, Saarbrücken: Selbstverlag 2009, 202.

27 Vgl. Karl Schrauf, Zur Geschichte der Studentenhäuser an der Wiener Universität während des ersten Jahrhunderts ihres Bestehens, in: *Mitteilungen der Gesellschaft für deutsche Erziehungs- und Schulgeschichte* 5 (1895) 3, 9–13, 36–74. – Ders. (Hg.), *Die Matrikel der Ungarischen Nation an der Wiener Universität 1453–1630*, Wien: Holzhausen 1902.

wollte.[28] Für Scheuers Biograf Harald Seewann bildet das Buch »den Ausgangspunkt für die neuzeitliche hochschulkundliche Forschungsarbeit in Österreich.«[29] Als Literaturpendant auf reichsdeutscher Seite kann die im selben Jahr von Friedrich Schulze, Direktor der städtischen Sammlungen in Leipzig, und Paul Ssymank vorgelegte Arbeit gelten.[30]

Scheuers rund 440 Seiten starke Studie ist der österreichische Beitrag zur Konturierung einer Wissenschaft vom Hochschulwesen, für die der Marburger Universitätsbibliothekar Wilhelm Fabricius (1857–1942) 1912 einen Theoriekern sowie den Begriff »Hochschulkunde« eingeführt hat. Die Grenzen dieses von Beginn an als interdisziplinär gedachten Forschungsgebiets überlappen sich in der Praxis mit jenen der Studentengeschichte, die eher auf die kultur- und sozialgeschichtlichen Aspekte des Studententums und deren Organisationen abzielt.[31] Mit diesem frühen hochschulkundlichen Schrifttum ist eine Sammlungstätigkeit verbunden. In Deutschland findet der Bestandsaufbau im Umfeld öffentlicher Einrichtungen statt: Fabricius baute in Marburg ab 1907 eine studentengeschichtliche Sammlung auf, die er bis 1929 selbst betreute. In Posen (Poznan, Polen) stellte Ssymank, ab 1920 erster Inhaber eines Lehrauftrages für Hochschulkunde und Studentengeschichte an der Universität Göttingen, eine »Studentenhistorische Bücherei« zusammen. Zu nennen ist in diesem Zusammenhang auch die erste bibliografische Kampagne zur Geschichte der deutschen Universitäten, die von Wilhelm Erman und Ewald Horn 1904 vorgelegt wurde.[32]

Den Informationsstock für Scheuers Forschungen bildete seine eigene Büchersammlung, mit deren Aufbau er in den Sommerferien nach der Matura begonnen hatte. Zuletzt umfasste der »mit Mühe und Not« in drei Zimmern seiner Ordinations- bzw. Wohnräume untergebrachte Umfang mehr als 30.000 Bände.[33] Harald Seewann bewertet die Sammlung als »nicht wieder erreichten Bestand an Studentica in Privatbesitz«.[34] Neben bibliophilen Raritäten vom

28 Oskar Scheuer, *Die geschichtliche Entwicklung des Deutschen Studententums in Österreich mit besonderer Berücksichtigung der Universität Wien von ihrer Gründung bis zur Gegenwart*, Wien–Leipzig: Ed. Beyer's Nfg. 1910, IV.

29 Harald Seewann, Dem Andenken des Studentenhistorikers Dr. Oskar Scheuer, in: *Einst und Jetzt* 33 (1988), 239–242, 239.

30 Vgl. Friedrich Schulze/Paul Ssymank, *Das deutsche Studententum von den ältesten Zeiten bis zur Gegenwart*, Leipzig: Voigtländer 1910.

31 Vgl. Thomas Raveaux, Hochschulkunde – Prototyp einer interdisziplinären Wissenschaft?, in: *Einst und Jetzt* 51 (2006), 315–334.

32 Vgl. Wilhelm Erman/Ewald Horn, *Bibliographie der deutschen Universitäten.* Systematisch geordnetes Verzeichnis der bis Ende 1899 gedruckten Bücher und Aufsätze über das deutsche Universitätswesen (3 Bände), Leipzig–Berlin: Teubner 1904. Horns studentenhistorische Privatbibliothek gelangte nach dessen Ableben 1924 als Legat an Oskar Scheuer.

33 Vgl. Erwin Stanik, Die Studentica-Bibliothek des Dr. Oskar F. Scheuer in Wien, in: Hans Feigl (Hg.) *Jahrbuch deutscher Bibliophilen* 12–13 (1927), 40–51, 42.

34 Seewann, Dem Andenken des Studentenhistorikers Dr. Oskar Scheuer, 241.

16. Jahrhundert an bildete eine Abteilung zur Revolution von 1848 sowie Manuskripte, Zeitschriften, Festschriften, Separata und studentische Presse einen Schwerpunkt. Hinzu kamen Musealien und ein großer Bereich an internen Schrifttum aus Korporationen der unterschiedlichsten Richtung, der oftmals nur an die jeweiligen Mitglieder abgegeben wurde und dementsprechend aufwändig zu eruieren und organisieren war.[35] Die unter der Bezeichnung »Bibliothek für Hochschul- und Studentenwesen Dr. O. F. Scheuer – Wien III.« verzeichnete Kollektion ermöglichte es Scheuer, gemeinsam mit dem Amanuensis der Wiener Universitätsbibliothek Otto Erich Ebert (1880–1934), Gründer der paritätischen Prager Burschenschaft »Saxonia«, 1912 mit einem bibliografischen Jahrbuch an das dreibändige Werk von Erman und Horn anzuschließen, das seinerseits im *Literaturblatt für das deutsche Hochschulwesen* eine Fortsetzung fand, dessen Herausgeberschaft Scheuer nach Eberts Weggang an die Deutsche Bücherei in Leipzig bis 1921 allein wahrnahm.[36]

Mit einem weiteren Prager Sachsen gleiste Scheuer das Projekt einer Hochschulzeitschrift auf. Paul Kisch (1883–1944), der ältere Bruder des Journalisten Egon Erwin Kisch (1885–1948) und Klassenkollege Franz Kafkas (1883–1924), lebte seit 1907 in Wien, um bei August Sauer (?–?) an seinem Doktorat zu arbeiten.[37] Bei »Fidelitas« wurde der bald Dreißigjährige »verkehrsaktiv«, was ihm den Vorwurf einer »Clown-Rolle« seitens seines jüngeren Bruders einbrachte, der zwar auch Mitglied der Prager »Saxonia« war, zu den Ritualen des Verbindungsstudententums trotz dreier Säbelpartien und eines Pistolenduells allerdings eine deutlich distanziertere Position einnahm. Im ebenfalls journalistisch begabten älteren Kisch, der später für die Prager Tagezeitung *Bohemia* und die Wiener *Neue Freie Presse* schrieb, fand Scheuer einen kongenialen Partner als Mitbegründer und -herausgeber der Zeitschrift *Deutsche Hochschule. Blätter für deutschnationale freisinnige Farbenstudenten in Österreich*, die ab 1910 als Monatsblatt erschien.[38] Das Blatt verstand sich zwar als Sprachrohr der liberalen Verbindungen, griff in seiner Themenbreite aber weit über deren Be-

35 Vgl. Harald Lönnecker, Besondere Archive, besondere Benutzer, besonderes Schrifttum. Archive akademischer Verbände, in: *Der Archivar. Mitteilungsblatt für deutsches Archivwesen* 55 (2002) 4, 311–317.

36 Vgl. Otto Erich Ebert, Büchereiorganisator. 100 Geburtstag, in: *Mitteilungen des Sudetendeutschen Archivs* 58–61 (1980), 14.

37 Für Teile der Forschung ist der deutschnationale Paul Kisch eines der Vorbilder für Kafkas Erzählung »*Schakale und Araber*«. Vgl. Dimitry Shumsky, *Zweisprachigkeit und binationale Idee. Der Prager Zionismus 1900–1930* (Schriften des Simon-Dubnow-Instituts 14), Göttingen: Vandenhoeck & Ruprecht 2013, 267.

38 Vgl. Robert Hein, Egon Erwin Kisch und das alte Prag, in: Peter Platzer/Raimund Neuss (Hg.), *Wien–Auschwitz–Wien.* Fritz Roubicek zum Gedenken, Vierow bei Greifswald: SH-Verlag 1997, 155. – Václav Petrbok, Der andere Kisch. Der Literaturhistoriker und -kritiker Paul Kisch (1883–1944), in: *Prager Figurationen jüdischer Moderne* (Brücken. Germanistisches Jahrbuch Tschechien-Slowakei 23/1–2), Weimar: J. B. Metzler 2015, 85.

lange hinaus und ist daher weniger als Verbandszeitschrift von Korporationen einer gewissen Richtung, sondern als studentisches Magazin zu qualifizieren. Von besonderem Wert sind die von Scheuer zusammengestellten kleineren studentenhistorischen Arbeiten und Egon Erwin Kischs Feuilletonbeitrag über das Alt-Prager Mensurwesen, der als Buchbeitrag Eingang in den literarisch geronnenen Mythos des Prager Studentenlebens fand.[39]

Nach dem Ersten Weltkrieg schlossen sich die Wiener paritätischen Verbindungen mit den gleichgesinnten Bünden in Deutschland zum »Burschenbunds-Convent« (BC) als Dachverband zusammen.[40] Scheuer, dem für seine Verdienste um den neuen Verband die Mitgliedschaft der 1925 gegründeten Verbindung »Guestphalia« Freiburg verliehen werden sollte, brachte die »Deutsche Hochschule« als offizielles Verbandsorgan in den deutsch-österreichischen Zusammenschluss ein und zog sich von der Rolle als Alleinherausgeber zurück. Im Gegenzug wurde Scheuer zu dessen 50. Geburtstag eine Sondernummer gewidmet und der Corpsstudent Karl Hans Strobl, Freund und Couleurgefährte aus Znaimer Ferientagen, widmete ein Festgedicht *Oskar Scheuer zum 100. Lebenssemester.* Der Jubilar selbst beschenkte sich mit einer Festschrift zum runden Stiftungsfest seiner Burschenschaft »Fidelitas«.[41]

Das Pensum der hochschulkundlichen Publizistik verstellt den Blick auf das Schaffen des Mediziners. Schon unmittelbar nach der Eröffnung seiner Facharztpraxis erschienen mehrere medizinische Untersuchungen sowie ein Handbuch für die hautärztliche Praxis.[42] Der studentischen Lebenslust gewidmet waren mehrere vignettenartige Abhandlungen zu einer amourösen Geschichte des Studententums, die 1920 in monografischer Form erschienen.[43] Als besonders fruchtbar erwies sich Scheuers Zusammenarbeit mit dem Journalisten und Verleger Leo Schidrowitz (1894–1956).[44] Als »Chefarzt« wirkte Scheuer an dessen 1928 gegründeten »Institut für Sexualforschung« samt angeschlossener Beratungsstelle für Sexualpathologie am Wiener Kohlmarkt 7 mit. Allerdings ver-

39 Vgl. Egon Erwin Kisch, Alt-Prager Mensurlokale, in: *Deutsche Hochschule. Blätter für deutschnationale freisinnige Farbenstudenten* 1 (1911) 7, 89–92. – Ders., Aus Prager Gassen und Nächten, 2. Auflage, Berlin: Aufbau 1994, 185–189.

40 Vgl. Richard Friedländer, Burschenbunds-Convent, in: Michael Doeberl/Otto Scheel/Wilhelm Schlink/Hans Sperl/Eduard Spranger/Hans Bitter/Paul Frank (Hg.), *Die deutschen Hochschulen und ihre akademischen Bürger* (Das akademische Deutschland 2) Berlin: C. A. Weller 1931, 359–362.

41 Vgl. Karl Schrauf, *Zur Geschichte der Studentenhäuser.* – Ders., (Hg.), *Die Matrikel der Ungarischen Nation.*

42 Vgl. Oscar Franz Scheuer, *Taschenbuch für die Behandlung der Hautkrankheiten für praktische Ärzte,* Wien: Urban & Schwarzenberg 1911.

43 Vgl. Oskar Scheuer, *Das Liebesleben des deutschen Studenten im Wandel der Zeiten* (Abhandlungen aus dem Gebiete der Sexualforschung 3/1), Bonn: Marcus & Weber 1920.

44 Vgl. Richard Kühl, Leo Schidrowitz, in: Volkmar Sigusch/Günter Grau (Hg.), *Personenlexikon der Sexual-Forschung,* Frankfurt–New York: Campus 2009, 627–628.

stand sich diese Einrichtung nicht als Heilstätte, sondern Scheuer erblickte in ihr ein Zentrum für »[...] Forschungs-, Sammlungs- und Lehrarbeit«[45] mit einem breiten sitten- und kulturgeschichtlichen Erkenntnisinteresse.

Der Lebensantrieb Scheuers bestand hinsichtlich seines hochschulgeschichtlichen Wirkens in der Aussöhnung zwischen Judentum und der burschenschaftlichen Idee als Speerspitze des deutschnationalen Gedankens. Als Bekenntnisschrift und mit tiefer Quellenarbeit zur Frühgeschichte der burschenschaftlichen Bewegung verbundene Standortbestimmung legte er 1927 seine bekannteste und wohl persönlichste Abhandlung *Burschenschaft und Judenfrage* vor, in der er sich mit dem Rassenantisemitismus der Studentenschaft auseinandersetzte. Für ihn war der Rassenantisemitismus »die österreichische Mitgift«, die bei der Vereinigung der österreichischen und reichsdeutschen Burschenschaften 1920 von der Donau her eingebracht worden sei.[46] Seine Feststellungen gipfelten in der Formulierung:

> »Der Antisemitismus und seine Betätigung im Zeichen des Hakenkreuzes ist ja nichts anderes als der Ausdruck eines freiheitsfeindlichen [...] Parteiprinzips. Und wenn die in der ›Deutschen Burschenschaft‹ vereinigten völkischen Burschenschaften diesen Grundsätzen huldigen, dann spricht der Geist der Überlieferung gegen sie.«[47]

Der Geist des Hakenkreuzes wandte sich aber gegen Scheuer und beschränkte sich nicht darauf, seine farbstudentischen Standpunkte anzugreifen. Als Folge des »Anschlusses« im März 1938 verloren die im Sinne der NS-Rassengesetzgebung als solche deklarierten jüdischen Ärzte Anfang Juli ihre Kassenzulassungen und mit 30. September 1938 wurde deren Approbation für erloschen erklärt.[48] Für Scheuer bedeutete dies den Verlust seiner Ordination und damit seiner Einkünfte. Ab Mitte der 1930er-Jahre beschäftigte sich Scheuer mit der Zukunft seiner Bibliothek und Studentikasammlung. Die möglicherweise vorhandene Absicht, den Bestand dem 1895 gegründeten Wiener Universitätsarchiv

---

45 Oskar Franz Scheuer, Sexualforschungs-Institute, in: *Bilder-Lexikon Kulturgeschichte. Ein Sammelwerk sittengeschichtlicher Bilddokumente aller Völker und Zeiten* (Ergänzungsband), Wien–Leipzig: Verlag für Kulturforschung 1931, 726.

46 Vgl. Günter Cerwinka, 150 Jahre Deutsche Burschenschaft in Österreich – Der Beitrag der Forschung in Österreich, in: Klaus Oldenhage (Hg.), *200 Jahre burschenschaftliche Geschichtsforschung – 100 Jahre GfbG – Bilanz und Würdigung* (Jahresgabe der Gemeinschaft für burschenschaftliche Geschichtsforschung), Koblenz: Selbstverlag 2009, 99.

47 Oskar Scheuer, *Burschenschaft und Judenfrage. Der Rassenantisemitismus in der deutschen Studentenschaft*, Berlin: Verlag Berlin–Wien 1927, 68.

48 Vgl. Daniela Angetter/Christine Kanzler, »... sofort alles zu veranlassen, damit der Jude als Arzt verschwindet«. Jüdische Ärztinnen und Ärzte in Wien 1938–1945, in: Herwig Czech/Paul Weindling (Hg.), *Österreichische Ärzte und Ärztinnen im Nationalsozialismus* (Jahrbuch des Dokumentationsarchivs des Österreichischen Widerstandes), Wien: Selbstverlag 2017, 47–66, 48.

zu überlassen,[49] wurde ebenso wenig umgesetzt, wie ein durch die Nationalbibliothek vermittelter Erwerb durch die Wiener Universitätsbibliothek.[50]

Nunmehr sah er sich gezwungen, die Sammlung, in der sein Lebenseinkommen investiert war, zu kapitalisieren. Er hatte dazu Verhandlungen mit dem von Ssymank 1920 gegründeten und mittlerweile über Vermittlung des Corpsstudenten und Hochschulhistorikers Georg Meyer-Erlach (1877–1961) und des Würzburger Kommunalpolitikers Hellmut Umhau (1905–1940) nach Würzburg verlagerten »Wissenschaftlichen Instituts für deutsche Hochschulkunde und Studentengeschichte« aufgenommen, dessen »Studentengeschichtliches Museum« in Räumlichkeiten der Festung Marienberg über der Stadt untergebracht war. Das Institut geriet 1938 unter die Kontrolle der NS-Reichsstudentenführung, die den Historiker, Burschenschafter und späteren Hauptarchivar der NSDAP Arnold Brügmann (1912–1995) als Leiter installierte.

Aus Mitteln der Stadt Würzburg wurden im Juli 1938 15.000 Reichsmark für den Erwerb der Scheuer-Sammlung aufgebracht.[51] Bibliothek und Museumsstücke wurden in einem Eisenbahnwaggon nach Würzburg gebracht und die Wohnung bzw. Ordination Scheuers in der Dapontegasse aufgelassen. Der seines Lebensinhalts und Einkunftsmöglichkeiten beraubte Arzt übersiedelte mit seiner Gattin Emmi in eine kleinere Wohnung in der Vorlaufstraße 5 in der Wiener Innenstadt. Am 19. Oktober 1941 wurde das Ehepaar verhaftet und vom Wiener Aspangbahnhof ins Ghetto nach Litzmannsstadt (Łódź, Polen) verschleppt.[52] Vom 16. Oktober bis zum 4. November 1941 wurden in 20 Transporten 19.953 Juden aus dem »Altreich«, Wien, Prag und Luxemburg sowie weitere Menschen in das Ghetto Litzmannstadt deportiert.[53]

Die Neuankömmlinge mit den Transportnummern 883 und 884 wurden in eine überbelegte Wohnung in ein am Rand des Ghettos liegenden Hauses Am Bach 14/Tür 12 (ul. Podrzeczna) eingewiesen.[54] 143.000 Menschen lebten zu

49 Vgl. Otto R. Braun, Oskar Franz Scheuer (1876–1941). Ein bedeutender österreichischer Studentenhistoriker, in: *David. Jüdische Kulturzeitschrift* 6 (1994) 20, 5.

50 Vgl. Anbot einer Privatbibliothek. Österreichische Nationalbibliothek [ÖNB] Allg. Verwaltungs- u. Korrespondenzakten 1920–1945, Kt. 49, Zl. 1136/1935.

51 Heutige Entsprechung rund 85.000 Euro. Zur Umrechnung siehe oben.

52 Vgl. Namentliche Erfassung der österreichischen Holocaust-Opfer, Dokumentationsarchiv des Österreichischen Widerstandes, URL: <http://www.doew.at/personensuche> (abgerufen am 31.3.2019). Für Scheuer sind in den Transportunterlagen der Vorname *Franz* und der falsche Geburtsort *Gmünd* angegeben. Als mitgeführtes Barvermögen der Eheleute Scheuer werden 125 Reichsmark (etwa 670 Euro) aufgelistet. Zur Umrechnung siehe oben.

53 Vgl. Andrea Löw/Sascha Feuchert, Das Getto Litzmannstadt – 1941, in: Sascha Feuchert/Erwin Leibfried/Jörg Riecke (Hg.), *Die Chronik des Gettos Lodz/Litzmannstadt 1941* (Schriftenreihe zur Łódzer Getto-Chronik), Göttingen: Wallstein 2007, 15.

54 Für das genannte Quartier sind insgesamt 27 Personen als Bewohner erfasst. Vgl. Shoah Names Database, Yad Vashem, URL: https://yvng.yadvashem.org/index.html?language=

diesem Zeitpunkt in dem viel zu kleinen Lagerbereich, dessen Überbelegung und Verelendung durch Deportationen in Todeslager wie Kulmhof (Chełmno, Polen) abgeholfen werden sollte. Davon waren die ins Ghetto gebrachten »Westjuden«, die auf Grund ihres Alters nicht mehr arbeitsfähig waren, in hohem Maße betroffen. Im Herbstfrost der morastigen Blutlachen des Litzmannstädter Ghettos verlieren sich die Spuren Emmi und Oskar Scheuers, ihr Ankunftsdatum 28. Oktober ist zugleich das letzte gesicherte Lebenszeichen.

Scheuers einzigartige Sammlung wurde nach dem Weltkrieg dem »Würzburger Institut für Hochschulkunde« angegliedert, das als Forschungseinrichtung auf dem Campus der Würzburger Universität besteht.[55] Eine Rückabwicklung des Erwerbs an die der Schoah entkommenen Töchter Hilde (?–?) und Lotte (?–?) ist nicht erfolgt, wie auch ein diesbezüglicher Schriftverkehr mit Wiener Behörden ergebnislos verlief.[56]

Weniger eine Hommage als einen absonderlichen Vereinnahmungsversuch der Bedeutung Scheuers stellte das »Oskar Scheuer-Institut für Hochschulkunde« dar, gegründet 1996 und angesiedelt in der Gemeindewohnung des Gründers und einzigen Mitarbeiters Otto R. Braun (1931–2016), das ab Herbst 1997 die Schriftenreihe *Archiv für Hochschulkunde* veröffentlichte, die 2006 ihr Erscheinen einstellte.[57]

Ein im Restitutionsbericht der Stadt Wien 2007 aufgeführtes Buch der Wienbibliothek mit dem Besitzvermerk »O. F. Scheuer«, das laut Provenienzangabe 1944 antiquarisch erworben wurde,[58] legt in Verbindung mit der polizeilich anzunehmenden Beschlagnahme die Vermutung nahe, dass sich noch weitere Bestandteile der Sammlung Scheuers außerhalb des Würzburger Instituts befinden.

archiv@perchtoldsdorf.at

---

en&advancedSearch=true&wad_value=AM%20BACH%20(ul.%20Podrzeczna),%2014%20FLAT%2012&wad_type=synonyms (abgerufen am 31.3.2019).

55 Vgl. Matthias Stickler, Was ist eigentlich Hochschulkunde? Das Würzburger Institut für Hochschulkunde und seine Geschichte, in: *Forschung & Lehre. Alles was die Wissenschaft bewegt* 22 (2015) 5, 386–387.

56 Vgl. Nachforschungen zum Verbleib der Bibliothek Dr. Oskar Scheuer. ÖNB, Allg. Verwaltungs- u. Korrespondenzakten ab 1945, ZV, Zl. 129/1947.

57 Zur problematischen Biografie des Institutsbetreibers vgl.: Peter Krause, Otto R. Braun, in: *Acta Studentica. Österreichische Zeitschrift für Studentengeschichte* 49 (2018) 208, 18–20.

58 Vgl. Achter Bericht des amtsführenden Stadtrates für Kultur und Wissenschaft über die gemäß dem Gemeinderatsbeschluss vom 29. April 1999 erfolgte Übereignung von Kunst- und Kulturgegenständen aus den Sammlungen der Museen der Stadt Wien sowie der Wienerbibliothek im Rathaus (Wien, 1.2.2008), Stadt Wien, URL: <https://www.kunstdatenbank.at/files/content/kunstrestitution/restitutionsberichte/restitutionsbericht_stadtwien_2007.pdf> (abgerufen am 31.3.2019).

Richard Lein

Erinnerungen und Reflexionen: das Geologische Institut der Universität Wien im Herbst 1968

Der Autor, im Jahr 1968 Studierender des Faches Geologie sowie erster frei gewählter Studentenvertreter des Instituts, – in dieser Funktion von dem damaligen Vorstand des Instituts, Professor Eberhard Clar (1904–1995), anerkannt und in weiterer Folge freundlichst zur Teilnahme an künftigen Beratungen über wichtige Institutsangelegenheiten eingeladen – berichtet im Folgendem von seinen sozusagen aus der »Froschperspektive« im Umkreis der erdwissenschaftlichen Institute gemachten Wahrnehmungen. Für sich genommen wären diese wegen ihrer eingeschränkten, bloß auf ein Detail des Gesamtgeschehens gerichteten Perspektive von nur beschränktem Interesse. Verknüpft man jedoch diese Stimmungsbilder mit dem in den Sitzungsprotokollen der Philosophischen Fakultät und des Akademischen Senats festgehaltenen Informationsmaterial, dann erhellen sich nachträglich manche bisher nur ungenügend wahrgenommenen Zusammenhänge.

Memories and Reflections: The Geological Institute of the University of Vienna during autumn 1968
The present author, a geology student in 1968 and the first freely elected student representative of the Institute, – he had been recognised in this position by the then Head of the Institute, Professor Eberhard Clar, and was subsequently kindly invited to participate in future consultations dealing with important matters concerning the Institute – reports here of his »worm's-eye view« of impressions garnered within the realm of the Earth Science institutes. These would be, in view of their restricted perspective as merely a detail of the total goings-on, of only limited interest. However, if these impressions are linked to information from the minutes of the meetings of the Faculty of Philosophy and of the Academic Senate, then many connections, thus far only insufficiently understood, become clear.

Keywords: Geschichte der Naturwissenschaften, Zeitgeschichte, Geologie, 1968, Studentenbewegung, Universität, Bildungspolitik
History of natural sciences, modern history, geology, 1968, student movement, university, education policy

Wendejahr 1968[1]

Das Jahr 1968 markiert eine bedeutsame Wende: den Beginn einer von neuem Lebensgefühl durchströmten Epoche, in die eine Generation Jugendlicher, die sich eben anschickte, ins Berufsleben einzutreten oder ein Studium zu beginnen, buchstäblich hineinstolperte – die Erinnerung an einen von grauem Konformismus geprägten Nachkriegsalltag hinter sich lassend, hineinstolpernd in eine bunte Welt, getragen von den Klängen der Beatles und der Musik anderer Popgruppen und konfrontiert mit neuen Formen des Bewusstseins, geweckt und visuell erschlossen, unter anderem durch Antonionis[2] »Blow up«, den genialen Kultfilm dieser Generation. Das war die eine (schöne) Seite dieses Jahres. Die andere war geprägt von Gewalt, Krieg und Terror, bestimmt von der militärischen Intervention der USA in Vietnam und dem Panzerkommunismus sowjetischer Prägung, der nicht nur im August 1968 in der Tschechoslowakei das dort sprießende zarte Pflänzchen eines »Sozialismus mit menschlichen Antlitz« niederwalzte, sondern dessen verhängnisvolle Saat in gefährlichem Tempo in den entkolonialisierten Ländern Afrikas und Asiens aufzugehen drohte.

Das Kürzel »1968« steht zudem für das kollektive Erwachen einer Generation, die sich – wie viele der in periodischen Abständen stetig wiederkehrenden Jugendrevolte zuvor – eben anschickte, ihren Platz in der Gesellschaft zu suchen bzw. diesen mit Nachdruck einzufordern. Dass ein derartiges Vorhaben nicht friktionsfrei über die Bühne gehen konnte, darf nicht ernstlich verwundern – zu groß waren dabei die Interessensgegensätze der um Einfluss ringenden Gruppierungen. Überlagert wurden diese individualistischen Emanzipationsbestrebungen durch den die Weltpolitik bestimmenden Ost-West-Konflikt.

Neben der Deutung der Jugendrevolte des Jahres 1968 als simplen, jeweils unter zeitbedingt geänderter ideologischer Verbrämung wiederkehrenden Generationenkonflikt, sind noch andere bestimmende Faktoren festzuhalten: Zunächst das damals anstehende Problem einer dringlich erforderlichen Neuausrichtung der Universität, ihres Studienbetriebes und ihrer inneren Organisation. Wobei die Zielvorstellungen der beiden mit diesem Sachproblem befassten Seiten, der zentralistisch denkenden Ministerialbürokratie auf der einen und der auf Wahrung (und eventuelle Ausweitung) ihrer Autonomierechte bedachten Hochschulen auf der anderen Seite, deutlich auseinander lagen. Zur gleichen Zeit setzte auch der bis heute anhaltende vermehrte Zustrom Studierender ein –

1 Der Beitrag stützt sich auf zahlreiche Materialien aus dem Privatbesitz des Autors. Vgl. dazu auch: Paulus Ebner/Karl Vocelka, *Die zahme Revolution. '68 und was davon blieb*, Wien: Ueberreuter 1998. – Fritz Keller, *Wien Mai '68. Eine heiße Viertelstunde*, Wien: Mandelbaum 2008.

2 Gemeint ist der italienische Filmregisseur, Maler und Autor Antonioni Michelangelo (1912–2007).

verbunden mit all seinen positiven Folgen, in Form einer besseren sozialen und geschlechtergerechteren Zusammensetzung der Studentenschaft, aber auch mit der Kehrseite in Form knapper werdender Ressourcen und verschlechterten Betreuungsverhältnissen. All das wäre im Detail näher zu beleuchten, wenn man sich ernsthaft mit dem Phänomen der 68er-Revolte befasst. Diesen Anforderungen können die folgenden Zeilen nicht gerecht werden. Zu klein ist das Studienobjekt, das Geologische Institut, um als typisch für die Universität als Ganzes gelten zu können, zu subjektiv der Blickwinkel des Bericht erstattenden Autors. Trotz dieser Einschränkung hofft der Autor mit den folgenden Erinnerungen und Reflexionen das selbst heute erst in seinen Konturen erfasste und oft nur mit anekdotischen Mitteln gezeichnete Bild des Sturmjahres 1968 geringfügig ergänzen zu können.

Professoren und Studenten – die Wiener Universität 1968

Seit der grundlegenden Reform der österreichischen Universitäten unter Minister Leo Graf Thun-Hohenstein (1811–1888) im Jahre 1849 hat sich, ungeachtet mehrerer politischer Zäsuren, an diesen Bildungs- und Forschungsstätten über ein Jahrhundert hinweg nur wenig geändert. Einzige wesentliche Neuerung innerhalb dieses Zeitraums war die ab 1897 schrittweise erfolgte Zulassung von Frauen zu einem Doktorats-Studium.[3] Aber sonst bewahrte die Universität ihren Status als »Ordinarien-Universität« bis zum Ausbruch der Studentenproteste Mitte der Sechzigerjahre des vorigen Jahrhunderts. Bestimmendes Element in diesem System und verantwortlich für die interne Verwaltung und die Organisation der Lehre waren die fast ausschließlich von Professoren beschickten akademischen Kollegialorgane (Fakultätsvertretung, Akademischer Senat). Eine Mitwirkung von Assistenten und von Studenten in diesen Gremien war nicht vorgesehen. Dieser Sachverhalt war allerdings nicht nur einer zeitbedingten paternalistischen Grundeinstellung geschuldet, sondern auch strukturell begründet. Denn in vielen der neu gegründeten Institute, deren Personal oft nur aus einem Professor und einem Assistenten[4] bestand, war der Ordinarius der einzige kontinuitätswahrende Faktor, der über einen ausgedehnteren Planungshorizont verfügte. Das Verharren in diesem Zustand war allerdings un-

---

3 Vgl. Johannes Seidl/Richard Lein, Eduard Suess und der Beginn des Frauenstudiums an der Wiener Universität, in: Ingrid Kästner/Jürgen Kiefer (Hg.), *Von Maimonides bis Einstein – Jüdische Gelehrte und Wissenschaftler in Europa* (Europäische Wissenschaftsbeziehungen 9), Aachen: Shaker 2015, 179–202.

4 Die Verweildauer auf den Assistentenstellen war aufgrund der schlechten Bezahlung meist sehr gering. So beklagte sich u.a. Eduard Suess, dass seine Assistenten ihm immer dann abhanden kämen, wenn sie gerade angelernt waren.

angemessen, vor allem unter Berücksichtigung der inzwischen außerhalb der Universität kontinuierlich fortschreitenden Erweiterung der demokratischen Rechte – ein Prozess, der auf evolutionärem Wege unter anderem von einem restriktiven, die Mehrheit der Bevölkerung ausschließenden Kurienwahlrecht zu einem gleichen Wahlrecht für alle Staatsbürger geführt hatte.

Dass diese versteinerten Strukturen einer Ordinarien-Universität so lange unverändert Bestand haben konnten, liegt aber auch an der Tatsache, dass die Studenten aufgrund interner weltanschaulicher Rivalitäten lange nicht zu einer gemeinsamen Vertretung finden konnten. Erst auf der Basis des 1950 erlassenen Hochschülerschaftsgesetzes[5] erlangte die Hochschülerschaft den Status einer Körperschaft öffentlichen Rechts und damit die Möglichkeit der Begutachtung von Gesetzesentwürfen. Ab diesem Zeitpunkt nahm die Hochschülerschaft vermehrten Einfluss auf die Neugestaltung der Universität, wozu die anstehende Novellierung zahlreicher die Hochschulen betreffender Gesetze Anlass bot. Zugleich verlagerten sich die Schwerpunkte der Studentenpolitik zusehends von einer rein servicebetonten Interessensvertretung auf das Feld ideologischer Grundsatzdebatten und mandatsüberschreitender Aktivitäten. Zunehmend wurde die intern geführte Diskussion innerhalb der österreichischen Hochschülerschaft von parteipolitischen Auseinandersetzungen überlagert, ausgetragen zwischen studentischen Vorfeldorganisationen der im Parlament vertretenen Parteien. Mehr und mehr verwandelte sich die Hochschülerschaft zu einem Trainingscamp künftiger Berufspolitiker.

Das waren die Rahmenbedingungen, die auch das Geologische Institut betrafen, über dessen bescheidene Teilhabe an den Ereignissen des Jahres 1968 im Folgenden berichtet wird. Wie viele andere naturwissenschaftlich orientierte Institute der Philosophischen Fakultät hatte es seine Tätigkeit zunächst (1862) mit minimaler materieller und personeller Ausstattung (1 Professor, 1 Assistent) aufgenommen, war in weiterer Folge trotz geringer Mittel dank der großartigen Leistung seines langjährigen Institutsvorstandes Eduard Suess (1831–1914) zu internationaler Spitze aufgestiegen, konnte aber diese Position in der von Mangel dominierten Periode zwischen den beiden Weltkriegen nicht halten. Nach einer langen Periode des Stillstands verbesserte sich, parallel zum Wirtschaftsaufschwung, die Personal- und Raumsituation des Instituts ab Mitte der 1960er-Jahre deutlich. Im Studienjahr 1968/69 verfügte das Institut über zwei Ordinariate (Eberhard Clar, 1904–1995, Christoph Exner, 1915–2007), zwei habilitierte Oberassistenten (Walter Medwenitsch, 1927–1992, Alexander Tollmann, (1928–2007), drei Assistenten (Wolfgang Schlager, geb. 1938, Wolfgang Frisch,

5 Vgl. O.A., 1950er Jahre, in: *60 Jahre ÖH*, Wien: Österreichische HochschülerInnenschaft 2006, 20.

geb. 1943, Wolfgang Frank, geb. 1939) und zwei wissenschaftliche Hilfskräfte (halbtägig).

Die Mehrzahl der ca. 50–60 Fachstudenten, die zu dieser Zeit am Geologischen Institut ihre Ausbildung absolvierten, war apolitisch eingestellt. Überraschend hoch war der Anteil der aus dem Ausland stammenden Studierenden. Mehrheitlich handelte es sich dabei um Perser sowie um Ungarn, die im Gefolge der Niederschlagung der Revolution des Jahres 1956 nach Österreich geflüchtet waren und hier bereits größtenteils die österreichische Staatsbürgerschaft erlangt hatten. Letztere, welche die Segnungen volksdemokratischer Verhältnisse aus eigener Erfahrung kannten, waren gegen linke Utopien, die in den Folgejahren langatmig und heftig diskutiert wurden, vollkommen immunisiert.

Im Unterschied zu den meisten anderen Universitätsinstituten gab es am Geologischen Institut bereits seit 1948 eine Art informelle Studentenvertretung, die von Funktionären der »Gesellschaft der Geologie- und Bergbaustudenten in Wien« wahrgenommen wurde.[6] Dieses bestehende Nahverhältnis zwischen dem Vorstand der Bergbaustudenten und der Institutsleitung wurde 1968 besonders von den jüngeren Studenten kritisch kommentiert.

Das Ringen um Mitbestimmung

Eineinhalb Jahrzehnte nach Kriegsende, zu Beginn der 1960er-Jahre, waren in Europa die gravierendsten materiellen Schäden getilgt. Was allerdings zur Wiederherstellung voller Normalität noch fehlte, war die Bereinigung gewisser struktureller Verwerfungen und die Lösung offener gesellschaftspolitischer Probleme. Die oft nur halbherzige Befassung mit diesen Fragen führte schließlich zu einem Reformstau gewaltigen Ausmaßes, der Anlass zu jener Protestbewegung gab, welche rund um das Jahr 1968 Europa flächendeckend erfasste, wobei die jeweiligen Anlassfälle, welche die Studentenproteste auslösten, regional durchaus unterschiedlich waren, wie auch deren Dimension. Dabei kommt den Ereignissen an der Universität Wien, gemessen auf einer fiktiven Intensitätsskala der Erschütterungen, allerdings bestenfalls die Bezeichnung »kaum wahrnehmbar« zu. Trotz dieser bescheidenen Bewertung waren die erzielten Ergebnisse des studentischen Aufbegehrens dennoch von nachhaltiger Wirkung.

Der Notwendigkeit umfassender Reformen war sich die Mehrheit der Professoren der Universität Wien wohl bewusst, doch kamen die Beratungen zu

6 Vgl. Richard Lein/Henry M. Lieberman, Images and Documents Concerning the History of the »Gesellschaft der Geologie und Bergbaustudenten in Wien«(Society of Geology and Mining Students in Vienna), in: *Journal of Alpine Geology* 55 (2017), 169–183.

dieser Materie nur langsam voran, sodass die zögerlich ins Auge gefassten, aber von einer Finalisierung noch weit entfernten Reformansätze von der von außen hereingetragenen Welle wesentlich weitergehender Forderungen förmlich überrollt wurden. Das Diktat des Handelns war damit aus der Hand gegeben und das Professorenkollegium musste sich nunmehr nolens volens auf mühsame Verhandlungen mit den Studenten einlassen, deren Ruf nach einer erweiterten Mitwirkung nicht mehr überhört werden konnte.

Anlass zu Beratungen gaben mehrere gerade zur Novellierung anstehende Gesetze (Hochschulorganisationsgesetz, Hochschulassistentengesetz), aber auch die schon lange anstehende Frage einer künftigen Neustrukturierung der Philosophischen Fakultät.

Wichtige Impulse zur Reform der Hochschulen, die weit über den konkreten Anlassfall hinausgingen, kamen vom Verband Sozialistischer Studenten Österreichs (VSStÖ), der angesichts der erdrückenden Mehrheit bürgerlicher Mandatsträger in den Organen der Hochschülerschaft vermehrt versuchte, mittels aktionistischer Einlagen (Sit-Ins, Hörsaalbesetzungen etc.) die Aufmerksamkeit auf sich zu lenken. Wichtige Impulse und Handlungsanleitungen kamen freilich als Importgut von außen. Fleißig wurden die Thesen der sogenannten Frankfurter Schule rezipiert.[7]

Dem Vorbild der Studentenkrawalle an bundesdeutschen Hochschulen folgend, wurden nun auch in Wien regelmäßig die Feierlichkeiten anlässlich des Universitätstages und der Rektorsinauguration gestört, wobei sich das als überholt empfundene Zeremoniell dieser Feiern in idealer Weise als symbolträchtiges Bild für die Rückständigkeit der Universitäten anbot (kommentiert mit dem Slogan »Unter den Talaren Muff von 1.000 Jahren«). In Hinblick auf die Außenwirkung mancher ihrer Maßnahmen ließ die Universität tatsächlich manches Fingerspitzengefühl missen. So war unter anderem im Rahmen der Sitzung des Akademischen Senats (AS) am 5. Februar 1968 der Beratung über die Frage »Verschönerung der Talare für die Ehrendoktoren, Ehrensenatoren etc.« ein eigener Tagesordnungspunkt[8] eingeräumt. Auch die Frage, ob die Universität aus Gründen gebührender Repräsentation auf dem Opernball eine Loge anmieten solle (Kostenpunkt öS 10.000), die in einer anderen Sitzung ventiliert wurde, kann nicht als glücklich betrachtet werden. Vor diesem Hintergrund wird verständlich, wie sehr es der mahnenden Empfehlung des Kontaktkomitees

7 Vgl. Sigrid Nitsch, *Die Entwicklung des allgemeinpolitischen Vertretungsanspruches innerhalb des Verbandes Sozialistischer StudentInnen Österreichs (VSStÖ) in Wien im Zeitraum von 1965 bis 1973*, Dipl.-Arb., Wien 2004.

8 Vgl. Sitzungsprotokolle des Akademischen Senats und der Philosophischen Fakultät (1967–1969), Archiv der Universität Wien [UAW] AS 1967/68, 5.2.1968, GZ 29/2-1965/66: Da der bei der bekannten Kostümbildnerin Frau Kniepert-Fellerer (1911–1990) bestellte Entwurf nicht einlangte, konnte dieses Projekt nicht weiterverfolgt werden.

(s. u.) bedurfte, bei der Inauguration des Rektors »Gewänder, die dem heutigen gesellschaftlichen Standard nicht entsprechen und deshalb kostümhaft wirken, nicht zu benützen.«[9]

Zum Zwecke eines regelmäßigen Gedanken- und Informationsaustausches zwischen Professoren und Studenten wurde schließlich ein von beiden Seiten beschicktes **Kontaktkomitee** (KK)[10] ins Leben gerufen, dessen Satzungen nach vorangegangenen Gesprächen am 16. März 1968 vom Akademischen Senat auf seiner 5. Sitzung im Studienjahr 1967/68 beschlossen wurden. Als Mitglieder dieses Gremiums waren vorgesehen: von jeder Fakultät der gewählte Vertreter des jeweiligen Professorenkollegiums sowie je ein Vertreter der Dozentenschaft und der Assistenten; seitens der Studenten der Vorsitzende des Hauptausschusses der Österreichischen Hochschülerschaft (ÖH) Wien sowie die Vertreter der in der ÖH vertretenen Fraktionen (Wahlblock, Ring Freiheitlicher Studenten, VSStÖ). Geplant waren regelmäßige Sitzungen dieses Gremiums im Abstand von vier bis sechs Wochen. In Zeiten gröberer Turbulenzen wurde die Frequenz der Sitzungen auf einen 14-tägigen Rhythmus verdichtet. Die hohen Erwartungen, die anfangs in die Tätigkeit dieses Komitees als Mittler zwischen Studentenschaft und akademischem Senat gesetzt wurden, konnten allerdings nicht eingelöst werden. Grund dafür waren unter anderem die großen Meinungsunterschiede unter den teilnehmenden Vertretern der Studenten. Zudem waren Letztere weniger an der Lösung anstehender Sachprobleme interessiert. Vielmehr diente ihnen dieses Forum als Bühne lang ausufernder Reden. Entnervt von diesen Zuständen legte der Delegationsleiter der Professoren, der Anglist Professor Siegfried Korninger (1925–2006), seine Funktion im KK bereits nach kurzer Tätigkeit nieder. Und auch von späteren Sitzungen wird berichtet, dass es »die studentischen Vertreter offenbar darauf abgesehen hätten, die Professorenvertreter durch die häufigen, langen und erfolglosen Sitzungen zu enervieren, um ihnen dann im Falle des erhofften Scheiterns« der Verhandlungen »den Schwarzen Peter zuspielen« zu können.[11] Tatsächlich entsprach diese Vorgangsweise dem bewussten Kalkül, durch Provokation das »Establishment« zu zwingen »seinen repressiven Charakter zu enthüllen.«

Angesichts der genannten Schwierigkeiten, die größtenteils nur im Bereich der Philosophischen Fakultät auftraten, beschloss der AS die weiteren Gespräche auf die Ebene der betroffenen Fakultäten zu verlagern.

Diese Wendung veranlasste eine Gruppe reformbereiter Professoren unter der Führung von Professor Eberhard Clar (Abb. 1) in einem 6-seitigen Schreiben[12]

9 Vgl. ebd., AS 1968/69, 7. 12. 1968, Beilage 1: Endfassung Empfehlungen Rektorsinauguration.

10 Vgl. ebd., AS 1967/68, 16. 3. 1968, 6–10: Kontaktkomitee.

11 Vgl. ebd., AS 1968/69, 7. 12. 1968.

12 Vgl. Korrespondenz Clar, Archiv des Geologischen Instituts der Universität Wien, 28. 11. 1968.

(datiert 28. November 1968) den Dekan der Philosophischen Fakultät, Professor Rudolf Hanslik (1907–1982), davon zu unterrichten, dass sie es für nötig hielten, nun, da in den vorangegangenen Wochen überall Studentenvertreter gewählt worden seien, sich über deren Forderungen zu informieren und in Kenntnis derselben im Professorenkollegium zu einer einheitlichen Linie zu finden. Begründet wurde dieser Vorstoß unter anderem mit folgendem Argument:

Abb. 1: Prof. Eberhard Clar (1904–1995), Vorstand des Geologischen Institutes.

> »Um den ungerechten Vorwurf einer allgemeinen Reformfeindlichkeit der Professorenschaft zu entkräften, wäre es schließlich auch wünschenswert, sich auf einige Maßnahmen zu einigen, die von der Fakultät aus sofort in die Wege geleitet werden könnten. Es handelt sich hier teilweise um die Abschaffung von Gebräuchen, die von Assistenten und Studenten nicht immer zu Unrecht kritisiert werden […]«.[13]

Nach diesem vorbereitenden Schritt stellte die von Clar angeführte Gruppe in der folgenden Sitzung des Professorenkollegiums vom 6. Dezember 1968 den Antrag auf Einsetzung einer Kommission zur Orientierung des Kollegiums über Reformvorschläge der Studentenschaft, welcher einstimmig angenommen wurde. In kleinem Kreis (Clar, Schwabl, 1924–2016, und Wytrzens, 1922–1991) wurde am 9. Jänner 1969 noch ein Positionspapier zur Frage der Mitwirkung von Do-

13 Ebd.

zenten, Assistenten und Studenten an Entscheidungen bezüglich der Bestellung und Entlassung von Assistenten, bei Habilitationen und Berufungen etc. ausgearbeitet, welches wenige Tage später (13. Jänner 1969) auf einer außerordentlichen Sitzung des Professoren-Kollegiums der Philosophischen Fakultät vorgestellt und ausführlich diskutiert wurde.[14] Die von dieser Kommission ausgearbeiteten Empfehlungen gingen von einem sehr differenzierten Ausmaß der Mitwirkung aus, die sich hinsichtlich ihres Umfanges noch stark von den weiter gehenden Regelungen des späteren Universitäts-Organisationgesetzes (UOG) 75 unterschieden. Dies war allerdings anders gar nicht möglich, da dieser Entwurf die damals gültige Gesetzeslage berücksichtigen musste.

Das Geologische Institut im Studienjahr 1968/69

Alle diese erwähnten Hintergründe waren dem Autor (Abb. 2), der seit Wintersemester 1965/66 an der Universität Wien Geologie studierte, wie auch den meisten seiner Kollegen, weitgehend unbekannt. Seine bewusste Auseinandersetzung mit hochschulpolitischen Fragen begann erst im Mai 1968. Zu diesem Zeitpunkt war es in Frankreich zum Ausbruch gewalttätiger Studentenproteste gekommen, die, von Teilen der arbeitenden Bevölkerung durch Streiks unterstützt, sich im Land rasch ausbreiteten, um dann in weiterer Folge mit verheerender Wucht auf Deutschland überzugreifen. In bescheidenem Umfang berührten diese Proteste auch Österreich – wenngleich in anderer Form. An der Wiener Universität kam es am 7. Juni 1968 im Hörsaal 1 des Neuen Institutsgebäudes (NIG) im Verlauf eines künstlerischen Happenings zu jenen legendären Entgleisungen, die unter der Bezeichnung »Uni-Ferkeleien« Eingang in die An(n)alen des Wiener Aktionismus gefunden haben. Ab Beginn der vorlesungsfreien Zeit ebbten diese Proteste schlagartig ab. Von ihrem Wiederaufflammen zu Beginn des Wintersemesters 1968/69 wurden sowohl die Professoren wie auch die Mehrheit der Studierenden gleichermaßen überrascht. Es folgten hektische Wochen. Insgesamt herrschte eine verworrene Situation, in welcher die unterschiedlichsten Gerüchte umherschwirrten. Wer über Kontakte zu anderen Instituten verfügte, versuchte vor Ort einen Überblick über den dortigen Stand der Dinge zu gewinnen. Diese Form des Informationsaustausches beschleunigte gegenseitig den Ablauf des weiteren Geschehens. Ein Wettlauf gegen die Zeit setzte ein, galt es doch den laufend sich erweiternden Handlungsspielraum zu nützen, aber auch zu verhindern, dass parteipolitisch punzierte institutsfremde Personen innerhalb der erdwissenschaftlichen Insti-

14 Vgl. Protokoll des Professorenkollegiums der Philosophischen Fakultät, UAW, Hauptkommission Naturwissenschaften, 13. 1. 1969, 98.

tute Einfluss erlangen könnten. Um dies besser steuern zu können, wurde für die für Herbst 1968 in Aussicht genommene Wahl von zwei Studentenvertretern des Geologischen Instituts an Stelle einer Zulassung von Wahllisten einem rein personenbezogenen Wahlmodus der Vorzug eingeräumt.

Abb. 2: Der Autor (Automatenfoto, um 1970).

Im Vorfeld der geplanten Wahl wurde in mehreren Hörerversammlungen über das Aufgabenfeld dieses künftigen studentischen Vertretungsorgans ausführlich beraten. Protokolle von diesen Versammlungen haben sich, von einer einzigen Ausnahme abgesehen, leider nicht erhalten. Überliefert ist nur ein vom Autor dieser Zeilen für eine dieser Versammlungen verfasstes Positionspapier, versehen mit ergänzenden Bemerkungen zu den vorgetragenen Punkten seitens der Versammlung.[15] Die in diesem Positionspapier (Abb. 3) angemerkten Punkte waren in erster Linie sachbezogen und thematisierten vor allem Missstände des Studienbetriebes am Institut, deren Abstellung gefordert wurde.

Bei der für Ende Oktober 1968 vorgesehenen Wahl verfügte jeder Geologiestudent sowohl über ein aktives wie auch über ein passives Wahlrecht. Da es im Vorfeld des Urnenganges keine auf eine bestimmte Person zugeschnittene

15 Die Besprechungen wurden bewusst außerhalb der Räumlichkeiten des Instituts abgehalten, um jegliche Beeinflussung seitens der Institutsleitung auszuschließen.

Mitte Okt 1968

für Studenten-Versammlung 18. Okt.

D I S K U S S I O N S V O R S C H L Ä G E :

1.) Wesen und Zweck einer Institutsvertretung :

a) Koordinierung von Vorlesungen und Exkursionen :
z.B.: rechtzeitige Bekanntgabe von Exkursionen.-- Leider war im Sommer das Ziel der Kartierungsübungen lange von den Offiziellen her ein wohlgehütetes Geheimnis,obwohl es bereits im Herbst dem Unterrichtsministerium gemeldet war.....

b) Offizielles Vorbringen von (fachlichen) Initiativvorschlägen der Studenten.Oft sind gute Ideen und Wünsche nach bestimmten Vorlesungen und Exkursionszielen vorhanden,die jedoch,weil sich niemand zuständig fühlt, wieder verpuffen.

c) Diskussion eines Studienplanes innerhalb der Studenten.
Keine Überrumpelungstaktik von oben her wie in Losenstein .

d) Vertretung persönlicher Angelegenheiten.
z.B.:Beschwerden über eine persönliche Diskriminierung, etwa bei der Vergabe von Vorarbeiten.

2.) Art und Weise der Institutsvertretung :

a) Es soll doch eine Gruppe sein,von der zu hoffen ist,daß sie die an sie herangetragenen Wünsche weitgehendst durchbringen kann. Die nicht den Professoren gegenüber umfällt.

b) Die Vertreter sollen einen anderen Stil als die Ges.Geol.Bergbaustud. wählen,denn von dort aus ist nichts getan worden,obwohl die Möglichkeit dafür vorhandengewesen wäre.Eine personelle Verflechtung beziehungsweise eine Übernahme aus diesen Stab wäre unglücklich.

3.) Struktur der Vertretung :

a)Obwohl eine engere Verknüpfung der erdwissenschaftlichen Fächer sehr wünschenswert ist ,kommt eine Vertretung dieser 3 Institute nur durch eine Person aus folgenden Gründen nicht in Frage :

Könnte sich kaum um alle Institute gleichermaßen kümmern(ein Petrograph kaum für die Paläontologen,..)

Könnte sich in den fremden Instituten schwer durchsetzen,womit der Sinn der Zusammenfassung hinfällig würde.

Könnte kaum die verschiedenen Meinungsrichtungen der Studenten in gleicher Weise vertreten, womit auch den Professoren das falsche Bild einer einheitlichen Studentenmeinung vorgetäuscht wird,oder sie es sich absichtlich vortäuschen lassen.

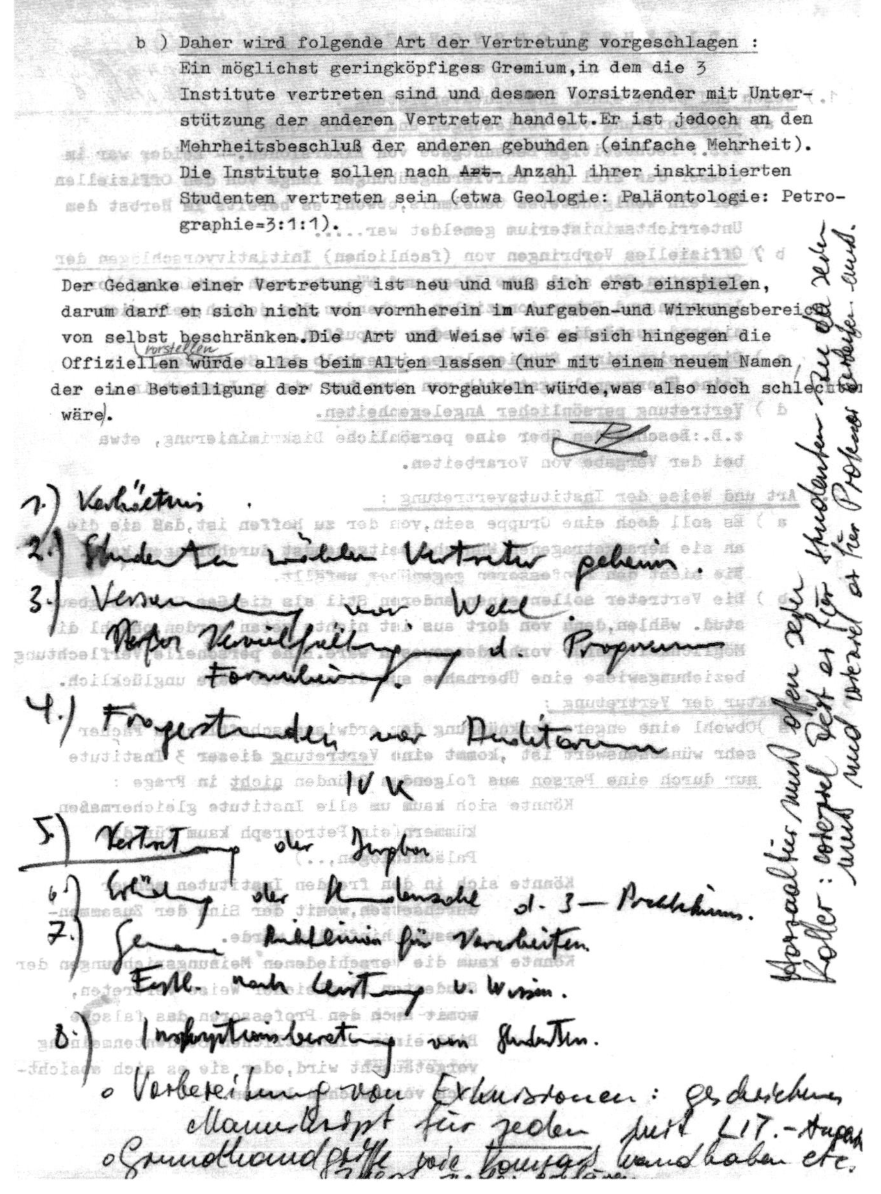

b) Daher wird folgende Art der Vertretung vorgeschlagen :
Ein möglichst geringköpfiges Gremium,in dem die 3 Institute vertreten sind und dessen Vorsitzender mit Unterstützung der anderen Vertreter handelt.Er ist jedoch an den Mehrheitsbeschluß der anderen gebunden (einfache Mehrheit). Die Institute sollen nach ~~Art~~ Anzahl ihrer inskribierten Studenten vertreten sein (etwa Geologie: Paläontologie: Petrographie=3:1:1).

Der Gedanke einer Vertretung ist neu und muß sich erst einspielen, darum darf er sich nicht von vornherein im Aufgaben-und Wirkungsbereich von selbst beschränken.Die Art und Weise wie es sich hingegen die Offiziellen [vorstellen] würde alles beim Alten lassen (nur mit einem neuem Namen der eine Beteiligung der Studenten vorgaukeln würde,was also noch schlechter wäre).

1.) Verhältnis
2.) Studenten wählen Vertreter geheim.
3.) Versammlung vor Wahl
Vorher Vervielfältigung d. Programms formulieren.
4.) Fragestunden vor Auditorium
IV K
5.) Vertretung der [illegible]
6.) Erhöhung der [illegible] d. 3 – Praktikums.
7.) Genaue Richtlinien für Vorarbeiten.
Erstell. nach Leistung u. Wissen.
8.) Inskriptionsberatung von Studenten.
o Vorbereitung von Exkursionen: geschriebenes Manuskript für jeden [illegible]
o Grundhandgriffe jede Kompass handhaben etc.

Abb. 3: Trotz der in der Frühzeit der Studentenbewegung verbreiteten Manie, alles schriftlich festhalten zu müssen, ist von diesem umfangreichen Bestand kaum etwas geblieben. Eine rare Ausnahme ist das abgebildete zweiseitige Dokument (aus dem Privatarchiv des Autors) mit einer Auflistung jener Punkte, die auf einer Versammlung der Studierenden der erdwissenschaftlichen Fächer am 18.10.1968 diskutiert und zur Abstimmung vorgelegt werden sollten, ergänzt durch handschriftliche protokollarische Vermerke von stud.phil. W.L. Fürlinger.

Wahlempfehlung gab, noch sich einzelne Personen für die Funktion eines Studentenvertreters in den Vordergrund gedrängt hatten, war der Ausgang dieses Referendums in jeder Hinsicht ungewiss. Es war daher für mich eine vollkommene Überraschung, als mir, der ich das Ende der Stimmenauszählung nicht abgewartet hatte, am nächsten Tag mitgeteilt wurde, die meisten Stimmen erhalten zu haben, gefolgt von Kollegen Wolfgang Schöllnberger (geb. 1945). Als die ersten in die Funktion gewählten Studentenvertreter des Geologischen Instituts bekleideten wir von da an eine Position, die im damals gültigen Organisationsstatut der Universität gar nicht vorgesehen war. Trotz dieses Mangels an juridisch begründeter Legitimität lud uns der Institutsvorstand Professor Clar umgehend ein, künftig an allen wichtigen Institutsagenden betreffenden Beratungen teilzunehmen (Abb. 4). Zu diesen wurden – ebenso ohne gesetzliche Grundlage – auch die Vertreter des Mittelbaus geladen. Diese Einrichtung wurde von Clar bis zu dessen Ende des Sommersemesters 1972 erfolgten Übertritt in den Ruhestand beibehalten. Diese anlassbedingt in unregelmäßigen Abständen einberufenen Sitzungen zeichneten sich durch ein angenehmes, sachbezogenes Gesprächsklima aus. Von der Vermittlerrolle, die Professor Clar in dieser bewegten Zeit als konsensbereiter, um ehrlichen Ausgleich bemühter Vertreter des reformwilligen Flügels der Professorenschaft hinter den Kulissen ausübte, hatten wir damals keine Kenntnis.

Das UOG 75 und seine Feinde

Wichtigstes Ergebnis der Studentenproteste war das UOG 75, durch welches nach langwierigen Verhandlungen schließlich die Forderung der Studenten nach Mitbestimmung eingelöst wurde – wenngleich nicht in der von studentischer Seite gewünschten Maximalvariante einer drittelparitätischen Vertretung in allen Gremien. Die seitens der Professoren vorgebrachte Befürchtung, sie könnten von den Studenten und Assistenten (»Mittelbau«) überstimmt werden, wurde durch eine Reduktion der Größe der Vertretungskörper dieser beiden Gruppen auf jeweils 1/4 entschärft. Selbst diese abgemilderte Variante löste bei vielen Professoren Ärger und Schrecken aus, doch verlief innerhalb dieser Gruppe die Trennlinie zwischen Ablehnung und Akzeptanz dieses Gesetzes quer zu sonst gezeigten weltanschaulichen Präferenzen. Selbst bei Personen, die bisher durch eine progressiv linksliberale Haltung aufgefallen waren, wie etwa Alexander Tollmann, stieß dieses Gesetz auf heftige Ablehnung. Sah sich doch dieser, seit Wintersemester 1972/73 als Nachfolger von Eberhard Clar als Vorstand des Geologischen Instituts, durch diese geänderten Rahmenbedingungen in seinen Wirkungsmöglichkeiten beschnitten und so um den Lohn harter Arbeit geprellt. Im Gegensatz zu den meisten seiner Standesgenossen war es nicht

Dr. Dr. techn. h. c. Dr. h. c. EBERHARD CLAR
o. Professor für Geologie
an der Universität Wien

Universitätsstraße 7
A-1010 WIEN, 12.11.1969
Tel. 42 76 10 Serie

Betr.: Ansuchen um Auslandstipendium
phil. Richard LEIN, Befürwortung.

Herr Richard LEIN bearbeitet als Dissertation am Geologischen Institut der Universität Wien die Sedimententwicklung und Stellung einer bestimmten Schichtgruppe in den Mürztaler Kalkalpen. Als Vorstand am Geologischen Institut kann ich das Ansuchen wärmstens unterstützen und eine Zuteilung zum angesuchten Zeitpunkte (S.S.197o) befürworten.

In den Untersuchungen über die Sedimentationsbedingungen älterer mariner Gesteine wird ein Kontakt mit der in rapidem Fortschreiten begriffenen Erforschung der heutigen Meeres-Sedimente immer wichtiger, ist aber nur im Auslande möglich. Das Institut von Prof. Seibold an der Universität Kiel, an dem der Aufenthalt angestrebt wird, ist in dieser Hinsicht eine der führenden Forschungstätten. Wir haben großes Interesse, daß einzelne unserer Studenten ihre Ausbildung nach dieser Richtung ergänzen können.

Herr LEIN hat vor dem Studium den Präsenzdienst abgeleistet. Er hat sich im Studium schon früh als besonders scharfer Beobachter unauffälliger Einzelheiten hervorgetan und steht in seiner Dissertation schon vorgeschritten auf sehr erfolgversprechendem Wege, der die Fähigkeit zu selbständiger Einarbeitung unter Beweis stellen lässt. Im Rahmen einer größeren Arbeitsgruppe steht Herr LEIN in bestem Kontakt mit seinen Kollegen; wohl in Anerkennung dieser kamerdschaftlichen Haltung ist Herr LEIN zu einem der "Institutsvertreter" gewählt worden und hat diese schwierige Aufgabe bisher reibungslos gemeistert.

Auf Grund der Studienleistungen und der menschlichen Qualitäten bin ich also überzeugt, daß Herr LEIN bestens befähigt und würdig ist, zu einem Studienaufenthalt ins Ausland entsandt zu werden, und daß er die dabei gebotenen Möglichkeiten zusätzlicher Fachausbildung in denkbar bester Weise nützen wird.

Dr E. Clar

Abb. 4: Dieses vom Vorstand des Geologischen Institutes Prof. Eberhard Clar verfasste Befürwortungsschreiben (datiert 12.11.1969) enthält den wichtigen Hinweis, dass bereits zu diesem Zeitpunkt – volle sechs Jahre vor der Implementierung des UOG 75 – am Geologischen Institut eine »Studentenvertretung« existierte, welche mit Billigung des Vorstandes bei Beratungen über Angelegenheiten des Institutes beigezogen wurde.

seine Art, dieses vermeintliche Unrecht tatenlos und unkommentiert hinzunehmen. Tollmann, der 1955 sub ausspiciis Praesidentis rei publicae promoviert worden war,[16]scheute sich nicht, von seinem theoretischen Recht, sich jederzeit an den Bundespräsidenten wenden zu können, Gebrauch zu machen, um diesen brieflich von der Schädlichkeit dieses Gesetzes zu warnen. In einer eigenhändigen Niederschrift, betitelt *Chronik des Geologischen Institutes der Universität Wien*, welche Tollmann als eine Art Vermächtnis im Archiv des Geologischen Instituts hinterlegte, sparte er nicht mit Kritik an diesem Gesetz, wie die folgenden Zeilen zeigen.

Blütenlese aus der von Tollmann verfassten *Chronik des Geologischen Institutes*[17]

»14. 9. 1975 Schwarzer Freitag für die Hochschul-Autonomie. Parlament verabschiedet nur mit Stimmen der SPÖ das neue Universitäts-Organisations-Gesetz mit den zahlreichen Zugriffen des Ministeriums, mit der Bildung von zahllosen Kommissionen, Konferenzen. Die Verwaltungszeit blüht weiter auf, auf Kosten der letzten noch vorhandenen Arbeitszeit. Ab Oktober wird es wohl praktisch eingeführt werden **Mitbestimmung von Nichtqualifizierten** in allen Fragen«.[18]

»11.3.77 [sic] Die wissenschaftsfeindliche Zeit einer sozialistischen Regierung bringt immer neue Schläge der **Vernichtung der freien Wissenschaft**, bes. an den Universitäten. In der Lehre haben wir in den letzten Jahren durch zahllose Erlässe vorgeschrieben, Praktika ohne Abschlußprüfung mit Zeugnissen abzuschließen, die ungenügenden Prüfungen bei beschränkter Platzzahl in den Praktika zu honorieren, indem wir diese Kandidaten bei der nächsten Veranstaltung aufnehmen müssen, auch vor jenen mit Leistungen, um alles durchzuschleusen.
Mit dem UOG ist **die Stellung des Professors** als eines auf lange Sicht für das Institut planendem, eine Schule aufbauenden Wissenschaftler, der dann auch die Möglichkeit hätte, schlechte Assistenten nicht zu verlängern oder zu kündigen, um die Besten auszusuchen, **gebrochen.**«[19]

»16. 12. 1977 Studienkommissionssitzung Lehramt Biol. u. Erdwiss.: der in Geologie mit unzureichender Diss. in den Karawanken gescheiterte Student K. entwickelt Plan zur **Kürzung der Erdwiss. im Lehramt:** Geol. von Österr. Ist überflüssig und zu streichen, die Spezielle Mineralogie von 4 h auf 1 h zu kürzen. Es fehlt volle Unterstützung bei allen Biologen, sodaß die überwiegende Mehrheit dafür stimmt; dieser Vorschlag geht als Grundlage des Studienplans an das Ministerium!«[20]

16 Vgl. Richard Lein, Alexander Tollmann (27. 6. 1928–8. 8. 2007), in: *Austrian Journal of Earth Sciences* 100 (2007), 238–250.
17 Die Hervorhebungen im Text erfolgten durch den Autor dieses Beitrags.
18 Alexander Tollmann, Chronik des Geologischen Institutes der Universität Wien 1972–[1995], Archiv des Geologischen Instituts der Universität Wien, 7.
19 Ebd., 12.
20 Ebd., 14.

»30. 12. 1979 Die Chronik ist, wie ersichtlich, nur sehr lückenhaft geführt. Grund liegt darin, daß die verantwortliche Institutsführung durch das UOG so gründlich zerstört ist, daß es wenig Reiz hat, die sich immer mehr in den Vordergrund schiebenden Nebensächlichkeiten festzuhalten. Zum Aufbau einer Schule werden die Voraussetzungen immer schlechter. **Überall haben Nichtberufene mit gleichwertiger Stimme mitzuentscheiden:** Studenten und Assistenten über Habilitationen, über ihren Lernstoff, über Institutsgeschehen, über Anstellung oder Verlängerung von Assistenten etc. [...]. Rundherum nur mehr Paradoxa. Waren früher Intrigen seitens der unfairen Ordinarien möglich, so hat sich jetzt das Feld auf Assistenten und Studenten auch ausgedehnt, sodaß nur mehr quergeschossen wird.«[21]

Mit dieser kritischen Einschätzung stand Tollmann nicht allein auf weiter Flur. Sie wurde von vielen seiner Kollegen geteilt – so unter anderem auch vom Grazer Professor für Mineralogie, Haymo Heritsch (1911–2009), von dem folgender Ausspruch überliefert ist:

»[...] die Behinderung der wissenschaftlichen Forschung geschieht vor allem durch [...] Sitzung in vielen Gremien, in denen diskutiert und abgestimmt wird und die Wünsche der Obrigkeit für Evaluierung, Statistik und ähnliches zu Kenntnis zu nehmen ist. Die gutgläubige Minderheit der Universitätsprofessoren ist der Meinung, dass durch diese ›Reformen‹ die Universitäten im internationalen Vergleich großartig verbessert würden, die skeptische Mehrheit halten diese ›Reformen‹ für den Todesstoß der schon durch Jahrzehnte hindurch vernachlässigten Humboldt'schen Universität, der wohl irreversibel ist.«[22]

In der kurzen Periode, in welcher das UOG 75 seine Wirkung entfalten konnte, sind die meisten der vorher geäußerten Befürchtungen nicht eingetreten. So sind auch in den drittelparitätisch beschickten Gremien (Institutskonferenz) kaum jemals die Professoren von einer geschlossenen Phalanx von Studenten und Assistenten überstimmt worden. Das war auch nicht ernsthaft zu erwarten gewesen, denn weitaus die meisten Konflikte innerhalb eines Instituts entzünden sich nicht an gruppenspezifischen Interessensgegensätzen zwischen Professoren, Assistenten und Studenten, sondern sind vielfach Ausdruck heftiger Verteilungskämpfe zwischen konkurrierenden Arbeitsgruppen meist gemischter Zusammensetzung.

Das erweiterte Mitbestimmungsrecht für Studenten und Assistenten, welches in der Schaffung zahlreicher mit Beschlussrecht ausgestatteter Gremien seinen Niederschlag fand, hatte allerdings seinen Preis in Form des zusätzlichen Zeitaufwandes, der für die Mitarbeit in diesen Beratungsorganen aufzubringen war. Des Weiteren zeigte sich, dass eine erfolgreiche Interessensvertretung nur von Personen durchgeführt werden konnte, die neben großer Sachkenntnis und

21 Ebd., 19.

22 Helmut W. Flügel, Haymo Heritsch (1911–2009) – Vom Lehrer zum Freund, in: *Mitteilungen des naturwissenschaftlichen Vereines für Steiermark* 140 (2010), 137–145, 142.

hohem Engagement vor allem über eine große Verhandlungserfahrung verfügten. Diese Kriterien, in Verbindung mit der zunehmend geringer gewordenen Bereitschaft jüngerer Kollegen, in diese Funktionen nachzurücken, haben im Laufe der Zeit zu einer fortschreitenden Überalterung der in diesen Gremien wirkenden Vertreter des Mittelbaus geführt.

Parallel zu diesen strukturellen Problemen suggerierte eine permanent im Hintergrund laufende Gegenpropaganda die Notwendigkeit, am bestehenden UOG 75 Änderungen vornehmen zu müssen. Durch Einschränkung der Mitbestimmungsrechte und durch straffere Führung meinten die Kritiker die angeblich in den Gremien durch »ausufernde Diskussion« hervorgerufenen »internen Reibungsverluste« abstellen zu können. Insgesamt versprach man sich durch diese Maßnahmen eine bedeutende Steigerung der Effizienz. In ihrer Argumentation zeigten diese gegen die Regelungen des UOG 75 gerichteten Anwürfe ein hohes Maß an verbaler Übereinstimmung mit wohlbekannten Slogans, die schon in der Zwischenkriegszeit gegen die Arbeit des Parlaments (»Quatschbude«) ins Treffen geführt wurden. Letzten Endes erreichte diese Kampagne ihr Ziel. In mehreren Schritten (1993, 2002) wurden die eben erst erlangten basisdemokratischen Errungenschaften[23] wieder zurückgenommen. In ihren Grundzügen bedeutete diese Wende eine Rückkehr zu früheren Regelungen, die bezeichnenderweise noch aus der Ära des Neoabsolutismus stammten.

Wie auch immer man das Ergebnis von Rankings beurteilen mag, die seither eingetretenen Änderungen der Positionierung der österreichischen Hochschulen im internationalen Wettbewerb können jedenfalls kaum als Beleg herangezogen werden, dass mit der deutlichen Einschränkung der demokratischen Rechte der MitarbeiterInnen eine wesentliche Steigerung der »Effizienz« erzielt worden wäre. Des Weiteren fällt auf, dass es gerade denjenigen ExpertenInnen, die sich in ihren historischen Studien so eingehend mit jenen Ursachen auseinandergesetzt haben, welche in der Zwischenkriegszeit den schleichenden Verfall der schwer erkämpften demokratischen Errungenschaften eingeleitet und damit das Aufkommen autoritärer Strukturen begünstigt haben, offensichtlich am schwersten zu fallen scheint, diese Lehren von gestern ins Heute zu übertragen. Denn gerade von dieser Seite konnte man bis heute keine Zwischenrufe gegen den bedenklichen Wegfall der an das UOG 75 geknüpften basisdemokratischen Rechte hören.

23 In seinen um den Begriff der »Freiheit« kreisenden Gedankengängen kam der Philosoph Karl Jaspers (1883–1969) zu dem Schluss, dass sich in der Beschaffenheit der Universität die Beschaffenheit des demokratischen Gemeinwesens widerspiegle. Die Möglichkeit der Umkehr dieses Satzes verdeutlicht das Gefahrenpotential, welches, ausgehend von einer scheinbar nur die Universitäten betreffenden Einschränkung demokratischer Rechte, letztlich die res publica in ihrer Gesamtheit bedroht.

Ein Exkurs über Straßennamen: der Clarplatz in Wien 13

Das ungebremste Wachsen der Städte ist begleitet von einer Flut neuer Verkehrsflächen, deren Benennung angesichts ihrer Vielzahl bisweilen Probleme bereitet. Im Namens-Ranking dieser neuen Verkehrsflächen nehmen solche, die sich auf Personen beziehen, eindeutig einen Spitzenplatz ein. Allerdings handelt es sich bei vielen der namensgebenden Personen zumeist um lokale Größen, deren Bedeutung oftmals den Zeitpunkt ihres Wirkens kaum überdauert.[24] Da es an einheitlichen Kriterien mangelt, nach welchen Personen als Namensträger von Verkehrsflächen für würdig oder untadelig genug befunden werden können bzw. diese Kriterien – je nach politischer Wetterlage – einem (oft mehrmaligen) Wechsel unterworfen waren, scheint es begründet, dieses angesammelte Namensgut von Zeit zu Zeit einer kritischen Sichtung zu unterwerfen. Optimale Voraussetzungen dazu sind vor allem dann gegeben, wenn einer derartigen Überprüfung, fern von jeglicher tagespolitischen Akzentsetzung, ein möglichst breit gefächerter Kriterienkatalog zugrunde gelegt ist. Diesen Anforderungen entspricht die von Professor Oliver Rathkolb geleitet Studie *Straßennamen Wiens seit 1860 als »Politische Erinnerungsorte«* nur bedingt. Bei aller Wertschätzung der geleisteten Arbeit, die das um Rathkolb gruppierte Forscherteam[25] im Rahmen ihrer Überprüfung der Wiener Straßennamen ans Tageslicht gebracht hat, ist ihr Kriterienkatalog des Beanstandenswerten allzu sehr auf Antisemitismus und Tätigkeit im Dritten Reich eingeengt, während etwa radikaler Antiklerikalismus, der gleichfalls zahlreiche Opfer gefordert hat, ebenso ausgeblendet bleibt, wie auch die für ein kommunistisches Nachbarland geleistete geheimdienstliche Tätigkeit eines hochrangigen Wiener Stadtpolitikers, die – da nach 1945 erfolgt – keine erklärende Zusatztafel erforderlich zu machen scheint. Ein weiterer Mangel dieser Studie besteht darin, dass nicht versucht wurde, die Biografien der angeführten Personen über das Jahr 1945 hinaus weiter zu verfolgen. Eine sorgfältige biografische Recherche hat zwar die Pflicht, auf allfällige Berührungspunkte oder Verstrickungen einer Person mit dem nationalsozialistischen Unrechtsregime hinzuweisen – und seien diese bloß harmlosester Natur, – doch sollte der Fairness halber auch Entlastendes festgehalten werden und deshalb die Bewertung eines Menschen nicht unter Ausblendung

24 In einem gesteigerten Ausmaß gilt dies auch für die personenbezogene Benennungspraxis bei Gebäuden des kommunalen Wohnbaus in Wien.

25 Vgl. Peter Autengruber/Birgit Nemec/Oliver Rathkolb/Florian Wenninger, *Umstrittene Wiener Straßennamen. Ein kritisches Lesebuch*, Wien: Pichler 2014. Mit der Einbeziehung historischer Persönlichkeiten aus dem klerikalen Umfeld (Abraham a Sancta Clara, Johannes von Capistran und Karl Borromäus) in das Namens-Screening der Wiener Verkehrsflächen überschreitet die vorliegende Studie allerdings die Grenzen übersteigerter political correctness.

seines weiteren Lebensweges, seiner Lernfähigkeit und der damit verbundenen Möglichkeit des Wandels seiner Grundeinstellung erfolgen. Dies als Einleitung zu Folgendem.

2009 wurde nach Professor Dr. Eberhard Clar in Wien–Ober St. Veit ein kleiner Platz benannt, wobei mir Name des Antragsstellers und die hinter dieser Benennung stehende Motivlage unbekannt sind. Aufgrund seiner Mitgliedschaft bei der NSDAP und bei einigen nationalsozialistischen Berufsvereinigungen wurde der nach Clar benannte Platz in die Liste umstrittener Wiener Straßennamen aufgenommen. Clar selbst wurde in der zwar eher harmlosen Kategorie »Fälle mit demokratiepolitisch relevanten biographischen Lücken« eingereiht, dennoch aber dadurch für ein- und dasselbe »Delikt« ein zweites Mal an den Pranger gestellt. Zweifelsohne war Clars früher Lebensweg bestimmt durch das deutschnationale Umfeld in Graz, in welches er hineingeboren und früh sozialisiert wurde. Auch war es für einen strebsamen jungen Mann aus diesem Milieu, der eine Hochschulkarriere anstrebte, nichts Ungewöhnliches sich einer »Partei mit Zukunft« zu verschreiben. Ob der Beitritt zur NSDAP aus idealistischen Gründen erfolgte oder eher einer opportunistischen Karriereplanung geschuldet war, sei dahingestellt. Aber als Clar 1944 endlich am Ziel seiner Wünsche das renommierte Ordinariat für Geologie an der Technischen Hochschule in Wien übernahm, lag nicht nur sein neu übernommenes Institut bereits in Trümmern, sondern bald darauf auch seine berufliche Karriere. Vor dem Hintergrund, dass über Clar aus jener »tausendjährigen« Epoche außer seiner Mitgliedschaft bei der NSDAP und lobenden Erwähnungen vorgesetzter Parteiinstitutionen nichts Negatives bekannt ist, war die Buße für seinen »Fehltritt« nach 1945 ungewöhnlich hart – jedenfalls härter als für manchen hochrangigen Täter: Verlust seiner Professur an der Technischen Universität Wien, fast zweijährige Inhaftierung (ohne Gerichtsverfahren). Mit Berufsverbot belegt, heuerte er schließlich als einfacher Bergmann am steirischen Erzberg an, wo er allerdings sehr bald für höherwertige Aufgaben herangezogen wurde. Ab 1949 im Eisensteinbergbau Hüttenberg als Betriebsgeologe tätig, hat er schließlich durch Auffindung neuer Erzreserven die Existenz des zuvor noch von Einstellung bedrohten Bergbaus für die Dauer mehrerer Jahrzehnte gesichert. Als er schließlich nach diesem neunjährigen Intermezzo 1954 aufgrund seiner internationalen Reputation als Lagerstätten- und Baugeologe an die Wiener Universität kam, wurde er mit Glückwünschen von nah und fern geradezu überschüttet.

All diese Erfahrungen haben Clar, der sich im Dritten Reich nichts hatte zuschulden kommen lassen, tief geformt und ihn zu einem der Demokratie verpflichteten Humanisten reifen lassen. Er selbst sagt dazu im Rückblick:

»Hier darf ich nicht verschweigen, daß mir die Jahre des Krieges mit dem Einblick in militärische Etappenstrukturen, dem Kennenlernen von Partisanen, der militärische

> Zusammenbruch mit der Lösung aller gesellschaftlicher Bindungen, das Eingesperrtsein in Gemeinschaft mit echten Kriminellen, dann das Lagerdasein mit Arbeiterpartien von Gefangenen, schließlich die Kameradschaft der Arbeiterbaracke und ihrer Familien mit den weiteren Jahren im Bergbau, daß dies alles mir neben den Sorgen auch menschliche Erfahrungen jeder Art vermittelt hat, und menschliche Reife, die der hohe Turm der reinen Wissenschaft nie hätte vermitteln können.«[26]

Aber bereits vor diesen auferzwungenem Lernprozess, als Clar von 1941 bis 1944 zum Zwecke der Sicherung kriegswichtiger Rohstoffe als Montangeologe am Balkan eingesetzt war, hat er in den von ihm fachlich betreuten Bergbauen auf ihm nahegelegte rasche Produktionssteigerungen, die nur durch Raubbau zu erzielen gewesen wären, verzichtet. Auch hat er verhindert, dass beim Rückzuge der Wehrmacht vom Balkan die dortigen Bergbaue durch Sprengung bzw. Flutung zerstört wurden. Vielfacher Dank für sein damaliges Tun wurde ihm vor Ort ausgesprochen, als er 1957 mit einer Gruppe von Studenten auf einer Institutsexkursion durch Jugoslawien einige der von ihm im Krieg betreuten Bergbaubetriebe besuchte. Über sein konziliantes, um Ausgleich bemühtes Wesen im Rahmen der anstehenden Reform der Universität wurde bereits berichtet.

Losgelöst von dem konkreten Fall sollte es genereller Standard sein, sich ein Werturteil über einen Menschen nur in Kenntnis der Gesamtheit von dessen Lebenszeugnissen zu erlauben. Die Beschränkung nur auf einen Teilabschnitt der Biografie einer Person ist jedenfalls problematisch, schließt sie doch, von vornherein die Wandlungsfähigkeit eines Menschen und dessen Lernfähigkeit aus.

Ausblick

Während nach diesen anekdotischen Ereignissen in Österreich das studentische Aufbegehren sein vorläufiges Ende gefunden hatte, steigerte sich an Deutschlands Hochschulen der revolutionäre Furor, um zuletzt in die Sackgasse des Terrors abzugleiten. Wer, wie der Autor dieser Zeilen, diese Exzesse an einer deutschen Hochschule selbst hautnah miterlebt hat (und bei manchen der von ihm interessehalber besuchten Politveranstaltungen, inmitten einer hysterisch tobenden Menge sitzend, sich stimmungsmäßig in den Berliner Sportpalast anno 1943 zurückversetzt wähnte) mag froh sein, dass die dort gepredigte Theorie nicht den angestrebten Aufstieg zur Gesellschaft beherrschenden Praxis geschafft hat. Und doch – wer noch die bombastische Inszenierung der in

26 Eberhard Clar, Mein Leben, in: *Mitteilungen der Österreichischen Geologischen Gesellschaft* 87 (1996), 123–128, 125.

pseudohistorischer Verkleidung einziehenden Festgäste anlässlich des Festaktes zur 650-Jahr-Feier der Wiener Universität (2015) vor Augen hat, mag sich beim Anblick der vielen Talare an das seinerzeit auf die Bourbonen-Restauration gemünzte Dictum »nichts vergessen, nichts dazugelernt« erinnert haben, verbunden mit Zweifeln an der Reformierbarkeit der Hochschulen.

Der Zeitzeuge, der nicht nur die Geschehnisse von 1968 und der Folgejahre an österreichischen Hochschulen mit Interesse verfolgt hat, erinnert sich noch gut an die gegen das »Establishment« und die »verrottete bürgerliche Gesellschaft« gerichteten Verbaleruptionen aus dem Munde mancher Proponenten des politisch linken Flügels der Studentenbewegung, aber auch in weiterer Folge an die stetig größer werdende Kluft, die sich zwischen den von ihnen propagierten Zielen und ihrer eigenen Lebensführung auftat. Und so geriet deren intendierter »Marsch durch die Institutionen« mit dem Ziel, letztere in ihrem Sinn zu transformieren, zu einem veritablen Flop. In dieser Auseinandersetzung haben sich die existenten Strukturen als deutlich zäher und bestandsfähiger erwiesen als die Kräfte jener, die sie zu unterwandern suchten. Facit: Für manche ehemalige studentische Politfunktionäre, die in den öffentlichen Dienst überwechselten, hat sich deren Rollenwechsel vom Systemkritiker zum Erfüllungsgehilfen bestehender Verhältnisse jedenfalls zumeist gelohnt.[27]

Entsprechend der Bedeutung der Geschehnisse des Jahres 1968 und seiner Folgewirkungen auf Hochschule und Gesellschaft sollte/müsste die rasche Erschließung und Aufarbeitung des bis heute noch weitgehend ungesichtet gebliebenen dokumentarischen Materials, das auf dieses Ereignis Bezug nimmt, ein Desiderat der zeitgeschichtlichen Forschung sein. Dies umso mehr angesichts der stetig abnehmenden Zahl an Zeitzeugen, auf deren authentische Interpretation der Ereignisse von 1968 nicht verzichtet werden kann. Eine möglichst umgehende Bearbeitung dieser brachliegenden Quellen sollte daher ein Gebot der Stunde sein, ehe diese endgültig versiegen. Die Befassung mit dieser gleichermaßen gesellschaftspolitischen Utopie und realpolitischer Pragmatik verknüpfende Thematik könnte auch der in der Endlosschleife längst bewältigter Vergangenheit be- oder gefangenen zeitgeschichtlichen Forschung eine neue, durchaus lohnende Perspektive eröffnen, und diese mit 50-jähriger Verspätung wieder zum eigentlichen Gegenstand ihres Faches, der Beschreibung und Deutung der Geschehnisse ihrer Zeit, näher heranführen.

27 Vgl. Erich Witzmann, Ex-SP-Student als Sektionschef, *Die Presse*, 5.7.2005, 2.

Dank

Allen MitarbeiterInnen des Archivs der Universität Wien – insbesondere dem Jubilar, dem diese Festschrift zugeeignet ist – möchte ich für ihre mir stetig gewährte Hilfe herzlichst danken. Besonderen Dank schulde ich auch meinem langjährigen Freund Henry Lieberman für dessen Übersetzung einer erweiterten Zusammenfassung dieses Beitrags ins Englische.

richard.lein@univie.ac.at

Wolfgang Rohrbach

Markante Wechselbeziehungen zwischen Universitäten und Versicherungen. Gestern – Heute – Morgen

Die im vorliegenden Beitrag untersuchten Wechselbeziehungen über einen Zeitraum von rund sieben Jahrhunderten, nämlich vom 14. bis zum 21., zeigen, wie aus unterschiedlichen Auffassungen über Schadenverhütung und Prävention, die im mittelalterlichen »Imperium Sacrum« zwischen Universitäten und den ersten Versicherern bzw. ihren Vorläufern herrschten, im Zuge der Aufklärung eine bedeutsame Partnerschaft von allgemeinem Nutzen wurde.
Die Vorteile, die beiden Institutionen erwuchsen, hatten zur Folge, dass in den Versicherungsunternehmen die Entwicklung der Sparten, die Gestaltung der Verträge samt Kalkulation von Beiträgen und Schadenreserven gezielt wissenschaftlich fundiert stattfanden. Da der Konsument etliche komplexe Versicherungskombinationen nur schwer auf ihren Nutzen für ihn überprüfen kann, legte der Gesetzgeber fest, dass absolvierte Versicherungsmathematiker (Aktuare), -juristen und -mediziner in den Unternehmen die Produkt- und Preisgestaltung bis hin zur Reservenbildung zum optimalen Schutz des Kunden (mit)gestalten und den vom Staat verordneten Konsumentenschutz im Rahmen der Finanzmarktaufsicht durchführen sollen.[1]
Die gegenwärtigen und künftigen demografischen, ökologischen, technologischen und ökonomischen Herausforderungen machen eine Intensivierung der Wechselbeziehungen bzw. Kooperation zwischen Versicherungswissenschaft und -praxis unumgänglich. Die Zahl der Universitätslehrgänge, in die Versicherungsmodule eingebaut werden, nimmt zu. Die Kombination mit verpflichtenden Praktika zeigt, welche Netzwerke zwischen Universitäten und Versicherungswirtschaft entstanden sind.[2] Zu beachten ist dabei, dass beide Partner aus ihrer Vergangenheit lernen können, Wiederholungsfehler zu vermeiden, mit anderen Worten, dass der interdisziplinären Arbeit gegenüber der multidisziplinären der Vorzug einzuräumen ist.

1 Versicherungsvertragsgesetz und Versicherungsaufsichtsgesetz enthalten die vom Gesetzgeber geforderten Sicherheitsbestimmungen zum Schutz der Verbraucher.

2 In Zusammenhang mit Einbeziehung der Versicherungswirtschaft in Universitätslehrgänge ist in den letzten Jahren das Department für Bauen und Umwelt an der Donau-Universität Krems besonders aktiv gewesen. Die auch unter dem Namen Universität für Weiterbildung firmierende Institution ist eine von der Republik Österreich und dem Land Niederösterreich gemeinsam betriebene Universität in Krems an der Donau, die berufsbegleitende Weiterbildungsstudiengänge anbietet.

Striking interrelationships between universities and insurance companies. Past – present – future
The interrelations that have been explored in this paper over a period of about seven centuries, from the 14th to the 21st, show, in what way different views on loss prevention and prevention, that prevailed in the medieval »Imperium Sacrum« between universities and the first insurers or their predecessors, turned during the age of Enlightenment into a meaningful partnership of common value.
Because of the advantages that the two institutions enjoyed, the development of the lines of business, the design of the contracts, the calculation of premiums and loss reserves scientifically occurred.
Since the consumer is difficult to verify a number of complex insurance combinations for his benefit, the legislator has stated that actuaries in the companies have to design the product and pricing right up to the creation of reserves for optimal protection of the customers and have to carry out the consumer protection as mandated by the state within the framework of financial market supervision.
Current and future demographic, environmental, technological and economic challenges make it necessary to intensify the interaction or cooperation between insurance science and practice. The number of university courses in which insurance modules are installed is increasing. The combination of compulsory internships shows the networks that have developed between universities and the insurance industry. It should be noted that both partners can learn from their past to avoid repetition errors, in other words, to give preference to interdisciplinary work over multidisciplinary ones.

Keywords: Aktuar, Assekuranz, Polizze, Seedarlehen, Statistik, Wahrscheinlichkeitsrechnung, Zertifikat
Actuary, insurance, policy, sea loan agreement, statistics, probability calculation, certificate

Arten der Wechselbeziehungen

Die ideale Basis für Wechselbeziehungen zwischen Universitäten und Versicherern ist dann gegeben, wenn
- einerseits Wissenschaftler aus der Erforschung des praktischen Versicherungsbetriebes Thesen und
- andererseits Praktiker aus der Summe der wissenschaftlichen Forschungsergebnisse der Universitäten Lösungen für notwendige Verbesserungen ihrer Branche ableiten können.

Heute umfassen die Wechselbeziehungen zwischen den beiden Institutionen
- Vorlesungen, Seminare und Universitätslehrgänge, die zum Teil von WissenschaftlerInnen und PraktikerInnen gemeinsam gestaltet werden
- Forschungsaufträge der Versicherer an Universitäten
- von der Versicherungsbranche errichtete Universitätsinstitute

- Kontakte zu branchenfremden Interessenvertretungen
- Errichtung und Betrieb von Vereinen zur Pflege ausgefallener Teilbereiche des Versicherungswesens (= Summe aus Versicherungswissenschaft und -praxis)
- Abhaltung von internationalen Versicherungskongressen, die dem Erfahrungsaustauch auf universitärer und betrieblicher Ebene dienen und
- Herausgabe von Zeitschriften und Büchern, in denen einander ergänzende »Bausteine« aus Forschung, Lehre und praktischer Anwendung gegenübergestellt werden.

Diese Palette an Möglichkeiten ist das Resultat eines langjährigen Entwicklungsprozesses. Bis dieser Zustand erreicht wurde, gab es bizarre Formen des Gegeneinanders, Nebeneinanders und schließlich vorsichtigen Miteinanders zwischen Universitäten und Versicherern.

Historische Meilensteine der Beziehungen

Das klassische Versicherungswesen auf dem Boden des heutigen Österreich entstand zu Beginn des 19. Jahrhunderts. Im einst »österreichischen« Antwerpen wurde jedoch schon 1756 mit einem Dekret der Monarchin Maria Theresia (1717–1780) die »Companie Royal des Assurances« errichtet.[3] Versicherungsvorläufer gab es im Kernland Österreich sogar schon seit dem Mittelalter.

Wesentlich älter ist die Assekuranz in den italienischen Seestädten. Im Archiv San Giorgio der Republik Genua befinden sich Versicherungsverträge aus dem 14. und 15. Jahrhundert. Der älteste erhaltene Vertrag stammt aus dem Jahre 1347 und wurde noch als Notariatsakt errichtet. Einige Dezennien später wurden in Pisa bereits Polizzen verwendet.[4]

Beziehungen der Gegensätze

Die ersten Wechselbeziehungen zwischen den damals unter päpstlicher Aufsicht tätigen Universitäten und den Versicherern waren von Skepsis und Angriffen der Kirchenrechtler auf die Assekuranz geprägt, dass Versichern unerlaubtes Eingreifen in die Pläne Gottes sei und daher zu unterlassen wäre.[5]

---

3 Vgl. Heinrich Benedikt, *Als Belgien bei Österreich war*, Wien: Herold 1965, 21.

4 Vgl. dazu generell Z. S. Vallebona, Die Seeversicherung einst und jetzt, in: Adolph Ehrenzweig (Hg.), *Assecuranz-Jahrbuch* 3, Wien-Leipzig: Compaß-Verlag 1882.

5 Vgl. Wolfgang Rohrbach, *Versicherungsgeschichte Österreichs von den Anfängen bis zum Börsenkrach des Jahres 1873*, Wien: Holzhausen 1988.

Hinter derartigen Machtgebärden stand im Großteil der Fälle der Suprematieanspruch des Papstes. Selbst Kaiser waren darauf angewiesen, Mönche und Geistliche als Schriftkundige an den Universitäten zu beschäftigen.

In den Rechtsschulen wurden aber schließlich Verwaltungsfachleute herangebildet, die vom Papst unabhängig waren. Die Entwicklung der Universitäten, speziell der Bereich der rechtswissenschaftlichen Ausbildung, stellte hier einen Emanzipierungsprozess vom Bildungsmonopol der Kirche dar.[6]

Vom Seedarlehen zur Seeversicherung

Vorläufer der Seeversicherung war in den mittelalterlichen Stadtstaaten der Mittelmeerregionen das schon bei den Römern der Antike übliche Seedarlehen.

Ein oder mehrere Kapitalkräftige gaben dem Schiffer vor der Reise ein Darlehen, das zurückzuzahlen war, wenn das Schiff unversehrt am Bestimmungsort ankam.

Im Unglücksfall diente es zur Schadentilgung. Das Seedarlehen war daher gewissermaßen eine Umkehrung der Versicherung, indem nämlich zuerst die Schadenssumme ausbezahlt wurde und der Schuldner erst danach das Entgelt zu entrichten hatte. Dieses Entgelt war aber nicht in Form einer Prämie, sondern als Zinsen auf den Darlehensbetrag zu zahlen.

Da die Zinsen mitunter eine beträchtliche Höhe erreichten, verbot im Jahre 1230 Papst Gregor IX. (um 1167–1241) das Seedarlehen wegen Wuchers.[7]

Damit legte er durch eine typisch mittelalterliche Entscheidung den Grund zur Entstehung der Seeversicherung. Die Prämie musste in jedem Fall geleistet werden. Die Schadenssumme war jedoch im Unglücksfall eine Versicherungsleistung, die nicht mehr zurückgezahlt werden musste. Die italienischen Stadtstaaten machten von der Seeversicherung gern und oft Gebrauch.

Beeinflusst durch die päpstlich dominierten Universitäten wurde mit dem Gesetz vom 8. Mai 1366 durch den Senat der Republik Genua der Versicherungskontrakt als Wucher verboten. Der Kirche nahestehende Juristen und Doktrinäre hatten ihn als Hasardspiel und unmoralische Tollkühnheit gebrandmarkt. Der Doge von Genua, Gabriel Adorno (1320–1383), wagte den nicht ungefährlichen Widerstand gegen die kirchlich dominierten Institutionen und erklärte mit Dekret vom 21. Oktober 1369 im Verein mit den Ältesten des Volkes,

6 Vgl. Walter Rüegg, Reformatio in melius: das A und O der Universität, in: Ders. (Hg.), *Geschichte der Universität in Europa* (Band 1) Mittelalter, München: C.H. Beck 1993, 44–48.

7 Vgl. Ernst Fachini, *Viribus Unitis. Entstehung, Grundsätze und Entwicklung des Versicherungswesens in Österreich-Ungarn,* Wien: Eigenverlag 1888, passim.

die wie er Kaufleute waren, dass »Versicherungen gültig, erlaubt und nützlich« seien.[8]

Im 15. und 16. Jahrhundert wurde die Seeversicherung im erzkatholischen Spanien weiterentwickelt und gelangte von dort nach England, Frankreich und in die deutschen Hansestädte.[9]

Rationalismus wider Unvernunft

Trotz vordringendem Rationalismus blieben in Teilen Mitteleuropas Aberglaube und Misstrauen gegen Versicherungsvorläufer aller Art erhalten, auch bedingt durch die Überzeugung, dass letzten Endes Gott alle irdischen Begebenheiten lenke. Somit – argumentierte der Kameralist Jung – stellt sich jeder, der sich gegen Schadenfälle oder deren materielle Folgen zu schützen versucht, Gottes Ratschlag entgegen.[10]

In den zahlreichen universitären Auseinandersetzungen mit den Begriffen Glück und Unglück wurde die Ansicht vertreten, dass überall Gottes Wille walte.

Die philosophische Basis für das Versicherungswesen legte schließlich niemand Geringerer als der letzte Doctor Universalis im Heiligen Römischen Reich, Gottfried Wilhelm Leibniz (1646–1716).

Die Ethik, die der Philosoph aus seinem metaphysischen Gedankengebäude ableitete, war ganz auf Gott gerichtet. Über diesen Weg kam er mit folgender Erkenntnis, die allen bisherigen an den Universitäten von Dogmatikern verbreiteten Thesen widersprach, zum Versicherungsgedanken:

> Die wahre Liebe strömt aus der Erkenntnis der göttlichen Vollkommenheit, sie zeigt sich in der Gleichordnung mit dem Willen Gottes, aber nicht in müdem tatenlosem Fatalismus, sondern in der Überwindung des Bösen mit allen zur Verfügung stehenden Mitteln. Versicherung ist ein solches Mittel.[11]

Im Jahre 1697 verfasste Leibniz eine Denkschrift über die *»Errichtung von Versicherungsanstalten gegen alle Zufälle des Lebens oder wenigstens gegen alle Wasser- und Feuerschäden«*.

8 Vgl. Heinrich Bensa, Neue Beiträge zur Geschichte der Seeversicherung, in: Adolph Ehrenzweig (Hg.), *Assecuranz-Jahrbuch* 8, Wien: Eigenverlag 1887, 132–136.

9 Vgl. Valebona, Seeversicherung, 62–63.

10 Vgl. Johann Heinrich Jung: *Lehrbuch der Staats-Polizey-Wissenschaft*, Leipzig: Weidmannische Buchhandlung 1788.

11 Vgl. Wolfgang Rohrbach, Ethik und Versicherung, http://www.erevija.org/pdf/articles/eng/WolwgangRohrbah%201-2013nem.pdf (abgerufen 15. 1. 2020).

Mit dieser philosophischen Einstellung setzte Leibniz, der Ansicht, Versicherung sei unerlaubtes Eingreifen in die Pläne Gottes, ein Ende.[12]

Versicherungspläne der Kameralisten

In Wien widmeten sich erstmals zwei Kameralisten des 18. Jahrhunderts dem Thema Versicherung.[13]

Der Nationalökonom Johann Heinrich Gottlob Justi (1720–1771)[14] setzte sich als erster für eine Art Erntepflichtversicherung ein. Als er 1750 zum katholischen Glauben konvertierte, erhielt er eine Professur der Kameralistik an der neu gegründeten Theresianischen Ritterakademie in Wien. Später übernahm er noch die Professur der Rhetorik.[15]

In seinem zweibändigen Werk *Neue Wahrheiten zum Vorteil der Naturkunde und des gesellschaftlichen Lebens der Menschen* (1754–1758) legte er den Grundstein zu jener breiten Basis von Versicherungskultur, die im 19. Jahrhundert das Kaisertum Österreich zu einer »Assekuranz-Weltmacht« aufsteigen ließ.

An anderer Stelle dieses Werks schlug Justi vor, Feuerversicherungsanstalten zugleich als Leihbanken zu verwenden. Dadurch sollte der Lebensstandard im Volk angehoben werden.

Ein zweiter an der Universität lehrender Pionier der Versicherungstheorie war der Kameralist Joseph von Sonnenfels (um 1732–1817). Im Jahre 1763 wurde er zum Professor für »Polizei- und Kameralwissenschaft« der Universität Wien berufen und entfaltete eine reiche publizistische Tätigkeit. Bedeutsam sind die Verdienste des Gelehrten um die Feuerversicherung, welcher er gemeinsam mit der Monarchin Maria Theresia den Weg ebnete. In seinem dreibändigen Lehrbuch *Grundsätze der Polizey-, Handlungs- und Finanzwissenschaft* (Wien 1765/66) legte er eine Reihe moderner Versicherungsideen dar. Das Werk erfuhr zahlreiche Neuauflagen und wurde bis zur Mitte des 19. Jahrhunderts an den

12 Vgl. Peter Koch, *Pioniere des Versicherungsgedankens, 300 Jahre Versicherungsgeschichte in Lebensbildern 1550–1850*, Wiesbaden: Eigenverlag 1968, 103–107.

13 Vgl. Johann Schmitt-Lermann, *Der Versicherungsgedanke im deutschen Geistesleben des Barock und der Aufklärung*, München: Kommunalschriften-Verlag 1954, 44–45.

14 Vgl. Johann Heinrich Gottlob von Justi, *Die Grundfeste zu der Macht und Glückseeligkeit der Staaten oder ausführliche Vorstellung der gesamten Polizei-Wissenschaft* (Band 1), Königsberg–Leipzig: Verlag Johann Heinrich Hartungs Erben 1760.

15 Vgl. Erhard Dittrich, Justi, Johann Heinrich Gottlob, in: Historische Commission bei der königlichen Akademie der Wissenschaften (Hg.), *Neue Deutsche Biographie* (Band 10), Berlin: Duncker & Humblot 1974, 707–709.

Universitäten als Standardwerk benutzt, dass sich auch eingehend mit Problemen des Versicherungswesens beschäftigte.[16]

Praktizierende Wissenschaftler und wissenschaftlich engagierte Praktiker – das Fundament der »Versicherungsweltmacht« Österreich im 19. Jahrhundert

Die Aufklärung brachte hinsichtlich Bedeutung von Vorsorge und Versicherung ein weitgehendes Umdenken in Europa. In England, Frankreich und im Heiligen Römischen Reich wurden Mathematiker und Nationalökonomen sowie Juristen zu engagierten Partnern oder zumindest Wegbereitern der klassischen Assekuranz. Im 19. Jahrhundert lieferten die Technischen Hochschulen sowie die Medizinischen und Juridischen Fakultäten im Kaisertum Österreich und später die Hochschule für Welthandel wertvolle Impulse für Führungs- und Fachkräfte der zur »Versicherungsweltmacht« aufsteigenden Assekuranz Österreichs.[17]

In der Habsburgermonarchie gab es schließlich promovierte Versicherungsdirektoren, die an Universitäten lehrten und Wissenschaftler, die in der Versicherungsbranche Karriere machten. Nach dem Ersten Weltkrieg gab es noch einige dieser Experten: Albert Ehrenzweig (1875–1955), Max Leimdörfer (1883–1972), Georg Schlesinger (1880–1952) etc., die sich für und in Versicherungsunternehmen oder deren Interessensvertretungen engagierten.[18]

Der technische Fortschritt hatte eine Reihe intensiver Wechselbeziehungen zwischen Wissenschaft und Praxis notwendig gemacht. Da waren zunächst die Phänomene der Versicherungswissenschaft und ihre Terminologie. Seit der Mitte des 19. Jahrhunderts expandierte dieses Wissensgebiet zunächst aus drei, dann aus fünf und heute aus elf Teildisziplinen in ununterbrochener Reihenfolge.

Allerdings gab und gibt es trotz zunehmender interdisziplinarer Arbeit zwischen den Teilbereichen noch immer keine einzige Universität in Europa, welche die Versicherungswissenschaft in allen ihren Segmenten präsentiert. Ein großes Problem liegt auch in dem Umstand, dass für ein allumfassendes Studium

16 Vgl. Franz Spitzer: *Joseph von Sonnenfels als Nationalökonom*, phil. Diss., Bern 1906.

17 Emil Stefan erstellte im Jahre 1875 in Wien *den Assecuranz-Atlas*, der eine Art Weltversicherungsstatistik in Worten und Grafiken ist. Darin wird Österreich für das Jahr 1855 als drittgrößte Versicherungsweltmacht ausgewiesen.

18 So lehrte Professor Dr. Albert Ehrenzweig von 1919 bis 1938 Versicherungsrecht an der Universität Wien und fungierte als Präsident der Österreichischen Gesellschaft für Versicherungsfachwissen von der Gründung 1929 bis zu ihrer Stilllegung nach dem Anschluss im März 1938. Dr. Georg Schlesinger und Dr. Max Leimdörfer waren bis zum Anschluss Österreichs an das Nationalsozialistische Deutschland Dozenten an der Hochschule für Welthandel und Generaldirektoren zweier österreichischer Versicherungsunternehmen.

der Versicherungswissenschaft meist nie genug Studenten gewonnen werden konnten.[19]

Die Versicherungsterminologie als Kommunikations- und Kooperationsbarriere

»Versicherung« wird oft als »unsichtbare« oder »imaginäre« Ware bezeichnet. Da sie sowohl aleatorischen als auch wissenschaftlichen Charakter besitzt, und sich einer spezifischen Terminologie bedient, treten viele Neulinge, ob WissenschaftlerInnen, PraktikerInnen oder KundInnen, mit einer gewissen Skepsis dieser Branche gegenüber. Dies kann am Anfang die Wechselbeziehungen erschweren. Die größten Missverständnisse entstehen jedoch, wenn in diesen Wechselbeziehungen Partner den gleichen Terminus unterschiedlich auslegen. Da »Versicherung« bis heute keine rechtsgültige Definition besitzt, sondern diverse Theorien dazu existieren, ist die Gefahr von Missdeutungen besonders groß. Die EU-Transparenz-Richtlinie hat in jüngster Vergangenheit die Versicherer zu klaren allgemein verständlichen Beschreibungen oder Umschreibungen verpflichtet.[20]

In der Fachliteratur des 19. Jahrhunderts finden sich diverse Deutungen des Begriffs »Versicherung«, von denen letztlich keine einzige eine allgemeine Zustimmung der Experten erntete. Das Allgemeine Bürgerliche Gesetzbuch, das am 1. Jänner 1812 für die deutschen Länder der Monarchie (ohne Galizien) in Kraft trat, widmete fünf teilweise bis heute brauchbare Paragraphen (§§ 1288–1292) dem Versicherungsvertrag; ordnete allerdings Versicherungen noch den Glückspielen zu. Generell ist eine Lotterie einer Versicherung in manchen Aspekten ähnlich, nicht zuletzt auch deshalb, weil Versicherungen ursprünglich vielfach Wett- oder Lotteriecharakter hatten.[21]

Allerdings dient das Glücksspiel – über die gesamte Risikogruppe betrachtet – weder der finanziellen Risikovorsorge noch dem kollektiven Ansparen. Alfred Manes (1877–1963) bezeichnete 1906 in seinem Versicherungslexikon die

19 Anmerkung des Verfassers dieses Beitrags.

20 Vgl. Richtlinie 2013/50/EU vom 22.10.2013 zur Harmonisierung der Transparenzanforderungen.

21 Vgl. Helmut Heiss/Leander D. Loacker, Das ABGB und das Versicherungsgeschäft. Von den Anfängen zur möglichen Zukunftversicherungsvertraglicher Regelungen in und für Österreich, in: Constanze Fischer-Czermak/Gerhard Hopf/Georg Kathrein/ Martin Schauer (Hg.), *Festschrift 200 Jahre ABGB*, Wien: Manzsche Verlags- und Universitätsbuchhandlung 2011, 403–424.

Spieltheorie als größte Irrlehre über Versicherungen.[22] 1930 definierte er dann Versicherung zutreffend als »Beseitigung des Risikos eines Einzelnen durch Beiträge von Vielen.«[23]

Karl Hax deutete Versicherung 1964 als die planmäßige Deckung eines im Einzelnen ungewissen, im Ganzen aber schätzbaren Geldbedarfs auf der Grundlage eines zwischenwirtschaftlichen Risikoausgleichs.[24] Der Versicherungsbegriff nach Dieter Farny lautete im Jahre 2011: Versicherung ist die Deckung, eines im Einzelnen ungewissen, insgesamt schätzbaren Geldbedarfs, auf der Grundlage eines Risikoausgleiches im Kollektiv und in der Zeit.[25] Eine gesetzliche Definition besteht bis heute (2019) nicht.

Für Versicherungswissenschaftler und Führungskräfte der Unternehmen war es bis Ende des vorigen Jahrhunderts wenig erbaulich, an unterschiedlichen Universitäten mit zwei oder drei unterschiedlichen Auslegungen für ein- und denselben Versicherungsbegriff arbeiten zu müssen. Durch entsprechende EU-Richtlinien wurde eine terminologische Ordnung für den Versicherungsbereich geschaffen.

Dennoch ist in einer historischen Darstellung zu betonen, dass die folgende Aufstellung über die Merkmale klassischer Versicherungen das Ergebnis eines über hundertjährigen Entwicklungsprozesses darstellt.

Die sieben konstituierenden Merkmale jeder Versicherung

Damit von Versicherung im klassischen Sinn gesprochen werden kann, ist das Vorhandensein von sieben charakteristischen Merkmalen erforderlich.

*Gegenseitige Deckung
In einem Kollektiv bzw. einer sogenannten Solidar- oder Gefahrengemeinschaft kann nach dem Prinzip »Einer für alle; alle für einen!« mit wesentlich geringeren Aufwendungen pro Teilnehmer vorgesorgt werden, als würde dies jeder einzeln für sich tun.

22 Vgl. Alfred Manes, *Versicherungslexikon, ein Nachschlagewerk für alle Wissensgebiete der Privat- und Sozialversicherung insbesondere in Deutschland, Österreich und der Schweiz,* Tübingen: Mohr 1909, 725–726.

23 Alfred Manes, *Versicherungswesen – System der Versicherungswirtschaft* (Band 1) Allgemeine Versicherungslehre, 5. Auflage, Leipzig–Berlin: Teubner 1930, 36.

24 Vgl. Karl Hax, *Grundlagen des Versicherungswesens,* Wiesbaden: Betriebswirtschaftlicher Verlag Gabler, 1964, 22. – URL: https://de.wikipedia.org/wiki/Versicherung_(Kollektiv) (abgerufen am 17.9.2019).

25 Vgl. Dieter Farny, *Versicherungsbetriebslehre,* 5. Auflage, Karlsruhe: Verlag Versicherungswirtschaft, 2011, 15.

*Fester Anspruch auf (Gefahren)Deckung
In den vertraglichen Bestimmungen legt der Versicherer die örtlichen, zeitlichen, personellen und/oder sachbezogenen Komponenten und Voraussetzungen fest, unter welchen oder für die der Versicherungsnehmer festen Anspruch auf Deckung besitzt.

*Entgeltlichkeit der Bedarfsdeckung
Um Versicherungsleistungen zu erhalten, ist die Bezahlung von Prämien/Beiträgen erforderlich. Viele zahlen einen Geldbetrag (=Versicherungsbeitrag) in den Geldtopf (das Konto des Versicherers) ein, um beim Eintreten des Versicherungsfalles aus diesem Geldtopf einen Schadensausgleich zu erhalten.

*Zufälligkeit des Bedarfs
Der Schadensfall darf nicht mit Gewissheit eintreten; er muss zumindest in Intensität oder Zeitpunkt nicht vorherbestimmt sein (z.B. ist der Tod jedem gewiss, jedoch nicht der Zeitpunkt; weshalb Ablebensversicherungen zulässig sind).

*Schätzbarkeit des Vermögensbedarfs
Es muss möglich sein, fundierte Vorhersagen über die Wahrscheinlichkeit des Schadenseintritts sowie seines Ausmaßes zu treffen (statistische Abschätzbarkeit).

*gleichartige Bedrohung aller im Kollektiv
Das Risiko darf nicht einzigartig sein, sondern es muss genügend andere, vergleichbare Risiken geben.

*Eintritt des Versicherungsfalls nur bei wenigen in Relation zu allen bedrohten Teilnehmern der Gefahrengemeinschaft
Versicherungsvorläufer oder versicherungsähnliche Institutionen unterscheiden sich von klassischen Versicherungen dadurch, dass ihnen ein konstituierendes Merkmal oder einige fehlen. Existieren diese Torsi bis heute, spricht man von »versicherungsähnlichen« Institutionen; im anderen Fall von »Versicherungsvorläufern.«[26]

26 Vgl. Wolfgang Rohrbach, Versicherungswissenschaft. Definition – Retrospektiven – Perspektiven (mit historischen Aspekten), in: Helmuth Grössing/Maria Petz-Grabenbauer/Karl Kadletz/JohannesSeidl/Alois Kernbauer (Hg.), in: *Mensch – Wissenschaft – Magie* (Mitteilungen der Österreichischen Gesellschaft für Wissenschaftsgeschichte 33), Wien: Erasmus 2017, 181–208.

Strukturen der Versicherungswissenschaft

Die Versicherungswissenschaft ist ein Teil des Versicherungswesens.

Als Versicherungswesen wird die Summe aus Versicherungswissenschaft (bzw. -theorie) und Versicherungspraxis bezeichnet.

Folgende Einzelwissenschaften bilden ihrerseits in Summe die Versicherungswissenschaft:[27]
- Versicherungsrecht
- Versicherungswirtschaft
- Versicherungsmathematik
- Versicherungsmedizin
- Versicherungspolitik
- Versicherungsphilosophie
- Versicherungspsychologie
- Versicherungskriminologie
- Versicherungsinformatik
- Versicherungsengineering
- Versicherungsgeschichte

Die Versicherungswissenschaft des 21. Jahrhunderts ist auch eine interdisziplinär einsetzbare Wissenschaft, die sich in Forschung und Lehre mit den unterschiedlichen Aspekten und Teilbereichen des Versicherns bzw. der Versicherung auseinandersetzt.

Unter Interdisziplinarität versteht man die Nutzung von Ansätzen, Denkweisen oder Methoden verschiedener Fachrichtungen. Die interdisziplinäre oder fächerübergreifende Arbeitsweise der Versicherungswissenschaft umfasst mehrere voneinander unabhängige Einzelwissenschaften, die einer meist wissenschaftlichen Fragestellung mit ihren jeweiligen Methoden nachgehen.

Bis Ende der 1970er-Jahre war die Versicherungswissenschaft multidisziplinär ausgerichtet. Daher wurde weder eine einheitliche konzeptionelle Rahmenstruktur aufgebaut, noch erfolgte die Erarbeitung gemeinsamer Lösungsstrategien. Jede Disziplin definierte und bearbeitete ihre Problemstellung weitgehend isoliert. Eine Synthese erfolgte lediglich additiv, durch Zusammenführung der jeweils getrennt erzielten Ergebnisse. Dem Muster »nebeneinander

27 Die unter der Bezeichnung »Versicherungswissenschaft« im 20. Jahrhundert erschienenen Publikationen weisen generell eine geringere Zahl von Einzelwissenschaften auf, als jene des 21. Jahrhunderts. Die Zahl wird jedoch vermutlich weiter ansteigen.

planen – nebeneinander handeln« folgend, stellt Multidisziplinarität somit die schwächste Form der inhaltlichen Kooperation dar.[28]

Wissenstransfer im Dreieck: Unternehmen – Universitäten – Bildungsvereine

In den 1880er-Jahren bot das an den Universitäten und Hochschulen gebotene Vorlesungs- und Seminarangebot aus Versicherungsrecht, -mathematik und -wirtschaft eine solide Grundausbildung. Weiterbildung und Ausbau der Versicherungswissenschaft erforderten jedoch schon damals darüberhinausgehende Maßnahmen.

Die Anpassung der Personen- und Sachversicherung an die neuen Risiken im Industrie-, Gewerbe- und Verkehrsbereich stellten die größte Herausforderung dar.

Ein großes Problem der Universitäten lag damals in dem Umstand, dass für Weiterbildung oder ein allumfassendes Versicherungsstudium weder genug Studenten noch Vortragende zur Verfügung standen.

Eine Ergänzung durch innerbetriebliche Ausbildung bzw. praxisbezogene Weiterbildung waren die nächsten Schritte, mit denen sich die Branche seit der zweiten Hälfte des 19. Jahrhunderts auf unterschiedliche Weise behalf. Der »Riunione« Versicherungsverein gab 1854 schriftliche »Instructionen über die Versicherungen auf das Leben der Menschen« heraus.[29] In dieser Publikation, die jeder Agent erhielt, findet man einerseits produktbezogene Informationen, andererseits Bekleidungsvorschriften und Verhaltensregeln im Umgang mit Kunden und Vorgesetzten. Ein weiteres Kapitel widmet sich dem Agenteneinkommen auf Provisionsbasis.

Andere Gesellschaften oder praxisorientierte Wissenschaftler behalfen sich durch Errichtung betriebseigener Ausbildungsabteilungen. Die Forschungs- und Ausbildungsergebnisse dieser Institutionen erwiesen sich jedoch als zu unterschiedlich, wodurch vor allem Kunden eher verunsichert wurden. Die langfristige Umgehung der Universitäten hätte darüber hinaus dem Image der Branche geschadet. Die Lösung wurde schließlich in Schaffung einer dritten Plattform für den Wissenstransfer gefunden. Es bildeten sich Vereine, die eine

---

28 Vgl. Christine von Blanckenburg/Birgit Böhm/Hans-Liudger Dienel/Heiner Legewie, *Leitfaden für interdisziplinäre Forschergruppen:* Projekte initiieren – Zusammenarbeit gestalten (Blickwechsel. Schriftenreihe des Zentrum Technik und Gesellschaft der TU Berlin 3), Stuttgart: Franz Steiner Verlag, 2005, 12–13.

29 Vgl. Wolfgang Rohrbach, An den Quellen der österreichischen-serbischen Versicherungsgeschichte: 200 Jahre Versicherungsagenten, in: *Revija za pravo osiguranja* 1 (2011), 45–54, 49.

vom Zeitplan und in der Reaktion auf Neuerungen flexiblere Kooperation von Wissenschaftlern und Praktikern ermöglichten.

Zwischen 1890 und 1930 entstanden in Deutschland und Österreich neu strukturierte versicherungswissenschaftliche Vereine, die in Kooperation mit den Universitäten und Versicherern zu einer Modernisierung des gesamten Versicherungswesens führten.

Die ersten Einrichtungen, die sich ausschließlich dieser Art von Pflege der Versicherungswissenschaft widmeten, waren das 1895 in Göttingen gegründete »Universitätsinstitut für Versicherungswissenschaft« und der 1899 in Berlin gegründete »Deutsche Verein für Versicherungswissenschaft« mit seinem bedeutenden Förderer Professor Dr. phil. und Dr. jur. Alfred Manes.[30]

Der österreichische Versicherungsverband (VVO)

Beispielgebend engagierte sich auch der 1899 als Verein gegründete »Österreichisch-Ungarische Verband der Versicherungsanstalten«, dessen Fach- und Führungskräfte nach Auflösung der Monarchie für das Versicherungswesen unermüdlich im Einsatz waren.

Es handelte sich dabei um Experten, die auch in der weiter unten beschriebenen Österreichischen Gesellschaft für Versicherungsfachwissen tätig waren. Nach dem Anschluss an das Nationalsozialistische Deutschland wurden beide Institutionen stillgelegt.

Seit der Gründung der Zweiten Republik Österreich wirkt der Versicherungsverband (VVO) in Versicherungsfragen als Ansprechpartner für politische Entscheidungsträger, Institutionen und die Öffentlichkeit.

Zu seinen weiteren Aufgabengebieten bzw. Funktionen zählen unter anderem
- Tätigkeiten als Fachverband der Versicherungsunternehmungen in der Wirtschaftskammer Österreichs
- Kollektivverträge für die Versicherungsbranche
- Informations- und Beschwerdestelle
- Versicherungswirtschaftliche Statistiken

Der VVO vertritt die österreichischen Interessen auch in EU- und anderen internationalen Gremien. Er ist Mitglied des CEA und der DACHL-Vereinigung (Kooperation der deutschsprachigen Versicherungsverbände).

Folgende Aufgaben nimmt der Versicherungsverband durch verknüpfte Organisationen wahr:

30 Vgl. Peter Koch, *Geschichte der Versicherungswissenschaft in Deutschland aus Anlaß seines 100jährigen Bestehens*, Karlsruhe: VVW, 1998, 168–172.

- Informations- und Dialogforum des österreichischen Versicherungswesens (Österreichische Gesellschaft für Versicherungsfachwissen)
- Versicherungswirtschaftliche Ausbildung (Bildungswerk der Österreichischen Versicherungswirtschaft)
- Sicherheitsdienstleistungen (Kuratorium für Verkehrssicherheit).[31]

Die Österreichische Gesellschaft für Versicherungsfachwissen (GVFW)

1929 wurde unter Mitwirkung des bekannten Versicherungsjuristen und ehemaligen Leiters der Versicherungsaufsicht, Professor Dr. Albert Ehrenzweig, und des Rektors der Wiener Hochschule für Welthandel, Professor Franz Dörfel (1879–1959), die Österreichische Gesellschaft für Versicherungsfachwissen gegründet. Ihr Hauptbetätigungsgebiet sah und sieht sie in der durch die Versicherungswissenschaft multidisziplinär zu bewirkenden Qualitätssteigerung der praktischen Alltagsarbeit. Auf eine interdisziplinäre Linie stellte die Gesellschaft seit dem EU-Beitritt Österreichs (1995) ihr Wirken um, da eine weitere wissenschaftliche Spezialisierung mit Synthesen zur Lösung von fachübergreifenden Problemen der Versicherungspraxis erforderlich wurde.[32]

Die Österreichische Gesellschaft für Versicherungsfachwissen (GVFW) ist seither das größte und einflussreichste Informations- und Dialogforum im heimischen Versicherungswesen. Sie etablierte sich ab 1929 als kontinuierlich expandierende Wissensplattform und erbrachte bis zum Anschluss Österreichs an das Nationalsozialistische Deutschland bespielgebende Leistungen. Noch heute sind die Fachartikel über Bekämpfung von Fehlsteuerungen der Versicherungsbranche in Währungs- und Wirtschaftskrisen lesenswert und lehrreich.

In der Zweiten Republik entwickelte sich die Gesellschaft zum führenden Veranstaltungsanbieter für Versicherungsthemen. Zu ihren rund 600 Mitgliedern zählen heute in- und ausländische Versicherungsgesellschaften, MitarbeiterInnen aus Versicherungen, VersicherungsmaklerInnen sowie WissenschaftlerInnen und VertreterInnen rechtsberatender Berufe.

Die Gesellschaft übt – im Rahmen ihrer in Grundzügen schon vor 90 Jahren festgelegten und danach immer wieder an die Erfordernisse angepassten Zielsetzungen – nachstehende Tätigkeiten aus:

31 Vgl. URL: https://www.vvo.at/ (abgerufen am 27.9.2019).

32 Vgl. Rohrbach, An den Quellen der österreichischen-serbischen Versicherungsgeschichte, 53.

- Abhaltung von Vorträgen, Diskussionen, Seminaren, Lehrgängen und Kursen, die das Versicherungswesen fördern
- Forcierung des Verfassens von Lehrbehelfen (Skripten, Lehrbücher) und Förderung wissenschaftlicher Publikationen
- Herausgabe von Zeitschriften, Schriftenreihen und Monografien auf dem Gebiet des Versicherungswesens
- Stellungnahme zu aktuellen, das Versicherungswesen betreffenden Fragen
- Kooperation mit dem Verband der Versicherungsunternehmen Österreichs sowie in- und ausländischen Vereinigungen, die versicherungsrelevante Ziele verfolgen.[33]

Die Bildungsakademie der österreichischen Versicherungswirtschaft (BÖV)

Im letzten Quartal des vorigen Jahrhunderts entstand eine Fülle neuer Versicherungskombinationen, gesetzlicher Regelungen und wirtschaftlicher Umstrukturierungen. Dabei zeigte sich immer deutlicher, wie vorteilhaft ein einheitliches Aus- und Weiterbildungsprogramm ist, das sowohl mit erfahrenen PraktikerInnen als auch anerkannten TheoretikerInnen der Universitäten arbeitet.

Als Träger überbetrieblicher Aus- und Weiterbildung der österreichischen Versicherungswirtschaft wurde im Juli 1990 die Bildungsakademie der österreichischen Versicherungswirtschaft (BÖV) ins Leben gerufen. In der obersten von drei Ausbildungsstufen werden auch Universitätslehrgänge angeboten.

Die BÖV ist seit 2004 aktives Mitglied der European Financial Certification, einer Organisation der europäischen Ausbildungsverbände der Versicherungswirtschaft, die gemeinsame Zertifizierungsstandards vereinbart hat.[34]

Praxisorientierte Versicherungswissenschaft – die neue Herausforderung

Im Forschungsbereich müssen sich die Versicherungsunternehmen weiterhin ihre wissenschaftliche Unterstützung an verschiedenen Universitäten holen. Nicht selten werden unter Zeitdruck Forschungsaufträge an Privatanbieter vergeben, die in komplexen Fragestellungen über die Zukunft der Branche bisweilen wenig überzeugende Ergebnisse liefern.

33 Vgl. URL: http://www.gvfw.at/ (abgerufen am 18.9.2019).
34 Vgl. URL: https://www.boev.at/ (abgerufen am 18.9.2019).

Auf Initiative der »Europäischen Akademie der Wissenschaften und Künste (EASA)« sowie ihrer Tochterinstitution, der »Alma Mater Europaea«, soll in Kooperation mit dem jüngst gegründeten »Verein zur Aus- und Weiterbildung in praxisorientierter Versicherungswissenschaft« als erster Schritt ein Zertifikatskurs zu diesem komplexen Wissensbereich angeboten werden. Im zweiten Schritt sind Abkommen mit Partneruniversitäten geplant.[35]

Expertisen über die Zukunft der Assekuranz

Versicherungen sind und werden auch künftig ein wichtiges Instrument für gesellschaftliche Stabilität, Kontinuität und Weiterentwicklung sein. Diese Funktion wird die Branche wider alle Gegenströmungen auch in den kommenden Jahrzehnten beibehalten. Allerdings werden sich – so beurteilen ExpertInnen und Studien – die zugrundeliegenden Rahmenbedingungen fundamental verändern müssen.

Fehlsteuerungen behindern nämlich derzeit die Entwicklung. So müssen zum Beispiel Gesetze aufgrund von Interventionen der Brancheninsider so oft »nachgebessert« werden, dass man in Brüssel von einem Gesetzgebungsprozess »nach Versuch und Irrtum« spricht.

Die künftigen Kernaufgaben der Assekuranz in Forschung und Lehre umfassen erweiterte Risikoanalyse, Deckungskonzepte, Schadensabwicklung etc., da mit den alten Strukturen für viele Unternehmen kein Überleben mehr möglich ist. Auch monströse Fusionen können in diesem Zusammenhang keine nachhaltige Ersatzlösung darstellen. (Gleichnis der Nichtschwimmer-Gruppe, deren Mitglieder auch untergehen, wenn sie im tiefen Wasser einander die Hände reichen). Und es gibt noch weitere Herausforderungen. In bedrohlicher Weise verschwimmen die Grenzen zwischen den von der Natur vorgegebenen Risiken und den von Menschen geprägten.

Manche WissenschaftlerInnen sehen in dieser Entwicklung den Beginn einer neuen epochalen Zeitrechnung, dem Anthropozän, einem Zeitalter, in dem der Mensch zu einem der wichtigsten Einfluss-Faktoren von biologischen, geologischen und atmosphärischen Prozessen aufgestiegen ist.

Die Versicherungswirtschaft darf in diesem Szenario ihr Augenmerk nicht mehr vorwiegend auf »die Behebung bereits aufgetretener Gefahrenfolgen und Schäden« richten. Sie soll künftig stärker als bisher Prävention im Sinne eines »gesellschaftlichen Frühwarnsystems betreiben.«

Ein wesentliches Ziel der Wechselbeziehungen zwischen Universitäten und Assekuranz ist es somit auch, dass branchenkundige TeilnehmerInnen ihre

35 Aussage des Verfassers dieses Beitrags.

Reformvorschläge und Kritiken am derzeitigen System in Befragungen bekanntgeben und damit die eine oder andere zeitaufwendige Nachbesserung verhindern. Den Führungskräften der Versicherungsbranche soll aber auch aufgezeigt werden, dass die internen Weiterbildungsveranstaltungen für VermittlerInnen zu kopflastig in Richtung Produktschulung ausgerichtet sind. Diese Strategie erfordert jedoch noch künftig eine intensive Beschäftigung mit der Versicherungsphilosophie.[36]

wolfgang.rohrbach.g@gmail.com

36 Vgl. Rohrbach, An den Quellen der österreichischen-serbischen Versicherungsgeschichte, 53–54.

(Natur)Wissenschaftsgeschichte

Günther Bernhard

»Quinquennium« – Das Erzbistum Salzburg und die Leistung der Fortifikationssteuer[1]

Die Fortifikationssteuer (Quinquennium) wurde vom Papst zugunsten des Kaisers ausgeschrieben und der Geistlichkeit in den habsburgischen Erblanden auferlegt. Sie diente zur Instandsetzung der Festungen im Königreich Ungarn gegen die Türken. Im Beitrag soll die Geschichte dieser Steuer am Beispiel des Erzbistums Salzburg thematisiert werden.

»Quinquennium« – the archdiocese Salzburg and the performance of the Fortification Tax

The Fortification tax (Quinquennium) was tendered by the Pope in favor of the Emperor and imposed on the clergy in the Habsburg lands. It was used to repair the fortresses in the Kingdom of Hungary against the Turks. The article deals with the history of this tax using the example of the Archdiocese of Salzburg.

Keywords: Fortifikationssteuer, Quinquennium, 18. Jahrhundert, Erzbistum Salzburg
Fortification tax, Quinquennium, 18th century, archdiocese Salzburg

Im Zuge der Neugestaltung des Verhältnisses von Staat und Kirche in den Erblanden hat Maria Theresia (1717–1780) die Mehrbesteuerung des österreichischen Klerus angestrebt und auch erreicht. Sie und bereits ihr Vater Karl VI. (1685–1740) haben diese Mehrbesteuerung mehrfach beim Papst erwirkt. Man ventilierte sogar im Jahre 1751 die Ausdehnung auf eine Laufzeit von 15 Jahren.

Gerade unter diesem Anreiz und in Anbetracht der Staatsfinanzen sollte nun diese Besteuerung im Jahre 1761 in eine rein staatliche und zuletzt auch »ungerechte« Steuer umgewandelt werden, die man letztendlich als Gewohnheitsrecht betrachten sollte. Konkret ging es dabei um die Fortifikationssteuer, auch Quinquennium, Quinquennalkollekte bzw. Quindecennalkollekte genannt, den Beitrag der Geistlichkeit der österreichischen Erblande zur Befestigung der

1 Diese Studie basiert auf den Recherchen des salzburgischen Referenten und Hofkammerrates Welvich, Steiermärkisches Landesarchiv Graz, Archiv Deutschlandsberg, Herrschaft und Markt, K 18, H 19, Salzburger Deputationsprotokoll von 1797, 28–132. Die Quellenzitate im Text stammen aus dem vorgenannten Deputationsprotokollband.

damals ungarischen Grenzorte Varaždin (ungarisch Varasd) und Timişoara (ungarisch Temesvár).

Von Seiten der Regierung war man bemüht, den Schein der Steuerfreiheit des Klerus aufrechtzuhalten und die Abgabe als »donum gratuitum« darzustellen; dieses Ansinnen wurde von der Monarchin aber schlichtweg abgelehnt.[2] Um ihr Vorhaben der Besteuerung des Klerus dokumentarisch untermauern zu können, beauftragte Maria Theresia ihren Archivar Theodor Anton Taulow von Rosenthal (1702–1779)[3], im Hausarchiv die entsprechenden Nachforschungen vorzunehmen.[4] Auch von der betroffenen Seite stellte man Nachforschungen zu dieser Fortifikationssteuer an, so etwa 1797 seitens des Erzbistums Salzburg.[5] Als unmittelbarer Anstoß dazu diente eine Eingabe an die Deputation der ausländischen Herrschaften in Salzburg. Diese Deputation wurde für die Verwaltung der salzburgischen Herrschaften in Steiermark, Kärnten und Niederösterreich im Jahre 1757 ins Leben gerufen und stellte mit dem 28. November 1803 die Beratungen ein.

Im Steiermärkischen Landesarchiv haben sich für die Zeit von 1757 bis 1802 insgesamt 20 Bände erhalten, die ein umfangreiches Zeugnis über diesen Verwaltungsbereich abgeben. Im genannten Jahr 1803 wurden die Registratur dieser Behörde der Hofkammer und die Rechnungen der Staatsbuchhaltung in Salzburg übergeben.[6]

In der Deputationssitzung vom 17. Februar 1797 wurde mit den anwesenden Kämmerern sowie mit dem Referenten und Hofkammerrat Welvich (?–?)[7] die Eingabe des salzburgischen Administrators zu Traismauer[8] über die Leistung der vom Kreisamt St. Pölten für die Jahre 1793–1796 eingeforderten 614 Gulden 24 Kreuzer Fortifikationssteuer behandelt. Der Betrag sollte an die k. k. Universal-Staats-Schulden-Kassa abgeführt werden. Die Landesregierung berief sich dabei

---

2 Vgl. Ferdinand Maaß, *Der Frühjosephinismus* (Forschungen zur Kirchengeschichte Österreichs 8, Josephinische Abteilung, hg. vom Kirchengeschichtlichen Institut der Universität Innsbruck), Wien: Herold 1969, 9–10.

3 Vgl. zur Person Michael Hochedlinger, *Österreichische Archivgeschichte. Vom Spätmittelalter bis zum Ende des Papierzeitalters,* Wien: Böhlau; München: Oldenburg 2013, 52.

4 Vgl. Maaß, *Frühjosephinismus*, 63.

5 Vgl. Anm. 1.

6 Vgl. dazu Franz Otto Roth, Die hochfürstlich salzburgischen »Deputations-Protocolle in ausländischen Herrschaftssachen« (1757/58 bis einschließlich 1802), in: *Mitteilungen des Steiermärkischen Landesarchivs* 19/20 (1970), 181–192.

7 Ursprünglicher Familienname Wölbitsch, er trat als Sekretär in die Deputation der ausländischen Herrschaften ein, war Laie, zweimal verheiratet, schrieb seinen Familiennamen seit 1794 Französisch Welvich, vgl. Roth, Deputations-Protocolle, 186.

8 Zum salzburgischen Besitz im heutigen Niederösterreich vgl. Heinz Dopsch, Der auswärtige Besitz, in: Heinz Dopsch/Hans Spatzenegger (Hg.), *Geschichte Salzburgs. Stadt und Land* (Band I) (Vorgeschichte, Altertum, Mittelalter, 2. Teil), Salzburg: Universitätsverlag Anton Pustet 1983, 953–954.

auf jüngere Verordnungen, und auf den Vertrag von 1535 zwischen König Ferdinand I. (1503–1564) und dem Erzbistum Salzburg.[9]

Der Administrator Dezente wollte die Steuer nur auf Weisung der Salzburger Deputation abführen, daher wurde auch er mit einer Eingabe vorstellig. Allerdings kam sein Bericht während der Absenz der Deputationskanzlei an. Daher erteilte der Erzbischof dem Geheimen Hofkonzipisten den Auftrag, den Administrator darüber zu informieren und beim Kreisamt um eine Fristverlängerung anzusuchen, da sich die Deputationskanzlei bereits am Rückweg befände. Falls eine Fristverlängerung nicht möglich wäre, sollte der Administrator die Exekution der Summe abwarten und diese erst bei Verhängung ausfolgen, allerdings auch »eine standhafte Protestation zur Rettung der erzstiftischen Gerechtsame« erfolgen lassen.

Aufgrund dieser Steuerausschreibung ging man nun seitens der Salzburger Verwaltung daran, in den Akten Nachforschungen über diese Forderungen anzustellen. Allerdings konnte bei den Erhebungen, unter anderem auch in den Amtsschriften von Traismauer, nichts gefunden werden, so dass sich der Administrator an das Kreisamt St. Pölten um Aufklärung wandte. Dort holte man Erkundigungen bei der Regierung in Wien ein, die mit Dekret vom 15. Oktober 1796 beschieden wurden. Dabei bezog man sich auf Verordnungen von 1768, 1776 und den erwähnten Vertrag von 1535. Bei der Prüfung der Begründungen kam man allerdings bei der Salzburger Administration zur Ansicht, dass die Verordnungen von 1768 und 1776 lediglich allgemeine Verfügungen der Regierung waren, wie etwa 1768, als »jure regio« eine Ausschreibung der Fortifikationssteuer die gesamte Geistlichkeit betroffen hatte. Das Erzstift, so die Meinung in Salzburg, sei nur dann angehalten, wenn die Besitzungen im Ausland eine geistliche, nicht aber eine weltliche Kategorie an sich hätten. 1768 war die Geistlichkeit in den k. k. Erblanden betroffen, 1776 war wegen der Steuer »von dem auswärtigen Clero« und von dessen in den Erblanden beziehenden »Revenuen« die Rede.

Nach dem Vertrag von 1535, der sich in einem alten Transsumpt bei den Deputationsakten fand, hatte das Erzstift das Recht der 1. und 2. Instanz bei seinen Besitzungen, die Exemption der erzbischöflichen Beamten von der k. k. Jurisdiktion, das Recht der Lehensverleihung nach Lehensrechten und altem Herkommen, ferner Acht und Bann über Leibnitz und Pettau/Ptuj zu Lehen, weiters die volle Gleichstellung bei den Musterungen, Aufgeboten, der Besteuerung der erzstiftischen Besitzungen und Untertanen mit jenen der landständischen Rittergüter und Untertanen, ebenso Sitz und Stimme in den Landtagen, Hofgerichten und Landschrannen neben den anderen Landleuten, Grafen, Herren und der Ritterschaft nach altem Herkommen. Bestätigt wurde

9 Zum Vertrag vgl. etwa Dopsch, Der auswärtige Besitz, 952.

weiters der freie Handelsverkehr zwischen den k. k. Landen und den erzstiftischen Gebieten sowie die Freiheit der Ausfuhr von dem in den erzstiftischen Ämtern eingebrachten Getreide nach Salzburg gegen Bezahlung der gewöhnlichen Mauten und Aufschläge. Es folgten die Bewilligung zur Einsetzung der jeweiligen Bergrichter und Geschworenen zu Hüttenberg und der 2. Berggerichtsinstanz für den Vizedom in Friesach sowie einige Begünstigungen, die Herrschaften Gmünd, Rauchenkatsch und das Bistum Gurk betreffend, sowie die Zusage, dass Irrungen durch beiderseitige Kommissarien oder durch einseitige k. k. Kommissäre oder ordentliche Gerichte ausgeglichen werden sollten.

Die Praxis, so die Auffassung der Salzburger Administration, sah allerdings anders aus, denn dem Erzstift waren im Laufe der Zeit die wichtigsten Bestimmungen dieser Bewilligungen abhandengekommen oder bei einseitigem Interesse Österreichs durch Übermacht eingezogen worden. Auch die ursprüngliche landesfürstliche Obrigkeit über erzstiftische Besitzungen, Schlösser, Städte und Märkte war an Österreich übertragen oder aufgeopfert worden.

Die salzburgischen Besitzungen in Nieder- und Innerösterreich waren vor 1535 Teil der weltlichen Herrschaft von Salzburg, sie waren also Bestandteil der weltlichen Hoheiten, die jeder Salzburger Landesfürst bei Thronerledigungen aus den Händen des Kaisers zu Lehen empfing. Diese ritterständischen Güter wurden durch den Vergleich zwischen Joseph II. (1741–1790) und dem Salzburger Erzbischof vom 19. April 1786[10] wegen der Abtretung der Diözesen bestätigt, ebenso sollten auch alle zwischen Österreich und dem Erzbistum abgeschlossenen Handfesten und Verträge Gültigkeit besitzen.[11]

Im Hinblick auf die »jure regio« ausgeschriebene Fortifikationssteuer hatte König Ferdinand I. im Vertrag von 1535 für sich und seine Nachkommen die erzstiftischen Besitzungen von jeder Anlage, welche nicht durch die betreffenden

10 Vgl. dazu Ludwig Hammermayer, Die letze Epoche des Erzstifts Salzburg. Politik und Kirchenpolitik unter Erzbischof Graf Hieronymus Colloredo (1772–1803), in: Heinz Dopsch/Hans Spatzenegger (Hg.), *Geschichte Salzburgs. Stadt und Land*, Band II (Neuzeit und Zeitgeschichte, 1. Teil), Salzburg: Universitätsverlag Anton Pustet 1988, 403.

11 In die Problematik um den Status der Salzburger Besitzungen in den habsburgischen Erblanden während der Regierungszeit Kaiser Josephs II. fällt die zwischen 16. Dezember 1783 und 13. Jänner 1784 erfolgte irrtümliche Säkularisierung der ausländischen salzburgischen Güter. Seitens der innerösterreichischen Regierung in Graz ging man nämlich von der Anschauung aus, dass gewisse Besitzungen, wie auch die Herrschaft Deutschlandsberg in der Steiermark, den Salzburger Erzbischöfen als Kirchengut für die Besorgung der Seelsorge zugewiesen worden wären. Tatsächlich waren diese Besitzungen seit dem 10. Jahrhundert integrierender Bestandteil des Erzstiftes Salzburg. Man hatte offenbar das Mittelalter in seinem Verfassungsgefüge nicht mehr verstanden. Vertraglich standen diese Besitzungen seitens der habsburgischen Herrscher und Landesfürsten dem Erzbischof wie auch jedem anderen landständischen Adeligen zu. Damit verbunden war auch die Ausübung des Stimmrechtes am Landtag durch einen vom Erzbischof befugten Beamten, vgl. dazu Wilhelm Knaffl, *Aus Deutschlandsbergs Vergangenheit*, Graz: Leykam 1912, 144–149.

Landschaften ordentlich bewilligt wurde, feierlich entbunden und dadurch auf jedwede Steuerausschreibung »jure regio« in Bezug auf die Salzburger Besitzungen für immer verzichtet.

Nach den allgemeinen Erkundigungen hinsichtlich der Fortifikationssteuer erforschte der Deputationsreferent in der Folge die Geschichte dieser Abgabe. Seinen Recherchen zufolge gab es die erste päpstliche Ausschreibung im Jahre 1685. Die zweite Ausschreibung in der Höhe von 500.000 Gulden erfolgte dann 1690 durch Papst Alexander VIII. (1610–1691) und bezog sich auf alle geistlichen Besitzungen und Einkünfte in den gesamten habsburgischen Erblanden und diente zur Fortsetzung des Türkenkrieges. Auf Österreich ob und unter der Enns entfielen 100.000 Gulden. Nach Vermutung des Referenten wurde das Erzstift hier erstmals wegen seiner österreichischen Besitzungen mit der Fortifikationssteuer belegt, und zwar durch Zuschrift des passauischen Konsistoriums vom 17. Juli 1690. Als Kollektor wurde die päpstliche Nuntiatur zu Wien bestimmt, die Ordinariate sollten Subkollektoren sein. Der Referent brachte zudem in Erfahrung, dass bereits 1583 eine allgemeine »extraordinare« Steuer verlangt worden war, eine salzburgische Zahlung damals aber nicht geleistet wurde.

Auch unter der Regentschaft des passauischen Bischofs Leopold Wilhelm (1614–1662), des Bruders Ferdinands III. (1608–1657), war eine Kollekte ausgeschrieben worden, allerdings fand sich kein Beleg über etwaige Zahlungen. Jedenfalls hatte damals der Prälatenstand eine Summe von 50.000 Gulden aufgebracht, ohne weitere Forderungen an die übrigen geistlichen Reichsfürsten und Bischöfe.

Aufgrund der Akten zeichnete sich für den salzburgischen Referenten Welvich das Bild ab, als habe das Erzstift bis 1703 weder eine weltliche noch eine geistliche »extraordinare« Steuer bezahlt.

Unter Kaiser Joseph I. (1678–1711) wurde eine einprozentige Vermögenssteuer ausgeschrieben. Die salzburgischen Herrschaften waren mit 800 Gulden, für die Beamten und deren Realitäten, für die Förster und Bedienstete mit 81 Gulden 48 Kreuzer und für sämtliche niederösterreichischen Untertanen mit über 500 Gulden Vermögen in Höhe von 654 Gulden 19 $\frac{1}{2}$ Kreuzer belastet, das ergab eine Summe von 1.536 Gulden 7 $\frac{1}{2}$ Kreuzer. Nach Abzug von 10 Prozent für die sofortige Begleichung am 17. April 1703 verblieben 1.382 Gulden 31 $\frac{1}{2}$ Kreuzer. Diese Steuer wurde auch 1705 und 1707 ausgeschrieben, in Kärnten und der Steiermark aber bereits 1696, dann 1701 und in dem jeweils festgesetzten Zeitraum.

Für diese Folgejahre fehlten jedoch die Akten für die Recherche. Für 1716 bis 1718 gab es eine geistliche Dezimation durch den Papst. 1717 weilte der salzburgische Hofkanzler wegen der Bezahlung von 30.000 Gulden gerade in Wien. Da der dortige Salzburger Agent von der Unbilligkeit einer geistlichen Steuerzahlung überzeugt war, ging ersterer zum Nuntius Spinola (1667–1739). Der

Hofkanzler erklärte dem Nuntius, dass der Erzbischof für geistliche Dezimationen nicht aufkommen werde, da er ohnehin von Reichs wegen seinen Beitrag erbringe. Er müsse zudem von seinen Herrschaften als ein »status politicus« der jeweiligen Landschaft das Betreffende leisten und hätte auch niemals einen geistlichen Beitrag abgegeben. Darauf antwortete der Nuntius, dass dem Erzbischof in seiner Eigenschaft als geistlichem Fürsten der Besitz der Güter nicht durch kaiserliche Belehnung, sondern vielmehr durch die päpstlichen Bullen eingeräumt würde, und er von der Dezimation nicht loskomme, zumal widrigenfalls Freising und die Prälaten seinem Beispiel folgen würden. Letztlich erklärte sich der Erzbischof bereit, 1.000 Gulden auf Quittung der Wiener Nuntiatur vom 12. Dezember 1718, unterfertigt vom »Auditor generalis«, zu übernehmen. Man betonte allerdings, dass die Zahlung nicht aus Schuldigkeit, sondern freiwillig erfolgt sei.

In der Steiermark und in Kärnten wurde die Fortifikationssteuer 1686 bezahlt. 1690 stellte man sich der Bezahlung zwar nicht entgegen, instruierte aber für die 3. Ausschreibung 1716 die Beamten in Deutschlandsberg und Friesach, bei ausgeschriebenen geistlichen Beiträgen den Vertrag von 1535 zu zitieren, wonach die salzburgischen auswärtigen Besitzungen als ritterständisch zu behandeln seien und man nur gewillt sei, landschaftliche Steuern mitzutragen. Von Seiten des Kaisers wurde eingewandt, dass die Dezimation durch den Papst, und nicht vom Kaiser ausgeschrieben worden sei, mit dem kein Vertrag bestand. Aus den Amtsrechnungen ging hervor, dass Salzburg 1687 aus der Friesacher Amtskasse 1.913 Gulden 44 $\frac{1}{2}$ Kreuzer und 1690 2.570 Gulden 38 Kreuzer 1 $\frac{1}{2}$ Pfennig und schließlich von Deutschlandsberg in demselben Jahr 1.972 Gulden 8 $\frac{1}{2}$ Kreuzer für diese päpstliche Kollekte bezahlt hatte. Allerdings erging nach Deutschlandsberg der Befehl, für die steirischen Herrschaften jährlich 500 Gulden zu bezahlen, und zwar mit dem Verweis, »daß man dieselbe nicht aus Schuldigkeit, sondern aus freyen Wilen, und ohne Consequenz oder Praejudiz abführe pro anno 1716«; deshalb wurde an den Bischof von Seckau bezahlt. Auf dieselbe Weise wurde auch die Zahlung für die Kärntner Herrschaften geregelt und dem Bischof von Gurk wurden 1.750 Gulden ausbezahlt. Auch für das Jahr 1717 wurde in Kärnten so vorgegangen, wieder mit dem Verweis auf Freiwilligkeit.

In Salzburg hatte man in dieser Angelegenheit zudem in Erfahrung gebracht, dass auch das Hochstift Bamberg, das für seine Kärntner Besitzungen ebenfalls einen Vertrag mit dem Landesfürsten abgeschlossen hatte, auf drei Jahre hindurch mit 2.250 Gulden verpflichtet wurde, sich aber mit den Zahlungen abgefunden hatte. So wurden seitens Salzburgs auch die Zahlungen für die Jahre 1717 und 1718 ausgefolgt, wieder mit dem Beisatz des Protestes.

Der Beginn der Fortifikationssteuer setzte also nach den Recherchen des Deputationsreferenten mit dem Jahr 1685 ein. Er war dabei die größten Register,

Faszikel und fast alle Amtsrechnungen von diesem Jahr an bis 1718 »zu seiner und seiner Nacharbeiter Wissenschaft« durchgegangen. Aufgrund der ersten Ausschreibung von 1685 zahlte Salzburg für die niederösterreichischen Besitzungen nichts, während in Kärnten aufgrund des »decreto proprio« des Erzbischofs Max Gandolf (1622–1687) vom 4. April 1687 auf Gesuch des Bischofs von Lavant nur für dieses eine Mal die Zahlung in Höhe von 1.913 Gulden 44 $\frac{1}{2}$ Kreuzer zu erfolgen hatte. In der Steiermark kamen 1689 insgesamt 1972 Gulden 26 $\frac{1}{4}$ Kreuzer für die Kollekte an den Bischof von Seckau zusammen, ohne Protest und Einspruch.

Die zweite päpstliche Ausschreibung des Jahres 1690 wurde für die niederösterreichischen Besitzungen zwar vom Passauer Konsistorium ausgeschrieben, aber nie eingereicht, während für Kärnten und die Steiermark bezahlt wurde.

Die dritte Ausschreibung für ein Zehntel aller geistlichen Einkünfte auf drei Jahre erfolgte über eine Bulle Papst Klemens' XI. (1649–1721) vom 15. Februar 1716, Rom und ein k. k. Kommissionsdekret vom 19. Juni 1716, Graz. Die salzburgische Administration widersetzte sich dieser Ausschreibung, richtete aber nichts dagegen aus. Unter Protest wurden für Niederösterreich 1.000 Gulden, für Kärnten 5.250 Gulden und für die Steiermark 1.500 Gulden für drei Jahre bezahlt.

Bis 1725 blieb es im Hinblick auf die erwähnten Ausschreibungen dann ruhig. Im genannten Jahr erging eine Bulle von Papst Benedikt XIII. (1649–1730), datiert mit 31. Jänner, an Kaiser Karl VI. aus, der als Zehnt von den geistlichen Besitzungen für fünf Jahre 160.000 Gulden bekommen sollte. In Salzburg war man aufgrund des »galanten« Versprechens des Untermarschalls und Mitkollektors von Aicher zuversichtlich, trotz der fünfjährigen Ausschreibung für die niederösterreichischen Güter mit 1.000 Gulden davonzukommen. In der Folgezeit wurde diese Summe auf 180 Gulden pro Jahr herabgesetzt und die Beträge wurden seitens des Kollektors der Nuntiatur »pro mensa archiepiscopali« quittiert, wie man nun die erzstiftischen Besitzungen »auf einmal zu taufen beliebt hat«, so die Wendung des Deputationsreferenten Welvich.

In Kärnten wurden die Salzburger Besitzungen jährlich mit 580 Gulden veranschlagt, aufgrund der überhöhten Forderung hatte man Beschwerde eingelegt und Recht bekommen, weshalb die Summe auf jährliche 250 Gulden reduziert wurde. Die vom Gurker Bischof unterfertigten Quittungen dafür enthielten allerdings keine Protestnoten. Die steirischen Besitzungen wurden für diese Ausschreibung mit jährlich 200 Gulden veranschlagt.

Kaum waren diese fünf Jahre vergangen, kam 1731 über die Wiener Nuntiatur erneut ein Schreiben, wonach das vorangegangene Subsidium zur Herstellung der Festungen gegen die Türken nicht ausreichend gewesen sei, so dass die Steuer erneut vom Papst für weitere fünf Jahre prolongiert wurde. Das Sonderbarste daran war, dass man diesmal in Österreich keine Kenntnis davon hatte und erst dahinterkam, als der Auditor der Nuntiatur in Wien am 17. Juli 1736 den

Betrag von 900 Gulden einforderte, der auch ohne Vorbehalt und Protest ausgehändigt wurde.

Dann erfolgte eine weitere fünfjährige Verlängerung bis zum Jahre 1740, wie der Auditor der Nuntiatur dem Erzbischof am 23. Februar 1737 anzeigte. Es kam erneut die Summe von 900 Gulden zur Auszahlung. Nun wurde aber zusätzlich mit 30. März 1734 eine einprozentige Vermögenssteuer ausgeschrieben, welche der Kaiser dem Erzbischof am 15. Dezember 1734 in einer eigenen Zuschrift anzeigte. Diese Steuer wurde dann für die Jahre 1736 bis 1739 prolongiert.

In Kärnten und der Steiermark erfolgten die fünfjährigen Ausschreibungen für 1731 und 1737 nach der jeweiligen Anzeige der Bischöfe von Gurk und Seckau. Ohne Einwendungen wurden von Deutschlandsberg 2.000 Gulden und von Friesach 2.500 Gulden für die Jahre 1731 bis 1740 ausbezahlt.

Noch bevor das 3. Quinquennium vorüber war, kam 1738 eine päpstliche »extraordinare« Bewilligung in Höhe von 236.583 Gulden zur Ausschreibung, durch die das Erzstift in Österreich mit je 137 Gulden 22 Kreuzer für die Jahre 1738 und 1739 verpflichtet wurde, während in Kärnten für diesen Zeitraum je 195 Gulden 6 Kreuzer, und in der Steiermark 156 Gulden 25 Kreuzer $\frac{5}{8}$ Pfennig anfielen, obwohl der Deutschlandsberger Verwalter Hormayr[12] angezeigt hatte, dass die salzburgischen Besitzungen nicht geistlichen, sondern weltlichen Charakters seien.

Im Jahre 1739 wurde vom Papst ein weiteres Extraordinarium in Höhe von 170.000 Gulden bewilligt und die Salzburger Zahlungen erfolgten klaglos. Mit der Bulle vom 13. Dezember 1740 kam das vierte Quinquennium durch Papst Benedikt XIV. (1675–1758) zur Ausschreibung, und zwar in Höhe von 600.000 Gulden, also jährlich 120.000 Gulden. Die kam jedoch erst im Jahre 1743 zur Publikation. Die Ausschreibung sowie die Quote wurden vom Nuntius persönlich für das Erzbistum Salzburg festgesetzt. Im Jahre 1749 erschien dann die fünfte päpstliche Ausschreibung, die bis 1753 lief. Damit aber bei den laufenden Zahlungen – so der Salzburger Referent – keine »Pause« eintrat, wurde mit 20. März 1751 in Rom ein päpstliches Breve ausgefertigt und 1753 publiziert, wonach der Papst dem Kaiser für weitere 15 Jahre von 1753 bis 1767 jährlich 120.000 Gulden bewilligte.

Während all dieser Zeit hatte Salzburg die Beträge ohne Einwände bezahlt; hin und wieder kamen jedoch Rückstände auf, die nach Urgierung aber bezahlt wurden. Insgesamt leistete das Erzbistum Salzburg in den Jahren von 1685 bis 1767 für die niederösterreichischen Besitzungen 7.936 Gulden 10 Kreuzer, für

12 Johann Felix Constantin Edler von Hormayr war Reichsritter, hatte in Dillingen am 22. August 1718 ein Doktorat erworben, war Salzburger und Churmainzer Hofrat, letzteres mit Dekret vom 10. Juli 1723. Er übernahm am 21. Mai 1739 die Burghauptmannschaft Deutschlandsberg, wo er am 6. Februar 1752 verstarb, Steiermärkisches Landesarchiv Graz, Archiv Hormayr, K1 H1.

die steirischen 12.080 Gulden 52 Kreuzer $\frac{5}{8}$ Pfennig und für die kärntnerischen 19.585 Gulden 54 Kreuzer 3 $\frac{1}{2}$ Pfennig, zusammen also 39.602 Gulden 57 Kreuzer 3 $\frac{1}{8}$ Pfennig.

Im Jahre 1767 endeten nun die päpstlichen Ausschreibungen. »Kaum aber fing man an, die Hofnung zu einer endlichen Befreyung von dieser lästigen Anlage, sparsam zu nähren«, da erschien am 31. Dezember 1768 eine k. k. Hofverordnung, wonach die nämliche Steuer nach den bisherigen Beiträgen von der gesamten erbländischen Geistlichkeit auf weitere fünf Jahre »jure regio« ausgeschrieben wurde, gerechnet ab 1. Jänner 1768 bis 31. Dezember 1772. Den geistlichen Kollektoren sollten diesmal auch weltliche beigestellt werden. Wegen dieser Steuer ließ Erzbischof Sigismund (1698–1771) den Fürstbischof von Lavant in Wien vorstellig werden, der aber nichts erreichen konnte, sodass die Summen mit Prolongierung bis 1776 an die k. k. Staats-Schulden-Kassa verabfolgt wurden.

Da nun der Bezug dieser »jure regio« ausgeschriebenen Steuer anstandslos ablief, glaubte man das Quantum hinaufsetzen zu müssen, und mit Hofverordnung vom 4. Mai 1776 wurde der Divident der Bemessungsgrundlage für den Regularklerus und die Bruderschaften auf zwei Prozent, für den Säkularklerus auf ein Prozent des reinen Vermögens angehoben. Über diese Steuer fand sich in den salzburgischen Akten nichts, lediglich in der Steiermark hatte das Gubernium in Graz diese Erhöhung kundgemacht. Während man nun bei der Salzburger Deputation an der Ausarbeitung von Gegenargumenten arbeitete, erging am 17. September 1776 eine Gubernialverordnung, die infolge der Hofverordnung vom 9. September nicht nur die Eingaben der Steuerfassionen widerrief, sondern auch das Steuerquantum auf das alte zurücksetzte.

Nach dem Regierungsantritt von Kaiser Joseph II. mussten alle geistlichen Besitzungen und Einkünfte »in genere« getreu ausgewiesen werden. Das Erzbistum hatte nach einer Vorstellung in Graz vom Gubernialpräsidenten die Zusicherung erhalten, dass dieses – wie alle auswärtigen Stifte – nach dem Hofdekret vom 31. Juli 1781 vom Vermögensausweis nicht betroffen sei. Während aber diese Beschlüsse in Salzburg den Amtsweg durchliefen, gab ein nach Wien gesandter Agent dort die Erklärung ab, dass das Erzbistum bereit sei, die geforderten Fassionen einzureichen. Man ging nun daran, diese Auflistungen vorzubereiten. Am 10. März 1783 erfolgte jedoch eine Regierungsverordnung, welche die auswärtigen Stifte von dieser Vermögensfassionierung ausnahm. In den Folgejahren blieb es ruhig und Salzburg führte anstandslos bis 1786 die geforderten Beträge aus dem letzten päpstlichen Quinquennium ab.

Am 19. April 1786 kam es zur Diözesanabtretung und zu einer Konvention mit dem Kaiser, wodurch die geistliche Kategorie des Erzstiftes mit den Erblanden beendet war. Am 19. Juli 1787 wurden die Salzburger Beamten in Deutschlandsberg und Friesach aufgefordert, die Zahlungen einzustellen, ebenso wie auch jenen 1781 bewilligten Religionsbeitrag der Steiermark in Höhe von jährlich 70 Gulden 14 Kreuzer. Daraufhin ging die erste staatliche Zahlungsaufforderung im Amt Traismauer ein. Man wies allerdings den dortigen Beamten an, dem Kreisamt in St. Pölten klarzumachen, dass für das Erzbistum Ordinariate in den Erblanden nicht mehr existieren würden, somit auch die dafür aufzuwendenden Geldbeträge hinfällig waren, ein Argument, das vom Kreisamt jedoch nicht akzeptiert wurde. Das Erzbistum richtete daraufhin ein Handschreiben an den Kanzler, aus dem sich eine längere Korrespondenz ohne Ergebnisse ergab.

Mit den Eingaben und Erörterungen in dieser Angelegenheit, »deren Inhalt ein Buch füllen dürfte«, waren in Salzburg auch der Geheime Rat von Kleimayrn[13] und der Geheime Rat und Hofkanzler von Kürsinger[14] befasst. Aufsätze, Promemoria und Eingaben ergingen an die Hofstellen in Wien, an die Kreisämter in Marburg (Maribor, Slowenien), Judenburg, St. Pölten und Klagenfurt sowie an das Gubernium in Graz, alles aber ohne Erfolg. In einem Hofbescheid wurden die Salzburger Argumente verworfen, da das Erzstift »die geistlichen Anlagen seither unverweigerlich geleistet habe«.

Zur Einforderung der Beträge gingen die staatlichen Unterbehörden mit Zwangsmitteln vor. Über die Frage der Steuerleistungen erließ dann das Kreisamt Klagenfurt einen ablehnenden Bescheid. 1795 ließ der Erzbischof dem Wiener Hof ausrichten, dass man der kaiserlichen Beharrlichkeit in Abforderung dieser Steuer eine ebensolche beharrliche Weigerung entgegensetze und dass man den staatlichen Exekutionsmitteln zwar nicht widerstehen könne, dies aber ohne erzbischöfliche Einwilligung von statten gehen würde.

Die auswärtigen Salzburger Beamten wurden ab 1789 dahingehend instruiert, jede geistliche Steuer nur »bei wirklich eintretender Gewalt« abzuführen und dabei die salzburgischen Privilegien feierlich einzumahnen sowie Protest einzulegen. So wurde dann die Fortifikationssteuer in Traismauer im Jahre 1793 mit einer Strafe von 12 Dukaten, in Deutschlandsberg für die Jahre 1793–1795 mit Exekution und der Religionssteuerausstand in Judenburg ebenfalls durch Exekution eingebracht.

In Salzburg zog nun der Deputationsreferent Welvich folgende Schlussfolgerungen aus seinen Abhandlungen: Man könne das Erzstift weder aufgrund der

13 Johann Franz Thaddäus Kleimayrn (1733–1805), Rechtsgelehrter, war am Reichskammergericht in Wetzlar tätig, trat 1755 in den Salzburger Hofrat ein, war Archivar und Hofbibliothekar, 1796 stieg er nach dem Tode des Freiherrn Anton von Kürsinger zum Hofkanzler auf, vgl. Constantin von Wurzbach, Kleimayrn, Johann Franz Thaddäus, in: Ders. (Hg.), *Biographisches Lexikon des Kaiserthums Oesterreich [BLKÖ]* (Band 12), Wien: k. k. Hof- und Staatsdruckerei 1864, 40.

14 Franz Anton von Kürsinger (1727–1796), studierte in Dillingen, war für den Fürstbischof von Konstanz tätig, für das Reichskammergericht in Wetzlar, kam 1772 nach Salzburg, wurde 1773 Geheimer Rat und Kabinettssekretär und 1774 Hofkanzler, vgl. Hammermayer, Salzburg II/1, 398, Anm. 158.

bisher geleisteten Zahlungen noch aus der »jure regio« erfolgten Ausschreibung zur Bezahlung anhalten, denn die ersten Zahlungen seien nur unter Vorbehalt und freiwillig erfolgt. Bis 1767 waren die päpstlichen Ausschreibungen auf bestimmte Jahre mit dem Ziel der Reparatur der Grenzfestungen gegen die Türken und des Erhalts der christlichen Religion ausgeschrieben worden, weshalb auch dem päpstlichen Generalkollektor in der jeweiligen Bulle »aufs Gewissen gelegt wurde«, dass diese Fortifikationssteuer nur eine zweckgebundene Verwendung finden sollte. Nun aber brauche man solche Festungen nicht mehr, zudem bestehe Religionsfreiheit, und zur Erhaltung des Staates habe man ohnehin die allgemeine Landsteuer insgesamt um zwei Drittel erhöht. Aus dem Wortlaut der päpstlichen Bullen entstünde auch keine Verfänglichkeit, zumal der Kaiser darin ausdrücklich als Bittsteller auftrete.

Die päpstlichen Ausschreibungen richteten sich nur an die inländische Geistlichkeit und deren Gefälle. Zwar gehörten die Erzbischöfe von Salzburg während der päpstlichen Ausschreibungen in ihrer Eigenschaft als wirkliche Bischöfe von Wiener Neustadt, Gurk, Seckau und Lavant zur inländischen Geistlichkeit, nie gehörten aber ihre Besitzungen in Nieder- und Innerösterreich zu diesen Bistümern, nie bezog ein Bistum daraus Einkünfte und nie lagen darauf Stiftungen oder ein geistliches »onus«, welche diese Besitzungen als geistliche Güter ausweisen würden. Weil man nun seitens der päpstlichen Kollektoren oder der k. k. Stellen die auswärtigen Besitzungen Salzburgs unter geistliche Güter gesetzt hatte, geschah dies gegen Salzburgs ausdrückliche Bewilligung, obwohl das Erzstift die Ritterständigkeit dieser Besitzungen stets betont hatte.

Die »jure regio« erfolgte Steuerforderung von 1768 gründete auf der päpstlichen Ausschreibung, sie war somit keine ordentliche und systematisierte Steuer. Diese Meinung zeigte das Erzbistum durch die von Zeit zu Zeit eingestellten Zahlungen an, »bis entweder ernstliche Drohungen, oder gar gewaltsame Betreibungen, denen es nicht widerstehen konnte«, eingeleitet worden waren. Ferner betraf die kaiserliche Ausschreibung von 1768 lediglich die erbländische Geistlichkeit; erst in jener von 1776 ist von einigen auswärtigen Parteien die Rede. So wurde auch das Erzstift – da es nicht zu dieser Klasse gehörte – mit Hofkanzleidekret vom 31. Juli 1781 ausdrücklich von der Fassionierung ausgenommen. Weil nun auch mit der Diözesanregulierung jeglicher Titel Salzburgs aufgehört hatte, war es unverständlich, aus welchen Gründen und mit welchen Rechten man seitens des Wiener Hofes die Fortzahlungen betrieben hatte.

Wenn allerdings seitens der kaiserlichen Regierung die Meinung bestünde, wonach die erzstiftischen Besitzungen geistliche Steuern zu tragen hätten, weil der Nutzen daraus von einem geistlichen Fürsten bezogen werde, und diese Besitzungen zudem im Landkataster – wie man vorgab – unter den geistlichen Besitzungen angelegt wären, so müsse auch für den Staat dasselbe Prinzip gelten. Denn dieser besaß in den Erblanden eine Menge von eingezogenen Gütern und

Einkünfte, die bei strenger Auslegung eigentlich geistliche Güter waren, die mit Stiftungen und anderen Lasten behaftet waren, so der Referent Welvich, »kann man deswegen ohne ausgelacht zu werden, behaupten, daß der k.k. Staat und dessen Regent ein Geistlicher sey?«.

Das Salzburger Domkapitel besaß Güter und Einkünfte und bezahlte davon, wenn sie in den Erblanden lagen, »willig und gern« die geistlichen Anlagen. Von den auswärtigen Gütern bezog aber weder das Domkapitel, noch das Erzbistum, noch das Ordinariat Salzburg etwas. Die Einkünfte standen dem Erzbischof privat zu, also dem Landesfürsten und Regenten des weltlichen Reichsfürstentums Salzburg. Er allein empfing die kaiserlichen Lehen über die weltlichen Zugehörungen des Erzstiftes, wie es dessen Verfassung und altes Herkommen mit sich brachten. Dass die auswärtigen Besitzungen ohne Wissen des Erzbischofs, entgegen des Vertrages von 1535 und gegen die Behauptungen des Erzstiftes unter den geistlichen Besitzungen eingetragen worden waren, waren ein Fehler und die Eigenmächtigkeit der jeweiligen Landtafeln, in Unkenntnis der erzbischöflichen Rechte. Nie wurde zudem behauptet, dass dieser Besitz zu den Bistümern Wiener Neustadt oder Seckau gehört habe. Das Argument der staatlichen Behörden, der Erzbischof habe als Bischof von Wiener Neustadt die Vermögenssteuer bezahlt, galt nur bis 1786, bis zur Diözesanregulierung. So war auch die »jure regio« erfolgte Ausschreibung aufgrund des Vertrages von 1535 unzulässig, da König Ferdinand I. die erzstiftischen Besitzungen als ritterständig erklärt hatte, dieselben lediglich den Landschaftsanlagen unterworfen waren und auch auf die Ausübung des »juris regii« verzichtet wurde.

Kaiser Joseph II. hatte in der Konvention von 1786 die alten Verträge zwar feierlich bestätigt. Das Erzbistum konnte aber die Ausübung des »juris regii« nicht anerkennen, da die Besitzungen nicht in den »stato quo« von 1535 »in integrum« restituiert worden waren, womit das Erzbistum die Landeshoheit darüber wiederbekommen hätte. Dass die Konvention von 1786 nur Diözesanangelegenheiten enthalten würde, wie das Kreisamt St. Pölten stets vorgegeben hatte, wird schon durch den Paragraph 1 widerlegt, wo es heißt, dass die zwischen dem Erzhaus Österreich und dem Erzbistum Salzburg bestehenden Verträge – ausgenommen die in der Konvention abgeänderten Sätze – keineswegs abträglich sein sollten. Durch den Paragraph 10 der Konvention wurde das Erzbistum durch den Kaiser »in dem ruhigen, und ungestöhrten Besitze seiner Lehensrechte, Güter und Einkünfte in oest(erreichischen) Erblanden in der nemlichen Art, und Eigenschaft, wie es den errichteten Handvesten, Verträgen, und rechtsbeständigen Herkommen gemäß war«, belassen. Der Wortlaut der Konvention war nach Meinung Welvichs eindeutig: Jene Rechte waren durch Salzburg abgetreten worden, weswegen man das Erzstift zum geistlichen Stand gezählt habe. Auch die Behauptung, die Fortifikationssteuer begründe sich auf ein rechtsbeständiges Herkommen, sei falsch.

Der Referent Welvich hatte auch in den Akten des Konsistoriums von 1782/83 anlässlich der Abtretung des Wiener Neustädter Diözesanbezirkes recherchiert, da damals dem Erzstift der kaiserliche Schutz der Salzburger geistlichen und weltlichen Rechte und Besitzungen zugesichert worden war. Zudem hatte der Referent die Rezesse von 1671 und 1729 wegen der bischöflichen Jurisdiktion in der Steiermark und Kärnten überprüft, und auch manches in der Causa in Kleimayrns[15] *Juvavia* gelesen; nirgends aber fand der Referent in seinen Nachforschungen Gegensätzliches, dass eben die erzstiftischen auswärtigen Besitzungen von jeher gegen »Recht und Billigkeit« mit der Fortifikationssteuer belastet waren.

Nach all diesen umfassenden Erörterungen gestand Referent Welvich ein, dass er aufgrund »der täglichen Amts-Beschäftigungen noch nicht dazu kam, die Verfassung des Erzstiftes, dessen innere und äußere Verhältnisse genau zu studieren, auch konnte er bei seinen Arbeiten nie ruhig fortfahren, da er durch die laufenden Kanzleigeschäfte oder andere höchste Aufträge öfters am Tage unterbrochen« worden war. Sein Rat war der, dass man in erster Linie die vom Kreisamt Klagenfurt nach Friesach übermittelte Grazer Gubernialentschließung vom 23. Juli 1789, ebenso wie auch die niederösterreichische Regierungsverordnung vom 1. Oktober 1796 bekämpfen solle, da beide jene Beweggründe beinhalten, welche für die anderen Bescheide in der Causa immer maßgeblich waren. Erst wenn die Befreiung der niederösterreichischen Besitzungen erwirkt worden sei, solle der Streit mit den steirischen und kärntnerischen Länderstellen in Angriff genommen werden.

Für die Eingabe des Beamten in Traismauer am Kreisamt St. Pölten hatte Referent Welvich auch schon ein Schreiben entworfen. Der Mann sollte aber dem Kreishauptmann die Angelegenheit mündlich vortragen und ihm ein Ansuchen um eine »günstige Einbegleitung« an die Regierung in Wien aushändigen. Am 9. März 1797 genehmigte der Erzbischof mit geringen Abänderungen das Vorgehen nach den Empfehlungen des Referenten Welvich.

Natürlich war die Bezahlung der Fortifikationssteuer vom Erzbischof bereits als überholt betrachtet worden, denn bis 1769 wurde diese aufgrund päpstlichen Auftrages ausgeschrieben, danach von der Regierung. So hatte das Erzbistum im Juni 1793 durch seinen Agenten von Blumenfeld bei der Geheimen Hof- und Staatskanzlei eine Beschwerde wegen der Bezahlung dieses »subsidium ecclesiasticum« für die in den österreichischen Erblanden gelegenen Besitzungen eingebracht. Salzburg führte in seiner Argumentation den Vertrag von 1535 an, als das Erzbistum sich in die Landsässigkeit begeben und sich bei den Steuerleistungen zum »Mitleiden« bereit erklärt hatte. Im Vertrag von 1786 habe es alle unmittelbaren Diözesan- und Ordinariatsrechte abgegeben. Weiters betrachtete Salzburg seine auswärtigen Besitzungen als »weltlich« und man sei daher – wie

15 Vgl. Wurzbach, Kleimayrn, 80.

alle Landleute und die Ritterschaft – weder zur Fortifikationssteuer noch zum Erbsteueräquivalent verpflichtet.

Die staatlichen Stellen blieben aber unnachgiebig. Man vertrat den Standpunkt, dass diese Steuer ein Beitrag der inländischen Geistlichkeit sei. In verschiedenen Präsidialschreiben von November und Dezember 1789, aber auch in den Jahren 1793 und 1795, wurden alle Salzburger Eingaben mit der Begründung abgeschmettert, dass diese auswärtigen Besitzungen nirgends als weltlich ausgewiesen seien; auch im ständischen Kataster fänden sich diese unter der Kategorie der Geistlichkeit eingetragen. Weiters führte man ins Treffen, dass man in diesen Besitz in keiner anderen Eigenschaft als in der als Erzbischof von Salzburg komme. Man akzeptierte auch nicht die Argumentation mit den Bestimmungen des Vertrages von 1786, da der Erzbischof über die vier Suffragane Gurk, Lavant, Seckau und Leoben die Metropolitanrechte ausübe.

Die Salzburger Verwaltungsbeamten wurden zudem von ihrer Dienststelle angehalten, die ausgeschriebenen Beträge nur unter Protest zu bezahlen, da von den staatlichen Stellen die Steuer ohnehin mit Gewalt eingetrieben werde. Dies hatte sich etwa in der niederösterreichischen Herrschaft Arnsdorf zugetragen oder im Jahre 1794, als man bei der Herrschaft Deutschlandsberg ohne Zwangsmittel nicht zur Bezahlung der Fortifikationssteuer bereit war.

In diesen Auseinandersetzungen wandte sich der Erzbischof 1795 direkt an den Kaiser. Im betreffenden Schreiben heißt es, »wie tief dieses gewaltsame Verfahren S(einer) Hochf(ür)stl(ichen) Gnaden zu Gemüth dringe.« Auch dieser Versuch des Erzbischofs schlug fehl, der Kaiser entschied am 23. Oktober 1795 gegen das Salzburger Begehren. In den Folgejahren wurde zur »Bedeckung des Staatsaufwandes für notwendig die Fortifikationssteuer von der Geistlichkeit unserer Erblande […] auszuschreiben befunden.« Mit dem Verwaltungsjahr 1822 hörten die Ausschreibungen der Fortifikationssteuer schließlich auf.[16]

Dieser Beitrag soll zeigen, dass eine unliebsame – letztlich auch unrechte – Steuer, das Quinquennium, das Verhältnis zwischen Staat und Kirche über Jahrzehnte belastet hat. Bedingt durch die Finanznot im Siebenjährigen Krieg (1756–1763) war man seitens der staatlichen Stellen bemüht, aus der päpstlichen Ausschreibung ein Gewohnheitsrecht erwachsen zu lassen. Gerade die Leistung der Fortifikationssteuer durch das Erzbistum Salzburg, die zur Finanzierung der Befestigungen gegen die Türken bestimmt war, fördert eindrucksvoll die Rechtsunsicherheit auf beiden Seiten zu Tage.

guenther.bernhard@uni-graz.at

16 Österreichisches Staatsarchiv, Allgemeines Verwaltungsarchiv, Hofkanzlei 1778 und Christian d'Elvert, *Zur Österreichischen Finanz-Geschichte, mit besonderer Rücksicht auf die böhmischen Länder* (Band 2), Brünn: Selbstverlag 1881, 698, 702.

Daniela Angetter

Um Erfahrungen nutzen zu können, muss man sie zuallererst einmal haben. Medizinische Ergebnisse der Novara-Expedition

Am 30. April 1857 stach in Triest die Fregatte SMS Novara unter dem Kommodore Bernhard Freiherr von Wüllersdorf-Urbair (1816–1883) in See. An Bord befanden sich über 350 Personen und eine große Anzahl an Lebendtieren zur eigenen Versorgung während der Reise. Die Novara legte auf ihrer Weltumsegelung in 551 Tagen 51.686 Seemeilen zurück, 298 Tage wurden in insgesamt 25 Häfen verbracht[1] – eine Herausforderung für die mitreisenden Ärzte. Neben einer Reihe von naturwissenschaftlichen Forschungsergebnissen konnten auf dieser Fahrt jedoch auch wichtige richtungsweisende medizinische und hygienische Erkenntnisse für die Schifffahrt, aber auch die Medizin im Allgemeinen gewonnen werden, die in dem vorliegenden Beitrag aufgezeigt und in den Kontext der Wiener Medizin in der Mitte des 19. Jahrhunderts gestellt werden.

If you want to use experiences you will have to make them first. Medical results of the Novara-Expedition

On April 30th 1857, the frigate SMS Novara set sail in Trieste under the Commodore Bernhard Freiherr von Wüllersdorf-Urbair. On board there were more than 350 people and a large number of living animals for their own care during this circumnavigation. The Novara covered 51.686 nautical miles in 551 days on its trip; 298 days were spent in a total of 25 ports – a challenge for the travelling physicians. In addition to a number of scientific research results, important trend-setting medical and hygienic findings for shipping, but also medicine in general could be obtained, which are presented in this article and placed in the context of Viennese medicine in the mid-19th century.

Keywords: Novara-Expedition, Weltumsegelung, Hygiene, Symptome und Ursachen von Krankheiten, Epidemien, Heilmittel, Medizin in Wien
Novara expedition, circumnavigation, hygiene, symptoms and causes of diseases, epidemics, remedies, Medicine in Vienna

1 Vgl. Antonio Schmidt-Brentano, *Die Österreichischen Admirale 1808–1895* (Band 1), Osnabrück: Biblio Verlag 1997, 167.

Abb. 1: Die SMS Fregatte Novara während der Expedition (Privatarchiv Georg Pawlik).

Einleitung

In der Mitte des 19. Jahrhunderts befand sich die medizinische Entwicklung in Europa und damit natürlich auch im heutigen Österreich, respektive in Wien, in einer Umbruchphase. Im 18. aber auch noch im beginnenden 19. Jahrhundert galt die Vier-Säfte-Lehre als Grundlage für die medizinische Therapie, man sprach den kosmischen Influenzen, wie zum Beispiel einer bevorstehenden Sonnenfinsternis, Einfluss auf Physiologie, Pathologie und die Ausbreitung von Epidemien zu, und hielt Auswirkungen klimatischer Verhältnisse relevant für Krankheitskonstitutionen, Stoffwechselprozesse oder die Zeugungsfähigkeit bzw. -unfähigkeit. Mit der Gründung des Allgemeinen Krankenhauses in Wien im Jahre 1784 entwickelte sich jedoch bald eine Stätte nationaler und internationaler Forschung. Ab der Mitte des 19. Jahrhunderts verhalf die Neuorientierung des diagnostischen Blicks und des therapeutischen Angebots infolge der technischen Entwicklungen, wie beispielsweise des Mikroskops, aber auch der Durchbruch der Naturwissenschaften den Medizinern zu einem neuen Krankheitsverständnis. Im klinischen Bereich forschte man nach den Ursachen von krankhaften Organveränderungen, medizinische Befunde an Lebenden wurden mit pathologischen Befunden verglichen, um neue Erkenntnisse betreffend Krankheitsentstehung und Therapiemöglichkeiten zu gewinnen. Dies bedingte in weiterer Folge auch die Spezialisierung der einzelnen medizinischen Fachgebiete, und so wurden die ersten Haut-, Augen- und Hals-Nasen-Ohren-Kliniken in Wien gegründet. Die rasanten Fortschritte in der Entwicklung der Medizin, insbesondere die Gründung von Laboratorien für Medizinische Chemie, für Allgemeine und Experimentelle Pathologie sowie für Physiologie, aber auch das verstärkte Interesse an einer Seuchenprophylaxe – nicht zuletzt durch die Cholera, die in Wien in den 1830er-Jahren, 1849 und 1854/55 grassierte –, rückten die wissenschaftlichen Aspekte der Heilkunde ebenfalls immer mehr in den Vordergrund.[2]

Aber auch in der Seefahrt kam es Mitte des 19. Jahrhunderts zu grundlegenden Veränderungen. Segelschiffe wurden sukzessive von maschinenbetriebenen Schiffen abgelöst, die Holzkonstruktionen durch Stahlkonstruktionen ersetzt und auch das Leben an Bord durch neue technische Errungenschaften erleichtert. Darüber hinaus konnte verstärkt auf medizinische und sanitätsdienstliche Erfahrungswerte zurückgegriffen werden, so dass im Bereich Hygiene, Infektiologie und in weiterer Folge auch im Bereich der (Kriegs)chirurgie neue Erkenntnisse wesentliche Verbesserungen in der Prävention sowie in der Behandlung von Patienten an Bord von Expeditions- oder Kriegsschiffen gewonnen wurden. Während die Royal Navy schon seit dem Ende des 18. Jahrhunderts auf Krankenjournale ihrer Schiffsärzte zurückgriff, entstanden in Europa solche Erfahrungsberichte erst in größerer Zahl und Umfang ab den 1860er-Jahren.[3] In diesem Zusammenhang ist der medizinische Erfahrungsbericht des Schiffsarztes der SMS Novara Eduard Schwarz (1831–1862) als eine richtungsweisende Publikation zu beurteilen.[4] Schwarz' Werk kann in drei große Abschnitte, nämlich in eine allgemeine Materie, wo es vor allem um das Leben an

2 Vgl. Daniela Angetter, »Die Tiefen der Medizin bleiben also denjenigen verborgen, die die Naturgeschichte nicht kennen«. Studienordnungen, Universitätsreformen und Fragen nach dem Wert eines geistes- und naturwissenschaftlichen Grundlagenwissens für das Medizinstudium, in: Daniela Angetter/Birgit Nemec/Herbert Posch/Christiane Druml/Paul Weindling (Hg.), *Strukturen und Netzwerke. Medizin und Wissenschaft in Wien 1848–1955* (650 Jahre Universität Wien – Aufbruch ins neue Jahrhundert 5), Göttingen: V&R unipress 2018, 155–178, 169–171.

3 Vgl. Volker Hartmann, Skorbut, Segel, Seegefecht, in: *Truppendienst* Folge 324, Ausgabe 6, 2014. URL: http://www.bundesheer.at/truppendienst/ausgaben/artikel.php?id=1788 (abgerufen am 26.9.2019).

4 Vgl. Eduard Schwarz, *Reise der österreichischen Fregatte Novara um die Erde in den Jahren 1857, 1858, 1859 unter den Befehlen des Commodore B.v. Wüllerstorf-Urbair.* Medizinischer Theil (Band 1), Wien: k. k. Hof- und Staatsdruckerei 1861.

Bord, um klimatische Einflüsse, aber auch um Seekrankheit ging, in Krankengeschichten und in einzelne Krankheitsprozesse gegliedert werden. Bei seinen Ausführungen stützte er sich unter anderem auf die Krankenprotokolle des Schiffswundarztes I. Klasse Carl Ružicka (1815–?).[5]

Medizinwissenschaftlicher Auftrag

Die von der kaiserlichen Akademie der Wissenschaften in Wien vorbereitete Novara-Expedition war die erste groß angelegte wissenschaftliche Weltumsegelungsmission der österreichischen Kriegsmarine.

Das enge Zusammenleben hunderter Personen, nämlich 354 Mannschaftsmitglieder, darunter acht Marineoffiziere, 14 Seekadetten, ein wissenschaftlicher Stab aus sieben Mitarbeitern, vier Ärzte, ein Seelsorger, ein Verwalter, Handwerker sowie Unterhaltungspersonen[6] auf mitunter engstem Raum, stellte die medizinische Versorgung unter dem Schiffsarzt Dr. Schwarz, unterstützt vom Chef-Schiffsarzt Franz Seligmann (1809–1889) vor völlig neue Aufgaben.

Bereits vor Beginn der Reise stand fest, dass die Novara-Expedition im medizinischen Bereich in zwei wesentliche Aspekte unterteilt werden musste: einerseits in eine medizinische Auftragsforschung und andererseits in die sanitätsdienstliche und ärztliche Betreuung und Versorgung der Teilnehmer. Hierzu gab es umfassende Anweisungen seitens des Chefarztes der Novara und des k. k. Marine-Oberkommandos in Wien. Insbesondere wurde in diesen Vorschriften auf sanitäre und hygienische Maßnahmen Bedacht genommen, um die Ausbreitung von Infektionskrankheiten an Bord möglichst gering zu halten.[7]

Insgesamt bewarben sich über 300 Ärzte um eine Teilnahme an dieser Expedition, wobei manche – wie auch Schwarz selbst – zu einer List griffen, um ihre Chance zu wahren. Der im ungarischen Miskolcz am 13. September 1831 geborene Eduard Schwarz schiffte sich nämlich als Gelehrter des Faches Botanik ein, entpuppte sich allerdings rasch als Nichtbotaniker und erwarb sich als praktischer Mediziner, ärztlicher Beobachter und medizinischer Berichterstatter große Verdienste. Zu den insgesamt vier auserwählten Ärzten zählten neben Seligmann und Schwarz der Tropenmediziner Robert Christian Avé-Lallemant

5 Vgl. ebd., V.

6 Vgl. Renate Basch-Ritter, *Die Weltumsegelung der Novara 1857–1859. Österreich auf allen Meeren*, Graz: Akademische Druck- und Verlagsanstalt 2008, 43.

7 Vgl. Schwarz, *Reise*, 230–232, 242.

(1812–1884), der die Expedition jedoch nur bis Rio de Janeiro begleitete und dort für Forschungszwecke ausgeschifft wurde,[8] sowie eben Carl Ružicka.

Karl Freiherr von Rokitansky (1804–1878), der damalige Präsident der Gesellschaft der Ärzte in Wien, stellte vor Abreise einen Fragenkatalog der Wiener Mediziner zusammen, in dem gezielte Forschungsdesiderate dargelegt waren. Aber auch die medizinische Fakultät in Prag oder die kaiserliche Akademie der Wissenschaften in Wien sandten Schreiben mit Forschungsfragen an die angeheuerten Ärzte.[9] Diese betrafen einerseits das Auftreten und den Verlauf bestimmter Erkrankungen in den zu bereisenden Ländern, etwa in welchen Gegenden und unter welchen klimatischen Bedingungen Cholera, Tuberkulose, Skrofulose, Rachitis, Pocken, chronische Hauterkrankungen, Hemeralopie (Nachtblindheit), epidemische und endemische sowie diverse Kinderkrankheiten auftreten, aber auch, ob sich tropisches Klima auf die Wundheilung auswirke, und andererseits, ob die Beschaffenheit des Bodens, die Erhöhung über der Meeresfläche, die Qualität des Trinkwassers und die Lebensweise den Ausbruch von Malaria, Ruhr, Typhus und gelbem Fieber begünstigen. In Bezug auf Syphilis sollte untersucht werden, ob sie bei weniger zivilisierten Völkern häufiger zu diagnostizieren sei. Ebenso wichtig erschien den Wiener Ärzten herauszufinden, ob das Auftreten von Gicht in Zusammenhang mit dem Zustand der Zivilisation gebracht werden könne. Im Lauf der Reise sollte zudem der Standard von Krankenhäusern und den damals sogenannten Irrenanstalten, inklusive der sanitäts- und hygienischen Verhältnisse dokumentiert werden.

Weiters interessierten Beobachtungen über Geburten und erste Pflege von Neugeborenen und Babys in den bereisten Gebieten sowie spezielle Heilmittel und -methoden bei verschiedenen Völkern. Wichtig erschienen darüber hinaus Ernährungsfragen, darunter ob vegetarische Nahrung, insbesondere in Form von gepresstem Gemüse zur Verhütung von Skorbut beitrug, sowie die therapeutische Anwendung von Bädern und Waschungen. Demzufolge erging der Auftrag an die Expeditionsteilnehmer, das Vorkommen von Thermen und Mineralwässern sowie deren Benutzung zu erforschen.

Betreffend das Leben an Bord versuchte man hauptsächlich die Ursachen für Seekrankheit zu ergründen.

Diese teils eher allgemein gehaltenen Fragestellungen wurden in Einzelfällen durch detaillierte ausformulierte Forschungsaufträge ergänzt und lassen somit weitere Rückschlüsse zu, in welchen Fachgebieten die Wiener Mediziner in der

8 Vgl. Jan-Henning Voß, *Medizinische Erkenntnisse auf der Weltreise der K.K. Österreichischen Fregatte »Novara« in den Jahren 1857, 1858 und 1859* (Düsseldorfer Arbeiten zur Geschichte 53), Düsseldorf: Triltsch 1979, 11.

9 Vgl. Schwarz, *Reise*, X.

Mitte des 19. Jahrhunderts ihre Erkenntnisse erweitern wollten. Im Besonderen betraf dies die Fächer Dermatologie und Pharmakologie.

Beobachtungen von Pigmentveränderungen, gerade bei Personen mit dunkler Hautfarbe, interessierten in Wien in erster Linie den bekannten Dermatologen Ferdinand Ritter von Hebra (1816–1880), der 1845 als erster Ordinarius für Dermatologie in Österreich die Abteilung für Hautkrankheiten im Allgemeinen Krankenhaus übernahm. Im Rahmen der chronischen Hautkrankheiten sollte besonderer Wert auf das Vorkommen und die Behandlung von Elephantiasis, einer abnormen Vergrößerung eines Körperteils durch Schwellungen der Lymphknoten und -bahnen im Bindegewebe, gelegt werden. Rokitansky würde die Anfertigung von färbigen Zeichnungen von Elephantiasis-Erkrankten begrüßen, damit in Wien die Erscheinungsformen dieser Krankheiten studiert werden könnten.[10] In diesem Zusammenhang stellte sich auch die Frage nach der schützenden bzw. heilenden Kraft des Klapperschlangenbisses gegen Elephantiasis graecorum, der Lepra arabum. Diesbezüglich Versuche gab es bereits in den 1830er-Jahren. So berichtete Avé-Lallemant über den allerdings unglücklichen Versuch eines Kollegen in Rio de Janeiro diese Krankheit mit Hilfe des Bisses der Klapperschlange zu heilen.[11] Aber auch das Vorkommen von Ekzemen unterschiedlicher Genese sollte dokumentiert werden.

Als Auftrag erging weiters an die Expeditionsteilnehmer Proben des Pfeilgiftes Curare nach Wien mitzunehmen, um später an der Universität pharmakologische Untersuchungen durchführen zu können.[12] »Es wäre sehr nützlich, womöglich solche Verbindungen aufzusuchen und zu gewinnen, durch die man Curare zu jeder Zeit und in gewünschten Quantitäten regelmässig beziehen könnte.«[13] Bezüglich des Pfeilgiftes, das im nördlichen Urwald Brasiliens gewonnen wurde, konnten die Forscher in Rio de Janeiro allerdings nur ihren Wunsch äußern, Proben davon mit nach Wien nehmen zu wollen. Sie erhielten das Versprechen, dass ihnen eine gewisse Menge auf dem Postweg nach Wien geschickt werde.[14]

Der damalige Rektor und gleichzeitige Vorstand der 1850 geschaffenen Lehrkanzel für Allgemeine Pathologie und Pharmakologie Karl Damian von Schroff (1802–1887) entwarf ein Verzeichnis von über 100 Pflanzen und Drogen, deren Ursprung unbekannt oder zumindest fraglich war. Schroff adaptierte sein Institut für chemisch-pharmazeutische Untersuchungen und richtete ein Labor für Versuchstiere ein. An Tieren, an freiwilligen Testpersonen und in Selbst-

10 Vgl. ebd., 240–242.

11 J. R. Erhard Edl. von Erhartstein/Ignaz Laschau (Hg.), *Neue medicinisch-chirurgische Zeitung* (Ergänzungsband 1), Innsbruck: Felician Rauch–Leipzig: Carl Franz Köhler 1841, 155.

12 Vgl. Schwarz, *Reise*, 230–232.

13 Ebd., 240.

14 Vgl. Voß, *Medizinische Erkenntnisse*, 15.

versuchen erforschte er die Wirkung verschiedenster Arzneidrogen. Mit größter Sorgfalt verglich er die Wirksubstanzen der einzelnen Pflanzenbestandteile, wie Kraut, Knollen, Wurzel und Samen und untersuchte, in welcher Form pharmazeutischer Verarbeitung die Substanzen am wirkungskräftigsten waren.[15] Daher bedeutete jede neue Erkenntnis über die bislang nur kaum oder gar nicht bekannten Gewächse für die Pharmakologie einen wissenschaftlichen Gewinn. Wichtig erschien den Medizinern in Wien, Patienten mit Chinin behandeln zu können. Dazu war es jedoch nötig, diese Substanz stets in ausreichender Menge zur Verfügung zu haben. Daher wollte man den Lebensraum der Chinabäume ergründen und stellte sogar Überlegungen an, Chinabäume in Regionen mit ähnlichen klimatischen Verhältnissen wie in deren bisherigen Lebensräumen zu verpflanzen, um einen einfacheren Zugriff auf diese zu erhalten. Der aus Böhmen stammende Chemiker und Mediziner Adolf Martin Pleischl (1787–1867) hielt am 29. Jänner 1857 einen Vortrag »über Aufsuchung von Örtlichkeiten, welche zu Anpflanzungen von Chinabäumen geeignet sein dürften«, in dem er ebenfalls die Dringlichkeit der Sicherstellung von Chinin für die medizinische Versorgung in Österreich betonte. In diesem Vortrag lotete er bereits mögliche Anpflanzungsgebiete aus, die im Zuge der Novara-Expedition auf ihre Möglichkeiten hin überprüft werden sollten.[16] Explizit schlug er die Nikobareninseln vor, »auf welche Österreich Besitzrechte hat […].[17] Diese Inseln bringen Kokos- und Palmbäume, Zuckerrohr […] u. s. w. hervor, haben also viele Ähnlichkeit mit der Vegetation im Mutterlande der Cinchonen in den Anden; vielleicht wäre es möglich, […] die Chinabäume noch anzureihen«[18] und somit die Versorgung mit Chinin zu garantieren. Jedenfalls wollte man unter dem Motto »Sine China, ejusque praeparatis chemicis nec nollem, nec possem esse medicus«[19] den Bestand von Chinin für Österreich sichern und kritisierte die teils verschwenderische Anwendung, vor allem dann, wenn andere Heilmittel auch den gewünschten Behandlungserfolg erzielten.[20]

> »Im Allgemeinen ist zu bemerken, dass mit Freuden und Dank Alles wird empfangen werden, was die Reisenden Gelegenheit finden werden, kennen zu lernen bei den Bewohnern der Länder, die sie sehen werden, es mag als Nahrungsmittel oder als Arz-

15 Vgl. Kurt Ganzinger, Schroff, Karl Damian von, in: Österreichische Akademie der Wissenschaften [ÖAW] (Hg.), *Österreichisches Biographisches Lexikon 1815–1950* [ÖBL] (Band 11), Wien: Verlag der ÖAW 1999, 250–251.

16 Vgl. Schwarz, *Reise*, 237–239.

17 Hier irrt Pleischl. 1778 erwarben Schiffe der Triester Handelskompanie einige Nikobareninseln und erklärten sie zu Kronkolonien. 1783 wurde die Triester Handelskompanie aber aufgelöst und Kaiser Joseph II. (1741–1790) überließ die Nikobareninseln Dänemark bzw. Großbritannien. Vgl. https://de.wikipedia.org/wiki/Nikobaren (abgerufen am 19.9.2019).

18 Vgl. Schwarz, *Reise*, 238.

19 Ohne China und seinem chemischen Präparat will ich weder noch kann ich Arzt sein.

20 Vgl. Schwarz, *Reise*, 237.

neimittel von ihnen angewendet oder als Gift gefürchtet werden. Bei allen diesen Gegenständen wird nicht blos auf dieselben, sondern auch, so viel es nur immer thunlich ist, auf ihre Abstammung (Mutterpflanze mit den charakteristischen Theilen) und die allenfallsigen Handelsverhältnisse Rücksicht zu nehmen sein. Von allen Pflanzen sind wo möglich vollständige Exemplare wünschenswerth.«[21]

Medizinische und sanitätsdienstliche Versorgung an Bord

Eine der sicherlich größten Herausforderungen für die medizinische Wissenschaft waren die ungewohnten Lebensbedingungen an Bord. Unterkunft, Verpflegung, Arbeit, Schlaf, Bewegung und Ruhephasen fanden im Vergleich zum Landleben unter völlig geänderten Verhältnissen statt und das über einen ungewöhnlich langen Zeitraum hinaus. Die Segelfregatte Novara galt zwar zu ihrer Zeit als eines der modernsten und schnellsten Schiffe der k. k. Marine, war aber mit einer Länge von 50,35 m und einer Breite von 13,80 m relativ klein. Das Batteriedeck wies eine Fläche von rund 400 m^2 auf. Wenn sich alle 315 Mannschaftmitglieder gleichzeitig dort aufgehalten hätten, wären jedem Matrosen 1,26 m^2 zugestanden.[22]

Abb. 2: Die SMS Fregatte Novara (Privatarchiv Georg Pawlik).

21 Ebd., 236.
22 Freundliche Mitteilung von Herrn Georg Pawlik.

Abb. 3: Matrosen bei der Arbeit auf der Fregatte Novara (Privatarchiv Georg Pawlik).

Abb. 4: Das Leben an Deck der Novara (Privatarchiv Georg Pawlik).

Das Zusammenleben auf diesem engsten Raum konnte die rasche Verbreitung von Infektionskrankheiten begünstigen. Um die Ausbreitung solcher Krankheiten zu verhindern, wurden erstmals präventive hygienische Maßnahmen an Bord des Schiffes bei der Versorgung der Mannschaft berücksichtigt und auf ihre künftige Effizienz hin getestet.

Um von vornherein die Verbreitung von Infektionserkrankungen einzudämmen, wurden aus der Kuhpocken-Regenerationsanstalt in St. Florian bei Graz und aus der Findelanstalt in Wien Impfstoffe sowohl in Phiolen als auch in getrocknetem Zustand mitgeführt, um im Bedarfsfall die Mannschaften immunisieren zu können. Allerdings war die Haltbarkeit dieser Impfstoffe noch nicht nachhaltig erprobt.[23]

Lebensmittelhygiene

Ein besonderes Problem hinsichtlich dieser Präventivmaßnahmen betraf die Versorgung mit Nahrungsmitteln. Durch teilweises Mitführen von Lebensmitteln aus der Heimat versuchte man erfolgreich, der Verbreitung von Seuchen durch importierte Vorräte vorzubeugen. Ebenso hielt man Lebendvieh an Bord, das einerseits frische Milch und Eier produzierte und andererseits für den Fleischkonsum geschlachtet wurde.

Dennoch ist es verständlich, dass für Reisen von solcher Länge keine ausreichenden Vorratsmengen aus der Heimat mitgeführt werden konnten und während der Fahrt Lebensmittel und Trinkwasser zugekauft werden mussten. Die Verantwortung der Verpflegung oblag dem Schiffskommandanten Korvettenkapitän Friedrich Freiherr von Pöck (1825–1884). Zu seinen Aufgaben zählten die hygienische Verwahrung der Lebensmittel sowie die qualitative Auswahl vom sanitätsdienstlichen Standpunkt aus, insbesondere in Hinblick auf eine vorausschauende Planung, da man in Häfen, wo man für einige Tage frische Lebensmittel erhielt, oft erst nach zwei oder drei Monaten landete. So bestand die Schiffsverpflegung vorrangig aus gesalzenem Rind- oder Schweinefleisch, Reis, Hülsenfrüchten, Zwieback, Sauerkraut, Erdäpfel und den erforderlichen Zusätzen wie zum Beispiel Mehl, Zucker, Salz, Essig, Wein und Rum.[24] Ein Novum an Bord der Novara war die Mitnahme von komprimiertem, getrocknetem Gemüse und Hülsenfrüchten in luftdicht verschlossenen Konserven, die so genannte Melange d'Equipage. Auch wenn viele Matrosen nach wie vor Pöckelfleisch bevorzugten, wurde das getrocknete Gemüse durchwegs als angenehme Alternative am Speiseplan empfunden und positiv bewertet. Natürlich traten

23 Vgl. Schwarz, *Reise*, 80.
24 Vgl. Basch-Ritter, *Weltumsegelung*, 41–42.

angesichts der aber doch eher einseitigen Ernährung Verdauungsprobleme sowie Vitaminmangelerscheinungen auf. Des Öfteren blieb der Mannschaft auf hoher See auch nichts Anderes übrig, als bereits verdorbene Nahrungsmittel zu konsumieren. So galten Insekten als Feinde von Mehl und Reis, Zwieback wurde wurmig, Fleisch verfaulte und selbst Konserven konnten verderben. Skorbut, Hemeralopie sowie die Ausbreitung von Erkrankungen dyskrasischer Ursachen (fehlerhafte Mischung der Körpersäfte) wurden daher vielfach auf verdorbene Lebensmittel zurückgeführt.[25]

Durch zusätzliche Vorkehrungen trachtete man jedoch das Auftreten von vor allem Magen- und Darmerkrankungen, so gut es ging, zu verhindern.

So verbesserte erstmalig verwendetes Emailgeschirr, das wesentlich einfacher zu reinigen war und weniger Schadstoffe aufwies, als das bisher verwendete Kupfer- oder Bleigeschirr die hygienischen Bedingungen an Bord beträchtlich.[26]

Eine große Gefahr für den raschen Ausbruch von Infektionskrankheiten war und ist verschmutztes Trinkwasser. Als vorbeugende Maßnahme wurde deshalb erstmals die Destilliermaschine einer Firma aus Nantes zur Aufbereitung von Trinkwasser erprobt. Diese konnte innerhalb einer Stunde aus Meerwasser 108 Maß (= 162 Liter) trinkbares Wasser produzieren. Der Bedarf an täglichem Trinkwasser betrug an Bord rund 800 Maß, also über 1.100 Liter. Das von dem Destillierapparat erzeugte Trinkwasser war im Großen und Ganzen so ausreichend, dass das in den Häfen an Bord genommene Wasser meist nur zum Kochen verwendet werden musste. Abgesehen davon war das erzeugte Trinkwasser auch noch nach einmonatiger Lagerung in eisernen Behältern geschmacklich erträglich und vom gesundheitlichen Standpunkt aus trinkbar.[27] Darüber hinaus konnte Regenwasser gesammelt und ebenfalls mittels des Destillierapparats zu Trinkwasser umgewandelt werden. Erst gegen Ende der Reise bewirkte das Seewasser eine Korrosion der Metallteile des Apparats, wonach die Erzeugung von Trinkwasser eingestellt werden musste.[28]

Probleme mit dem Trinkwasser gab es jedoch durch chemische Prozesse, die man damals noch nicht berücksichtigte: Zur besseren Haltbarkeit mischte man nämlich dem Trinkwasser geringe Mengen an Zitronensaft bei. Was allerdings nicht bedacht wurde, war, dass das saure Wasser den bleiernen Wasserrohren große Mengen dieses toxischen Schwermetalls entzog. Dies konnte schwere

25 Vgl. Schwarz, *Reise*, 18–19, 172.

26 Vgl. URL: http://www.novara-expedition.org/de/geschichte.html (abgerufen am 19.9.2019).

27 Vgl. Josef Marhold, *Die Weltreise der Novara 1857–1859* (Bücher der Heimat 2), Wien: Steyrermühl Verlag 1934, 10.

28 Vgl. Voß, *Medizinische Erkenntnisse*, 8–9. – David Gustav Leopold Weiss, »*Die Weltumsegelung der österreichischen Fregatte SMS Novara in den Jahren 1857–1859*«, Dipl. Arb., Wien 2009, 75–76.

Vergiftungserscheinungen im menschlichen Körper mit Auswirkungen auf das Nervensystem, den Magen-Darmtrakt und die Nieren zur Folge haben.[29]

Sobald Fälle von Skorbut auftraten, verabreichte man den Mannschaften Trinkwasser mit Essig vermischt, wobei dem Essig allerdings fälschlicherweise seine Wirkung gegen diese Vitaminmangelerkrankung nachgesagt wurde. Was man damals bereits wusste, war, dass Zitronensaft, Orangen und frisches Gemüse antiskorbutische Wirkungen hatten. Man hatte auch bereits erkannt, dass Gemüse länger haltbar bleib, wenn es in Essig eingelegt war. Da Vitamin C in Säure langsamer zerfällt, schrieb man der Säure selbst und somit dem Essig die Wirkung gegen Skorbut zu.[30] Die Ursache für Skorbut zu ergründen, war jedenfalls eine der wesentlichen Aufgaben, mit welchen sich Schwarz befasste. Er war, wie damals in der Ärzteschaft generell üblich, der Ansicht, dass die Krankheitsursache und Nahrungsmittel in irgendeiner Form zusammenhingen, glaubte aber, dass verdorbene Nahrungsmittel die Ursache für Skorbuterkrankungen seien. Auch wenn Schwarz mit dieser Ansicht Unrecht hatte, hatte er zumindest erkannt, dass Gemüsekonserven und Sauerkraut besonders gut gegen Skorbut wirkten.[31] Demnach vertrat er die Ansicht, dass vermehrt Gemüse- anstatt Fleischkonserven vor allem bei längeren Überfahrten verteilt werden sollten. Seine Erkenntnisse wurden jedoch bei der Erstellung des Speiseplans auf der Novara noch nicht berücksichtigt.[32]

Natürlich vertraute man aus damaliger medizinischer Sicht auch der keimtötenden Wirkung von Alkohol. Die Firma Schlumberger stellte reichlich Weiß- und Rotwein, ebenso Champagner für die Expedition zur Verfügung, nicht zuletzt, um die Haltbarkeit dieser Getränke zu beweisen – und das mit Erfolg. Am 17. September 1858 sandte der Linienschiffsfähnrich Ernst Jacoby (?–?) einen Brief an den Firmeninhaber Robert Alwin Schlumberger von Goldeck (1814–1879), worin er bestätigte, dass Wein und Sekt trotz Äquatorüberquerung nichts an Qualität eingebüßt hatten.

> »[...] Der Rothe hat sich durchweg eben so erhalten, wie wir ihn bekommen haben, d.h. er ist so köstlich, dass man gar nicht merkt, wie schnell eine Flasche leer ist. Der weisse »Goldek« hatte zu Anfang etwas gelitten, so dass wir befürchteten, er werde verderben, hat aber Alles glücklich überstanden und ist jetzt, wo er einmal die Seekrankheit überwunden hat, herrlich klar und gut. Der weisse Vöslauer hat gar nicht gelitten und ist nach wie vor ein brillanter Tischwein. Die Mousseux sind selbstverständlich sehr gut geblieben [...].«[33]

29 Vgl. Hans Schadewaldt, Verwendung von Bleirohren für Trinkwasseranlagen, in: *Münchener medizinische Wochenschrift* 109 (1967), 2712–2713.

30 Vgl. Schwarz, *Reise*, 162.

31 Vgl. ebd., 172.

32 Vgl. Voß, Medizinische *Erkenntnisse*, 63.

33 *Dreizehn Jahrzehnte R. Schlumberger, 1842–1972*, Vöslau: Selbstverlag 1972, 16.

Das Aushalten von letzten Endes vier Äquatorüberquerungen ohne Qualitätsverlust eröffnete Schlumberger den Weltmarkt.

Persönliche Hygiene

Um das Bewusstsein der Expetitionsteilnehmer für persönliche Hygiene zu wecken und zu fördern, wurden speziell konstruierte Duschapparate als Mannschaftsbäder auf der SMS Novara eingebaut und warme und kalte Duschbäder vorgeschrieben. So erhielt ein Offizier alle vierzehn Tage, die Mannschaften alle vier Wochen warme Bäder. Dazwischen gab es kalte Duschbäder, wodurch das Hautorgan gestärkt werden sollte. Insbesondere bei großer Hitze kühlte man die Expeditionsteilnehmer und Mannschaften mit Handfeuerspritzen ab.[34]

Das Reinigen der Wäsche erfolgte im Seewasser mit einer präparierten, in Wasser leicht löslichen Matrosenseife. Auch wenn die Wäsche weiß wurde, war dennoch nichts unangenehmer, als die mit Seesalzen imprägnierte Wäsche am Körper zu tragen. Zum Schutz gab es zwar sogenannte Wollenjäckchen, eine Art Unterhemd, dennoch konnte das Auftreten von Ausschlägen und Ekzemen nicht gänzlich verhindert werden.[35]

Eine weitere Präventionsmaßnahme war das Verbieten von Landausflügen gerade in jenen Gegenden, wo epidemische Krankheiten vorherrschten. In diesen Ländern versuchte man zudem die Aufenthaltsdauer in den Häfen entsprechend zu verkürzen und nur so lange zu verweilen, bis frische Lebensmittel und Trinkwasser an Bord eingelagert worden waren. Eigentlich hätte man vom gesundheitlichen Standpunkt aus in diesen Gebieten auf das Auffüllen der Vorräte gänzlich verzichten müssen, aber mitunter ließ die versorgungstechnische Planung dies nicht zu. So ist es immerhin ziemlich bemerkenswert, dass beispielsweise nach der Landung in Singapur, wo die Cholera grassierte und man dennoch Vorräte für die nächsten sechs Monate an Bord nahm, nur einige Expeditionsteilnehmer selbst erkrankten. Um die Patienten zu kurieren tat man nichts weiter, als die Betroffenen möglichst viel an der frischen Luft zu lassen und ihnen Musik vorzuspielen. Doch diese wenigen Maßnahmen zeigten Erfolg, denn es brach keine Cholera-Epidemie an Bord aus.[36]

---

34 Vgl. Marhold, *Weltreise*, 10. – Basch-Ritter, *Weltumsegelung*, 43–44.
35 Vgl. Schwarz, *Reise*, 15.
36 Vgl. ebd., 136–138.

Krankheiten an Bord

Zu Beginn der Reise waren Zivilisationskrankheiten vorherrschender Gegenstand ärztlicher Behandlung sowie Viruserkrankungen, darunter vorwiegend Erkältungen, und Angina tonsillaris, aber auch Augenleiden durch die ungewohnte Sonneneinwirkung am Meer. Ebenso konnte das massenhafte Auftreten von Seekrankheit beobachtet werden. Darüber hinaus waren vermehrt Gastritis-Fälle zu verzeichnen, unter anderem vermutlich psychosomatischer Ursache, bedingt durch die bevorstehende lange Trennung von Heimat und Familie sowie Syphiliserkrankungen. In Bezug auf Letztere war der Ausbruch nach der Abfahrt aus Triest statistisch gesehen doppelt so hoch wie nach allen anderen Hafenlandungen. Hier dürften sich die Mannschaftsmitglieder vor der Einschiffung nochmals so richtig ausgiebig vergnügt haben. Generell nutzen Matrosen Landausflüge nicht nur um Besorgungen zu erledigen, sondern vielfach auch zum Vergnügen.[37] Die hygienischen Verhältnisse in den Hafenvierteln ließen aber oft zu wünschen übrig:

> »Fast in den meisten Stationen mangeln unter Aufsicht gestellte Bordelle. Am schlimmsten kommt der Matrose in China weg; dagegen besitzt Batavia eine Anstalt, welche als Muster hervorgehoben zu werden verdient. Es befinden sich daselbst in einem grossen, bequem eingerichteten Gebäude eine Menge Prostitutionsmädchen, welche zweimal wöchentlich einer scrupulösen ärztlichen Untersuchung unterworfen, und bei geringstem Indicien in eine, dem Bordelle adjungirte Krankenanstalt abgegeben werden.«[38]

Mit Hilfe von Sublimatlösungen sollte in Batavia der Verbreitung von sexuell übertragbaren Krankheiten Einhalt geboten werden.[39] Weitere venerische Erkrankungen traten dann erst wieder vermehrt auf Madeira und in Rio de Janeiro auf. Gesamt gesehen allerdings erkrankten nur 22 Patienten an Syphilis und 15 an Gonorrhoe.[40]

Zu den angeführten Erkrankungen kamen Verletzungen durch die teils ungewohnte Arbeit an Bord, vor allem Rissquetschwunden, Schürfwunden, aber auch Traumen durch Stürze hinzu.[41]

Eine der größten medizinischen Herausforderungen für die Ärzte der Novara-Expedition war die Behandlung der Seekrankheit und in weiterer Folge das Setzen von Präventivmaßnahmen, um das Auftreten dieser möglichst zu verhindern. Das sich bewegende Schiff erzeugte Eindrücke auf das Auge, durch die

37 Vgl. ebd., 75–77.
38 Ebd., 125.
39 Vgl. ebd.
40 Vgl. ebd., 82–87 (Tabelle der aufgetretenen Erkrankungen).
41 Vgl. ebd., 75.

blitzschnelle Bewegung aller Gegenstände und Punkte innerhalb des Horizonts, und Eindrücke auf das Gefühlsleben, als unangenehme Überraschung, als Gefühl der Unsicherheit, als Bewusstsein einer Gefahr und das Unvermögen, dieser entgegenzuwirken. Dazu kamen noch bis weilen ein leerer oder überfüllter Magen, gastrische Leiden, Schwindel- und Übelkeitsgefühle bis hin zum Erbrechen. Was man damals noch nicht wusste war, dass die Irritation des Gleichgewichtsorgans im Innenohr Schwindel, Übelkeit und Erbrechen auslöst. Als Therapie der Seekrankheit galt Heilung durch Entfernung der wirkenden Ursache oder durch Hemmung ihres Einflusses auf den Menschen, das heißt medizinisch die palliative, also lindernde, ebenso wie die symptomatische Behandlung. Der erste Teil bestand in der Vorbereitung durch Gymnastikübungen zur freien Bewegung an Deck mit Hilfe eines Gürtels um die Lenden, nach dem Vorbild der Gladiatoren, um somit die Bauchmuskulatur von außen zu stützen, im Unterricht von Kompensationsbewegungen, in der Warnung vor zu beengenden Kleidungsstücken, aber auch vor der Überfüllung sowie gänzlicher Leere des Magens. Die symptomatische Behandlung bestand in der Betäubung mittels Narkotika oder Chloroform sowie in der Bekämpfung einzelner Symptome, wie zum Beispiel: Verabreichen von kohlesäurehältigen Getränken in geringen Mengen, Brausepulver oder Eispillen, aber auch Aqua laurocerasi (Kirschlorbeerwasser) oder Morphium sowie von aromatischen Getränken darunter Kaffee, Wein oder Branntwein bei Erbrechen. Die mechanisch-schädlichen Einflüsse konnten ferner durch eine veränderte Segelstellung oder einen Kurswechsel, wodurch dem Wind oder der See weniger Oberfläche geboten wurde, eingedämmt werden. Für besonders empfindliche Passagiere sollte eine Hängematte an eine, auf mehreren Achsen drehbare Suspensionsvorrichtung montiert werden, die ähnlich wie beim Aufhängen des Chronometers die heftigen Schiffsbewegungen dämmte.[42] Offensichtlich trat aber bei längerer Reise auch der Gewöhnungseffekt an das Leben auf dem Schiff ein und die Seekrankheit brach immer seltener aus. So beobachtete Karl von Scherzer (1821–1903): »Aber selbst diese kleinen Leiden des Seelebens stellten sich immer seltener ein und kamen endlich nur mehr bei wirklich schweren Stürmen hie und da zum Ausbruche.«[43] Interessanterweise litten auch die mitgeführten Tiere an Seekrankheit, die bei diesen sogar zum Tod führen konnte, allerdings ohne der unangenehmen Begleiterscheinungen des Erbrechens.[44]

Das kühle, feuchte Klima am Atlantik wirkte sich kaum auf den Gesundheitszustand aus. Erst in der Nähe des Äquators bestand erstmals eine ursäch-

42 Vgl. ebd., 53–74.

43 Karl von Scherzer, *Reise der Oesterreichischen Fregatte Novara um die Erde in den Jahren 1857, 1858, 1859 unter den Befehlen des Commodore B. v. Wüllerstorf-Urbair*, Beschreibender Theil (Band 1), Wien: Karl Gerold's Sohn 1861, 16.

44 Vgl. Schwarz, *Reise*, 66.

liche Verbindung mit dem Ausbruch von Krankheiten und den geänderten Verhältnissen, wie klimatische Faktoren, insbesondere rascher Temperaturwechsel, hohe Feuchtigkeit und hoher Luftdruck. So traten beispielweise rheumatische Fiebererkrankungen, Gelbfieber, Ileothypus, Tuberkuloseerkrankungen und Skorbut in milder Form auf. Fast alle Erkrankten konnten im Bordspital behandelt und geheilt werden, nur Tuberkulosekranke wurden in Rio de Janeiro ins Spital übergeben, weil dort die Heilungschancen besonders gut standen. Im August 1858 zum Zeitpunkt des Aufenthaltes am gelben Fluss und bei der Abreise von Shanghai nach Sydney war der höchste Krankenstand während der gesamten Expedition zu verzeichnen. Grund dafür war eine Influenza-Epidemie, die 89 Kranke hervorrief, wobei sich der Zustand der Betroffenen auf dem offenen Meer jedoch rasch besserte. Grippale Infekte oder fieberhafte Katarrhe der Luftwege waren generell gesehen eher selten zu verzeichnen und konnten erfolgreich mit Chinin kuriert werden.[45]

In Sydney traten 57 Fälle von Skorbut auf. Im Verlauf der Seefahrt im indischen Ozean, im chinesischen Meer und im Stillen Ozean wurden Erkrankungen wie schlechter Allgemeinzustand, Verdauungsstörungen, Magenkatarrhe, Verstopfung und Durchfälle sowie verschiedene Hautkrankheiten, u. a. Lichen tropicus (= Flechtenform) oder die Furunkulose (ausgebreitete Furunkelbildung) beobachtet, weiters wiederum typische Seemannskrankheiten wie Skorbut und andere Krankheiten durch Mangelernährung, darunter Hemeralopie, die mit Ochsenleber kuriert wurde, und ortsübliche Krankheiten wie Malaria, Cholera, Dysenterie (= Ruhr), Influenza und akute Dyskrasien. Durch den hohen Temperaturwechsel zwischen Tag und Nacht kamen bei der Überquerung des Äquators noch zusätzlich Respirationskrankheiten hinzu. Sobald aber die Akklimatisierung erfolgt war, nahmen die Krankenstände wieder ab. Erst ab den Nikobarischen Inseln wurde erneut die extrem hohe Temperatur den Besatzungsmitgliedern zum Verhängnis. Trinkwasser wurde in außergewöhnlich großen Mengen konsumiert und die Nahrungsmittel verdarben zusehends. So mussten rund 1.200 Pfund von Maden zerfressener Zwieback über Bord geworfen werden. Man erkannte zu diesem Zeitpunkt, dass frisches Gemüse allein nicht den Ausbruch von Skorbut verhinderte, sondern dass gerade die unzureichende Ernährung allgemein verstärkt durch die klimatischen und moralischen Verhältnisse den Ausbruch der Krankheit förderte. Dazu kam noch das Auftreten von Nikobarenfieber, das man bereits damals richtigerweise als eine Form der Malaria identifizierte. Schwarz vertrat bereits die Ansicht, dass es nötig sei, Sümpfe trocken zu legen, um die Ausbreitung zu verhindern.[46]

45 Vgl. ebd., 108, 148, 197.
46 Vgl. Basch-Ritter, *Weltumsegelung*, 121.

Ab der Einfahrt in die Malakkastraße begünstige das veränderte Klima mit frischem Wind die Genesung der Kranken und verhinderte Neuzugänge. Auf der Weiterfahrt war dann eine beträchtliche Anzahl von Herpes circinatus-Erkrankungen (Ringwurm) aufgetreten. Therapiert wurde mit unterschiedlichsten Kuren, die jedoch wenig Erfolg zeigten, da man die in Hongkong gegen diese Krankheit gebräuchlichen und wirksamen Medikamente nicht an Bord hatte. Erst in kälteren Regionen heilte diese Hautkrankheit wieder ab. In der Südsee traten Fälle von endemischer Kolik, auch nervöse bzw. tropische Kolik genannt, auf, angeblich zurückgehend auf einen miasmatischen Ursprung, die teilweise mit Aderlass behandelt wurde. Entzündliche Krankheiten waren in den Tropen immer nur von kurzer Dauer und mit günstigem Verlauf für die Betroffenen. Die These, dass Wunden in den Tropen rascher heilten, konnte an Bord jedoch nicht bestätigt werden. Schwarz schloss daraus, dass dies nur für die einheimische Bevölkerung, nicht aber für Europäer galt.

Die größte Anzahl an Erkrankungen forderte die Tuberkulose in ihren unterschiedlichsten Erscheinungsformen, angefangen von der Lungentuberkulose bis hin zum Senkungsabszess als Folge von Knochentuberkulose. Die Therapie bestand in Abszessspaltungen, Tamponaden und Entfernen von abgestorbenen Gewebeteilen, Einspritzungen von warmem Wein, Lapissolution und Bettruhe. Bei Lungentuberkulose-Erkrankten erkannte Schwarz die heilende Wirkung in frischer Luft und empfahl aufgrund seiner Erfahrungen generell Kuraufenthalte für Lungenkranke an Bord von Hochseeschiffen, insbesondere in gemäßigten Klimazonen.[47] Er selbst dürfte sich bei der Expedition allerdings auch mit Tuberkulose angesteckt haben und verstarb trotz eines Kuraufenthaltes in Ägypten am 22. September 1862 in Wien.[48]

Im Verlauf der Reise wurden Schwarz und seine Kollegen wegen unterschiedlicher Durchfallerkrankungen konsultiert. Viele der aufgetretenen Magen- und Darmerkrankungen resultierten aus der mangelnden Fleischqualität der konsumierten Stiere und Büffel sowie aus einer ungeheuren Menge an unreifen und in Europa noch unbekannten Früchten, wie beispielsweise Guaven oder Bananen, die verzehrt wurden. Da in der damaligen Zeit nur Cholera, Typhus und Dysenterie vom Krankheitsbild her bekannt waren, wurden Opium und Doversches Pulver, eine Mischung aus Opium, Ipecacuanha und Zucker, neben diätetischen Maßnahmen als Allheilmittel verabreicht. Im Großen und Ganzen heilten die Durchfallerkrankungen, darunter auch Enteritiden, Ruhrerkrankungen oder Salmonellenvergiftungen, die aber als solche noch nicht erkannt

47 Vgl. Schwarz, *Reise*, 75–110.
48 Vgl. Johannes Seidl, Schwarz, Eduard (Ede), in: ÖAW (Hg.), *ÖBL* (Band 11), 430.

wurden, an Bord immer wieder ab, in wenigen Fällen dürfte es zu Darmperforationen gekommen sein.[49]

Der letzte Abschnitt der Reise wirkte sich vor allem psychisch negativ auf den Gesundheitszustand der Mannschaft durch die lange Fahrt auf See aus. Schwarz schrieb dazu »Wir blieben vom 1. bis 7. August in Gibraltar, unser Krankenstand löste sich während dieser Zeit auf, und es ergab sich kein weiterer Zuwachs mehr. Die Gelegenheit zur Beobachtung für den Arzt war zu Ende, jene des Psychologen hingegen nahm hier ausschliesslich ihren Anfang.«[50] Natürlich hatte man noch keine Psychologen im heutigen Sinne an Bord, aber man erkannte die Notwendigkeit, auf die Bedürfnisse von Patienten mit Belastungsstörungen oder anderer psychischer Krankheitsbilder künftig eingehen zu müssen.

Grundsätzlich versuchte man bereits bei der Planung der Reise auf die jeweiligen klimatischen Verhältnisse Rücksicht zu nehmen und die Reiseroute so zu wählen, dass die Expeditionsteilnehmer nicht unnötig witterungsbedingten Strapazen ausgesetzt waren. In Bezug auf klimatische Verhältnisse interessierte also der Einfluss von Temperatur, Luftdruck und Luftfeuchtigkeit.[51] Auffallend erschien die Tatsache, dass am Oberdeck beschäftigte Matrosen kaum bis gar nicht erkältet waren, obwohl sie ständig mit den unterschiedlichsten Witterungseinflüssen konfrontiert waren, während Matrosen, die im Schiffsraum arbeiteten, viel kränklicher erschienen. Offenbar wirkte sich die salzhaltige Meeresluft förderlich auf den Gesundheitszustand aus. Darauf hin ordnete Schwarz an, dass Matrosen maximal fünf Stunden täglich unter Deck ihre Arbeiten verrichten durften und die übrige Zeit Tätigkeiten an der frischen Luft nachzugehen hatten.[52]

Zur Frage, ob miasmatische Erkrankungen spontan am Schiff entstehen können, konnte man zwei Erfahrungswerte feststellen, nämlich, dass sich Typhus an Bord entwickelte und dass sich Malaria an Bord ausbildete. Letztere Behauptung entstand, weil man Malariarezidive als solche nicht erkannte. Was man jedoch durch die Beobachtungen festhielt, war, dass Malaria eine längere, mitunter sogar monatelange Inkubationszeit hatte.[53]

Weiters wurde herausgefunden, dass die Hemeralopie nicht auf rein physikalischem Weg entstand, nämlich als Folgezustand der Ermüdung und Abspannung der Retina durch Lichtreize oder als schädlichen Einfluss des Mondlichts, sondern, dass die Hemeralopie eine Ernährungskrankheit ist mit ähnlicher Ätiologie wie Skorbut, nur dass es sich hierbei um Vitamin-A-Mangel

49 Vgl. Schwarz, *Reise*, 108, 131–135, 207, 213.
50 Ebd., 104.
51 Vgl. ebd., 247.
52 Vgl. ebd., 17.
53 Vgl. ebd., 107–108.

handelte. Hemeralopie trat oft als Begleiterscheinung bei Skorbut auf. Insgesamt waren auf der Reise 75 solcher Krankheitsfälle zu verzeichnen.[54]

Statistisch gesehen, starben 0, 43 Prozent der Erkrankten, in erster Linie an Typhus, Malaria, Dysenterie oder Cholera. Diese geringe Anzahl von acht Todesfällen ist sicherlich als Erfolg der getroffenen Sanitätsmaßnahmen, insbesondere auch der Pflege der Erkrankten zu werten.[55]

Das Bordspital

Ein wesentlicher Bestandteil war das Bordspital im Unterdeck, das so konzipiert war, dass Infektionskranke separat von anderen Bettlägerigen behandelt und gepflegt wurden. Eigene Leibstühle mit metallenem emailliertem Napf wurden für Personen mit ansteckenden Krankheiten zur Verfügung gestellt. Dazu gab es für Kranke metallene Reservoirs mit Pipen, wo das Trinkwasser länger frisch blieb und leichter zu konsumieren war. Lehnstühle für Erkrankte, die an der frischen Luft Erholung suchen sollten, sowie für Rekonvaleszente wurden bereitgestellt, ebenso Pantoffeln für jene, die zumindest das Krankenbett verlassen konnten, denn normalerweise bewegte sich die Mannschaft an Deck barfuß. Weiters gab es dunkle Augengläser, um die Augen vor grellem Sonnenlicht zu schützen. Die Spitalswäsche wurde getrennt von jeglicher anderen Wäsche gereinigt. Matratzen und Kopfpolster waren mit Rosshaar gefüllt, da sich wollene Füllungen bei Patienten mit Schweißausbrüchen zusammenballen und in weiterer Folge ein angenehmes, beschwerdefreies Liegen nicht möglich sei. Für schwache Kranke und Rekonvaleszente wurde eine Extra-Portion Wein bereitgestellt. Für die Betreuung wurde eigenes Krankenpflegepersonal mitgenommen, das entsprechend entlohnt wurde.[56]

Medizinwissenschaftliche Erkenntnisse

Neben den Aufträgen kaiserliche Flagge in den verschiedensten Meeren zu zeigen und handelspolitische Möglichkeiten auszuloten, konnte die Novara-Expedition unzählige wissenschaftliche Erkenntnisse gewinnen. Um diese zu sichten, auszuwerten und zu dokumentieren, wurde ein eigenes »Novara-Bureau« in

54 Vgl. ebd., 108.
55 Vgl. ebd., 82–87.
56 Von Seiten des Chefarztes der Novara wurden folgende »Sanitätsvorschläge für Seiner Majestät Fregatte Novara« gemacht: Vgl. ebd., 242.

Triest (Trieste, Italien) eingerichtet, deren Leitung zunächst Bernhard Freiherr von Wüllersdorf-Urbair (1816–1883) übernahm.[57]

Was für die Wiener Mediziner natürlich von besonderem Interesse nach der Rückkehr der Expeditionsteilnehmer war, ob und in welchem Ausmaß die vor ab gestellten Fragen beantwortet werden konnten.

Für den Erkenntnisgewinn war zunächst das Sammeln von Krankheitssymptomen in den bereisten Gebieten ein wichtiger Aspekt, natürlich unter Berücksichtigung der Individualität bei jedem einzelnen Patienten, weiters die Stärke der aufgetretenen Symptomatik sowie die Suche nach den Ursachen der ausgebrochenen Erkrankungen. Diese Untersuchungen verliefen streng naturwissenschaftlich, sie mussten messbar und beweisbar sein, auch mit Hilfe des Mikroskops oder Reagenzflüssigkeiten.[58] Neben den generellen Forschungen zum Auftreten von Krankheiten und deren Ursachen fragten die medizinischen Expeditionsteilnehmer nach epidemischen und endemischen Krankheiten, klassifizierten die auftretenden Krankheiten, vor allem Malaria nach verschiedenen Stadien, und versuchten den Ausbruch von Krankheiten mit klimatischen Faktoren in Zusammenhang zu bringen. Darüber hinaus interessierten die Ärzte, welche Krankheiten in den jeweiligen Gebieten am häufigsten vorkamen, sowie das Auftreten von entzündlichen und zymotischen (durch Gärungsprozesse hervorgerufene) Krankheiten. Der Krankheitsverlauf, vor allem bei entzündlichen Erkrankungen, wurde mit jenem in Europa verglichen. Darüber hinaus versuchten die Ärzte auch herauszufinden, welche Krankheit die höchste Sterblichkeitsrate zu verzeichnen hatte.

Aber auch die unter der Mannschaft aufgetretenen Infektionen und Krankheiten und deren Ursachen wurden statistisch erfasst und ausgewertet, sodass medizinische Richtlinien für die Seefahrt erstellt werden konnten. Unterschieden wurden aus medizinischer Sicht allgemeine Krankheiten im Gegensatz zu jenen, die durch besondere Verhältnisse hervorgerufen wurden. Weiters wurde protokolliert, in welchen Gegenden bestimmte Krankheiten vorherrschend oder ausschließlich vorkamen.[59] Schwarz' geplanter zweiter Teil seiner Publikation über die Reise der Fregatte Novara, in der diese Erkenntnisse näher erläutert werden sollten, konnte infolge seines frühen Ablebens nicht erscheinen.

Bezüglich Hauterkrankungen, denen wie bereits eingangs erwähnt, besondere Aufmerksamkeit geschenkt werden sollte, wurden vor allem Abbildungen angefertigt, insbesondere nach dem Wunsch der Wiener Dermatologen, von Elephantiasis. Dabei trachtete man diese Krankheitsbilder sowohl von Patienten mit weißer als auch mit dunkler Haut zu zeichnen. Neben diesen Zeichnungen

57 Vgl. Schmidt-Brentano, *Admirale*, 167.
58 Vgl. Schwarz, *Reise*, 228.
59 Vgl. ebd., 253–254.

konnten auch Präparate von elephantistischen Händen in die Heimat mitgenommen werden.

Generell an Präparaten erhielten die Expeditionsteilnehmer Dysenterie-Präparate, Präparate von Hirn und Rückenmark von Beriberi-Erkrankten, also Personen mit langfristigem Vitamin B1-Mangel, anatomische Präparate von Kaffern sowie Präparate von Parasiten. Diesbezüglich hätte man sich offensichtlich aber mehr an Forschungsmaterial erhofft, denn Schwarz beklagte die mangelnde Ausbeute.[60]

Des Weiteren stellte man die Frage nach der Ausbildung der Ärzte in den bereisten Gebieten, gab es spezielle Operationsmethoden, welche chirurgischen Instrumente wurden verwendet, welche therapeutischen Maßnahmen wurden angewendet. Aus Brasilien, dem Kap der guten Hoffnung, Indien, Java, Manila und Chile wurden zahlreiche Medikamente mitgenommen. Man erkannte, dass die chinesische Medizin auf einer sehr hohen Stufe stand, auch ihre Medikamente betreffend und nahm aus diesem Land neben 24 Heilstoffen medizinische Lehrbücher – sogar in chinesischer Sprache – nach Europa mit.[61]

> »Der chinesische Apotheker verarbeitet Wurzeln, Rinden, Blätter, Blüthen, Früchte, Samen, Harze, Öle, Hölzer, alkalische Erden, Metalle, Krystalle, Thierleiber und deren einzelne Theile, besonders deren Secretionen, Excrementen, zu Aufgüssen, Abkochungen, Pulvern, Pillen, Extracten, Geheimpräparaten, Salben, Pflastern u.s.w. Die Mixturen, Abkochungen von Kräutern, Lösungen von Salzen etc. bekommen durch Zusätze von braunem Zucker, schleimigen und leimigen Substanzen ein ziemlich gleichmässiges Aussehen und ähnlichen Geschmack. Die löslichen Substanzen werden [...] in eine bedeutende Menge von Thee-Infusion gethan, und der Patient trinkt das Medicament [...] in heissem Zustande.«[62]

Andere Medikamente wurden in Pulver- oder Tablettenform angeboten, ebenso fanden Salben und Pflaster reichhaltig Verwendung.

Als Allheilmittel in China galt die Ginsengwurzel, darüber hinaus wurden Vogelnester, Schlangenhaut sowie Bärengalle zu therapeutischen Zwecken genutzt. Auch den Gebrauch von Räucherstäbchen lernte man kennen, ebenso, dass das ständige Kuhmilchdefizit mit Muttermilch aufgebessert wurde. Besonderes Interesse erzielten auch Agar Agar, das auf Java als Diätetikum verwendet wurde, sowie die unterschiedlichen Aloe-Arten.[63]

Betreffend die Anwendung dieser Heilmittel war noch vieles in Wien in der Erprobungsphase.

60 Vgl. ebd., 252–253.
61 Vgl. ebd., 259–269.
62 Ebd., 259.
63 Vgl. ebd., 232.

Schließlich ermöglichte die Mitnahme von rund 60 Pfund an Blättern des Coca-Strauches eine Analyse im Labor des Chemikers Friedrich Wöhler (1800–1882) in Göttingen und bewirkte die künftige Verwendung von Kokain in der Heilkunde. Die Entdeckung des Kokains als Rauschdroge und Anästhetikum war sicherlich das medizin-wissenschaftlich bedeutendste und nachhaltig interessanteste Ergebnis der Novara-Expedition. Karl von Scherzer berichtete über die Cocablätter, dass sie mit »Kalkpulver oder Pflanzenasche gemischt ein so wichtiges Kau- und Existenzmittel der Indianerstämme Boliviens und Peru's bilden.«[64] Ebenso verfasste er 1862 in seinem Reisebericht folgende Erkenntnis: »Das Cocain krystallisirt in farb- und geruchlosen kleinen Prismen [...] und ist von einem eignen bitterlichen Geschmack. Dabei übt es auf die Zungennerven die merkwürdige Wirkung aus, daß die Berührungsstelle nach wenigen Augenblicken wie betäubt, fast gefühllos wird.«[65] Neben dem Kokain wurden das Ecgonin, das ebenfalls in den Blättern des Coca-Strauches vorkommt, sowie das Hygrin, ein Alkaloid der Coca-Pflanze, entdeckt.

In Singapur lernten die Forscher das Opium und seine Zubereitungsart kennen sowie den damit betriebenen Handel. In Kapstadt wurde hingegen Cannabis sativa zur Betäubung geraucht.[66] Nicht jedes Heilmittel fand die vollkommende Zustimmung der Europäer. In Ceylon beispielsweise wurden die Forscher mit der Sitte des Betelkauens konfrontiert, welche allgemeine Abscheu hervorrief. Das Kauen von Blättern des Betelpfefferstrauchs, gemischt mit Nüssen der Arecapalme, Muschelkalk, Tabak oder Gewürzmitteln ist in Indien und Südostasien bis heute weit verbreitet. Das Betelkauen färbt Lippen und Speichel rot und dient auf Grund seiner milden psychostimulierenden Wirkung als Genussmittel.[67] Bei längerem Gebrauch ist aber vor allem mit oralen, als auch extraoralen, bis hin zu teilweise bösartigen Tumorerkrankungen zu rechnen.

Aber auch umgekehrt, waren in manchen Gegenden, wie beispielsweise auf den Nikobaren, vor allem Medikamente, aber auch diätetische Lebensmittel, die die Novara an Bord genommen hatte, als Tauschobjekte sehr begehrt. Auf den Nikobaren vertraute man bis dato der Heilung durch Medizinmänner und stand daher auftretenden Krankheiten wie Malaria oder Tuberkulose noch hilflos gegenüber. Daher war dort ein wissenschaftlicher Austausch als Erkenntnisgewinn sehr gefragt.

Wie aus Wien beauftragt, schenkte man neben der unterschiedlichen Anwendung diverser Heilmittel der typischen Kost der Eingeborenen Aufmerk-

64 Karl von Scherzer, *Reise der Oesterreichischen Fregatte Novara um die Erde in den Jahren 1857, 1858, 1859 unter den Befehlen des Commodore B. v. Wüllerstorf-Urbair*, Beschreibender Theil (Band 3), Wien: Karl Gerold's Sohn 1862, 348.

65 Scherzer, ebd. (Band 2), 2. Auflage, Wien: Karl Gerold's Sohn 1866, 559, Fußnote 2.

66 Vgl. Scherzer, *Reise der Österreichischen Fregatte* (Band 1), 209–210.

67 Vgl. ebd., 282–283.

samkeit. Erwähnenswert fanden die Expeditionsteilnehmer in Indien eine große Anzahl an Vegetariern, ebenso in China, wobei sich gerade die Chinesen trotzdem als besonders arbeitsam, kräftig und zäh erwiesen. Daher vermutete man, dass Reis die Basis einer gesunden Ernährung war.[68]

Der Katalog beinhaltete auch Fragen über die physiologischen Verhältnisse der Eingeborenen, ihre Rasseneigentümlichkeiten und in wie weit sich diese auf Vorgänge im Körper, explizit beispielsweise auf die Menstruation, oder auf Krankheiten auswirkten. In diesem Zusammenhang wurde nach medizinischen Sitten, Bräuchen, Ritualen geforscht.[69] Diese Fragestellungen waren teils gar nicht so leicht zu beantworten, da die europäische Kolonisation bereits umfangreiches Wissen in die bereisten Länder transportiert hatte und ursprüngliches medizinisches Denken und Handeln bereits mit europäischen Auffassungen vermischt war.[70]

Fasziniert waren die Expeditionsteilnehmer jedenfalls von den zahlreichen Beschneidungen, welche viele Eingeborene, unter anderem in Neuseeland, Südafrika oder auf den ostpolynesischen Marquesas-Inseln vornehmen. Man versuchte die Ursachen der Beschneidungen und teilweise des Aufschlitzens der Harnröhre zu ergründen und trachtete danach, die dafür gebräuchlichen Instrumente nicht nur zu beschreiben, sondern sie auch nach Österreich mitzunehmen.[71]

Interesse galt, wie schon vor der Expedition dargelegt, auch der Geburt in entfernten Ländern. Hierzu ist zu bemerken, dass Anomalien im Bereich des Beckens, die ein Geburtshindernis darstellen könnten, bei Urstämmen fast gar nicht vorkommen. Es kam kaum zu Aborti, die Überlebenschance der Gebärenden lag praktisch bei 100 Prozent. Mütter stillten allerdings ihre Kinder um ein Vielfaches länger als in Europa. Schwarz und seine Kollegen fanden ebenso heraus, dass europäische Frauen, die in ihrer Heimat Probleme hatten, schwanger zu werden, speziell in Australien und Neuseeland fruchtbar, während hingegen in China unfruchtbar wurden. Eine nähere Erläuterung dieser Beobachtungen blieb er leider schuldig.[72]

Im Zuge der Reise beschrieb man auch die Infrastruktur der Krankenhäuser in den besuchten Ländern. Dabei war festzustellen, dass generell die Krankenhäuser in den englischen Kolonien Ostindiens, in den holländischen Kolonien Indiens und zum Teil in Australien systematisch erfasst waren, medizinisch sowie pflegetechnisch vorbildhaft wirkten und organisatorisch sehr gut geführt waren. Madeira konnte sich nicht nur als Luftkurort für Lungenkranke einen

68 Vgl. ebd., 255.
69 Vgl. ebd., 253–254.
70 Vgl. ebd., 269.
71 Vgl. ebd., 256
72 Vgl. ebd., 255.

Namen machen, sondern hatte ebenfalls ein gut funktionierendes Spitalswesen, mit einer Leprastation und einem Armenhaus. In Rio de Janeiro begeisterten die Expeditionsteilnehmer nicht nur die vier vorhandenen Krankenhäuser, sondern insbesondere die Einrichtung einer Gesundheitsbehörde, die »Junta Central de Hygiena publica«, zu deren Aufgaben die Bekämpfung von Epidemien zählte.[73] Im Krankenhaus in Madras gab es sogar eine Klimaanlage, wobei Eingeborene den Punkah, einen Windfächer, ständig in Bewegung hielten. Es gab bereits damals Überlegungen, den Antrieb mittels Wasserkraft zu erleichtern. Dem Krankenhaus in Madras war das »Medical College« angegliedert, wo Einheimische zu Apothekern und Chirurgen ausgebildet wurden.[74] Auch in Batavia wurden die Krankenanstalten sowie die Ausbildungsstätten für Ärzte und Hebammen, die alle unter holländischer Verwaltung standen, besucht. Als Paradebeispiel in der spitalsmäßigen Versorgung galt wieder einmal China. Hier gab es eine unerwartet große Anzahl an Krankenhäusern und sozialen Einrichtungen, darunter Findelhäuser, vor allem für Mädchen und Armenhäuser. In den Monaten von Juni bis Oktober wurden Medikamente Patienten kostenlos zur Verfügung gestellt und man bemühte sich die Pockenimpfung flächendeckend durchzuführen.[75] Einzig aus der Rolle fiel das Spital für Leprakranke in Macaus, einer portugiesischen Kolonie in Hongkong. Dieses befand sich in einem desolaten Zustand und spiegelte wohl die Auffassung der Chinesen wider, dass Lepra ein Strafe Gottes für geheime Sünden sei. Weniger begeistert war man auch vom Zustand des Krankenhauses und der Irrenanstalt in Lima.[76]

Im Verlauf der Reise leisteten die europäischen Forscher selbst auch sanitätsdienstliche und medizinische Hilfeleistungen. So wurden beispielsweise auf den Inseln St. Paul und Neu-Amsterdam bei zwei amerikanischen Walfängern Verletzungen versorgt und der Schiffsgärtner legte als Präventionsmaßnahme für künftige Schiffbrüchige einen Garten mit Pflanzen an, die gegen Skorbut wirkten, darunter Kohl, Rettich, Rüben, Zeller oder Gartenkresse.[77] Was diese ärztliche Tätigkeit der Europäer bei der jeweils einheimischen Bevölkerung betraf, charakterisierte sie Schwarz als Pionierleistung, einerseits basierend auf den medizinischen Diensten, andererseits basierend auf dem Versuch der Verbreitung einer zivilisierten Lebensweise.

73 Vgl, Scherzer, *Reise der Österreichischen Fregatte* (Band 1), 141.
74 Vgl. Voß, *Medizinische Erkenntnisse*, 19.
75 Vgl. Scherzer, *Reise der Österreichischen Fregatte* (Band 2), 312.
76 Vgl. Voß, *Medizinische Erkenntnisse*, 23.
77 Vgl. ebd., 17.

Anthropologische Forschungen des Schiffsarztes Eduard Schwarz

Der Vollständigkeit halber soll zum Schluss des Beitrags ganz kurz auf die anthropologischen Forschungen, die Eduard Schwarz während der Expedition durchgeführt hatte, eingegangen werden. Bereits während seines Medizinstudiums, das er in Pest begann und ab 1851 an der Universität Wien fortsetzte, erregte er die Aufmerksamkeit seines Lehrers Josef Hyrtl (1810–1894) wegen seiner scharfen Beobachtungsgabe. Mit Hilfe von selbst konstruierten Messinstrumenten, die später auch bei der Londoner Weltausstellung 1862 gezeigt wurden, vermaß Schwarz nach einem ausgeklügelten System zahlreicher Parameter eine große Anzahl an verschiedenen eingeborenen Bevölkerungsgruppen, um daraus rassenkundliche Schlüsse zu ziehen, deren Ergebnisse »Ueber Körpermessungen als Behelf zur Diagnostik der Menschenracen« er gemeinsam mit Karl Scherzer im 3. Band der *Mittheilungen der k. k. geographischen Gesellschaft* 1859 veröffentlichte. So interessierten ihn Alter der gemessenen Individuen, Farbe und Form der Haare sowie der Augen, Pulsschläge pro Minute, Gewicht des Körpers, Druck- und Hebekraft, welche er mit dem Regnierschen Dynamometer maß, Körpergröße, Abstand des Haarwuchsbeginnes an der Stirn, der Nasenwurzel, der Nasenscheidewand, des Kinnstachels von der Senkrechten, verschiedenste Messungen im Gesicht, Umfang des Kopfes, Distanz der Augenwinkel, Messungen an Ohren, Mund und Nase, zur Körpergröße, zu den Extremitäten usw. Pro Person dauerte die Messung nach einiger Übung nicht länger als sechs Minuten. Aus der Sicht des Arztes waren natürlich auch etwaige Deformitäten interessant, welche zum Teil auf das Tragen schwerer Lasten auf dem Kopf zurückzuführen sind und damit Rückschlüsse auf die Lebensgewohnheiten schließen lassen.

Zudem tat sich Schwarz auf der Forschungsfahrt als Sammler von naturwissenschaftlichen Materialien hervor. Nicht weniger als 56 der insgesamt 110 in Wien einlangenden, für die kaiserlichen Museen bestimmten Kisten stammten von ihm selbst. Die gewonnenen Ergebnisse fanden ihren Niederschlag in mehreren wissenschaftlichen Werken.[78]

Zusammenfassung

Zusammenfassend lässt sich feststellen, dass die Novara-Expedition auf medizinischem und sanitätsdienstlichem Sektor sicherlich eine große Herausforderung war, die mit Erfolg gemeistert werden konnte. Die Erkrankungen der Mannschaften und Forscher an Bord konnten trotz des engen Zusammenlebens,

78 Vgl. Schwarz, *Reise*, 270–299.

der unterschiedlichsten klimatischen Bedingungen und des beschwerlichen an-Bord-Lebens sehr gering gehalten werden. Epidemien brachen praktisch überhaupt nicht aus. Schwarz und seine Kollegen kamen hier ihrem sanitätsdienstlichen und hygienischen Auftrag mit großer Sorgfalt und Gewissenhaftigkeit nach.

Hinsichtlich medizinischer Forschung blieb der ganz große Durchbruch in der Wissenschaft für Schwarz selbst aus. Das mag zum Teil daran liegen, dass Schwarz selbst noch ein großer Anhänger der Krasen-[79] und Miasmenlehre[80] seiner Lehrer Rokitansky und Hyrtl war. Diese Lehren eignen sich allerdings in keiner Weise dazu, Krankheiten an Bord oder in den Tropen zu erklären, geschweige denn zu behandeln. Schwarz sah die Medizin als reine Naturwissenschaft. In der Behandlung bediente er sich spezifischer Heilmittel und hoffte zum Wohle des Patienten auf ihre positive Wirkung, in der Forschung hingegen war ihm durch genaues Studium die Klärung und Darlegung jedes Details wichtig, jede Abweichung von der Norm, jede Veränderung musste genau protokolliert werden. Daher galt Schwarz als guter Beobachter und seine Dokumentationen der Expedition sind wertvolle Berichte, welche umfassende Informationen zu medizinischen Standards und Krankheiten in der Mitte des 19. Jahrhunderts geben. Sie lassen allein auf Grund detaillierter Beschreibungen Diagnosen einzelner Krankheitsbilder zu. Wichtig war Schwarz stets der Vergleich der besuchten Gebiete zum mitteleuropäischen Standard. Schwarz selbst konnte jedoch aufgrund seiner Tuberkuloseerkrankung sein erworbenes Wissen selbst nicht mehr umsetzen, das gelang erst seinen Nachfolgern der sogenannten Zweiten Wiener medizinischen Schule. Hervorzuheben ist hier sicherlich die Mitnahme der Kokablätter und die Gewinnung des Alkaloids Kokain. Schwarz' anthropologisch-ethnologische Aufzeichnungen hingegen sind noch heute Gegenstand wissenschaftlicher Erforschungen im Naturhistorischen Museum in Wien.

Mein besonderer Dank gilt einerseits dem Jubilar für seine langjährige Begleitung und Unterstützung auf meinem wissenschaftlichen, aber auch privatem Lebensweg sowie Georg Pawlik für seine Unterstützung bei der Abfassung dieses Beitrags und der Zurverfügungstellung von Fotomaterial aus seinem Privatarchiv.

daniela.angetter@oeaw.ac.at

79 Rokitanskys Krasenlehre versuchte die Ursachen von Krankheiten mit einer chemischen Veränderung im Blut zu erklären.

80 Die Miasmenlehre ist eine in der Homöopathie angewandte – umstrittene – Methode, um die Ursachen chronischer Erkrankungen zu erforschen.

Bernhard Hubmann

Lyrik trifft Geologie: Alpen-Exkursion des Geologisch-Paläontologischen Institutes der Grazer Universität im Sommer 1950

Im Juli 1950 organisierte das Geologisch-Paläontologische Institut der Grazer Universität eine Exkursion, die quer durch die Ost- und Südalpen führte. Diese Exkursion stellte keine offizielle Lehrveranstaltung dar und schien daher nicht im Vorlesungsverzeichnis der Karl-Franzens-Universität auf. Vielmehr war sie als ein besonderes Angebot an jene interessierten Studierenden gedacht, die ihr in den Hörsälen erworbenes Wissen durch das Studium erdwissenschaftlicher Phänomene vor Ort im Gelände ergänzen bzw. erweitern wollten.
»Primäre« Quellen, wie beispielsweise ein im Vorfeld des Unternehmens angefertigter geologischer Exkursionsführer, oder ein nach Abschluss verfasster Exkursionsbericht, wie diese für solche Veranstaltungen im universitären Umfeld üblich sind, sind nicht überliefert. Da durch die inzwischen verstrichene Zeit auch keine Zeitzeugenberichte zu erwarten sind, ist der Wert eines in Gedichtform festgehaltenen Berichts dieser bald nach dem Zweiten Weltkrieg durchgeführten geologischen Exkursion besonders hoch zu bewerten.

Poetry meets geology: Alpine excursion of the Institute for Geology and Palaeontology of the Graz University during summer 1950
In July 1950, the Geological-Paleontological Institute of the University of Graz organized an excursion that led across the Eastern and Southern Alps. This excursion was not an official course and therefore did not appear in the lecture calendar of the Karl-Franzens-University. Rather, it was intended as a special offer to those interested students who wanted to supplement or expand their acquired knowledge in the lecture halls by studying earth science phenomena in the field.
»Primary sources«, such as a geological excursion guide prepared in advance, or a post-excursion report, as is common for such university events, are not known. Since a lot of time has already passed reports from eyewitnesses are not to be expected.
Therefore, the value of a poem composed on this geological excursion carried out early after World War II is particularly high.

Keywords: Geologie-Exkursion, Südalpen, Ostalpen, Grazer Universität, Gedicht
Geological field trip, Southern Alps, Eastern Alps, Graz University, poem

»[...] neue Lande zu durchqueren und das Wissen zu vermehren«

Seit den Anfängen der geologischen Wissenschaften werden Gruppenausflüge (»Exkursionen«) zu wissenschaftlichen Themen unternommen. Die ersten derartigen Unternehmungen waren meist diskursorientiert und dienten der Abklärung kontroverser Meinungen zu bestimmten geologischen Sachverhalten.[1] Mit der Etablierung von erdwissenschaftlichen Lehrkanzeln fanden Exkursionen Einzug in den universitären Lehrbetrieb, wobei rasch klar wurde, dass solche Lehrveranstaltungen insbesondere das anwendungsorientierte, kooperative und selbstgesteuerte Lernen anregen und zudem das Lernklima positiv beeinflussen, da gezielt mehrere Wahrnehmungs- und Lernkanäle stimuliert werden. Zum hohen didaktischen und mäeutischen Wert gesellt sich der fachbezogene Erkenntnisgewinn sowie der interpersonelle und gesellschaftliche Erlebniswert, der eine Exkursion zum »unvergesslichen Ereignis« für die Beteiligten werden lässt.

Ganz offensichtlich zu solch einem »Schlüsselerlebnis« wurde die Ost- und Südalpenexkursion im Sommer des Jahres 1950 für eine aus »vier Mädchen« und »achtzehn Herrn« zusammengesetzte Studierenden-Gruppe des Instituts für Geologie und Paläontologie der Grazer Universität. Unter der fachlichen Leitung von Karl Metz (1910–1990)[2] und Alexander Schouppé (1915—2004)[3] unternahm diese Gesellschaft zwischen 11. und 27. Juli 1950 eine Exkursion, die über Südkärnten, die Karnischen Alpen in die Südtiroler Dolomiten, über den Gardasee und anschließend zum Stilfser Joch und über den Reschenpass ins Inntal führte, von wo aus über Schwarzach im Pongau und Mauterndorf der Weg wieder über Leoben nach Graz führte (Abb. 1).

1 Ein »klassisches« Beispiel so einer Exkursion war der Besuch des Kammerbühls (Komorní hůrka, Tschechien) bei Eger im Sommer 1822 durch Johann Wolfgang von Goethe (1749–1832), bei der es um die Klärung der damals so intensiv diskutierten Problematik ging, ob Basalt durch Ausfällung im Ozean (entsprechend der neptunistischen Theorie von Abraham Gottlob Werner, 1749–1817), durch an der Oberfläche erstarrte Lava in sogenannten Erhebungskratern (nach den Vorstellungen von Leopold von Buch, 1774–1853), oder durch Verfestigung von Gesteinsschmelzen in Magmen-Kammern (entsprechend der plutonistischen Theorie von James Hutton, 1726–1797) entstanden sei. Vgl. Oldrich Fejfar, »Brunnengast, Geolog und Spaziergänger«, in: Fritz F. Steininger/Anne Kossatz-Pompé (Hg.), *»quer durch Europa«*. Naturwissenschaftliche Reisen mit Johann Wolfgang von Goethe (Kleine Senckenberg-Reihe 30), Frankfurt am Main: Kramer 1999, 39–48.

2 Vgl. Elmar Walter, Laudatio Karl Metz – Zum 80. Geburtstag, in: *Mitteilungen des Naturwissenschaftlichen Vereines für Steiermark* 120 (1990), 11–15. – Helmut W. Flügel, Karl Metz 1910–1990, in: *Mitteilungen der Österreichischen Geologischen Gesellschaft* 84 (1991), 381–393.

3 Vgl. Bernhard Hubmann, Univ.-Prof. Dr. Alexander von Schouppé. 26. Februar 1915–6. Juli 2004, in: *Jahrbuch der Geologischen Bundesanstalt* 144 (2004), 407–410.

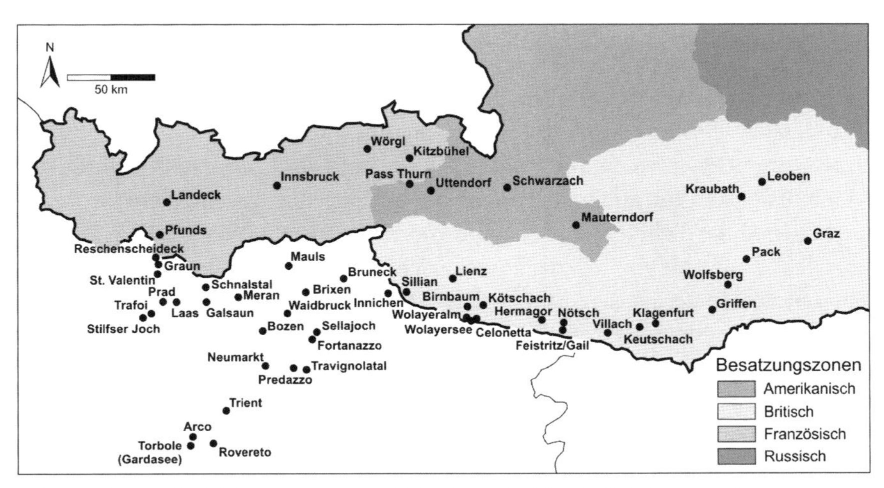

Abb. 1: »Ost- und Südalpen-Exkursion« 1950: Orte sind im Gedicht bzw. im Fotoalbum von Maria Kropfitsch (verehelichte Flügel) erwähnt und lassen den Routenverlauf erkennen. In unterschiedlichen Grautönen sind die Besatzungszonen Österreichs eingetragen, deren Demarkationslinien nur mit einem von den Alliierten ausgestellten Identitätsausweis überschritten werden konnten.

Die Nachkriegszeit am Geologischen Institut und die beiden *»Chefdompteure«*

Beide Leiter der Exkursion, der damals 40-jährige Extraordinarius für Geologie Karl Metz (Abb. 2) und der 35-jährige Dozent für Paläontologie, Alexander (von) Schouppé (Abb. 2), hatten jeweils eine langjährige, bis in die 1930er-Jahre zurückreichende Verbundenheit mit dem Grazer Geologisch-Paläontologischen Institut. Karl Metz, am 12. April 1910 in Graz geboren, dissertierte bei seinem »Amtsvorgänger« Franz Heritsch (1882–1945)[4] und beendete das Studium im

4 Franz Heritsch (geboren 26. Dezember 1882 in Graz; gestorben 17. April 1945 ebenda) begann nach der Matura im Juli 1902 am II. Staatsgymnasium (heute: BG/BRG Lichtenfels Graz) mit dem Studium der Geschichte und Geographie für das Lehramt an der Grazer Universität. Zusätzlich belegte er aber auch Geologie- und Mineralogievorlesungen bei Rudolf Hoernes (1850–1912), Vincenz Hilber (1853–1931) und Rudolf Scharizer (1859–1935). Am 4. Mai 1906 wurde er promoviert, nachdem er eine quartärgeologische Dissertation verfasst hatte. Ein Jahr später legte er die Lehramtsprüfung ab und war von September 1907 bis Oktober 1921 als Lehrer an der Handelsakademie in Graz tätig. Bereits drei Jahre nach der Promotion habilitierte sich Heritsch am 29. Jänner 1909 für Geologie. Am 7. November 1915 wurde seine Venia Legendi um das Fach Paläozoologie erweitert. Ein Jahr später, im September 1916, erhielt er den Titel eines außerordentlichen Professors. Am 23. November 1921 erfolgte die Ernennung zum außerordentlichen Professor für Geologie und Paläozoologie ad personam; mit Erlass vom 22. Juli 1924 wurde er zum ordentlichen Professor für Geologie und Paläontologie be-

Frühjahr 1933 mit der Promotion. Ebenso verfasste Alexander von Schouppé, der am 26. Februar 1915 in Baden bei Wien das Licht der Welt erblickt hatte, bei Franz Heritsch seine Dissertation. Im Mai 1939 fand Schouppés Promotion statt und danach wurde er als Assistent am Institut angestellt. Wie Karl Metz, der bereits ab 1935 Assistent am Institut für Geologie und Lagerstättenkunde der Montanistischen Universität in Leoben war und sich dort habilitiert hatte, wurde auch Alexander Schouppé 1941 zum Wehrdienst einberufen. Während Metz zunächst Lagerstätten in Mazedonien, Schlesien und im Slowakischen Staat untersuchte, später an die Front in Frankreich und Russland verlegt wurde und ab 1943 in Nordnorwegen als »Kriegsgeologe« eingesetzt war, hatte Schouppé als Meteorologe eines Fernaufklärergeschwaders Dienst zu versehen. Als dann Schouppé nach dem Krieg aus der Gefangenschaft entlassen wurde und im Jänner 1946 an die Universität Graz zurückkehrte, musste er die gesamte paläontologische Lehre übernehmen, denn Franz Heritsch war drei Wochen vor Kriegsende verstorben. Bereits im Dezember 1945 war eine Kommission zur Erarbeitung eines Besetzungsvorschlages für die Nachfolge von Heritsch zusammengetreten. Diese legte am 8. Juli 1946 ihren Vorschlag vor, der am 21. November auch umgesetzt wurde, indem Karl Metz zum außerordentlichen Professor und Vorstand des Institutes für Geologie und Paläontologie ernannt wurde.[5]

Das letzte Kriegsjahr und die ersten Nachkriegsjahre machten sich auch auf den Universitäten dramatisch bemerkbar. So hatte die Zahl an Hörerinnen und Hörern der Karl-Franzens-Universität den niedrigsten Stand im Wintersemester 1944/45 bzw. im Sommersemester 1945 erreicht.[6] Als zu Ende März 1945 Sowjet-Truppen in die Oststeiermark eingedrungen waren und am 9. Mai den Grazer Hauptplatz erreicht hatten, folgte eine rund zehnwöchige Besatzung der steirischen Landeshauptstadt. Während dieser Zeit wurden im Hauptgebäude der Universität, in dessen Erdgeschoß das Geologisch-Paläontologische Institut untergebracht war, Angehörige der Roten Armee einquartiert. Nach dem Abzug der Truppenangehörigen, die offensichtlich für so manche Demolierung der Innenausstattung verantwortlich waren, mussten Vorkehrungen für den universitären Betrieb im Wintersemester getroffen werden, die neben Aufräumungsarbeiten der Kriegsschäden auch die Beheizung der Gebäude für den nahenden Winter vorsahen. Als Karl Metz seine ersten Lehrveranstaltungen als

rufen. Vgl. Othmar Kühn, Franz Heritsch, in: *Mitteilungen der Geologischen Gesellschaft in Wien* 36–38 (1949), 303–324.

5 Vgl. Helmut Flügel, *Geologie und Paläontologie an der Universität Graz 1761–1976* (Publikationen aus dem Archiv der Universität Graz 7), Graz: Akademische Druck- und Verlagsanstalt 1977, 80.

6 Vgl. Monika Hofstätter, *Die Studentenschaft der Universität Graz. Wintersemester 1937/38 – Sommersemester 1945*, Dipl. Arb., Graz 1998.

frisch Berufener im Studienjahr 1946/47 abhielt, erreichte die Karl-Franzens-Universität mit 5.223 Studierenden, davon 1.369 Studentinnen, zuvor nicht erreichte Studierendenzahlen. Anzumerken ist, dass dabei der Anteil der Kriegsheimkehrer an der Gesamtzahl der Studierenden zwischen 70 und 80 Prozent lag.[7] Die allgemeine katastrophale Situation dieser Zeit beschrieb einer der Exkursionsteilnehmer, Ekkehard Hehenwarter (1920–2014), der als 25-jähriger und ehemaliger Kriegsdiener neben dem »Naturgeschichte«-Lehramtsstudium auch Geologie studierte:

> »Um inskribieren zu dürfen, mußten wir Bombenschutt in Graz räumen, Ruinen sprengen, für die Englische Besatzungsmacht Holz in Peggau fällen und erst dann bekamen wir die Zulassung zur Inskription [...]! Die Zustände an der Uni waren schauderbar, noch die Russen-Überreste erkennbar, von den Russen eingesetzte Fachkräfte, Überfüllung durch rund sechs gleichzeitige Studien-Jahrgänge, 18-jährige Kollegen neben den rund 25 bis 30-jährigen »Heimkehrern«, 850 Kalorien Eßmarken je Tag, keine Heizung, keine Kleidung außer meiner umgearbeiteten »alten« Luftwaffen-Uniform – ohne jede Zukunft [...]! So war unser Leben zur ach so schönen Studentenzeit [...]! – .«[8]

»Ohne Geld ist das Reisen illusorisch!«

Wie für viele naturwissenschaftliche Fächer sind Exkursionen in den geologischen Wissenschaften essentiell für die Erweiterung und Vertiefung des Wissens. Dass weiter entfernte Exkursionsziele an erhöhten logistischen und finanziellen Aufwand gekoppelt sind, ist selbsterklärend. Bezogen auf die hier betrachtete Alpenexkursion im Sommer 1950 bedeutete dies zusätzlich, dass wohl kaum eine der Teilnehmerinnen bzw. einer der Teilnehmer über einen entsprechend soliden finanziellen Hintergrund verfügte, denn das »Wirtschaftswunder« der 1950er-Jahre war erst im Anrollen. Dementsprechend musste möglichst kostengünstig (»ohne Verpflegung und Nachtquartier in Scheunen«) geplant werden. Wenn auch zu dieser Zeit schon Erleichterungen für den Personenverkehr gegeben waren, mussten aus der Britischen Zone kommend, die Französische (Tirol) und die Amerikanische (Salzburg) Besatzungszone überschritten werden – und – man musste für die Tour einen geeigneten (kostengünstigen) Bus finden, der ein entsprechendes »Durchhaltevermögen« auf wenig ausgebauten Straßen der rund 1.800 km langen Fahrtstrecke versprach. Letztgenannter Aspekt erfüllte nicht die erhofften Erwartungen. Der »schrottreife Autobus« hatte eine Panne in

7 Vgl. Alois Kernbauer, *Studieren im 20. Jahrhundert. Die rapiden Veränderungen der studentischen Welt*, URL: http://www.generationendialog-steiermark.at/themen/studieren-im-wandel-der-zeit/ (abgerufen am 14.7.2019).

8 Vgl. Schriftliche Mitteilung von Ekkehard Hehenwarter vom 9.5.2000 an den Autor.

Südtirol und die Exkursionsteilnehmer mussten sich daran machen »nachts das Getriebe des »Seelenverkäufers« zu reparieren«.[9]

Abb. 2: Links: Karl Metz den Ortler betrachtend; Mitte: Alexander und Ingeborg Schouppé am Stilfser Joch; Maria Kropfitsch am Gardasee. Die Fotos entstanden während der Exkursion.

Leider sind zu dieser Exkursion keine Rechnungsbelege oder sonstigen Unterlagen vorhanden, die eine genauere Rekonstruktion des sieben Dezennien zurückliegenden Vorhabens erlauben. Auch sind keine Exkursionsberichte der TeilnehmerInnen überliefert, wie sie üblicherweise von solchen Veranstaltungen post festum eingefordert werden, um in verschriftlichter Form das Gesehene und Erlernte zu reflektieren. Von dieser Exkursion liegt dem Autor aber ein 635 Zeilen umfassendes, in 23 »Kapiteln« gegliedertes Gedicht von einer der Teilnehmerinnen, der damals 24-jährigen Maria Kropfitsch (Abb. 2), vor.[10] Frau Kropfitsch studierte zu jener Zeit in Graz Biologie und hatte Zugang zur Geologie – und im Speziellen zur hier behandelten Ostalpenexkursion – wohl über die »gut besuchten entwicklungsgeschichtlichen Vorlesungen« Alexander Schouppés gefunden.[11]

9 Vgl. ebd.

10 Maria Kropfitsch, geboren am 12. Juli 1926 in Admont, wuchs als Tochter des Stiftsförsters Sepp Kropfitsch und dessen Gattin Theresa, geb. Plappert, in Gstatterboden (Gesäuse) auf und begann nach dem Schulbesuch in Admont und Pettau im Wintersemester 1947/48 mit dem Studium der Biologie an der Grazer Universität. Nach der Abfassung ihrer botanischen Dissertation zum Thema »*Apfelgaswirkung auf Stomatazahl und UV-Bestrahlung auf Stomatazahl*« und den abgelegten Rigorosen wurde sie am 14. Juli 1951 zum Dr. phil. promoviert. Zwischen Juli 1952 und April 1955 war sie als Demonstratorin am Institut für Geologie und Paläontologie angestellt. Am 15. Februar 1955 ehelichte sie Helmut Flügel (1924–2017); sie verstarb völlig überraschend am 30. Oktober 2000 in Graz an einem Schlaganfall. Vgl. Bernhard Hubmann, Zwei Gedichte über den Geologie-Alltag an der Universität Graz um 1950, in: *Geohistorische Blätter* 29 (2018), 45–54.

11 Vgl. Walter, *Laudatio Karl Metz*, 14–15.

Das Gedicht stellt in gedrängter Form ein sehr facettenreiches »Protokoll« dar, das neben dem interessanten Hinweis einer »externen« Subventionierung durch den deutsch-kalifornischen »Onkel aus Amerika« Curt Dietz (1882–1965),[12] zusätzlich auch Einblicke in zwischenmenschliche Verflechtungen der TeilnehmerInnen darlegt. So erfährt man beispielsweise von der Liebschaft zwischen Trude und Bärli (»Trude ist ganz aufgelöst, weil sie Bärli bald verlässt«) bzw. Helmi und Peter (»Helmi wird es Angst und Bang! Sie umschlingt, wie früh und später, Stütze suchend ihren Peter«), aber auch von einer kurzfristigen Zwistigkeit gegen Ende der Exkursion, als einer der angeheiterten Teilnehmer Sieglinde einen »Bruderkuss« rauben wollte (»und zu dieser Szene kam, g'rad zurecht der Bräutigam«).

Interessant ist zudem, dass die Exkursionsgruppe die dramatische Vernichtung von Kulturland und Häusern bei der Stauung des Reschen-Stausees (Lago di Resia) miterlebte. Nur wenige Tage bevor die Grazer Gruppe die Vinschgauer Ortschaft Graun erreichte, wurde der letzte Sonntagsgottesdienst in der dortigen Ortskirche gefeiert, ehe Kirche und Häuser gesprengt wurden, um dem Stausee Platz zu machen (»Reschen: schrecklich anzuschau'n, das versinkende Dorf Graun«).[13]

Nicht immer verlief während der Exkursion alles reibungslos (»diesen Abend man in Prad, das Gepäck erleichtert hat«), insbesondere der Bus musste öfter repariert werden (»unser Wagerl, 's ist zum Spucken, macht uns plötzlich dumme Mucken«).

Begleitend zum Gedicht ist ein nicht vollständiges Album überliefert, in dem viele der Exkursionspunkte fotodokumentarisch festgehalten sind. Im Folgenden werden einige Bilder aus dieser Sammlung wiedergegeben.

12 Curt Dietz (geboren 29. Dezember 1882 in Schmalkalden; gestorben im März 1965 in Lafayette/Kalifornien), der als Sohn eines Fabrikbesitzers zunächst als Übersetzer, danach in Colorado im Bergbau arbeitete und später eine erfolgreiche Importfirma führte, begann 1938 mit dem Studium der Geologie. Nach dem Ende des Zweiten Weltkriegs besuchte er etliche geologische Institute in Deutschland, Österreich und der Schweiz und unterstützte finanziell den wissenschaftlichen Nachwuchs. Vgl. Eugen Seibold, Curt Dietz 1882–1965, in: *Geologische Rundschau* 54/2 (1965), 1320.

13 Im Zuge des Reschenstauseeprojekts wurden 163 Wohnhäuser bzw. landwirtschaftliche Gebäude sowie die Kirche von Graun gesprengt und 514 Hektar Kulturfläche geflutet. Dabei verloren beinahe 150 Familien ihre Existenz bzw. wurden zur Abwanderung gezwungen. Nur der Kirchturm aus dem Jahr 1357 wurde aus Denkmalschutzgründen stehen gelassen. Heute ist der »Turm im See« als Wahrzeichen des oberen Vinschgaus zum bekannten Postkartenmotiv Südtirols avanciert, zugleich ist der romanische Turm aber auch stummer Zeitzeuge eines verantwortungslosen Stauseeprojekts des Großkonzerns Montecatini kurz nach dem Ende des Zweiten Weltkrieges. Vgl. Jürg Frischknecht, »Wir ersaufen – mit Schweizer Hilfe«, in: *zeitgeschichte strom* 38 (2010), 34–39.

Die Exkursionsteilnehmer: »Gentlemen zum Teil und Flegel [...]«

Dem Gedicht nach haben zusätzlich zu Metz (auch Charlie, Chef, Papi), Aki (= Alexander Schouppé) und Akeline (auch Inge = Ingeborg Schouppé; Gattin von Alexander Schouppé; beide zusammen auch als Schaupperln bezeichnet), das Ehepaar Chauffeur sowie vier Mädchen und achtzehn Herrn an der Fahrt teilgenommen. Unter den Teilnehmerinnen können Mutz (= Maria Kropfitsch; die Verfasserin des Gedichts) und Trude (= die einzige »wirkliche« Geologie-Studentin Edeltrud Bistricky[14]; von ihren Kommilitonen allgemein »Strizlbizki« genannt[15]) identifiziert werden. Bei wem es sich bei Helmi und Sieglinde handelt, konnte nicht herausgefunden werden. Auch von den 18 Herren sind nicht alle identifizierbar. Vier Personen werden mit Familiennamen genannt: Flügel, Kahler, Paulitsch und Weiss. Bis auf den Letztgenannten, der erst 1954 bei Karl Metz das Studium mit einer Dissertation über die nordöstlichen Schladminger Tauern abschloss, waren die anderen »Gentlemen« bereits Akademiker: Doktor Flügel (auch Helmut = Helmut W. Flügel) hatte nach der Dissertation, die von Karl Metz betreut wurde, im Jänner 1949 sein Geologie-Studium mit der Promotion beendet und war zur Zeit der Exkursion »Wissenschaftliche Hilfskraft« an der Technischen Hochschule in Graz.[16] Der »schwarzgelockte Doktor« Kahler (= Franz Kahler) war seit 1944 Dozent an der Technischen Hochschule in Graz

14 Edeltrud Bistricky, geboren am 10. September 1927 in Brünn (Brno, Tschechien), war nach dem Besuch der fünfklassigen Volksschule und dem Mädchen-Reform-Realgymnasium in Brünn 1945 nach Österreich geflüchtet. 1946 besuchte sie den Überbrückungskurs an der Universität in Wien und legte die Matura ab. Von 1946 bis 1947 war sie als Ausfertigerin in einer Kleiderwerkstätte tätig, ehe sie ab dem Wintersemester 1947/48 mit dem Geologiestudium an der Universität Graz für acht Semester begann. 1951 übersiedete sie zu ihren Eltern nach Wien und setzte dort ab dem Wintersemester 1951/52 das Studium aus Paläontologie und Geologie in Verbindung mit Petrographie fort. Bistricky verfasste bei Othmar Kühn (1892–1969) eine Dissertation über neogene Gastropoden und wurde am 11. November 1953 zum Dr. phil. promoviert. Bis 1977 war sie in der Türkei und in Südafrika als Mikropaläontologin tätig. Vgl. Helmuth Zapfe, *Index Palaeontologicorum Austriae.* Supplementum (Catalogus fossilium Austriae, 15a), Wien: Verlag der Österreichischen Akademie der Wissenschaften [ÖAW] 1987, 152. Sie verstarb am 27. September 2009 in Graz, Anmerkung des Verfassers.

15 Nach dankenswerter mündlicher Mitteilung durch Hermann Brandecker, einem Kommilitonen Edeltrud Bistrickys, vom 12.2.2018.

16 Helmut W. Flügel, geboren am 18. August 1924 in Fürstenfeld, studierte nach dem Militärdienst und der Kriegsgefangenschaft zunächst Bauingenieurwesen an der Grazer Technischen Hochschule, wechselte aber bald zum Geologiestudium. 1949 wurde er nach einer Dissertation bei Karl Metz promoviert, 1953 habilitierte er sich in Geologie, 1955 in Paläontologie. 1963 wurde er außerordentlicher Universitätsprofessor und 1967 ordentlicher Professor für Paläontologie und Historische Geologie an der Karl-Franzens-Universität Graz. 1994 wurde Flügel emeritiert; er starb am 6. Mai 2017 in Graz. Vgl. Bernhard Hubmann, In Memoriam Helmut W. Flügel (1924–2017), in: *Mitteilungen des Naturwissenschaftlichen Vereines für Steiermark* 147 (2017), 5–32.

und wurde im Jahr vor der Exkursion zum Kustos der Mineralogisch-Geologischen Abteilung des Landesmuseums für Kärnten bestellt.[17] Er stieß am ersten Tag in Klagenfurt zur Exkursionsgruppe, um zu Aufschlusspunkten nahe der Landeshauptstadt zu führen. Der wissenschaftliche Assistent des Mineralogischen Instituts der Grazer Universität, Paulitsch (= Peter Paulitsch), beschäftigte sich zu jener Zeit vor allem mit der Petrographie des Gailtal-Kristallin, welches einen zentralen Aspekt in seiner zwei Jahre später abgeschlossenen Habilitationsschrift darstellte.[18]

Unklar ist, warum der erst 1948 nach Kriegsgefangenschaft aus Serbien heimgekehrte Ernstl Weiss (= Ernst Heinrich Weiss)[19] im Gedicht auch mit Familiennamen, und nicht wie alle anderen Studenten bzw. Studentinnen nur mit Vornamen genannt wird. Vermutlich ist die Nennung des Nachnamens im Reim dem Gleichlaut »Geologenkreis« geschuldet. Anders als bei Ernst Weiss verhält es sich mit Peter Jesenko,[20] der bereits 1949 mit einer Dissertation über

---

17 Franz Kahler, geboren am 23. Juni 1900 in Karolinenthal bei Prag, war nach Abschluss der Handelsschule in Klagenfurt zunächst Bankbeamter. Ab 1923 arbeitete er ehrenamtlich am Landesmuseum Kärnten und begann mit dem Geologiestudium bei Franz Heritsch (1882–1945) in Graz. 1931 schloss er sein Studium mit der Promotion ab, 1944 habilitierte er sich. 1949 erfolgte seine Bestellung zum Kustos am Landesmuseum für Kärnten. 1952 wurde er Landesmuseal-Oberrat und 1959 zur Landesbaudirektion überstellt; 1965 trat Kahler in den Ruhestand. Er starb am 6. August 1995 in Sankt Veit an der Glan. Vgl. Hans Peter Schönlaub, Franz Kahler 23.6.1900–6.8.1995, in: *Mitteilungen der Österreichischen Geologischen Gesellschaft* 87 (1996), 139–145.

18 Peter Paulitsch, geboren am 3. Mai 1922 in Gradenberg bei Köflach, war nach seiner »Grazer Zeit« zwischen 1957 und 1961 außerplanmäßiger Professor am neu errichteten Mineralogischen Institut der Technischen Universität Berlin. Am 14. Februar 1961 folgte er einem Ruf als Professor für Mineralogie und Angewandte Gesteinskunde an das ebenfalls neu errichtete Institut für Mineralogie in Darmstadt. Diese Stelle hatte er bis zu seiner Pensionierung im Jahr 1990 inne. Peter Paulitsch verstarb am 11. Oktober 2014 in Darmstadt. Vgl. Bernhard Hubmann/Daniela Angetter/Johannes Seidl, *Grazer Erdwissenschaftler/innen (1812–2016). Ein bio-bibliographisches Handbuch* (Scripta geo-historica 6), Graz: Grazer Universitätsverlag - Leykam - Karl-Franzens-Universität Graz 2017, 97–98.

19 Ernst Heinrich Weiss, geboren am 21. November 1926 in Graz, arbeitete nach dem Studium zunächst am Kärntner Landesmuseum. Nach einigen Jahren der Tätigkeit als Lagerstättengeologe in Nordschweden und als Kärntner Landesgeologe folgte er 1972 einem Ruf als Ordinarius an die Universität für Bodenkultur in Wien. Ernst Weiss verstarb am 20. Oktober 2010 in Wien. Vgl. Roland Stern, Univ.-Prof. Dr. Ernst Heinrich Weiss (1926–2010), in: *Carinthia* 201/121 (2011), 302–304. Über ihn wird berichtet, dass er auf der Exkursion waghalsige Klettertouren unternahm (freundliche mündliche Mitteilung durch Hermann Brandecker vom 12.2.2018).

20 Peter Jesenko, geboren am 26. April 1925 in Ladinach in Kärnten, war ab Sommersemester 1946 bis einschließlich Wintersemester 1949/50 inskribiert. Am 28. November 1949 legte er seine Dissertation mit dem Thema *Das Paläozoikum zwischen Frohnleiten und Mixnitz. Die Tektonik des Gschwendt-Schiffals, ein Beitrag zur Auflösung der Tektonik des Grazer Paläozoikums* vor. Am 18. Jänner 1950 fand das einstündige Rigorosum aus Philosophie und Psychologie, zwei Tage später am 20. Jänner das zweistündige aus Geologie und Mineralogie statt. Am 3. Februar 1950 wurde Peter Jesenko promoviert. Zwischen 1950 und 1954 führte er

das Paläozoikum bei Frohnleiten sein Studium abgeschlossen hatte und dennoch »nur« als Peter (auch Pex?) ohne Nachname im Gedicht aufscheint. Eine Mittelstellung zwischen »fertigem Akademiker« und »gemeinem Studenten« stellt Felix (= Felix Travnicek)[21] dar, der erst später seinen Familiennamen in Ronner ändern ließ.[22] Zum Zeitpunkt der Exkursion hatte er seine Dissertation über das Seckauer Kristallin eingereicht und am 3. Juli 1950 – also eine Woche vor der Exkursion – sein einstündiges Rigorosum »Philosophicum« abgelegt.

Wenn auch nur mit dem Kosenamen Bärli bezeichnet, ist die Identifikation von Hans Beer[23] eindeutig. Er begann im Wintersemester 1949/50 mit dem Studium und legte im Dezember 1952 seine Dissertation über das Miozän des südlichen Weststeirischen Beckens vor.

diverse Messungen für Erdölbohrungen beim »Geophysikalischen Kontor« der Sowjetischen Mineralölverwaltung in Wien durch, war dann ein Jahr mit hydrogeologischen Kartierungsarbeiten in Zentralanatolien beschäftigt, ehe er ab 1955 bei der OMV eine Anstellung im Aufgabenbereich der geophysikalischen Auswertungen fand. 1986 wurde Peter Jesenko pensioniert. Er starb am 10. Oktober 2016 in Maria Enzersdorf (persönliche Mitteilung Sabine Krammer, Universitätsarchiv Graz, vom 29.6.2018).

21 Felix Ronner, geboren am 10. Dezember 1922 in Wien als Felix Travnicek, begann mit dem Geologiestudium bei Leopold Kober (1883–1970) in Wien, wechselte aber im Wintersemester 1946/47 an die Universität Graz, wo er unter Karl Metz im Februar 1951 mit Auszeichnung zum Doktor der Philosophie promoviert wurde. Nach Tätigkeiten als Privatgeologe bzw. angestellt am Geologischen Staatsdienst der Türkei in Ankara kehrte Ronner 1957 an die Technische Hochschule in Graz zurück, wo er zunächst Assistent, dann Oberassistent war. 1962 habilitierte er sich dort. Nach weiteren Anstellungen in Dschidda (Saudi-Arabien), Peradeniya (Sri Lanka) und Paris wurde er im April 1974 Direktor der Geologischen Bundesanstalt in Wien. Felix Ronner starb am 22. September 1982 in Wien. Vgl. Hubmann/Angetter/Seidl, *Grazer Erdwissenschaftler/innen*, 112–114.

22 Die Namensänderung Ronners ist wohl im Zusammenhang mit der kabarettistischen Travnicek-Figur zu sehen. Die »Travnicek-Dialoge« entstanden ab Oktober 1957 mitten in der »goldenen Zeit des Wiener Cabarets« durch Helmut Qualtinger (1928–1986) und Gerhard Bronner (1922–2007), die die Figur des nörgelnden, selbstgerechten und immer besserwisserischen Wieners entwickelten. In den »Travnicek-Auftritten« führten Qualtinger und Gerhard Bronner eine Art Doppel-Conférence, bei der der »Gscheite« (= Freund) dem »Dummen« (= Travnicek) die Welt zu erklären versucht. Der Dumme zieht dabei immer nur die für ihn logischen Schlüsse und hält zumeist unbeirrbar an seiner Meinung fest. Eine eingehende Darstellung der Travnicek-Figur findet sich bei Elias Natmessnig, *Die Figuren des Helmut Qualtinger in der Tradition des Wiener Volksstücks*, Dipl. Arb., Wien 2009.

23 Hans (Johann) Michael Beer, geboren am 19. Mai 1920 in Kronstadt (Brașov, Rumänien), legte am 3. Februar 1953 das zweistündige Rigorosum aus Geologie und Mineralogie ab. Am 20. Februar 1953 fand das einstündige »Philosophicum« statt. Beer wurde am 27. Februar 1953 zum Dr. phil. promoviert. In den 1960er-Jahren untersuchte er im Auftrag des Türkischen Geologischen Dienstes (Maden Tetkik ve Arama Enstitüsü; MTA) sedimentäre Phosphaterzlagerstätten in der südöstlichen Türkei. Er verstarb am 28. Oktober 2007 in Graz (persönliche Mitteilung Sabine Krammer, Universitätsarchiv Graz, vom 20.6.2018).

Mit Viktor ist Viktor Maurin[24] gemeint, der als 18-jähriger mit noch nicht vollendeter Schulausbildung einberufen und nach drei Jahren Kriegsdienst im Oktober 1943 so schwer verletzt wurde, dass sein rechter Fuß und Unterschenkel amputiert werden mussten. Für ihn stellte die Exkursion mit vielen »alpintouristischen« Abschnitten sicherlich eine Herausforderung dar, die er dennoch meisterte (siehe Taf. 3b).

Bei Harald handelt es sich um Harald Riebel-Gutberlet[25], den »Meisterphotographen« der Exkursion. Von ihm stammen die meisten der im Fotoalbum überlieferten 8 x 5,5 cm großen Schwarzweißaufnahmen (Graustufenfotos).

Weniger gesichert sind diejenigen Personen, die mit *Friedl*, *Hugo*, *Iker*, *Paul*, *Willi* und *Winkler* genannt werden. Während *Friedl* möglicherweise sich nur an der Vorbereitung der Exkursion beteiligt hatte (»müht sich Tag um Tage«), waren Hugo und Winkler dem Gedicht zufolge definitiv Teilnehmer an der Exkursion. Beide konnten aber nicht identifiziert werden. Dass mit Paul Paul Ploteny,[26] der 1956 eine geologisch-petrographische Dissertation in der Umgebung seiner Heimat in Neumarkt abfasste, gemeint ist, wäre naheliegend, ist aber nicht gesichert.

Mit Willi ist wohl Willibald Fliesser,[27] mit Wolfgang – aus den begleitenden Fotos identifizierbar – Wolfgang Fritsch gemeint. Beide Herren fanden ihre

24 Viktor Maurin, geboren am 19. Juli 1922 in Kapellen an der Mürz, begann im Herbst 1946 an der Montanistischen Hochschule in Leoben mit dem Studium für Bergbau, wechselte aber nach einem Jahr nach Graz, wo er ab dem Wintersemester 1947/48 das Studium der Geologie und Paläontologie an der Karl-Franzens-Universität belegte, das er im Juni 1953 abschloss. 1960 habilitierte sich Maurin. Im Jahre 1965 folgte er einem Ruf als Ordinarius für Geologie an die Technische Hochschule in Karlsruhe. Er starb am 22. Jänner 2011 in Graz. Vgl. Ralf Benischke/Volker Weissensteiner, Univ.-Prof. Dr. Victor Maurin. Nachruf, in: *Beiträge zur Hydrogeologie* 58 (2011), 67–74.

25 Haraldo Rolf Riebel-Gutberlet, geboren am 10. November 1921 in Valdivia/Chile, war Sohn eines österreichischen Auswanderers. Er war zwischen dem Wintersemester 1947/48 und dem Wintersemester 1952/53, allerdings mit Ausnahme der Sommersemester 1951 und 1952 als ordentlicher Hörer inskribiert. Riebel-Gutberlet beendete sein Studium nicht, war aber langjähriges Mitglied des Naturwissenschaftlichen Vereins für Kärnten in der Sektion Mineralogie. Er verstarb am 29. April 2003 in Braunau/Inn (persönliche Mitteilung Hermann Brandecker, Salzburg am 16.2.2018).

26 Paul Maria Ploteny, geboren am 23. Mai 1925 in Neumarkt, trat 1955 als Geologe in die »Hydrographische Landesabteilung« der Steiermärkischen Landesregierung in Graz ein, war aber später nicht mehr als Erdwissenschaftler, sondern im dortigen Rechenzentrum tätig. Ploteny starb am 4. November 1986 in Graz. Vgl. Hubmann/Angetter/Seidl, *Grazer Erdwissenschaftler/innen*, 105.

27 Willibald Fliesser, geboren am 30. März 1922 in Linz, war vom Sommersemester 1946 bis einschließlich Wintersemester 1949/50 als ordentlicher Hörer an der Grazer Universität inskribiert, wo er am 13. Jänner 1950 seine Dissertation über »*Geologie und Petrographie des Passailer Schiefergebietes*« vorlegte. Am 18. Jänner 1950 legte er das zweistündige Rigorosum aus Geologie und Mineralogie, am 23. Jänner 1950 das einstündige Rigorosum aus Philosophie ab. Am 3. Februar 1950 fand die Promotion statt. 1952 trat Fliesser in die OMV ein,

Berufe in der Rohstoffgewinnung. Willibald Fliesser ging zur Österreichischen Mineralölverwaltung (heute OMV), wo er im »Labor für Aufschluss und Produktion« arbeitete. Wolfgang Fritsch war Betriebsgeologe der Österreichischen Alpine Montangesellschaft am Hüttenberger Erzberg, wo ihn nach 15-jähriger Tätigkeit mit kaum 42 Jahren das Schicksal ereilte: Als er »nach dem Abtun mehrerer Schüsse« den Abbauort befuhr, traf ihn dort plötzlich nachfallendes Erz tödlich.[28]

An der Exkursion nahmen weitere vier nicht im Gedicht namentlich genannte Personen teil, unter denen sich der bereits erwähnte Ekkehard Hehenwarter befand.[29] Andererseits gedachte das Gedicht auch zweier Personen, die ursprünglich an der Exkursion teilnehmen wollten, im letzten Moment aber verhindert waren: Hansl, der beruflich »nach Westen« fahren musste, um dort »Löcher in die Erde« zu bohren und Elmar, dem ein entzündeter Blinddarm die Teilnahme unmöglich machte und der operiert werden musste. Ersterer ist Hans Helfrich[30], der als »Technischer Geologe« in Schweden Konsulent für In-

arbeitete vorerst als Betriebsgeologe, ehe er ab 1968 petrographische und mineralogische Untersuchungen im Labor in Gerasdorf übernahm. Im Mai 1982 wurde er pensioniert. Willibald Fliesser verstarb am 10. Juli 1998 in Groß Enzersdorf bei Wien (persönliche Mitteilung Sabine Krammer, Universitätsarchiv Graz, vom 20.6.2018).

28 Wolfgang Fritsch, geboren am 2. Oktober 1928 in Kühweg bei Hermagor, studierte nach dem Besuch der Volksschule in Friedberg am Wechsel und des Realgymnasiums in Graz von 1947 bis 1952 an der Grazer Universität Geologie. Ab 1955 war Fritsch im Rahmen der Lagerstättenforschung der Alpine-Montan-Gesellschaft Betriebsgeologe bei der Bergdirektion Hüttenberg in Kärnten tätig, wo er am 31. Juli 1970 in Hüttenberg im Dienst verstarb. Vgl. Franz Kahler, Wolfgang Fritsch, in: *Mitteilungen der Geologischen Gesellschaft in Wien* 63 (1970), 203–206.

29 Ekkehard Hehenwarter, geboren am 3. November 1920 in Mehrnbach bei Ried/Innkreis, musste nach seiner Matura im Mai 1938 am Bundesgymnasium in Linz zunächst Arbeits-, dann Kriegsdienst leisten. Ab Herbst 1945 belegte er an der Grazer Universität das Lehramtsstudium aus Naturgeschichte sowie das Geologiestudium, in dem er 1948 mit einer paläontologischen Dissertation über permische Korallen begann. Nach Abschluss seiner Studien im Herbst 1950 war Hehenwarter ab Jänner 1951 als Geologe und Sachbearbeiter für naturwissenschaftliche Fragen beim Bau und Betrieb von Wasser- und Dampfkraftwerken der Oberösterreichischen Kraftwerke tätig. Ab 1977 fungierte er zusätzlich als beeideter Gerichtssachverständiger bis zu seiner Pensionierung 1986. Schriftliche Mitteilung von Ekkehard Hehenwarter vom 9.5.2000 an den Verfasser. Er verstarb am 8. August 2014 in Traunkirchen, Anmerkung des Verfassers.

30 Hans Karl Helfrich, geboren am 12. Dezember 1926 in Graz, begann im Wintersemester 1947/48 mit dem Studium an der Grazer Universität. Am 4. Dezember 1952 legte er seine Dissertation über »*Petrographie der Seckauer Intrusiva*« vor, welche von den Professoren Karl Metz und Haymo Heritsch approbiert wurde. Nach Ablegung der beiden Rigorosen am 30. Jänner 1953 (Geologie und Mineralogie) bzw. 20. Februar 1953 (Philosophie) wurde Helfrich am 27. Februar 1953 zum Dr. phil. promoviert. Hans Helfrich verstarb 2016 in Enebyberg (Schweden) (persönliche Mitteilung Sabine Krammer, Universitätsarchiv Graz, vom 20.6.2018).

genieurgeologie und Felsmechanik wurde, zweiter ist Elmar Walter,[31] der durch seine »Zusatzqualifikation« als promovierter Nationalökonom eine leitende Position bei der UNESCO innehatte und später als Sektionschef im Wissenschaftsministerium tätig war.

Das Gedicht »Exkursion 1950«[32]

Und so begann's!

Wenn des Frühlings wohl'ge Kühle
abgelöst von Julischwüle,
tauscht die dicke, Grazerische
Luft man gerne gegen Frische.

Doch was ringsherum an Hügeln,
kann die Sehnsucht nicht beflügeln
jener Menschen, welche Staner
oder auch fossile Baner,

stolz in ihrem Wappen führen
und nach dem Geheimnis spüren,
wie und wann das weite Land,
seine heut'gen Formen fand.

Graz man zur Genüge kennt
und drum heftig darauf brennt,
neue Lande zu durchqueren
und das Wissen zu vermehren.

31 Elmar Walter, geboren am 25. März 1929 in St. Martin am Grimming, inskribierte nach der Reifeprüfung am zweiten Bundesrealgymnasium in Graz im Jahr 1947 Geologie und Mineralogie an der Karl-Franzens-Universität und schloss das Studium 1951 mit der Promotion ab. 1960 wurde er in Graz nochmals promoviert, nachdem er das Studium der Nationalökonomie abgeschlossen hatte. In den Jahren 1961 bis 1973 leitete er am Science Department der UNESCO in Paris die Koordination des Trockenzonenhauptprojektes. Von 1973 bis 1983 stand er als Sektionschef der Abteilung wissenschaftsbezogene Forschung im Bundesministerium für Wissenschaft und Forschung vor. Elmar Walter verstarb am 17. Jänner 2013. Vgl. O. A., Nachruf Hofrat DDr. Elmar Walter, in: *Amtsblatt der Landeshauptstadt Graz* 6/109 (2013), 14.

32 Das Gedicht liegt in einer handschriftlich in Versalien und in einer mit Schreibmaschine geschriebenen Form vor. Die Abweichungen der beiden Fassungen sind geringfügig.

»Ohne Geld«, heißt 's kategorisch,
»ist das Reisen illusorisch!«

Darum lebe jener Mann,
der die Not beheben kann!
Wir begrüßen mit »Hurra!«
den Onkel aus Amerika,

jenen, der Curt Dietz sich nennt,
jeder Geologe kennt!
Er ist ein Idealist, der andern
Gelder schenkt, damit sie wandern.

War der Hauptteil nun getan,
fing der richtige Kampf erst an.
Hört nur, wie an tausend Dingen
wir noch schier ein Monat hingen!

Erstens braucht man für die Ras'
einen neuen Reisepass.
Zweitens: einen Autobus
raschest man besorgen muss!

und da gab es Schwierigkeiten,
die nicht einfach zu beseit'gen!

Friedl müht sich Tag um Tage,
Aki teilt mit ihm die Plage,
rennt herum von Mann zu Mann,
ruft bald hier-, bald dorthin an,

oftmals unter heft'gen Flüchen
und auch Temperamentausbrüchen,
dass das arme Telephon
springt vor Schmerz in Stücke schon.

Schließlich haben sie's geschafft,
ein Vehikel uns errafft.
Doch es hatt', ganz ohne Zweifel,
seine Hand im Spiel der Teufel!

Glaubt der Aki, er kann rasten,
muss er den Chauffeur entlasten!

Von den andren wird bestellt
mittlerweil was sonst noch fehlt:
Vorträg halten, Lichtgepause[33]
Sorge um Gemeinschaftsjause,

gegenseitiges Beraten,
wie man sich denkt auszustatten.
(Hältst du dich an Haralds Listen,
brauchst du drei Reservekisten!)

Am elften Juli ist's so weit,
sechs Uhr Frühe: startbereit!

Während sich die and'ren plagen,
Kisten, Koffer, Rucksäck tragen,
will ich rasch die Häupter zählen,
euch die Meute vorzustellen:

Aki, Metz als Chefdompteur,
dann das Ehepaar Chauffeur,
Akeline, unser Stern,
noch vier Mädchen, – achtzehn Herrn,

Gentlemen zum Teil und Flegel,
ausgerüst' mit Stanerschlägel
hoppla – Hammer wollt' ich sagen,
das Ding, das sie bei sich stets tragen,

womit normalerweis' in Stücke
sie hau'n die Felsen. Welche Tücke

33 Über Lichtpausverfahren werden von einer transparenten Papiervorlage fotochemische Kopien auf Spezialpapier nach dem Prinzip der Kontaktkopie hergestellt. Sehr wahrscheinlich ist allerdings das Vervielfältigungsverfahren der Hektografie gemeint, ein Druckverfahren, bei dem Schriftstücke ohne eine Presse mithilfe einer abfärbenden Vorlage, der sogenannten Matrize, hergestellt wurden. Heute übliche fotoelektrische Druckverfahren zum Vervielfältigen von Dokumenten (auch Xerographie) wurden erst deutlich später, nachdem 1959 ein erstes alltagstaugliches Gerät auf den Markt kam, üblich.

jedoch, wenn einem armen Tropfe
das Unding landet auf dem Kopfe!

Nun ist das Gepäck verstaut
und im Wagen aufgebaut.
»Einsteig'n bitte, meine Lieben,
raschest! – sonst wird hiergeblieben!«

Lasset uns mit frohen Sinnen
nunmehr unsere Fahrt beginnen!

In Memoriam der Hinterbliebenen.

Wenige Wort sei'n geschrieben
denen, die zu Haus geblieben.
Hansl trennte sich mit Schmerzen
von den Grazer Mädchenherzen,
fuhr nach Westen, wo er dort,
Löcher in die Erde bohrt.

Elmar, ach es musst so sein,
fällt am letzten Tag erst ein,
dass gereizt sein blinder Darm.
Im Spital – verzweifelt, arm,
liegt nun, der sich so gefreut,
bereuend die Vergesslichkeit.

1. Tag: Graz–Pack–Griffenerberg–Klagenfurt–Keutschach–Villach–Feistritz a. d. Gail

Abfahrt Graz in Richtung Pack,
wunderbarer Sommertag;
Geist und Nerven angespannt!
Kohl'n im Tale der Lavant,[34]

34 Von 1845 bis 1968 wurde im Kärntner Lavanttal bei St. Stefan Braunkohle abgebaut. Die in den 1850er-Jahren errichtete Schachtanlage galt damals als eine der modernsten in Europa für den Untertage-Abbaubetrieb. Nach dem Grubenbrand von Wolkersdorf am 1. November 1967, der fünf Bergleuten das Leben kostete, wurde im März 1968 der Betrieb geschlossen, womit über 1.500 Kumpel mit einem Schlag arbeitslos wurden. Vgl. Nikolaus August Sifferlinger/Johann Hodnik, *»Glück auf, Bergleut«. Der Lavanttaler Kohlebergbau*, Wolfsberg: Ernst Ploetz 2000.

wo man jüngst gestritten hat,
ob Helvet, Torton, Sarmat.[35]

Wolfsberg, Griffen, Klagenfurt
schwarzgelockter Doktor durt
wird von uns noch mitgenommen.
Gerne wär's das Volk geschwommen
in der nahen Seen Flut;
doch bei heißer Sonnenglut,

geht es leider nach dem Süden.
Man bemüht sich, seinen müden
Geist noch einmal zu entfalten,
Doktor Kahlers Mühewalten,
– der uns kreuz und quere führt, –
so zu folgen, wie's gebührt;

Wühlt in jedem Schotterbruch,
unterdrückend manchen Fluch,
sieht die Stell', wo in die Luft,
tückisch das Tertiär verpufft.
Keutschach: endlich H_2O!
Wie sind die Erhitzten froh!

Nach dem Bad, gut abgekühlt,
man sich neugeboren fühlt.
Endziel: Feistritz an der Gail,
wo ein duft'ges Lager feil
im Parterre die Kühe muhen,
wir in der Etage ruhen.

Haben wir Zuhaus' Matratzen,
gibt's dafür dort keine Ratzen,
die uns hier die Nacht verkürzen,
»angenehm« die Träume würzen.

35 Im Kartierungsbericht von 1950 hält Peter Beck-Mannagetta (1917–1998) fest, dass die *»Flözgruppe der Beckenmitte«* des Lavanttales Untersarmat-Alter hat. Vgl. Peter Beck-Mannagetta, Aufnahmen im Tertiär des unteren Lavanttales: (Bericht 1950), in: *Verhandlungen der Geologischen Bundesanstalt* 1950–51/2 (1951), 58–61, 58.

Hugo und die and'ren Recken
kämpfen tapfer mit dem Stecken.

2. Tag: Feistritz–Nötsch–Presseggersee–Plöcken Pass

Aufbruch zeitlich frühe schon,
erstes Ziel: Das Nötsch-Karbon.
Pressegg: rasch im See gebadet!
Das Geburtstagskind verladet[36]
Harald in ein kleines Boot.
Es gelingt mit größter Not
unserm Meisterphotographen,
dort ein kleines Bild zu schaffen.

Seht ihr das Gebirg' im Süden?
es begrüßt die Nimmermüden!
Dorthin wendt sich nun die Strass':
Kötschach-Mauthen, – Plöcken Pass.

Die »Karnischen«

Seht den Aki, wie begeistert,
er die aufwärts-Wege meistert!
Er, für den Per-Pedes-Strecken
sonst der allergrößte Schrecken,
hält sich heute so heroisch,
weil die Berge paläozoisch.

Weil in idealen Decken
viel fossile Viecherln stecken.
In memoriam Heritsch-Vater[37],
betet Aki wie ein Pater
uns die Deckennamen vor
und wir sind ganz Aug' und Ohr.

---

36 Am 12. Juli hatte die Verfasserin des Gedichts, Maria Kropfitsch, ihren Geburtstag.

37 Für alle an der Exkursion teilnehmenden Studierenden waren die Mineralogie- und Petrographie-Vorlesungen von Haymo Heritsch (geboren 21. Jänner 1911 in Graz; gestorben 30. Oktober 2009 ebenda), der mit Wirkung vom 1. Dezember 1946 zum außerordentlichen Professor ernannt worden war, obligater Bestandteil des Studiums. In den Karnischen Alpen kamen die Studierenden mit einem der Hauptforschungsgebiete von Haymo Heritschs Vater, Franz Heritsch (siehe Anmerkung 4), in Kontakt.

Von dem Vortrag mitgerissen,
wir nach kurzer Zeit schon wissen,
wo und wie sich jene Decken
unt'reinander tun verstecken,
wo sie sich, mit einem Mal
wölben auf antiklinal.

Alles dies wird exerziert
und der Aki losdoziert:
»Ja, das sind halt richtige Berge!
Diese mesozo'schen Zwerge
(– denn was sagt schon die Gestalt,
fehlt der innere Gehalt! –),

schuf der Herr in schlechten Launen,
öd und kahl und arm an Faunen.
Und da steh'n sie nun die frechen,
die die Eb'nen unterbrechen
und verstellen uns die Sicht.
Begeistern können die mich nicht!

Bin ich auch ein Geolog',
dorthinauf 's mich niemals zog!« –
Wer die Karnischen geseh'n,
kann den Aki wohl versteh'n.
– zwar nicht g'rade unumschränkt,
weil er an Gebirge denkt,

die gebor'n in jüngerer Zeit,
sich an edler Mächtigkeit
wohl mit jenen können messen.
Ein's jedoch sei nicht vergessen:
Alte Grazer Schuleruhm
liegt im Paläozoikum!

3. Tag: Cellonetta–Valentinalm–Valentintörl–Wolayersee

Abmarsch nach bewegter Nacht,
(zum Teil an frischer Luft verbracht)
auf die Cellonetta schwitzen,
im e-Gamma[38] niedersitzen.
Aki zeigt uns in der Rinne,
wo dort das Devon beginne;
sieh', ich hab's noch heut' im Kopf:
über Doktor Flügels Schopf!

Später auf dem Plöckenhause
nimmt man eine tücht'ge Jause.
Dann erklimmt auf steilen Pfaden
man die Höhe ohne Schaden.
Neben schmutz'gem Schneegefild
freu'n wir uns am bunten Bild,
wenn in schönster Blütenpracht
manche Schotterhald' uns lacht.

Plötzlich drohend Nebel zieh'n,
wir den »Gletscher« abwärts fliehn.
65 Regentropfen
schon auf Akis Mantel klopften!
Dann erreicht man jenes Dach,
das uns schützt für diese Nacht.

Taucht man in den Decken unter
wird man plötzlich wieder munter.
Alles angespanntest lauscht,
weil die Helmi fröhlich plauscht

38 Joachim Barrande (1799–1883) erstellte um die Mitte des 19. Jahrhunderts eine stratigraphische Gliederung des Paläozoikums der »Prager Mulde«, in der »Étages« in Großbuchstaben und in Kleinbuchstaben weitere Untergliederungen wiedergegeben wurden. In diesem System stellte die »Etage E« das System Silur und Devon dar. Vgl. Jiří Kříž/John Pojeta, Barrande's Colonies Concept and a Comparison of His Stratigraphy with the Modern Stratigraphy of the Middle Bohemian Lower Paleozoic Rocks (Barrandian) of Czechoslovakia, in: *Journal of Paleontology* 48/3 (1974), 489–494. Im heutigen Sinne entsprechen die »eγ-Plattenkalke« der Lochkovium-Stufe des Devon. Alexander Schouppé hat im Frühjahr 1939 eine Dissertation über *Die Coelenteratenfauna des e-gamma der Karnischen Alpen* bei Franz Heritsch verfasst, die noch im selben Jahr im *Anzeiger der ÖAW, mathematisch-naturwissenschaftliche Klasse* 76 (1939), 51–53, publiziert wurde.

und verkündet ihren Willen,
dass sie nunmehr wünscht zu spielen,
bis ihr Winkler kühl befiehlt:
»Jetzt, mein Kind, wird nicht gespielt!«

Der Geburtstag

'S war vom Charlie wirklich rührend,
dass er's möglich macht' gebührend
froh den Abend noch zu feiern.
Drum vom Plöckenhause steuern
wir mit Kurs – »Italia« – !
Guten Wein gäb's ebenda.

Richtig trinken wir Chianti
mit den Italien'schen Schanti[39]
und es bleibt von Metzens Kipferl
übrig nicht ein einzig's Zipferl.
Die Solideren stimmen dann
fröhlich einen Kanon an.
.........?

Bis hierher weiß ich zu sagen,
was sich damals zugetragen.
Alle weiteren Geschichten
lasst mich besser nicht bedichten!
Aber preist mit mir das Glück:
Alle kamen heil zurück!

Wer hat gelacht?

Im Märchen hört man oft und oft,
von Leuten, welchen unverhofft,
ob beim Sprechen oder Lachen,
die verschiedentlichsten Sachen
aus dem Munde springen täten;
dass es solche Raritäten

39 Umgangssprachliche Bezeichnung für einen Gendarmen bzw. die für Sicherheitsangelegenheiten zuständige Gendarmerie (oft auch für die Polizei verwendet, die im Unterschied zur Gendarmerie allerdings für Ordnungsangelegenheiten zuständig war).

gibt im Geologenkreis,
das bewies der Ernstl Weiss!
Doch er tat's, – wie ungehörend –
g'rade, als der Chef beschwörend
die Beschwipsten innig bat,
brav zu sein und endlich stad!
Ob der Störung aufgebracht,
schreit der Chef: »Wer hat gelacht?«

4. Tag: Wolayersee–Wolayeralm–Birnbaum–Kötschach–Gailbergsattel–Lienz–Abfaltersbach

Aki hat in diesen Tagen,
Pech mit seinen Vorhersagen.
Wege, die er horizontal
in Erinn'rung, hört einmal,
steigen an um 60 Grad!
(Eben wär's auch viel zu fad!)

Steigerln, die einst moosbewachsen,
machen plötzlich dumme Faxen
und sind jetzt, man staunt fürwahr,
jeder Vegetatio bar.

Macht der Teure sich erbötig,
uns zu zeigen gar Venedig
von Wolayertörl's Höh'n,
haben wir's doch nicht geseh'n!
Jüngst Tektonik, wie gemein,
schaltet Berg dazwischen ein,

bringt uns heut' um den Genuss,
zu erspäh'n der Dogen Gruß.
Doch wir sind nicht unbescheiden,
wollen uns mit Freude weiden

an dem schönen Landschaftsbilde,
da der Wettergott so milde,
alle Wolken weggefegt
und sich heut' kein Lüftlein regt.

Seekopf und Wolayersee –
's tut direkt der Abschied weh!

Ein Gebirg' »biegt« sich zur Linken,
eh wir im Lesachtal versinken.
Die, die mutig, fahr'n von dort,
weiter mit dem Holztransport,

bis dorthin, wo warten muss,
unser braver Autobus.
Trude ist ganz aufgelöst,
weil sie Bärli bald verlässt;
doch es gibt sie ihr Begleiter,
in Lienz dann an Wolfgang weiter.

Erstens: weil er ungefährlich,
zweitens: weil dies Amt beschwerlich,
– fordert Streng' zu jeder Zeit
und Gewissenhaftigkeit!

»Hast du dir das aufgeschrieben?
Wo ist dein Hammer denn geblieben?
Schlamperei ist mir verpönt!«
der gequälte Vormund stöhnt.
Abends ist er endlich frei,
sinkt in Abfaltersbach ins Heu.

5. Tag: Abfaltersbach–Sillian–Innichen–Bruneck–Franzensfeste–Mauls

Leider sitzen in dem Nest
wir noch bis um Zehne fest
trieb man bisher uns zur Eile,
plagt uns heute Langeweile.

Sillian: allgemeines Tanken,
eh man passiert der Grenze Schranken
allwo wir Österreich verlassen
und nun fahr'n auf welschen Straßen.

In Bruneck sind wunderschön
Schloss und Friedhof anzuseh'n.

Mauls erreicht – wir dürfen nun
in Herrn Stapfers Stadel ruh'n.

6. Tag: Mauls–Franzensfeste–Brixen–Waidbruck–Sella Joch–Fortanazzo

Noch einmal grüßt Franzensfeste
die vergnügten Grazer Gäste.
Uns zieht's wieder auf die Höh'n,
woll'n die Dolomiten sehn.
Viere sitzen schon am Dache,
halten für die andern Wache;

wackeln sie mit ihren Zeh'n,
die ganz hinten gar nichts seh'n,
weshalb auch das Hinterstübel –
erst verfluchend dieses Übel –
schließlich selbst hinauf sich setzt
und am schönen Blick ergötzt.

Auch bewundern sie die tollen
Autos, die uns überholen,
alter – teils und neuer Stil,
Buick, Opel, Oldsmobile,
selbst wenn's ein alter Tatra war,
schreit der Paul: »Ein Jaguar!«[40]

Es steigt die Straß' in höhre Lagen
und weil g'rade unser Wagen
dringend Flüssigkeit verlangt,
wird gemütlich aufgetankt.

40 Buick: US-amerikanische Automobilmarke mit Modellen, die in die vorderen Kotflügel integrierte Scheinwerfer und mit horizontalen Chromstäben versehene Kühlergrille hatten. Opel: deutsche Automobilmarke, die vor allem mit den beiden Modellen »Opel Olympia« und »Opel Kapitän« verbreitet war. Besonders an der Olympia-Karosserie war eine Sollbruchstelle im Bereich des vorderen Gabelprofils (Vorläufer der heutigen Knautschzone). Oldsmobile: US-amerikanische Automobilmarke (bis 2004), deren klassische Karosserien geschwungene Kotflügel mit aufgesetzten Scheinwerfern hatten (ab 1948 allerdings Pontonkarosserien). Tatra: eine tschechoslowakische Automobilmarke mit Modellen mit charakteristisch-tropfenförmiger Karosserie (nach Erkenntnissen der Aerodynamik konstruiert und im Windkanal getestet). Jaguar: britische Automobilmarke, die mit dem zweisitzigen Roadster-Modell Jaguar XK 120 Höchstgeschwindigkeiten um 200 km/h erreichte.

Er trinkt Wasser, – wir den Wein,
steig'n mit einem Schwipserl ein.

Also munter, leicht beschwingt,
man das Sellajoch bezwingt.
Königin der Dolomiten,
die dereinst so heiß umstritten,

bietet stolz uns ihren Gruß.
Inge ist's heut' kein Genuss,
weil sie sehr verkühlt, – oh G'frett[41]
und sich sehnt nach einem Bett. –
Mancher Randstein muss noch weichen,
ehe wir das Tal erreichen.

7. Tag: Fortanazzo–Predazzo–Travignolatal–Predazzo–Luganopass–Neumarkt

Inge geht's gottlob schon gut
und sie zeigt voll frohem Mut,
dass sie sich der Reise freut
und das Mitfahr'n nicht bereut.

Heute geht's von Fortanazzo,
g'raden Weges nach Predazzo.
Die hohe Mineralogie
ist aktiv heut' wie noch nie!

Rastlos malmen unsre Kiefer
Namen jener Eruptiva,
die es hier in Mengen gibt,
enden mit der Silbe »-it«.

Manchmal scheint's mir so zu sein,
dass die Steiner nicht allein,
sondern auch die netten Namen
direkt aus der Hölle kamen.

---

41 Gfrett: umgangssprachlicher Ausdruck im bayerisch-österreichischen Raum. Leitet sich vermutlich vom Mittelhochdeutschen *vretten* (= entzünden, wund reiben) ab und wird in der Bedeutung von Schwierigkeit, Not, Unglück, Missgeschick etc. verwendet.

Nephelin und Syenit
kriegt die Zunge g'rad noch mit.
Lustig wird's, hängt man zusammen,
eine Reihe solcher Namen.
Wem dabei das Zünglein bricht,
taugt als Mineraloge nicht.

Paulitsch rennt heut' wie ein Wiesel,
wendet dreimal jeden Kiesel
und es tut ihm schrecklich leid
weil so rasch verrinnt die Zeit.

Lebt nun wohl ihr Dolomiten,
wir fahr'n weiter nach dem Süden
zieh'n an diesem Abend ein,
dort, wo's gibt den besten Wein!

8. Tag: Neumarkt–Trient–Rovereto–Gardasee–Riva–Arco–Trient–Neumarkt

Frisch geschniegelt
und gebügelt,
rotbemalt
man erstrahlt
heut in ungewohntem Glanze,
so, als ginge es zum Tanze.

Etschgebraus!
Salurner Klaus'
Brüllgesang
(schlecht er klang)
Alle freuen sich schon sehr
auf das Garda-»Binnenmeer«.

Landschaft südlich,
ungemütlich,
alte Forts
allerorts,
endlich seh'n wir jene Flut,
die ersehnt voll heißer Glut!

Ja, da ist der Gardasee,
wo wir nun bei Torbole
uns des schönen Tages freu'n
und den Ausflug nicht bereu'n.

Wenn der Aki auf dem Bild,
dreinschaut so verzweifelt wild
tragen Schuld daran alleine,
die verflixten spitzen Steine!

Spät und ungern trennt man sich,
von dem See mit Sonnenstich;
macht in Riva kurze Pause
über Arco geht's Nachhause.

9. Tag: Neumarkt-Bozen-Meran-Schnalstal-Galsaun

20. ist's schon geworden,
- drum ab heute: Kurs nach Norden!
Neumarkt, Bozen und Meran -
dort nun fängt der Vinschgau an.

Graue Theorie

Ein Mensch ward plötzlich überdrüssig,
eines Zahn's der überschüssig,
der ihn tagelang schon quälte,
ihm den Gardasee vergällte.

Schweigsam in der Ecke kauernd,
schmerzerfüllt sich selbst bedauernd,
nimmt er endlich sich ein Herz,
lässt in Bozen Zahn und Schmerz.

Kaum hatt' er das Übel los,
wandelt sich in einen bos-
haften Strolch der Herde Schaf,
das als Dulder still und brav.
Wetzt den Schnabel ohne Pause,
schimpft auf Willis Dauerjause,

flirtet keck und frech d'rauf los
(– ist die Auswahl auch nicht groß –),
treibt's mit einem Worte toll
und erregt auch Papis G'roll.

Eines muss man eingestehn:
Viktor ist ein Phänomen!
's ist seit altersher bekannt,
dass man ohne Keppelzahnd,

meist verhältnismäßig zahm,
brav und still und mundwerklahm.
Dass bei ihm dies umgekehrt,
scheint mir der Erwähnung wert.
Drum, Moral von der Geschicht:
glaub' an Theorien nicht!

Schlingen

Schlingen sind dem Helmut lieb,
die, von denen Schmidegg[42] schrieb,
dass sie direkt ideal,
sei' n zu seh' n im Schnalsertal.
Dorthin zieh'n wir auf verrückten
Straßen, die uns nicht entzückten.

Links der Abgrund, rechts der Hang,
Helmi wird es Angst und Bang!
Sie umschlingt, wie früh und später,
Stütze suchend ihren Peter.

42 Oskar Schmidegg (geboren 2. Februar 1898 in Bozen; gestorben 11. Dezember 1985 in Innsbruck), der zunächst das Lehramtsstudium aus Chemie, Mathematik und Physik ergriffen und eine Dissertation in Chemie an der Universität Innsbruck verfasst hatte, wandte sich später als Assistent des dortigen Geologieprofessors Bruno Sander (1884–1979) der Gefügekunde zu. Im Zuge der Erstellung des geologischen Kartenblatts Sölden-St. Leonhard erarbeitete Schmidegg in den 1930er-Jahren grundlegende Studien über die Schlingentektonik der südlichen Ötztaler Alpen und der Villgrater Berge (Osttirol). Ab 1936 war Schmidegg an der Geologischen Bundesanstalt in Wien bis zu seiner Pensionierung 1963 tätig. Vgl. Christoph Hauser, Chefgeologe Dr. Oskar Schmidegg 7. Februar 1898–11. Dezember 1985, in: *Jahrbuch der Geologischen Bundesanstalt* 129/2 (1986), 277–282.

Mancher and're mutig lachte,
während er bei sich schon dachte,
welcher Nachruf ihm erklinge,
wenn ihn jetzt die Schlucht verschlinge!

Nur wenige haben die Schlingen geseh'n,
zurück wir gern per pedes geh'n.
Diesen Abend in Galsaun
die Damen Pasta asciutta brau'n.

Sehr begeistert von der Speis'
verschlingt sie Wolfgang massenweis!
Doch es kam dann – Quel Malheur –,
die Tektonik hinterher,

rührt den Magen um und um,
schließlich Eucarbonicum[43]
beruhigt zu des armen Freude,
die durchbewegten Eingeweide.

10. Tag: Galsaun–Laas–Prad–Trafoi

Zum Laaser Marmor zieh'n hinan
mit Bremsberg[44], Seilbahn dreizehn Mann.
Jene, die im Tale bleiben,
sich geschickt die Zeit vertreiben.

Suchen, trotz Maschinenlärm,
ringsherum nach Marmorscherb'n.
In den Gassen finden sie
ein noch nie geseh'nes Vieh,
der Bekanntschaft sichtlich froh,
zeigt der Adler den –

Diesen Abend man in Prad,
das Gepäck erleichtert hat

43 Gemeint ist das 1909 in Österreich entwickelte, aus pflanzlichen und mineralischen Stoffen hergestellte milde Abführmittel »Eucarbon«.

44 Geneigte Förderrampen im Bergbau, auf denen Material mittels gebremster Wagen befördert wird.

und erst in Trafoi, erschreckt,
Ereker voll Gram entdeckt,

dass der Koffer mit den süßen,
unentbehrlichen Genüssen
sich nicht findet im Autobus.
»Meinetweg'n geht's Morg'n zu Fuß,
ich«, so schreit das Ungeheuer,
»fahr' nach Prad zu meine Eier!«

Doch des Chef's Spezialkonserven
beruhigen seine Magennerven.
Sicher nun vor allen Strafen
wir im Pfarrer-Stadel schlafen.

11. Tag: Trafoi–Stilfserjoch–Trafoi–Prad–St. Valentin

Fünfe auf den Ortler stiegen,
während wir im Heu noch liegen
und noch schwanken, ob es netter,
zu besteig'n die Tabaretta,
oder, ob am Ende doch
man erklimmt das Stilfser Joch.

Unser Aki hat verdrossen,
sich für keinen Teil entschlossen.
»Denn«, er mit Bestimmtheit sagt'
»ich geh' auf die Schwammerljagd!«
Bis sein Wunsch doch unterliegt,
weil heut' Inges Wille siegt.

Und, ihr werdet es kaum glauben,
sich zu Fuß die Schaupperln schrauben
fast bis auf den Pass hinauf,
eh' sie nimmt ein Auto auf.
Denn leider haben durch ihr Zagen
sie versäumt den günst'gen Wagen,

der uns auf die Höh' gebracht,
wo ein klarer Himmel lacht
worüber wir uns herzlich freu'n;

blicken weit ins Land hinein
fertigen Geländeskizzen
oben auf der Dreiländerspitzen.

Auf dem König aller Berge
seh'n die uns'ren wir als Zwerge
grad den Gletscher abwärts steigen.
Tut der elfte Tag sich neigen
müssen wir in Kurven zieh'n
heut' noch bis St. Valentin.

Der Rock. Oder: Es lebe die Entschlossenheit heute und in Ewigkeit

Es hängt im Autobus am Hakerl
ein Rock – und der gehört dem Akerl.

Den holt er sich an diesem Morgen,
dieweil er voll Verkühlungssorgen,
doch wenig später fällt ihm ein:
für heute tut's das Hemd allein!

Und darum hängt an seinem Hakerl
im Autobus der Rock vom Akerl.

Die Inge sieht's voll Missvergnügen:
»Du wirst gleich wieder Schnupfen kriegen
mein Schatz! Drum hol' das Röckl doch,
so blank gehst du mir nicht auf's Joch!«

Drum ist jetzt leer das kleine Hakerl,
wo vorerst hing der Rock vom Akerl.

Im Aki aber regt sich schon,
der Geist der Opposition.
»Ich häng den Rock an seinen Platz
und er bleibt da, mein süßer Schatz!«

Und wieder hängt an seinem Hakerl
ein Rock – und er gehört dem Akerl.

Das Frauerl wird darob sehr bös:
»Dein Starrkopf macht mich schon nervös!«
Drum Felix holt in aller Stille
den Rock, so wie es Inges Wille!

Drum hat heut' Feiertag das Hakerl,
es ging auf's Joch der Rock vom Akerl.

12. Tag: St. Valentin–Reschenscheideck–Pfunds

Eine böse Nacht wir hatten
– diesmal waren's nicht die Ratten!
Wer ein Reinlichkeitsfanat –
Iker nimmt ein Morgenbad.

Nach dem Frühstück geht es weiter
ist der Himmel auch nicht heiter.
Reschen: schrecklich anzuschau'n
das versinkende Dorf Graun.

Trotzdem können wir's kaum fassen,
dass Italien wir verlassen;
Rollen nun durch eine nette
überdies histor'sche Stätte,

wo Tiroler den Franzosen
einstmals zogen stramm die Hosen.
Unser Wagerl, 's ist zum Spucken
macht uns plötzlich dumme Mucken.

Unbeweglich bleibt es steh'n,
wer nicht will zu Fuße geh'n,
muss nun schön geduldig warten,
bis es geneigt zu weit'ren Fahrten.

13. Tag: Pfunds–Landeck–Innsbruck

Panne Gottseidank geheilt,
man vergnügt nach Innsbruck eilt,
wo, obwohl schon reichlich müd,
man sich rasch die Stadt besieht.

Mutz ist ganz verzweifelt schon,
weil es mit dem Telephon
absolut und gar nicht klappt
bis sie schließlich doch erschnappt,
die, nach denen schon seit Tagen
große Sehnsucht sie tat plagen.

Aki, Inge, nett wie immer,
haben uns besorgt ein Zimmer
mit, was uns vor allem wichtig,
Wassern, welche da ganz richtig
heiß und kalt aus Brausen fließen,
wo wir tüchtig uns begießen.

Und nach Tagen, oh wie nett,
schlafen wir in einem Bett!

14. Tag: Innsbruck–Wörgl–Kitzbühel–Pass Thurn–Uttendorf

Abfahrt Innsbruck um halb zehn,
leider ist's noch gar nicht schön
und Frau Hitt[45] im Donnergeroll,
schaut in ein Land, das grauenvoll.

Unser Autobus, oh jeh,
tut sich alle Stunden weh.
Ihm ergeht's wie den Personen,
die in seinem Inn'ren wohnen,
die er brav befördert hat,
kurz gesagt: er hat es satt!

Bei uns fehl'n alle Interessen,
fort der Appetit zum Essen

45 Die »Frau Hitt« ist ein markanter Gipfel (2.270 m ü. A.) der Nordkette (südliches Karwendelgebirge), der einer Frau auf einem Pferd ähnelt. Um diese Felsgruppe ranken sich verschiedene Sagen, nach der es sich bei der Frau Hitt um die versteinerte Riesenkönigin handeln soll. Eine der Sagen erzählt davon, dass die Riesenkönigin durch ihren Geiz und ihre Selbstverliebtheit bekannt gewesen wäre und zur Strafe, nachdem sie einer Bettlerin nur einen Stein statt Brot zu essen anbot, samt ihrem Pferd zu Stein verwandelt wurde. Für Näheres zu den verschiedenen Sagen und deren historische Hintergründe vgl. Hans Hochegger, Die Frau Hitt-Sage, in: *Die Kultur* 15 (1914), 69–79.

und die ganze Geologie,
lässt uns kühl wie vorher nie!
Doch wir müssen noch auf Halden
unser Wühltalent entfalten.

Und des Schwarzen Sees Gestade
laden einmal noch zum Bade.
Aki setzt sich in den Sumpf,
anzuziehen seinen Strumpf.
Hinterher jedoch, oh Schreck,
tut ein großer, nasser Fleck

seiner Hose Boden zieren
und der Aki d'rob sinnieren,
wie den Schaden, der nicht schicklich,
man verbirgt und ist dann glücklich
weil er kann mit Händen decken
jene Stell', die zu verstecken.

Viktor will in dieser Nacht
zeigen seine Zaubermacht.
Felix feuert ihn mit Wein
an zu neuen Zauberei'n,

so, dass also angeregt,
der Künstler das Gelüste hegt,
sich zu gönnen den Genuss
von Sieglindens Bruderkuss,
und zu dieser Szene kam
g'rad zurecht der Bräutigam.

Als einst aus dem Paradies
Adam man und Eva wies,
war der Engel Gabriel
mit dem Feuerschwert zur Stell',
hat genau so dreingeschaut
wie der Pex, der nicht erbaut.

Ein böses End' nahm die Geschicht –
ich erzähl' es lieber nicht.

15. Tag + 16. Tag: Uttendorf–Radstädter Tauern–Mauterndorf–Kraubath–Leoben–Graz

In den beiden letzten Tagen
hat sich nicht viel zugetragen.
Alle faul im Sessel lehnen
und mitunter herzhaft gähnen.

Dass wir in's Rauristal nicht mehr
fahren kränkt den Willi sehr.
Schwarzach - Radstadt - Tauerntour,
sei gegrüßt du Tal der Mur.

In Leoben zieht uns dann,
magisch eine Vorstadt an,
und wir kriegen dort ganz frei
frisches Gösser-Biergebräu.

Lasst uns nun die Krüge heben
und die schönen Tage leben,
da in vielen frohen Stunden
wir uns so zusamm'gefunden!

Dank

Mein herzlicher Dank geht an Frau Dr. Petra Flügel, Graz, die mir Kopien des Gedichts ihrer Mutter zur Verfügung stellte. Ferner geht mein Dank an Dr. Hermann Brandecker, Salzburg, der mir mit Informationen über seine ehemaligen Kommilitonen weitergeholfen hat. Dr. Rainer Jesenko, Maria Enzersdorf, gab mir freundlicherweise zahlreiche Informationen und Bilddokumente über seinen Vater. PD Dr. Johannes Seidl vom Archiv der Universität Wien und Frau Sabine Krammer vom Archiv der Universität Graz waren in gewohnter Weise sehr hilfreich beim Ausheben universitätsbezogener Daten. Ebenso bedankt seien Simone Wastler, Magistrat Klagenfurt (Friedhofverwaltung) und Gerlinde Priewasser vom römisch-katholischen Pfarramt Braunau-St. Stephan.

bernhard.hubmann@uni-graz.at

Taf. 1: (a) Teilnehmer der »Ostalpen-Exkursion« von 1950 vor einem Höhleneingang nahe Bruneck in Südtirol. (b) Der »Seelenverkäufer«. (c) Einstieg in die Cellon-Lawinenrinne. (d) Am Aufstieg zum Wolayersee auf der Valentinalm. (e) Rast am Valentintörl. (f) Gebiet um den Wolayersee mit Eduard-Pichl-Hütte (heute: Wolayerseehütte) im Hintergrund.

Taf. 2: (a) Seekopf mit Ruine einer italienischen Kriegsstellung aus dem Ersten Weltkrieg im Vordergrund. (b) Abstieg über die obere Wolayeralm nach Birnbaum. (c) Grenzübergang nach Italien bei Innichen. (d) Olang. (e) Blick auf die Sella-Gruppe. (f) Unfreiwilliger Stopp wegen überhitzten Motors. Im Hintergrund die Geislergruppe.

Taf. 3: (a) Sellajoch, Blick Richtung Geislergruppe. (b) Blick auf die Marmolada vom Sella Pass aus. Man beachte Viktor Maurin mit Krücken (rechts außen). (c) Fortanazzo. (d) Abbau von granitischen Blöcken bei Predazzo. Links: Helmut Flügel, rechts: Karl Metz. (e) Gardasee; Blick vom Ostufer südlich von Torbole. (f) Marmorsteinbruch Laas; Talstation des Schrägaufzugs.

Taf. 4: (a) Karl Metz vor Faltenbildern im Marmor von Laas. (b) Passhöhe des Stilfser Joch. (c) Massiv des Ortlers. (d) Damm des gerade in Flutung befindlichen Reschenstausees. (e) Graun während der Sprengung der Wohnhäuser. (f) Kirche von Graun wenige Tage nachdem die letzte Messe gelesen wurde und bevor die Sprengung stattfand.

Angelika Ende

Franz Strauss, seine drei Töchter und deren Ehegatten im familiären und wissenschaftlichen Geflecht

Franz Strauss (1791–1874), der bisher nur als Schwiegervater der namhaften Wissenschaftler Moriz Hörnes (1815–1868), Johann Natterer (1821–1900) und Eduard Suess (1831–1914) bekannt war, erfährt in dem vorliegenden Beitrag nunmehr eine umfangreiche Studie seines interessanten Lebensweges, der ihn vom kleinen ungarischen Dorf Marz in die Reichshaupt- und Residenzstadt Wien führte. Als Mediziner und Polizeiarzt war er im 19. Jahrhundert eine bekannte und vielseitige Persönlichkeit, welche die medizinische Versorgung in der Leopoldstadt maßgeblich prägte. Sein Lebensweg wurde in kleinsten Puzzelteilchen zusammengetragen, um so ein umfassendes Gesamtbild im Kontext seiner Genealogie sowie seiner familiären und wissenschaftlichen Verbindungen erstehen zu lassen.

Franz Strauss, his three daughters and their husbands in the family and scientific network

Franz Strauss, who was previously only known as the father-in-law of the well-known scientists Moriz Hörnes, Johann Natterer and Eduard Suess, now finds out in this articel an extensive study of his interesting life, which took him from the small Hungarian village of Marz to the imperial capital and residence city of Vienna. As a physician and police doctor, he was a well-known and versatile personality in the 19th century, which decisively shaped medical care in Leopoldstadt. His life was compiled in the smallest pieces of a puzzle to create a comprehensive picture in the context of his genealogy, as well as his family and scientific connections.

Keywords: Franz Strauss und Familie, Mediziner, Numismatiker, Polizeiarzt
Franz Strauss and family, physician, numismatist, police doctor

Abb. 1: Franz Strauss (1791–1874) – Familienarchiv Suess

Abb. 2: Unterschrift von Franz und Aloysia Strauss, Trauungsbuch 02. St. Joseph 1824

Zeittafel – Kurzvita von Franz Strauss und Familie

Ort	Jahr	Zeitgeschehen	Lebensereignisse von Franz Strauss
Marz	1771		Februar 05 – Mathias Strauss ehelicht in Marz Anna Maria Dietl (auch Tietl) aus Breitenbrunn am Neusiedler See.
	1791		Jänner 31 in Marz geboren.
Pressburg			Schule in Pressburg (heute Bratislava).
Wien	1812		1 Gulden Studientaxe an der Universität Wien bezahlt. Beginn des Jusstudiums.
			Medizinstudium.

(Fortsetzung)

Ort	Jahr	Zeitgeschehen	Lebensereignisse von Franz Strauss
	1819		Januar 07 – Aloisia Caroline, genannt Louise, geboren. Mai 07 – 1. Rigorosenprüfung – bene. Juli 06 – 2. Rigorosenprüfung – bene. August 30 – Disputationsthema »De Cardialgia«(Diss.). Promotion zum Dr. med.
	1821		Aloysia wohnhaft in der Kahlenbergdorfer Donaustraße 11.
	1822		02. Strafhausgasse 23 wohnhaft.
	1824		September 16 Hochzeit mit Aloysia, geb. Partsch, in der St. Josephs Kirche der Leopoldstadt.
	1826		Sekundararzt. wohnhaft Leopoldstadt Nr. 231.
	1827		Juni 01 – Sidonia Anna Strauss geboren. Polizei-Bezirksarzt. wohnhaft Josephigasse Nr. 258.
	1830/ 1831	Hochwasser/ Cholera in Wien	Ende Februar, wohnhaft Leopoldstadt Nr. 249.
	1835		Dezember 24 – Hermine Anna Strauss geboren.
	1836		wohnhaft Leopoldstadt Nr. 498 (vormals Große Fuhrmanngasse), spätere Cirkusgasse 36.
	1838/ 39		Walzerkönig Johann Strauss war sein Patient.
	1839		Probefahrt mit der Kaiser Ferdinand Nordbahn nach Brünn.
	1843		Grundstücksübernahme des Hauses in Marz.
	1848	Revolution	Februar 01 – Hochzeit von Louise und Moriz Hörnes.
	1851		Juli 01 – Sidonia Strauss ehelicht Johann Natterer. Kandidat der Bezirksausschusswahlen.
	1855		Juni 12 – Hochzeit von Eduard Suess und Hermine Strauss.
	1861		Mitglied der k. k. Gesellschaft der Ärzte in Wien.
	1862		Kandidat der Bezirksausschusswahlen.
			Beantragung der Pensionierung. Veteran der hiesigen Bezirksärzte.
	1865		Strauss verletzt sich bei Glatteis.

(Fortsetzung)

Ort	Jahr	Zeitgeschehen	Lebensereignisse von Franz Strauss
	1866	Deutsch-Österreichischer Krieg	
	1867		erhält den Titel eines Medizinalrates verliehen. wird zum Ritter des Franz Joseph-Ordens geschlagen. tritt in den Ruhestand. Juli 10 – Goldene Salvator-Medaille der Stadt Wien.
	1868		November 04 – verstirbt Schwiegersohn Moriz Hörnes im Alter von 53 Jahren.
	1869		August 50-jähriges Doktorjubiläum. Ehrendiplom vom medizinischen Doktoren-Kollegium.
	1868		Februar 20 – Ehefrau Aloysia, geb. Partsch, verstirbt, Bestattung auf St. Marx.
	1874		Juli 21– Dr. Strauss verstirbt im 84 Lebensjahr, Bestattung auf St. Marx.

Kindheit, Jugend, Schulbildung, Studium, Beruf

Franz Strauss (1791–1874) erblickte am 31. Jänner 1791[1] im beschaulichen Marz[2] als jüngster Sohn des dortigen Müllermeisters und Fleischhauers Mathias Strauss (1748–1813)[3] und dessen Ehefrau Anna Maria, geb. Dietl (um 1753–1833)[4], die jener am 5. Februar 1771 geehelicht hatte, das Licht der Welt.

Der Müllermeister Mathias Strauss betrieb um 1828 die eingängige Krautmühle in Marz, deren Nähe zu den Krautäckern namensgebend war. Sie war eine von drei Mühlen, die es damals für diese Region gab. Bereits um 1500 hatte es zwei Mühlen im Ort gegeben, von denen die eine die besagte »Khrautmilner« war, die sich an den Ufern des Marzbaches, am heutigen Mühlweg[5], befand. Sie

1 Vgl. O. A., *Marzer Fremdenbuch*, handschriftliches Unikat-Gästebuch, 369.
2 Auch Marcz, lat. Marzensis, ungarisch Márczfalva.
3 Strauss, Mathias, Heirat 1771, Sohn von Mathias Strauss (um 1711–1766) und Elisabeth, geb. Tretler (?–?), Kirchenbuch von Marz 1748.
4 Dietl, Anna Maria, Heirat 1771, gebürtig aus Breitenbrunn am Neusiedler See, † am 23. 4. 1833, Kirchenbuch von Marz 1833, S. 38.
5 Vgl. Roland Widder, *800 Jahre Marz 1202–2002*, Marz: Marktgemeinde 2002, 394.

wurde später nach ihrem Inhaber auch als die »Straußmühle« bezeichnet[6] und blieb mit einer weiteren Mühle bis ins 19. Jahrhundert erhalten.

Dieser Müller hatte fürs Handwerk ein goldenes Händchen, denn er war auch noch als Fleischhauer tätig. Mit Geschick und Fleiß hatte er es zu einigem Wohlstand gebracht[7] und konnte sich so für seinen Jüngsten eine gute Schulausbildung leisten.[8] Weil Franz eine geistliche Laufbahn einschlagen sollte, besuchte er zunächst die Lateinschule im 100 km entfernten Pressburg (Bratislava, Slowakei). 1812 begann er jedoch das Studium der Jurisprudenz an der Universität Wien, wobei er eine Taxe von einem Gulden entrichtete.[9] Hier machte er die Bekanntschaft mit dem Augenarzt Dr. Carl Jäger (1782–1811), einem Bruder[10] des bekannten Vertrauten des Fürsten Klemens Wenzel Lothar von Metternich (1773–1859). Jäger, betroffen vom Leid der Soldaten in der Schlacht bei Aspern, das durch die zu geringe Anzahl an Ärzten mitverschuldet worden war, überzeugte Strauss, selbst Mediziner zu werden. Franz wechselte daher wohl früh vom Jusstudium[11] zur Medizin, legte bei Prof. Ritter von Scherer (1755–1844)[12] zwei Rigorosen ab und bestand diese Prüfungen jeweils mit bene (»gut«). Sein Disputationsthema lautete *De Cardialgia* – Herzkrankheiten (der Herzschmerz).[13] Strauss wurde am 6. Juli 1819 zum Dr. der Medizin promoviert.[14] Seine Dissertation hat 44 Seiten, erschien in Vindobonae im August 1819 und ist noch heute im Josephinum unter der Signatur D 64/11 einsehbar.[15]

6 Vgl. ebd., 270. – O. A., Atlas-Burgenland.at: Artikel über Marz, in: *Landestopographie Burgenland* (Band 3), Bezirk Mattersburg. URL: http://www.atlas-burgenland.at/index.php?option=com_content&view=article&id=461:marz&catid=9&Itemid=101 (abgerufen am 29.9.2019).

7 Vgl. Erhard Suess (Hg.), Eduard Suess, *Erinnerungen*, Leipzig: Hirzel 1916, 95–96.

8 Vgl. ebd., 95.

9 Vgl. Archiv der Universität Wien, Auskunft von Mag. Dr. Martin G. Enne.

10 Jäger von Jaxtthal, Friedrich (1784–1871), war ein deutscher Augenarzt, von 1825–1848 war er Professor für Ophthalmologie an der k. k. Josephs-Akademie zu Wien. Ab 1816 war er der Leibarzt von Klemens Wenzel Lothar von Metternich und Gründungsmitglied der Gesellschaft der Ärzte in Wien. Vgl. O. A., Jaeger von Jaxthal (sic) (Christoph Friedrich) in: Österreichische Akademie der Wissenschaften [ÖAW] (Hg.), *Österreichisches Biographisches Lexikon 1815–1950* [ÖBL] (Band 3), Graz–Köln: Hermann Böhlaus Nachf. 1965, 58.

11 In den juridischen Studienkatalogen von 1813/14 war er nicht auffindbar, so dass anzunehmen ist, dass der Umstieg auf Medizin recht bald erfolgte.

12 Johann Baptist Ritter von Scherer (1755–1844) war ein österreichischer Mediziner und Chemiker. Vgl. Matthias Svojtka, Scherer, Johann Baptist Andreas Ritter von, *ÖBL ab 1815* (2. überarbeitete Auflage – online), URL: http://www.biographien.ac.at/oebl/oebl_S/Scherer_Johann-Baptist-Andreas_1755_1844.xml (abgerufen am 29.9.2019).

13 Vgl. Archiv der Universität Wien, Auskunft von Mag. Dr. Martin G. Enne.

14 Vgl. Horst Dolezal, *Mediziner aus Wien*, Med. 9,5–256, URL: https://www.genteam.at/index.php?option=com_gesamt (abgerufen am 29.9.2019).

15 Vgl. Auskunft Dr. Hermann Zeitlhofer, Gesellschaft der Ärzte in Wien; Zusendung von drei Abbildungen durch Harald Albrecht, Universitätsbibliothek der Medizinischen Universität Wien.

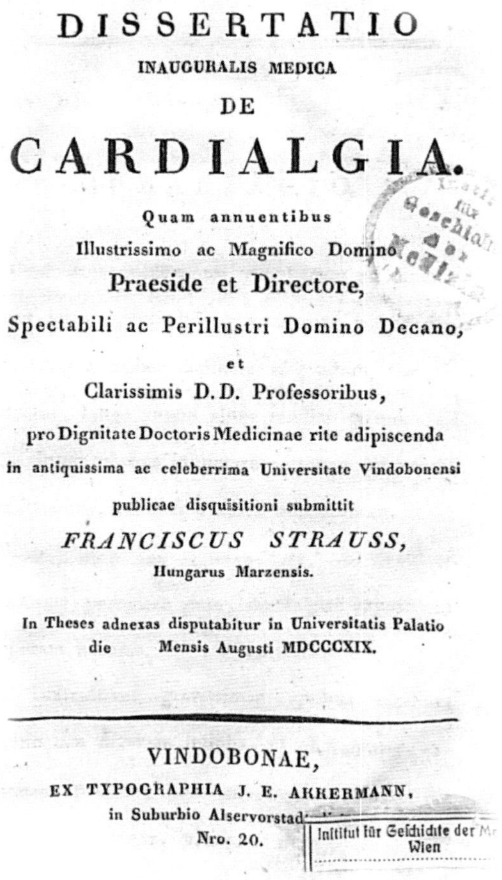

DISSERTATIO
INAUGURALIS MEDICA
DE
CARDIALGIA.
Quam annuentibus
Illustrissimo ac Magnifico Domino
Praeside et Directore,
Spectabili ac Perillustri Domino Decano,
et
Clarissimis D.D. Professoribus,
pro Dignitate Doctoris Medicinae rite adipiscenda
in antiquissima ac celeberrima Universitate Vindobonensi
publicae disquisitioni submittit
FRANCISCUS STRAUSS,
Hungarus Marzensis.

In Theses adnexas disputabitur in Universitatis Palatio
die Mensis Augusti MDCCCXIX.

VINDOBONAE,
EX TYPOGRAPHIA J. E. AKKERMANN,
in Suburbio Alservorstadt
Nro. 20.

Abb. 3: Deckblatt der Dissertation »De Cardialgia«, Vindobonae 1819, Signatur D 64/11

Franz Strauss war ein »großer, starker und, wie es damals bei den Ärzten der Brauch war, auch ein ziemlich grober Herr.«[16] Er fiel sofort auf, denn er war fast athletisch gebaut. »Durch seine schlichte, biedere, dabei energische und freimüthige Weise«[17] war er den meisten Rat- und Hilfesuchenden auf Anhieb sympathisch. 1826 war er zum Sekundararzt aufgestiegen und wohnte in der Leopoldstadt Nr. 231.[18] Bereits ein Jahr später finden wir ihn, nun wohnhaft in

16 Suess, *Erinnerungen*, 96.
17 Constantin von Wurzbach, Franz Strauß, in: Ders. (Hg.), Biographisches Lexikon des Kaiserthums Österreich [BLKÖ] (Band 39), Wien: k. k. Hof- und Staatsdruckerei, 1879, 362–363, 363.
18 Vgl., O. A., *Hof- und Staats-Schematismus des österreichischen Kaiserthums*, 1. Theil, Wien 1826, 415.

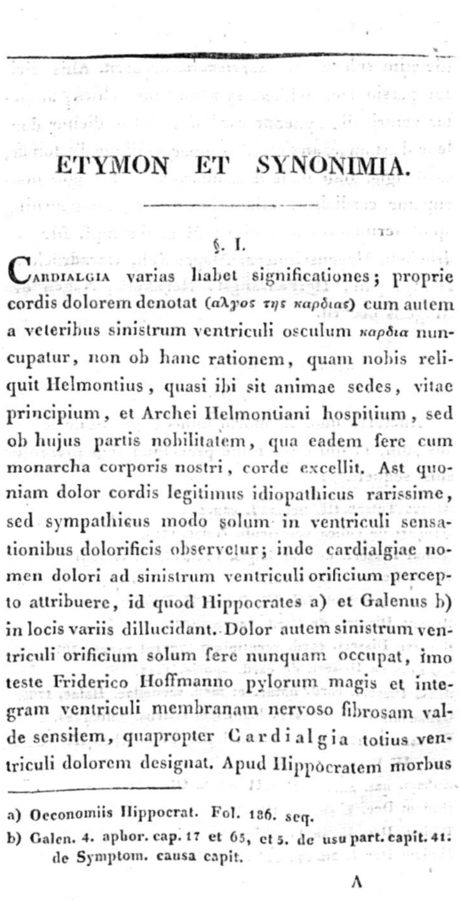

ETYMON ET SYNONIMIA.

§. I.

Cardialgia varias habet significationes; proprie cordis dolorem denotat (αλγος της καρδιας) cum autem a veteribus sinistrum ventriculi osculum καρδια nuncupatur, non ob hanc rationem, quam nobis reliquit Helmontius, quasi ibi sit animae sedes, vitae principium, et Archei Helmontiani hospitium, sed ob hujus partis nobilitatem, qua eadem fere cum monarcha corporis nostri, corde excellit. Ast quoniam dolor cordis legitimus idiopathicus rarissime, sed sympathicus modo solum in ventriculi sensationibus dolorificis observetur; inde cardialgiae nomen dolori ad sinistrum ventriculi orificium percepto attribuere, id quod Hippocrates a) et Galenus b) in locis variis dillucidant. Dolor autem sinistrum ventriculi orificium solum fere nunquam occupat, imo teste Friderico Hoffmanno pylorum magis et integram ventriculi membranam nervoso fibrosam valde sensilem, quapropter Cardialgia totius ventriculi dolorem designat. Apud Hippocratem morbus

a) Oeconomiis Hippocrat. Fol. 186. seq.
b) Galen. 4. aphor. cap. 17 et 65, et 5. de usu part. capit. 41. de Symptom. causa capit.

A

Abb. 4: Seite aus der Dissertation »De Cardialgia«, 44 S. Vindobonae 1819, Signatur D 64/11

der Josephigasse Nr. 258[19], als Polizei-Bezirksarzt der Leopoldstadt, also für die Vorstädte Leopoldstadt und Jägerzeile, wieder[20], eine Tätigkeit, die er 40 Jahre innehaben sollte.

Um auch den armen und unvermögenden Kranken eine ärztliche Versorgung zuteilwerden zu lassen, wurde für jeden Polizeibezirk der Vorstädte Wiens ein eigener Polizei-Bezirksarzt berufen. Dieser sollte außer seiner Aufsicht über den allgemeinen Gesundheitszustand seines Wirkungsbereiches insbesondere dem

19 Vgl. Anton Ziegler/Carl Vasquez Graf von (Hg.), *Die k.k. Haupt- und Residenzstadt Wien von den Jahren ihrer Entstehung bis zum Jahre 1827.* Polizey-Bezirk Leopoldstadt; Leopoldstadt und Jägerzeile; mit einem Grundrisse (Band 7), Wien: o. A. 1827, o. S.

20 Vgl. O. A., O. T., in: *Wiener Medizinische Wochenschrift* [WMW] 24 (1874) 30, 671.

bedürftigen, unbemittelten Teil der Bevölkerung jeweils täglich vor- und nachmittags eine unentgeltliche Ordinationsstunde gewähren. Eine solche sollte deutlich erkennbar an seiner Haustür deklariert sein. Des Weiteren sollten für diese Personengruppe vor allem unentgeltliche Krankenbesuche erfolgen, chronisch Kranke ohne häuslich mögliche Pflege in geeignete Siechen- und Versorgungshäuser eingewiesen, unentgeltliche Impfungen an Kindern von Armen durchgeführt und Totenscheine ausgefüllt werden. Ihm oblag gleichzeitig aber auch die Erstbegutachtung von Opfern krimineller Übergriffe und Morde. Hierzu gab es natürlich entsprechende Dienstvorschriften.[21]

Abb. 5: Franz Strauss, Kriehuber, 1842, Bildarchiv der Österreichischen Nationalbibliothek, Signatur: PORT_00075681_01

Als in Wien im Jahre 1830/31 erstmals die Cholera-Epidemie ausbrach, Angst und Hilflosigkeit um sich griffen und so mancher Arzt vor dem großen unbekannten Schrecken davonfloh[22], blieb Franz Strauss standhaft und erwarb sich so recht schnell »einen besonderen Ruf als unermüdeter, menschenfreundlicher

21 Vgl. Andreas Haidinger, *Das wohlthätige und gemeinnützige Wien*, Wien: Pichlers sel. Witwe 1842, 427–430.

22 Vgl. Wurzbach, Strauß, 363.

Arzt«[23], gewann Routine und konnte sich binnen kürzester Zeit eine gut gehende Praxis aufbauen. Im Dezember 1830 ist er unter den Gratulanten in einem Verzeichnis der Individuen, welche Enthebungskarten[24] von Glückwünschen für das neue Jahr 1831 inseriert haben, als »Herr Franz Strauss der Arzneykunde Dr. und k.k. Polizey-Bezirksarzt sammt Frau«, dabei.[25]

Der Cholera-Epidemie, die durch die überfluteten Senkgruben und das dadurch verseuchte Grundwasser ausgelöst wurde, ging eine große Überschwemmung voraus.[26]

> »Ende Februar 1830 hatte Treibeis auf der Höhe von Stadlau einen Eisstoß gebildet. Das kalte Donauwasser staute sich rasch auf und ergoss sich binnen Minuten in die Leopoldstadt. Durch das plötzliche Auftreten der Überflutung und wohl auch aufgrund der eisigen Temperaturen kamen dabei 74 Menschen ums Leben.«[27]

Den damaligen Hilfeleistenden wurde ein Buch gewidmet, in dem auch Dr. Franz Strauss Erwähnung findet. Dieser hatte sich, um sich zu den Kranken und Hilfesuchenden begeben zu können, unter großer Gefahr aus dem Fenster des ersten Stocks seiner damaligen Wohnung Nr. 249 herabgelassen und war auf einem Floß, das schnell aus Brettern zusammengezimmert worden war, zu den Bedürftigen geeilt. Diese hatte er nicht nur ärztlich versorgt, sondern auch auf die inzwischen vielfältig verdorbenen Lebensmittel hingewiesen.[28]

Die überstandenen Cholera-Epidemien waren einschneidende Ereignisse, die Strauss nachhaltig prägten. Seine dabei gemachten Erfahrungen beschäftigten ihn auch späterhin in seiner Funktion als Amtsarzt. So nahm er unter anderem 1865 an einer Sitzung des Statthalterei-Vize-Präsidenten von Schlosser (1811–?)[29] teil, wo es um spezielle Vorkehrungen gegen die Cholera ging.[30] Auch sein

23 *WMW* 24 (1874) 30, 671.

24 Statt Neujahrskartengrüße an Verwandte, Bekannte, Kollegen und Freunde zu senden, entzog man sich mittels Zeitungsinserats dieser lästigen Pflicht.

25 O. T., *Wiener Zeitung*, 31.12.1830, 24.

26 Dieses und das nächste große Donauhochwasser 1862 gaben den Anstoß zur Donauregulierung, wofür sich hauptsächlich auch Eduard Suess als Gemeinderat einsetzte. Es war das letzte durch einen Eisstoß ausgelöste Donauhochwasser. Vgl. URL: https://www.geschichtewiki.wien.gv.at/Cholerakan%C3%A4le (abgerufen am 28.9.2019).

27 Weiters hieß es: »Weitaus schlimmer traf die Stadt jedoch die im Anschluss auftretende Cholera, die durch die überfluteten Senkgruben und das dadurch verseuchte Grundwasser ausgelöst wurde.« URL: https://www.geschichtewiki.wien.gv.at/Hochwasser_1830 (abgerufen am 28.9.2019).

28 Vgl. Franz Sartori, *Wiens Tage der Gefahr und die Retter aus der Noth. Eine authentische Beschreibung der unerhörten Ueberschwemmung Wien's*, Wien: Gerold 1830, 126.

29 Schlosser, Peter Edler von (1811–?), u.a. Conzeptpraktikant, Regierungssecretär, Kreisrat im Ministerium des Innern, Hofrath bei der Statthalterei Pressburg, Graz, Wien, Sectionschef im Staatsministerium. Vgl. Albert Starzer, Beiträge zur Geschichte der niederösterreichischen Statthalterei. Die Räthe der niederösterreichischen Landesstelle in chronologischer Reihenfolge (Beiträge zur Geschichte der niederösterreichischen Statthalterei: die Landeschefs

späterer Schwiegersohn, Eduard Suess (1831–1914), konnte bei der Planung der Hochquellenwasserleitung sicherlich von diesen Erfahrungen seines Schwiegervaters profitieren.

In seiner Wohnung hatte Strauss neben der Praxis auch noch ein Fremdenzimmer, das in den 1830er-Jahren lange Zeit an den Dichter Johann Mayrhofer (1787–1836)[31] vermietet war. Dieser war mit dem Komponisten Franz Schubert (1797–1828) eng befreundet und vertextete sogar einige seiner Lieder. Mayrhofer, der im höchsten Grade Hypochonder war, sprang vor Angst, er könne von der Cholera heimgesucht werden, in die Donau, konnte jedoch gerettet werden und wurde auf das Polizeikommissariat gebracht, wohin man auch den Amtsarzt Strauss gerufen hatte. Mayrhofers erste besorgte Frage an Strauss war: »Ich werde mich doch nicht verkühlt haben?«[32] Der bedauernswerte Mayrhofer konnte seinem Schicksal jedoch nicht entrinnen und starb 1836 durch Suizid. Somit war das Gästezimmer wieder frei. Strauss, der Herausforderungen liebte, erfuhr einmal vom geplanten Wienbesuch des berühmten, doch bei den Behörden nicht gut angesehenen Historikers Karl Rotteck (1775–1840)[33] und setzte alle Hebel in Bewegung, diesen als seinen Mieter zu gewinnen.[34]

Politisch ließ Strauss sich kaum einordnen. War er nach

> »alter Wiener Sitte vor 1848 noch in Opposition gegen die jeweilige Regierung und trug damals als ein Zeichen davon auf seinem langen Rohrstocke einen gedrehten Elfenbeinknopf, der nach jeder Seite das Profil des Kaisers Joseph[35] erkennen ließ«[36], war er während der Revolutionszeit »hochkonservativ«.

Aus dieser Zeit hat sich die Begebenheit erhalten, dass er sich

und Räthe dieser Behörde von 1501 bis 1896 : mit den Wappen und zahlreichen Lichtdruckbildnissen der Landeschefs, Band 3), Wien: Selbstverlag, 1897, 485.

30 Vgl. O. T., *Die Presse*, 23.8.1865, 9.

31 Mayrhofer, Johann (1787–1836), Dichter, Hypochonder und Freund von Franz Schubert. Vgl. Constantin von Wurzbach, Mayrhofer, Johann, in: Ders. (Hg.), *BLKÖ* (Band 17), Wien: k. k. Hof- und Staatsdruckerei 1867, 186–190.

32 Suess, *Erinnerungen*, 96.

33 Rodeckher von Rotteck, Karl (1775–1840), Staatswissenschaftler, Historiker und liberaler Politiker. 1832 bekannte sich Rotteck in der deutschen Frage klar zu einem freiheitlichen Föderalismus: »Ich will die Einheit nicht anders als mit Freiheit, und will lieber Freiheit ohne Einheit als Einheit ohne Freiheit. Ich will keine Einheit unter den Flügeln des preußischen oder österreichischen Adlers […]. Ein Staatenbund ist, laut Zeugnis der Geschichte, zu Bewahrung der Freiheit geeigneter als die ungeteilte Masse eines großen Reiches. Die Reaktion der badischen Regierung erfolgte prompt mit Rottecks vorzeitiger Versetzung in den Ruhestand und dem Verbot seiner Zeitschrift *Der Freisinnige.*« URL: https://de.wikipedia.org/wiki/Karl_von_Rotteck (abgerufen am 28.9.2019).

34 Vgl. Suess, *Erinnerungen*, 96.

35 Joseph II. (1741–1790) war von 1765 bis 1780 Mitregent seiner Mutter Maria Theresia (1717–1780) und bis 1790 Kaiser des Heiligen Römischen Reiches.

36 Suess, *Erinnerungen*, 96.

»vor seinem Hause einer Patrouille der Nationalgarde entgegengestellt und die Garden, von denen er die meisten persönlich kannte, in recht unverblümten Worten aufgefordert habe, zu ihren Geschäften nach Hause zu gehen, anstatt Unfug auf der Straße zu treiben.«[37]

Später war er hingegen eher liberal, denn als er gemeinsam mit anderen Medizinern zum damaligen Minister, dem Advokaten Alexander von Bach (1813–1893), zitiert wurde und sich dort anhören musste, bei den Medizinern herrsche ein »schlechter Geist«, sie wären »bei allen Revolutionen anzutreffen«, antwortete er mit seinem gewohnten Wortwitz und seiner haarscharfen Schlagfertigkeit: »Jawohl, Exzellenz, aber Robespierre[38] war doch wie Sie Advokat.«[39]

Dem ungeachtet verband ihn mit dem Zensor Heinrich Joseph Hölzl (1784–nach 1854)[40] eine langanhaltende Freundschaft, der er auch etliche seiner »verbotenen Bücher« verdankte, die in seiner »wohlgefüllten Bibliothek« standen.[41] Strauss kandidierte unter anderem 1851[42] und 1862[43] für die Bezirks-Ausschusswahlen in der Leopoldstadt und wurde sogar für die Kandidatenliste zur Landtagswahl empfohlen.[44]

Im Jahre 1839 sollte eine Probefahrt von Wien nach Brünn mit der K.K.F.N.B. (Kaiserl. Königl. Ferdinands-Nordbahn) erfolgen. Dem Zeitgeist entsprechend waren viele Menschen abergläubisch und standen sehr skeptisch der Eisenbahn gegenüber. Schließlich konnte die obige Abkürzung ja auch für »kein Kluger fährt nach Brünn« stehen, was ein schlechtes Omen wäre. So bestand man darauf, dass die Reisenden von einem Arzt begleitet würden. Strauss, der Neuem furchtlos und aufgeschlossen gegenübertrat, stellte sich diesen Anforderungen mit Freuden zur Verfügung. Tatsächlich starb am Bahnhof von Brünn ein leitender Ingenieur, wodurch eine Zugverspätung von mehreren Stunden entstand.[45, 46, 47]

Vor allem im Vor- und Nachmärz hielt die Familie Strauss ein offenes, gastfreundliches Haus[48] und war Sammelpunkt von Kapazitäten aus Politik und

37 Ebd., 97.
38 Robespierre, Maximilian François-Marie-Isidore de (1758–1794).
39 Suess, *Erinnerungen*, 97.
40 Hölzl, Heinrich Joseph (1784–nach 1854), Leiter des Wiener Bücherrevisionsamtes, bemühte sich in leitender Funktion im Zensurwesen um eine »humane« Handhabung der Zensurbestimmungen. Vgl. Österreichische Osthefte 36 (1994), 578.
41 Vgl. Suess, *Erinnerungen*, 97.
42 Vgl. Protokoll, *Wiener Zeitung*, 22.10.1851, 1. – O. A., *Handbüchlein für den Gemeinderath der k.k. Reichshaupt- und Residenzstadt Wien.* Wien: Grund, 176.
43 Vgl. Eingesendet, *Die Presse*, 1.4.1862, 4.
44 Vgl. Stimmen aus dem Publikum, *Wiener Zeitung*, 2.2.1867, 5.
45 Vgl. Suess, *Erinnerungen*, 352.
46 An anderer Stelle ist allerdings von der ersten Fahrt Floridsdorf-Wagram die Rede.
47 In der *Wiener Zeitung* vom 9.7.1839, 3, ist der bedauerliche Unfall etwas anders dargestellt.
48 Vgl. *WMW* 24 (1874) 30, 671.

Wissenschaft. Auch »politisch Freidenkende« waren gern gesehene Gäste.[49] Ab ca. 1836 wohnte die Familie in der Leopoldstadt Nr. 498.[50] Ende der 1850er-Jahre war Franz Eigentümer[51] des einstöckigen Eckhauses[52] mit zwei Wohnungen von insgesamt 178 m², das die Konskriptions-Nr. 498 trug und ursprünglich in der Großen Fuhrmanngasse, der späteren Cirkusgasse 36, ausgewiesen war, die dann wiederum ident mit der Roten Sterngasse Nr. 22 ist.[53] Im Zuge der Integration der Vorstädte und der Nummerierung der Straßen wurde eine umfangreiche Neuordnung erforderlich. Das Haus war im Jahre 1802 erbaut worden[54] und befand sich direkt vis á vis der Wohnung von Gottlob Benjamin Reiffenstein (1822–1885), des Inhabers einer artistischen lithographischen Anstalt.[55]

Zu Dr. Strauss' berühmtesten Patienten dürfte wohl der gleichnamige, dennoch nicht verwandte, Walzerkönig Johann Strauss (Sohn) (1825–1899) gehört haben, der sich 1838 und 1839 in ärztliche Behandlung begeben musste und letztendlich von seiner schweren Krankheit genesen konnte, woraus eine freundschaftliche Beziehung entstand. Auch der Dramatiker, Schauspieler, Opernsänger und Theaterdirektor Johann Nestroy (1801–1862) gehörte zum Patientenstamm. Mit ihm wurden ebenfalls private Kontakt gepflegt.

Aber auch ein Arzt ist nicht frei von Krankheiten und Unfällen. So vermeldet *Die Presse*, dass auf einem nicht gestreuten Bürgersteig in der Jägerzeile – einer einstig eigenständigen Vorstadt Wiens im k. k. Polizeibezirk der Leopoldstadt – am Samstag, den 18. Februar 1865, Dr. Strauss in Folge des Glatteises ausgerutscht, sich eine Fußverletzung zugefügt habe und daher nunmehr das Bett hüten müsse.[56] Zwei Tage darauf erfolgte jedoch die Richtigstellung dieser Nachricht. So war Strauss bereits am 12. Februar im Federlhof gestürzt und hatte sich das linke Handgelenk verletzt.[57]

Dr. Franz Strauss war ein eifriger Numismatiker[58] und besaß eine sehr umfangreiche Münzen- und Medaillensammlung. Sie galt unter Kennern wie

---

49 Vgl. O. T., *Deutsche Zeitung*, 22.7.1874, 6.

50 Vgl. O. A., *Hof- und Staats-Schematismus des österreichischen Kaiserthums*, Wien: k. k. Hof- und Staats-Druckerei 1837, 611.

51 Vgl. Adolph Lehmann, *Allgemeiner Wohnungs-Anzeiger und vollständiges Gewerbe-Adreß-buch der k. k. Haupt- und Residenzstadt Wien und dessen Umgebung* 3, Wien: k. k. Hof- und Staatsdruckerei 1861, 311 [Bild 328].

52 Vgl. Suess, *Erinnerungen*, 96.

53 Vgl. Lehmann, *Wohnungsanzeiger Wien*, 1874, 531 [Bild 566].

54 Vgl. Joseph Schlesinger, *Der Cataster. Handbuch für Ämter, [...] Hausbesitzer etc., etc. über sämmtliche Häuser der k.k. Reichshaupt- und Residenzstadt Wien*, Wien: Schlesinger 1875.

55 Vgl. Angelika Ende, *Vita & Lebenswerk des Gottlob Benjamin Reiffenstein*, Wittenförden: Eigenverlag, 2007.

56 Vgl. O. T., *Die Presse*, 22.2.1865, 9.

57 Vgl. O. T., ebd., 24.2.1865, 9.

58 Vgl. O. T., *Deutsche Zeitung*, 22.7.1874, 6.

Fachleuten gleichermaßen als die bedeutendste Privatsammlung Wiens.[59] Äußerst freigiebig spendierte er bei dem Gemeinderatspräsidium für die städtische Münz- und Medaillensammlung folgende Liebhaberstücke:

- eine silberne Denkmünze auf die erste Türkenbelagerung,
- eine Denkmünze auf den Grafen Rüdiger von Starhemberg,
- einen Wiener Thaler aus dem Jahre 1651,
- eine Bronzemedaille auf Andreas Freiherrn von Stifft,
- eine Bronzemedaille auf den FM Graf Radetzky.[60]

Ab 1861 bis zu seinem Tode finden wir Franz Strauss im Mitgliederverzeichnis der k. k. Gesellschaft der Ärzte in Wien.[61] Im Jahre 1864 beantragte Dr. Strauss seine Pensionierung und wurde zum Veteranen der hiesigen Bezirksärzte ernannt. In der Folgezeit wurde er mit zahlreichen Ehrungen überhäuft. In Anbetracht seiner hervorragenden Leistungen während des Deutsch-Österreichischen Krieges von 1866 wurde ihm 1867 der Titel eines Medizinalrathes von Se[iner] Majestät dem Kaiser verliehen.[62] Von diesem wurde er auch zum Ritter des Franz Joseph-Ordens[63] geschlagen, als er im gleichen Jahr in den wohlverdienten Ruhestand versetzt wurde.[64] Am 7. September 1869 konnte Strauss sein fünfzigjähriges Doktorjubiläum begehen. Aus diesem Anlass überreichte ihm das medizinische Doktoren-Kollegium ein Ehren-Diplom.[65] Die höchste Auszeichnung der Reichshaupt- und Residenzstadt Wien – die goldene Salvator-Medaille – wurde ihm für seine vielfältigen Verdienste um die Stadt und ihre Menschen bereits am 10. Juli 1867 verliehen.[66]

Die Freude von Franz Strauss' Ruhestand waren seine zahlreichen Nachkommen, seine Münzen- und Medaillensammlung und nicht zu vergessen das abendliche Kartenspiel. Vor allem sein langjähriger Freund Franz Charvath (?–?) war ein täglicher Teilnehmer. Ansonsten wurde rekrutiert, wer gerade greifbar war, da gab es keine Widerrede.[67]

59 Vgl. *Hof- und Staats-Schematismus*, 1. Theil, 1826.
60 Vgl. O. T., *Wiener Zeitung*, 25. 11. 1863, 2.
61 Vgl. *Standesbuch der Mitglieder der k. k. Gesellschaft der Ärzte in Wien. (1861–1877)*. URL: https://www.billrothhaus.at/images/stories/downloads/Standesbuch%20der%20Mitglieder%20der%20K.K.%20Gesellschaft%20_1861%20-%201877.pdf (abgerufen am 29. 9. 2019).
62 Vgl. O. T., *Fremden-Blatt*, 3. 3. 1867, 3.
63 Vgl. O. T., *Die Neue Zeit*, 24. 4. 1867, 3.
64 Vgl. Amtliches, *Die Presse*, 20. 4. 1867, 15.
65 Vgl. Kleine Chronik, ebd., 9. 9. 1869, 3.
66 Vgl. Wurzbach, Strauß, 362–363.
67 Vgl. Suess, *Erinnerungen*, 195.

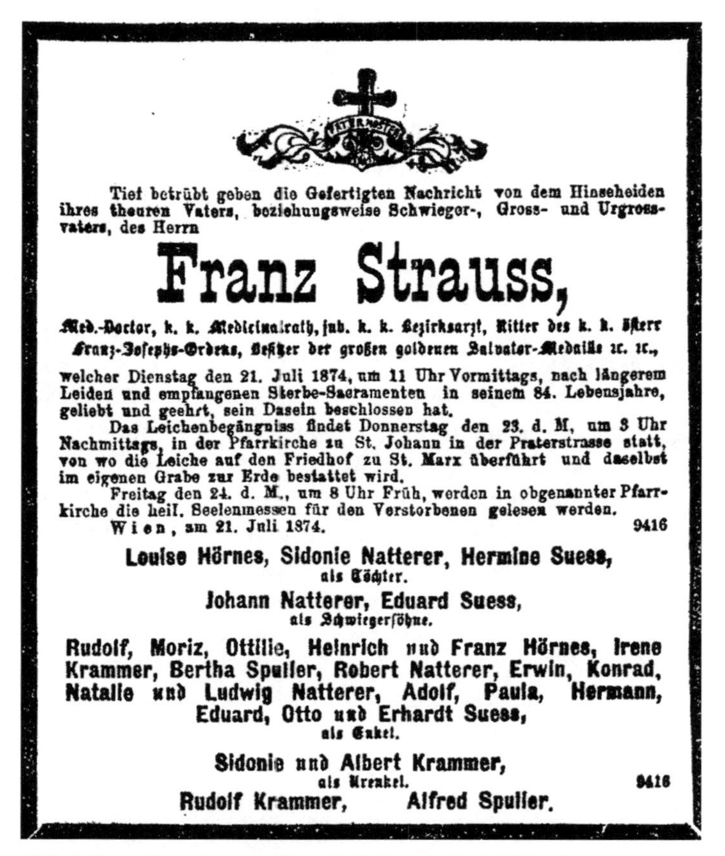

Tief betrübt geben die Gefertigten Nachricht von dem Hinscheiden ihres theuren Vaters, beziehungsweise Schwieger-, Gross- und Urgrossvaters, des Herrn

Franz Strauss,

Med.-Doctor, k. k. Medicinalrath, jub. k. k. Bezirksarzt, Ritter des k. k. österr. Franz-Josephs-Ordens, Besitzer der großen goldenen Salvator-Medaille &c. &c.,

welcher Dienstag den 21. Juli 1874, um 11 Uhr Vormittags, nach längerem Leiden und empfangenen Sterbe-Sacramenten in seinem 84. Lebensjahre, geliebt und geehrt, sein Dasein beschlossen hat.

Das Leichenbegängniss findet Donnerstag den 23. d. M, um 3 Uhr Nachmittags, in der Pfarrkirche zu St. Johann in der Praterstrasse statt, von wo die Leiche auf den Friedhof zu St. Marx überführt und daselbst im eigenen Grabe zur Erde bestattet wird.

Freitag den 24. d. M., um 8 Uhr Früh, werden in obgenannter Pfarrkirche die heil. Seelenmessen für den Verstorbenen gelesen werden.

Wien, am 21. Juli 1874. 9416

Louise Hörnes, Sidonie Natterer, Hermine Suess,
als Töchter.

Johann Natterer, Eduard Suess,
als Schwiegersöhne.

Rudolf, Moriz, Ottilie, Heinrich und Franz Hörnes, Irene Krammer, Bertha Spuller, Robert Natterer, Erwin, Konrad, Natalie und Ludwig Natterer, Adolf, Paula, Hermann, Eduard, Otto und Erhardt Suess,
als Enkel.

Sidonie und Albert Krammer,
als Urenkel. 9416

Rudolf Krammer, Alfred Spuller.

Abb. 6: Parte Franz Strauss, Neue Freie Presse, 23.7.1874, 13

Als er am 21. Juli 1874 im 84. Lebensjahr aufgrund von Altersschwäche[68] nach einem aktiven, ehrenvollen und verdienstreichen Leben[69] für immer seine Augen schloss, zählte er nach knapp 50 Jahren als Bezirksarzt der Leopoldstadt zu deren bekanntesten und populärsten Persönlichkeiten mit einem tadellosen Ruf[70] und genoss im besonderen Maße auch die Achtung und Verehrung seiner Patienten und Mitbürger im II. Wiener Gemeindebezirk.[71] Er wurde am 23. Juli in der St. Johann Kirche in der Praterstraße ausgesegnet[72] und mit einem großen Lei-

68 Kirchenbuch [KB] von 02. St. Johann Nepomuk 1874, 212. – Wiener Stadt- und Landesarchiv 00224, *Totenbeschauprotokoll* Wien 1874, 224.

69 Vgl. *WMW* 24 (1874) 30, 671.

70 Vgl. O. T., *Allgemeine Wiener Medizinische Zeitung*, 28.7.1874, 7.

71 Vgl. Hans-Jörgel-Stückeln, *Jörgel Briefe*, 8.8.1874, 3.

72 Vgl. O. T., *Deutsche Zeitung*, 22.7.1874, 6.

chenbegängnis auf dem St. Marxer Friedhof im »eigenen Grab« beigesetzt.[73] Leider ist das Grab von Aloysia und Franz nicht mehr erhalten.[74] Auch Verlassenschaftsakten konnten nicht nachgewiesen werden.[75]

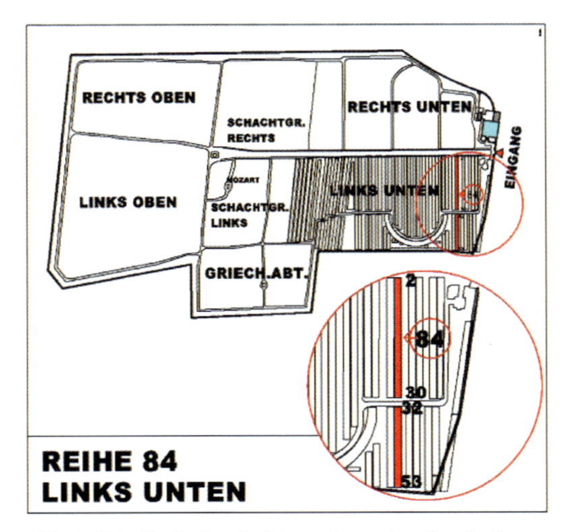

Abb. 7: Friedhofsplan St. Marx: Lageplan des Grabes von Franz und Aloysia Strauss

Strauss war ein echtes Wiener Original, seine Schlagfertigkeit legendär, wie nachfolgende Begebenheit unterstreicht:

Ein todkrankes Kind – bereits von mehreren Ärzten aufgegeben – wird zu Dr. Strauss gebracht, der es behandelt und nach drei Wochen der bangenden Mutter die gute Nachricht überbringt, dass ihr Kind nun über den Berg sei. Dankbar sinkt die Mutter betend auf die Knie: »Lieber Gott, ich danke dir für die Rettung meines Kindes.« Strauss macht ein bedenkliches Gesicht und sagt schließlich: »Hm, weils Kind gerettet ist, ist es sein Verdienst, wenn es aber gestorben wäre, wäre wohl ich alter Esel daran Schuld gewesen.«[76]

73 Sterbematrikel von 02. St. Johann, 1874, 212. – Im Register des St. Marxer Friedhofs steht als Vermerk die Nr. 5964 und später Reihe 84 links.

74 Auskunft von Susanna Hayder MA 7: »Tatsächlich ist die Grabstelle von Franz und Aloysia Strauß am St. Marxer Friedhof durch die Datenbank, die für das Restaurierungsprojekt der Grabsteine erstellt wurde, erfasst. Die Grabstelle befindet sich in Reihe-Nr. 84, Grabstelle 40, Lageskizze anbei. Ein Grabstein ist allerdings nicht erhalten.«

75 Auskunft Dr. Ingrid Ganster, Wiener Stadt- und Landesarchiv: Akten zu den Verlassenschaftsabhandlungen gibt es nicht, es existieren nur die Registereinträge beider Eheleute.

76 Vgl. Hans-Jörgel-Stückeln, *Jörgel Briefe*, 8. 8. 1874, 3.

Familie

Als nunmehr ausgebildeter Mediziner hatte Dr. Franz Strauss die erforderliche Grundlage für eine Familiengründung erlangt. Am 16. September 1824 führte er die 28-jährige Aloysia Paulina Maria Anna Partsch (1796–1868) zum Traualter von St. Joseph in der Leopoldstadt. Sie war die Tochter des k. k. Lotto-Direktions-Sekretärs Josef Partsch (1760–1805) und dessen Ehefrau Katharina, eine geb. Martini (um 1768–1850). Letztere war eine schöne, jedoch etwas merkwürdige Frau. Zeitlebens erzählte sie stolz von zwei für sie denkwürdigen Begebenheiten: Als Kind wurde sie von Kaiser Joseph I. (1741–1790) in die Wange gekniffen und im Jahre 1806, als 38-Jährige, hatte sie Kaiser Napoleon I. (1769–1821) bei seinem Einzug in Wien »im offenen Wagen vorüberfahrend, lächelnd mit der Hand gegrüßt.«[77] 1847 trat sie, gemeinsam mit ihren drei Enkeltöchtern, in den Niederösterreichischen Verein gegen Misshandlung von Tieren ein.[78]

Während Aloysia bereits seit ca. 1821 in der Kahlenbergdorfer Donaustraße 11 wohnte, war Franz vor der Eheschließung seit etwa zwei Jahren in der Strafhausgasse wohnhaft.[79] Durch diese Heirat wurde der gleichaltrige Geologe und Mineraloge Paul Maria Joseph Partsch (1791–1856) sein Schwager. Dieser spielte fortan eine wesentliche Rolle im Leben der jungen Familie Strauss. Partsch wurde durch seine Tätigkeit als Kustos im Hofmineralienkabinett und der daraus resultierenden Verbindung zu seinen Mitarbeitern zum Förderer von Moriz Franz Joseph Hörnes (1815–1868) und Eduard Suess, später Ehemänner zweier seiner Nichten.

Die Ehe von Franz und Aloysia war mit vier Töchtern gesegnet, wobei die zweitjüngste bereits im zarten Alter von vier Jahren an Scharlachwassersucht verstarb.[80] Die anderen drei Töchter waren: Louise (1819–1902), die Gattin des Adjunkten Hörnes, Sidonia (1827–1902), verehelichte Natterer, und Hermine (1835–1899) als die Jüngste, verheiratet mit dem vielseitigen Eduard Suess.[81] Über alle drei Strauss'schen Schwiegersöhne gibt es mehrfache Abhandlungen, unter anderem vom Jubilar selbst, für den diese Festschrift erstellt wird, sowie auch von den Herausgebern. Die Schwiegersöhne sind weltbekannte Persönlichkeiten und bedürfen hier keiner Extravorstellung. Nach ihnen wurde in Wien jeweils eine Gasse benannt. Leider haben sich frühere Forscher, wie es in damaliger Zeit üblich war, nicht mit der Vita der jeweiligen Ehegattinnen befasst,

77 Suess, *Erinnerungen*, 97–98.
78 Vgl. Siebentes Verzeichniß der dem Niederösterr. Vereine gegen Mißhandlung der Thiere beigetretenen Mitglieder, *Wiener Zeitung*, 1.5.1847, 6.
79 Trauungsbuch 02. St. Joseph, 1824.
80 Strauss, Wilhelmine Anna (1830–1834), verstarb am 7.1., dem Geburtstag ihrer ältesten Schwester Louise.
81 Vgl. Suess, *Erinnerungen*, 98.

obwohl diese die Kindererziehung und den Haushalt managten und oftmals mit geschickter Hand und weiser Führung dem wissenschaftlich sinnierenden – in Gedanken oft bei seinen Forschungen weilenden – Ehemann den Rücken freihielten, und so nicht unwesentlich an dessen Erfolg mitgewirkt hatten. Somit ist heute leider sehr wenig über diese Frauen bekannt.

Am 20. Februar 1868[82] ist Aloysia, geb. Partsch, die Frau des Medizinalrates Dr. Franz Strauss in der Leopoldstadt, die Schwiegermutter der Gemeinderäte Dr. Natterer (1821–1900), Prof. Suess und des Direktors des k. k. Hofmineralienkabinetts Moriz Hörnes, im Alter von 72 Jahren[83] an Lungenentzündung gestorben. In 43 Ehejahren war sie ihrem Mann treu ergeben und ihren Kindern eine gute Mutter gewesen. Auch sie wurde in St. Johann Nepomuk ausgesegnet und mit einem Leichenbegängnis auf dem St. Marxer Friedhof zur Erde bestattet.[84] Verlassenschaftsakten konnten auch für sie nicht nachgewiesen werden.[85]

Aloisia Caroline Strauss, genannt Louise, verehelichte Hörnes

Aloisia Caroline Strauss wurde vermutlich am 7. Jänner 1819[86] geboren[87], und ist damit ein voreheliches Kind ihrer Mutter bzw. ihrer Eltern gewesen, die erst 1824 heirateten.

Louises Onkel, Paul Partsch war ein Mineraloge und Geologe und ab 1851 Leiter des Hofmineralienkabinetts, dem Moriz Franz Joseph Hörnes nach dessen Tod 1856 in dieser Funktion nachfolgte.[88] Hier lernte Moriz auch Partschs Nichte Louise kennen und lieben. Am 1. Februar des Jahres 1848 führte Moriz Hörnes, Sohn von Adam Hörnes (1768–1817), Haushofmeister beim Herrn Grafen Palfy,

82 KB 02. St. Johann Nepomuk, 1868, 46.

83 Vgl. O. T., *Fremden-Blatt*, 22.2.1868, 3. – KB 02. St. Johann Nepomuk, 1868, 46.

84 Sterbematrikel von 02. St. Johann, 1868, 41. – Siehe St. Marxer Friedhof bei Franz Strauss.

85 Auskunft Ingrid Ganster: Akten zu den Verlassenschaftsabhandlungen gibt es nicht, es existieren nur die Registereinträge beider Eheleute.

86 Vgl. O. A., *Marzer Fremdenbuch*, 369.

87 Der Taufeintrag konnte bisher nicht gefunden werden.

88 Vgl. Bernhard Hubmann/Claus Wagmeier, Rudolf Hoernes (1850–1912) vielseitiger Erdwissenschaftler und »Kämpfer für die Freiheit der Wissenschaft« im Spiegel seiner Zeit, in: Geologische Bundesanstalt [GBA] (Hg.), *Berichte der GBA* (Band 122), Wien: Verlag der GBA 2017, 4. – Christa Riedl-Dorn/Johannes Seidl, Zur Sammlungs- und Forschungsgeschichte einer Wiener naturwissenschaftlichen Institution. Briefe von Eduard Sueß an Paul Partsch, Moriz Hoernes, Ferdinand Hochstetter und Franz Steindachner im Archiv für Wissenschaftsgeschichte am Naturhistorischen Museum in Wien, in: Helmuth Größing/Alois-Kernbauer/KurtMühlberger/Karl Kadletz (Hg.), *Mensch – Wissenschaft – Magie* (Mitteilungen der Österreichischen Gesellschaft für Wissenschaftsgeschichte 21), Wien: Erasmus 21, 2001, 17–49, 37–40.

Abb. 8: Louise Hörnes, geb. Strauss – Familienarchiv Suess

und Josepha Czerwenka (1785–1829), seine Louise zum Traualtar. Das Paar hatte acht gemeinsame Kinder, eine Tochter und sieben Söhne, wobei gleich das erste Kind tot zur Welt kam. Die Familie Hörnes wohnte in der Rothen Sterngasse Nr. 616.[89]

Ein halbes Jahr nach ihrer Verehelichung spendete Louise gemeinsam mit ihren noch ledigen zwei jüngeren Schwestern, Sidonia und Hermine, jeweils zwei Gulden zur Errichtung einer deutschen Kriegsflotte.

Als Moriz mit 53 Jahren 1868 plötzlich verstarb, ließ er seine Kinder und die trauernde Witwe zurück, die ihn noch 34 Jahre überleben sollte. Er bekam ein Ehrengrab auf dem Wiener Zentralfriedhof.[90] Seine Witwe zog mit ihren verbliebenen minorennen Kindern ins Haus ihrer Eltern zurück.[91] Die etwa gleichaltrige Elisabeth Lakitsch (ca. 1819–?) war jahrelang ihr Dienstmädchen.[92]

1876 wurde Louise Mitglied im österreichischen Alpenverein.[93]

89 Vgl. Lehmann, *Wohnungsanzeiger Wien*, 1865, Roten Sterngasse 20, 121 [Bild 145].

90 Wiener Zentralfriedhof, Gruppe 0, Reihe 1, Nr. 47.

91 Vgl. Lehmann, *Wohnungsanzeiger Wien*, 1870, 200 [Bild 224].

92 Vgl. Kleine Chronik, *Wiener Zeitung*, 5. 10. 1880, 2.

93 Vgl. Karl Haushofer (Red.), *Zeitschrift des Deutschen und Oesterreichischen Alpenvereins* (Band 7), München: Lindauer'sche Buchhandlung 1876, 356.

Louise, Witwe nach dem ehemaligen Direktor des Hofmineralienkabinetts und Mutter der Professoren Rudolph (1850–1912) und Moritz Hörnes, wohnhaft in der Münzgasse im III. Wiener Gemeindebezirk, verstarb am 17. Oktober 1902 im 84. Lebensjahr in Marz, wo sie auch ihre letzte Ruhe fand. Im gleichen Grab ruht ihre Schwiegertochter Emilie Johanna Edle von Savageri (1850–1943), die Ehefrau von Moritz Franz Carl Hörnes (1852–1917).

Sidonia Anna Strauss, verehelichte Natterer

Sidonia Anna Strauss wurde am 1. Juni 1827 in Wien geboren und erhielt zwei Tage später die Heilige Taufe in der Kirche St. Josef.

Abb. 9: Sidonia Natterer, geb. Strauss – Familienarchiv Suess

Am 1. Juli 1851, drei Jahre nach ihrer ältesten Schwester, wurde auch Sidonia vor den Traualtar geführt. Ihr Auserwählter, der am 13. Oktober 1821 geborene Johann Natterer, hatte Medizin studiert, 1846 seine Rigorosenprüfung[94] abgelegt und wurde am 27. April 1847[95] zum Dr. der Medizin promoviert. Er war somit ein

94 Vgl. Dolezal, *Mediziner*, Med. 9,5–256.
95 Vgl. ebd.

jüngerer Berufskollege seines Schwiegervaters, ein begeisterter Naturforscher und ab 1859 auch Gemeinderat der Leopoldstadt, wo die junge Familie wohnte. Das Paar zeugte sieben Kinder, drei Mädchen und vier Buben, die alle das Erwachsenenalter erreichten.

Auch an Arztfamilien gehen Krankheiten nicht vorbei. So musste Sidonia am 15. Jänner 1890 infolge von amtlich festgestelltem Wahnsinn vom k. k. Bezirksgericht der Leopoldstadt unter die Vormundschaft ihres Ehemannes, Herrn Med. Dr. Johann Natterer, Wien II, kl. Stadtgutgasse 3, gestellt werden.[96] Diese verheerende Krankheit machte auch bei ihren Kindern Konrad (1860–1901), Bertha (1855–1915), verheiratete Spuller, und Natalie (1862–1923)[97] nicht halt, die wegen der gleichen Krankheit unter Kuratel gestellt wurden.[98] Allerdings wurde dieselbe bei Natalie per Juni 1908 wieder aufgehoben.[99] Der Sohn von Bertha, Viktor Spuller (1876–?), Diurnist im k. k. Finanzministerium in Wien I, Graben 27, wurde im August 1913 unter Kuratel seines Onkels Erwin Natterer (1857–?), k. k. Postrat in Pension in Wien VII, Kanyongasse 20, gestellt.[100]

Wie schlimm dieses offenbar vererbte Leiden die Familie traf, kann man sich kaum vorstellen.

Während Johann bereits am 25. Dezember 1900 verstarb, überlebte ihn Sidonia noch ein ganzes Jahr. Als sie am 18. Jänner 1902 verstarb, fand sie ihre letzte Ruhe unter anderem gemeinsam mit Gatten und Sohn Konrad auf dem Wiener Zentralfriedhof.[101]

96 Vgl. Kundmachungen, *Amtsblatt zur Wiener Zeitung*, 24.–26. 1. 1890, jeweils 17.

97 Natalie Natterer wurde im Dezember 1902 unter Kuratel ihres Bruders Erwin Natterer gestellt. Vgl. Kundmachungen, *Amtsblatt zur Wiener Zeitung*, 30. 12. 1902, 23.

98 Vgl. Rudolf Werner Soukup, Konrad Natterer 1860–1901. Erforscher der Chemie der Meere, in: Ders. (Hg.), *Die wissenschaftliche Welt von gestern. Die Preisträger des Ignaz L. Lieben-Preises 1865–1937 und des Richard Lieben-Preises 1912–1928.* Ein Kapitel österreichischer Wissenschaftsgeschichte in Kurzbiografien (Wolfgang Kerber/Wolfgang Reiter, Hg., Beiträge zur Wissenschaftsgeschichte und Wissenschaftsforschung, Band 4), Wien: Böhlau 2004, 83–88.

99 Vgl. Kundmachungen, *Amtsblatt zur Wiener Zeitung*, 2. 6. 1908, 37.

100 Vgl. Kundmachungen, ebd., 8. 8. 1913, 21.

101 Gruppe 11, Reihe G2 Nr. 2.

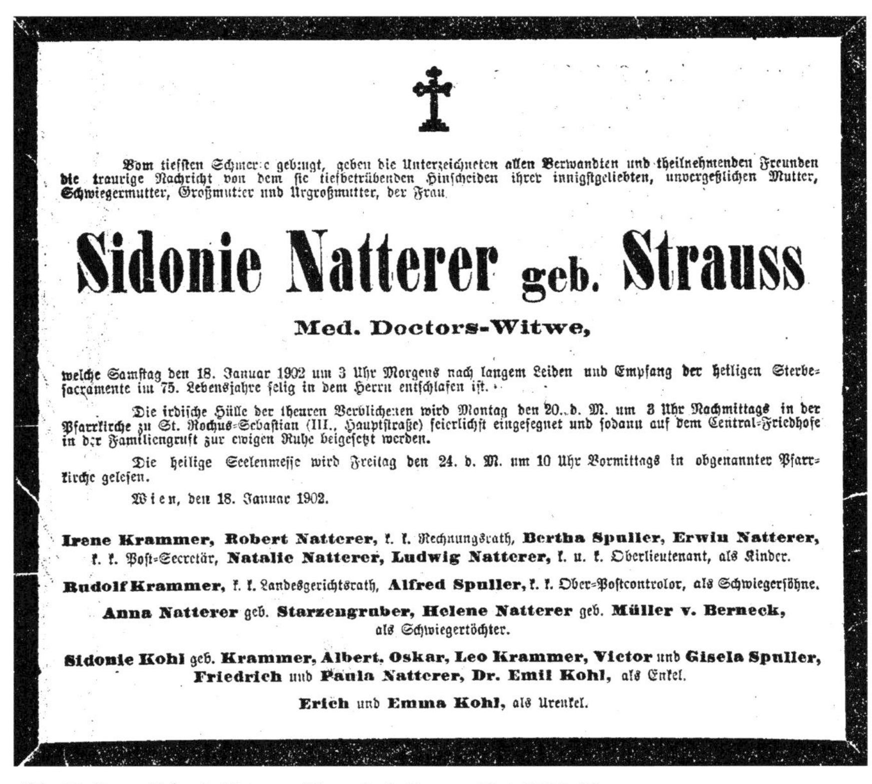

†

Vom tiefsten Schmerze gebeugt, geben die Unterzeichneten allen Verwandten und theilnehmenden Freunden die traurige Nachricht von dem sie tiefbetrübenden Hinscheiden ihrer innigstgeliebten, unvergeßlichen Mutter, Schwiegermutter, Großmutter und Urgroßmutter, der Frau

Sidonie Natterer geb. Strauss

Med. Doctors-Witwe,

welche Samstag den 18. Januar 1902 um 3 Uhr Morgens nach langem Leiden und Empfang der heiligen Sterbesacramente im 75. Lebensjahre selig in dem Herrn entschlafen ist.

Die irdische Hülle der theuren Verblichenen wird Montag den 20. d. M. um 3 Uhr Nachmittags in der Pfarrkirche zu St. Rochus-Sebastian (III., Hauptstraße) feierlichst eingesegnet und sodann auf dem Central-Friedhofe in der Familiengruft zur ewigen Ruhe beigesetzt werden.

Die heilige Seelenmesse wird Freitag den 24. d. M. um 10 Uhr Vormittags in obgenannter Pfarrkirche gelesen.

Wien, den 18. Januar 1902.

Irene Krammer, Robert Natterer, k. k. Rechnungsrath, **Bertha Spuller, Erwin Natterer,** k. k. Post-Secretär, **Natalie Natterer, Ludwig Natterer,** k. u. k. Oberlieutenant, als Kinder.

Rudolf Krammer, k. k. Landesgerichtsrath, **Alfred Spuller,** k. k. Ober-Postcontrolor, als Schwiegersöhne.

Anna Natterer geb. **Starzengruber, Helene Natterer** geb. **Müller v. Berneck,** als Schwiegertöchter.

Sidonie Kohl geb. **Krammer, Albert, Oskar, Leo Krammer, Victor** und **Gisela Spuller, Friedrich** und **Paula Natterer, Dr. Emil Kohl,** als Enkel.

Erich und **Emma Kohl,** als Urenkel.

Abb. 10: Parte Sidonia Natterer, Neue Freie Presse, 19. 1. 1902, 26

Hermine Anna Strauss, verehelichte Suess

Das Nesthäkchen der Familie Strauss war Hermine. Sie kam am Heiligabend des Jahres 1835 zur Welt und erhielt am 2. Weihnachtsfeiertag ihre Taufe.

Ihr Lehrer, Franz Charvath, der einst als mittelloser Student von einer Schwarzenbergschen Herrschaft im südlichen Böhmen nach Wien gekommen und sein Mittagessen vom Portier des fürstlichen Palastes erhalten hatte, verdiente sich sein tägliches Brot zu Beginn der 1840er-Jahre dadurch, dass er Hermine lesen und schreiben lehrte.[102]

Hermine war der Liebling ihres Onkels Paul Partsch.[103] Als dieser seine Nichte eines Tages mit ins Hofmineralienkabinett nahm, lernte sie Partschs jungen Assistenten Eduard Suess kennen. Eduard verdankte Partsch, der ihn Zeit seines

102 Vgl. Suess, *Erinnerungen*, 195.
103 Vgl. ebd., 98.

Abb. 11: Hermine Suess, geb. Strauss – Familienarchiv Suess

Lebens förderte, nicht nur die Bekanntschaft mit bedeutenden Personen,[104] sondern auch seine spätere Ehefrau. Hermines Schwager, Moriz Hörnes, war ebenfalls ein Förderer von Eduard Suess.

Mit der Eheschließung zwischen Hermine Strauss und Eduard Suess am 12. Juni 1855 wurde Letzterer quasi Mitglied eines »typischen altwienerischen Kreises«.[105] Das Paar bekam sieben Kinder – fünf Buben und zwei Mädchen – musste aber auch den Verlust von Sabine (1863–1872), die mit neun Jahren an Blinddarmentzündung verstarb, hinnehmen. Die zweite Tochter, Paula (1861–1921), wurde am 2. April 1878 die Ehefrau eines weiteren Geologen und Paläontologen, Melchior Neumayr (1845–1890).

Hermine war ab 1879 auch Mitglied im Wiener Hausfrauen-Verein[106] und konnte 1886 nach sieben Jahren Mitgliedschaft zusammen mit 19 anderen treuen Mitgliedern an der Vereinsprämie beteiligt werden.[107] Bis 1896 war sie in den Mitgliederverzeichnissen nachweisbar.

104 Vgl. ebd.
105 Vgl. ebd.
106 Vgl. O. T., *Wiener Hausfrauen-Verein.* Rechenschafts-Bericht, 1886, 105.
107 Vgl. O. T., ebd., 1892, 49; 1893, 50; 1894, 50; 1896, 51.

1880 verweilte Hermine zur Kur in Bad Kreuzen.[108] 1885 war sie auch im vorbereitenden Komitee tätig, das in der Leopoldstadt eine selbstständige Ortsgruppe des Deutschen Schulvereins zu etablieren versuchte.[109]

Hermine wurde, wie auch ihre Schwester Sidonia, am 28. Jänner 1899 wegen Wahnsinns unter Kuratel ihres Ehemanns gestellt.[110]

Als erste der drei Schwestern verstarb sie, an Diabetes mellitus leidend, am 22. November 1899 in Troppau bei ihrem Sohn Otto (1869–1941), der in Mährisch Ostrau als Bergbaudirektor tätig war. Sie wurde auf den Friedhof in Marz bestattet und erscheint als Erste auf dem Grabstein der Familie Suess.

Das Haus mit Grundstück in der Afrikanergasse 9 im II. Wiener Gemeindebezirk, das Hermine 1881 für eine Kaufsumme von 70.000 Gulden erworben hatte und welches 153 Quadratklafter verbautes und 177 Quadratklafter unverbautes Land umfasste[111,112] ging am 1. August 1900 in den Besitz ihrer sechs Kinder über.[113] Ihr Witwer wohnte jedoch weiterhin in diesem Haus.

Am 26. April 1914 starb ihr Ehemann Eduard Suess in Wien und wurde seinem letzten Willen gemäß ebenfalls auf dem Friedhof in Marz begraben.

Die Unterzeichneten geben aufs tiefste bewegt Nachricht von dem Hinscheiden ihrer innigstgeliebten Gattin, Mutter und Großmutter, der Frau

Hermine Suess geb. Strauss,

welche in Troppau Mittwoch den 22. November um 8 Uhr Abends im 64. Lebensjahre in Folge eines Herzschlages sanft und schmerzlos entschlafen ist.

Die Leiche der theuren Hingeschiedenen wird nach erfolgter Einsegnung nach Marz in Ungarn überführt und daselbst im eigenen Grabe Sonntag den 26. d. M. um 3 Uhr Nachmittags zur ewigen Ruhe bestattet werden.

Montag den 27. d. M. um 1/2 11 Uhr Vormittags wird in der Pfarrkirche zu St. Johann in der Praterstraße die heilige Seelenmesse gelesen werden.

Wien, am 23. November 1899.

Eduard Sueß, o. ö. Universitäts-Professor, als Gatte.

Ing. Adolf Sueß, Paula Neumayr geb. **Sueß, J. U. Dr. Hermann Sueß, Phil. Dr. Franz Ed. Sueß, Ing. Otto Sueß, Med. Dr. Erhard Sueß**, als Kinder.

Frieda Sueß geb. **Machacek, Helene Sueß** geb. **Junkermann**, als Schwiegertöchter.

Hermine, Hedwig und **Edith Neumayr, Paul, Eleonore** und **Eduard Sueß, Theodor Sueß**, als Enkel.

Abb. 12: Parte Hermine Suess, geb. Strauss, Neue Freie Presse, 25. 11. 1899, 17

108 Vgl. O. T., *(Linzer)Tages-Post*, 20. 6. 1880, 4.

109 Vgl. Stimmen aus dem Publikum, *Neues Wiener Tagblatt*, 1. 5. 1885, 6.

110 Vgl. Kundmachungen, *Amtsblatt zur Wiener Zeitung*, 22. 3. 1899, 26.

111 Vgl. O. T., *Wiener Allgemeine Zeitung*, 15. 4. 1881, 4.

112 lt. *Der Bautechniker.* Central-Organ für das österreichische Bauwesen. Zeitschrift für Bau- und Verkehrswesen, Technik und Gewerbe 1 (1881), 129 handelt es sich um 1187 qm.

113 Vgl. O. T., *Der Hausbesitzer/Hausherrenzeitung*, 1. 8. 1900, 12.

Die nächste Generation

Die nächste Generation wuchs heran und mit ihr neue Ideen, Ansichten und Forschungsansätze. Wenn die jungen Leute sich nicht durch verwandtschaftliche Verbindungen bereits kannten, lernten sie sich durch die Tätigkeit ihrer Väter kennen, besuchten gemeinsam Kränzchen und Theateraufführungen und verbrachten als Familienmitglieder oder Gäste die Ferien in Marz.

So heiratete der Grazer Paläontologe Rudolf Hoernes beispielsweise in die Familie des Ordinarius für Mineralogie in Wien, August Emanuel Reuss (1811–1873) ein, indem er dessen jüngste Tochter Johanna Katharina Mathilde Reuss (1859–1943) am 8. April 1877 zur Frau nahm. Jenny von Reuss – wie sie sich nannte – war eine bekannte Schriftstellerin und Malerin. August Emanuels Schwester, Carolina (1800–?), wiederum war die Mutter des Grazer Geologen Carl Ferdinand Peters (1825–1881).

> »Franz Toula[114] war ein Schüler hochrangiger und profunder Fachkräfte wie Ferdinand Hochstetters[115], Andreas Kornhubers[116], Julius Wiesners[117], Gustav Laubes[118] u. a. an der Technischen Hochschule; seine naturhistorischen, mathematisch-physikalischen und chemischen Studien dortselbst erweiterte er noch durch den Besuch der Vorlesungen von Josef Redtenbacher[119] und Eduard Sueß an der Wiener Universität. Mit Eduard Sueß unternahm er später gemeinsam auch eine Forschungsreise nach Italien.«[120]

Obwohl Franz Toula (1845–1920) nicht zu dem betuchten Kreis der obigen Professoren gehörte, weilte er doch später ab und an mit seiner Familie bei Zusammenkünften lockerer Art – den sogenannten (Kaffee-)Kränzchen. Von seiner Tochter Elisabeth (1873–1958), verehelichte Giannoni, ist ein unveröffentlichtes Tagebuch erhalten, aus dem wir Folgendes erfahren:

> »Um diese Zeit veranstaltete Frau Professor Penck (1863–1944) [Ida geb. Ganghofer], die fröhliche und temperamentvolle Gattin des Geographen und Universitätsprofessors Albrecht Penck[121], gesellige Abende im Gasthaus zur Tabakpfeife, die an Samstag-

114 Toula, Franz (1845–1920), Dr. phil., Geologe, Professor der Technischen Universität Wien.

115 Hochstetter, Christian Gottlob Ferdinand Ritter von (1829–1884), Geologe, Naturforscher und Entdecker.

116 Kornhuber, Andreas (1824–1905) – österreichischer Botaniker und Geologe.

117 Wiesner, Julius von (1838–1916) – österreichischer Botaniker.

118 Laube, Gustav Karl (1839–1923) – Geologe, Paläontologe und Forschungsreisender.

119 Redtenbacher, Josef (1810–1870) – österreichischer Chemiker.

120 Johannes Seidl, Toula, Franz Edler von, in: ÖAW (Hg.), *ÖBL* (Band 14), Wien: Verlag der ÖAW 2015, 419–420.

121 Penck, Albrecht (1858–1945), Geograph und Geologe, Vater von Walther Penck (1888–1923), Universitätsprofessor in Wien von 1885 bis 1906 und in Berlin von 1906 bis 1927. 1886 nahm er Ida Ganghofer (1863–1944), Schwester des erfolgreichen bayerischen Heimatschriftstellers Ludwig Albert Ganghofer (1855–1920) und Tochter des Forstbeamten August Ritter von Ganghofer (1827–1900), in München zur Frau. Gemeinsam hatten sie

abenden stattfanden und wo Studenten und Hörer von Penck und dem berühmten Geologen Eduard Suess sich mit den geladenen Familien und deren Töchtern unterhalten konnten. Wir waren auch dazu geladen.«[122]

Marz

Die Gemeinde Marz liegt im heutigen Burgenland im Bezirk Mattersburg und gehörte bis 1920 zu Deutsch-Westungarn, weshalb sie auch den ungarischen Namen Márczfalva führte. Das Dorf fand 1202 erstmalig in einer Urkunde Erwähnung und gehört damit zu den ältesten Siedlungen im Burgenland.[123] Während der Ort heute etwas über 2.000 Einwohner zählt, waren es früher zwischen ca. 1.400 und 1.800.[124]

Die Familie Strauss[125] scheint im Ort schon länger sesshaft gewesen zu sein, denn bereits im Jahre 1766 verstarb der Fleischhauer Mathias Strauss d. Ä. (ca. 1711–1766) plötzlich im Alter von 55 Jahren.[126] Er war der Großvater von Franz, verehelicht mit Elisabeth (?–?) und wurde ca. um 1711 geboren.[127]

Durch seinen Schulbesuch und das Studium in Wien war Franz wohl nur sporadisch zu Besuch im Ort. Als er im Jahre 1843 das Grundstück in Marz zur Nutzung als Sommerfrische für seine Familie übernahm, kehrte er in den Ort seiner Kindheit zurück. Auch seine zahlreichen Nachkommen erlebten hier eine unbeschwerte, naturverbundene Kindheit. Sein Schwiegersohn Eduard Suess beschreibt später den Ort und die Umgebung so:

zwei Kinder: den Geomorphologen und Geologen Walther Penck und Ilse Penck. Durch Jovan Cvijics (1865–1927) – jugoslawischer Geograph – Arbeiten auf dem Balkan angeregt, unternahm Penck zusammen mit William Morris Davis (1850–1934) 1899 eine Exkursion nach Dalmatien, Bosnien und die Herzegowina. Hier stellte er, erstmals für die Balkanhalbinsel überhaupt, ausgeprägte eiszeitliche Vergletscherungsspuren im Orjen fest. Vgl. Alexander Pinwinkler, Penck, Albrecht, in: ÖBL ab 1815 (2. überarbeitete Auflage – online), URL: http://www.biographien.ac.at/oebl/oebl_P/Penck_Albrecht_1858_1945.xml (abgerufen am 29.9.2019). – Hanno Beck, Albrecht Penck – Geograph, bahnbrechender Eiszeitforscher und Geomorphologe (1858–1945), in: Ders., *Große Geographen. Pioniere – Außenseiter – Gelehrte*, Berlin: Reimer 1982.

122 Giannoni, Elsa, *Familien-Erinnerungen*, 1946, unveröffentlichtes Manuskript, 20. Der Autorin zur Verfügung gestellt.

123 Vgl. Atlas-Burgenland.at.

124 URL: https://de.wikipedia.org/wiki/Marz (abgerufen am 19.9.2019).

125 Vgl. Suess, *Erinnerungen*, 95–96.

126 Vgl. O. A., *Marzer Fremdenbuch*, 494.

127 Entgegen meiner sonstigen Passion, der Familienforschung, konnte ich aufgrund der äußerst kurzen Zeit, die mir für diesen Aufsatz zur Verfügung stand, keine hinlängliche Familienforschung betreiben. Hinzu kam noch, dass auch die digitalisierten Kirchenbücher des Burgenlandes noch nicht für Online-Recherchen zur Verfügung standen.

Abb. 13: Kirche in Marz, Sommer 2007, Foto von Angelika Ende

»Als ich im Jahre 1853 das Dorf zum ersten Male betrat, war ein guter Teil der älteren Bauern nicht des Lesens kundig und vielleicht hatten sich gerade deshalb alte Überlieferungen so frisch erhalten.«[128]

»Das Dorf Marz (Marczfalva) liegt in Ungarn, unweit der österreichischen Grenze, zwischen Neustadt und Ödenburg. Marz gehört dem, einen beträchtlichen Teil des westlichen Ungarn bewohnenden, biederen schwäbischen Volksstamme der Heanzen[129] an, den Kaiser Heinrich IV. im Jahre 1074 hier angesiedelt hat. [...] Gegen Süden ist das Dorf von Waldgebirge umgrenzt, den Ausläufern des Rosaliengebirges; gegen Norden erheben sich niedrigere Rücken, umsäumt wie die ersteren von Reben und von kleineren Waldungen gekrönt. Von ihrer Höhe gewahrt man im wunderbarsten landschaftlichen Gegensatze zur Linken die schneeigen Kalkalpen, zur Rechten den weiten Spiegel des Neusiedler Sees und über diesen hinaus die grenzenlose, grüne pannonische Ebene. Die kleinen Waldungen auf diesen Höhen sind aber seit langem bekannt wegen der Mengung der subalpinen und der pannonischen Flora, die, vom Ackerbau und Weinbau aus dem Tale vertrieben, hier ein gemeinschaftliches Asyl gefunden haben. Im Tale gedeiht auf mächtigen, schönen Bäumen

128 Suess, *Erinnerungen*, 94.

129 Leopold Schmidt, *Die Entdeckung des Burgenlandes im Biedermeier.* Studien zur Geistesgeschichte und Volkskunde Ostösterreichs im 19. Jahrhundert, Heft 21, Eisenstadt: Burgenländisches Landesmuseum 1959, 132 zweifelt hierin die Suess-Aussage über die Heanzen an.

Abb. 14: Suess-Grab in Marz im Sommer 2007, Foto von Angelika Ende

> die eßbare Kastanie, und im Frühjahre unterbricht die Blütenpracht der Pfirsichbäume die einfarbigen Hänge der Weinberge.«[130]

> »Manches hat sich in Marz in den letzten Jahrzehnten geändert, weniger durch die versuchte Magyarisierung, als durch die Eisenbahn, durch die allgemeine Wehrpflicht und durch die Anziehungskraft der großen Fabriken in dem benachbarten Teil von Niederösterreich. An jedem Montagmorgen führt jetzt die Bahn Hunderte von Arbeitern über die Grenze und Samstagsabend kehren sie zurück. Viele kleine Häuser entstehen mit einem sehr geringen Grundbesitz, den die Frau pflegt, und bei diesem gemischten System von Industrie und kleinem Feld- und Gartenbau gedeiht der Ort.«[131]

Die Kirche mitsamt dem Marzer Friedhof liegt auf einer Anhöhe. Eine steile Treppe führt hinauf. Unter Bäumen, umzäunt von Holzstaketen, befindet sich das Grab der Familie Suess.

---

130 Suess, *Erinnerungen*, 93.

131 Ebd., 95.

Wiener-Villa/Suess-Haus

Das Haus, welches Dr. Franz Strauss in den Sommermonaten mit seiner Familie und Freunden bewohnte, wurde »Wiener Villa« genannt, weil die meisten dieser Sommergäste tatsächlich aus der Reichshaupt- und Residenzstadt Wien kamen.[132] Es wurde 1843[133] errichtet und bis 1890 mehrfach um- und ausgebaut, um der immer weiter wachsenden Familie eine geräumige Unterkunft zu sichern.[134] Später wurde es nach seinem wohl prominentesten Bewohner »Suess-Haus« genannt und 1926 aufgestockt.[135] Im Herbst 1945 wurde das Haus von russischen Soldaten geplündert.[136]

Abb. 15: Wiener Haus – Familienarchiv Suess

132 Vgl. Widder, *Marz*, 394.

133 Vgl. O. A., *Marzer Fremdenbuch*, 369.

134 Vgl. Widder, *Marz*, 389.

135 Vgl. Wolfgang Raetus Gasche, Eduard Suess und seine Familie, in: Daniela Claudia Angetter/Wolfgang Raetus Gasche/Johannes Seidl (Hg.), *Eduard Suess (1831–1914). Wiener Großbürger, Wissenschaftler, Politiker zum 100. Todestag.* Begleitheft zur gleichnamigen Ausstellung in der Volkshochschule Wien-Hietzing (22. Oktober 2014 bis 19. November 2014) (Berichte der Geologischen Bundesanstalt 106), Wien: Geologische Bundesanstalt, 13–20, 16.

136 Vgl. Atlas-Burgenland.at.

Abb. 16: Suess-Haus – Familienarchiv Suess im Archiv der Universität Wien

Abb. 17: Ansichtskarte – Familienarchiv Suess im Archiv der Universität Wien

Abb. 18: Suess-Haus in Marz im Sommer 2007, Foto Angelika Ende

Abb. 19: Suess-Haus (*Marzer Fremdenbuch*, handschriftliches Unikat-Gästebuch, Seite 424)

Abb. 20: Morgendliche Ochsenkutsch-Partie (*Marzer Fremdenbuch*, handschriftliches Unikat-Gästebuch, Seite 418)

Der Marzer Kreis

Inzwischen war die nächste Generation herangewachsen und mit ihren Kindern gerne in der Marzer Sommerfrische zu Gast. Der gute Dr. Franz Strauss und seine Frau waren längst verblichen. Immer noch gaben sich prominente Wissenschaftler und Verwandte die Klinke in die Hand. Insbesondere der Direktor der anthropologisch-ethnographischen Sammlung des Naturhistorischen Hofmuseums in Wien, Franz Heger (1853–1931), der mit Rudolf Hoernes Ausgrabungen der hallstattzeitlichen Hügelgräber bei Marz durchgeführt hatte, war häufig zu Gast. Über diese Funde berichtete hauptsächlich der Ödenburger Realschulprofessor, Archäologe und Kustos des Ödenburger Museums, Ludwig Bella (1850–1937). So waren die beiden – Heger und Bella, die beide dem Ödenburger Altertumsverein angehörten, – auch oft im Marzer Suess-Haus zu Gast. In dem von Bella 1917 verfassten Nachruf für den verstorbenen Moriz Hörnes jun. ist zum ersten Mal von einem gelehrten »Marzer Kreis« die Rede. Von hier aus wurden wichtige Forschungen angeregt und durchgeführt.

Vor der Jahrhundertwende waren es mehrheitlich junge Leute, die das Anwesen mit ihrem Tatendrang und ihren Ideen frequentierten, denn im Suess-Haus ging es im Sommer hoch her. Hier trafen inzwischen nicht nur die familiär verbundenen Wissenschaftler aufeinander, sondern auch der enorme Freundeskreis jedes Einzelnen. Das Marzer Fremdenbuch – ein privates Gästebuch – wurde ähnlich der in Kurorten üblich ausgelegten Ankunftslisten auch für die liebe Verwandtschaft der »Commune Marczfalva«, wie sich die illustre Gesellschaft selbst nannte, ausgewiesen.[137]

In dem Büchlein wird allerlei Spaßhaftes verzapft, von Theaterstücken, Schachturnieren und sonstigen sommerlichen Belustigungen ist die Rede. Es zeugt anhand von lustigen Zeichnungen, die die breitgefächerten Tagesaktivitäten untermalen, von einem großen Familienwiegetag, über Garten- und Ernteeinsätze, Tagesfahrten, Koch- und Backtagen, Picknicks, Gästeabschied und Wetterinformationen und ist so vielschichtig, dass es kaum etwas gibt, was es hier nicht gibt. Diese Art Sommertagebuch mit seinen aus heutiger Sicht, ungewöhnlichen Familientreiben ist kaum noch vorstellbar. Es zeugt von einer längst vergangenen Zeit ohne Ablenkung durch Fernseher, Computer, Internet oder Handy.

137 Vgl. O. A., *Marzer Fremdenbuch*, 7.

Aus dem Marzer Fremdenbuch

Abb. 21: Marczfalva in den 1880er-Jahren (*Marzer Fremdenbuch*, handschriftliches Unikat-Gästebuch, Seite 236)

Abb. 22: Kegelausscheid (*Marzer Fremdenbuch*, handschriftliches Unikat-Gästebuch, Seite 104)

Abb. 23: Die Familie beim Wiegetag (*Marzer Fremdenbuch*, handschriftliches Unikat-Gästebuch, Seite 163)

Abb. 24: Also sprach Zarathrustra (*Marzer Fremdenbuch*, handschriftliches Unikat-Gästebuch, Seite 161)

Abb. 25: Sintflutartige Regenfälle in Marz (*Marzer Fremdenbuch*, handschriftliches Unikat-Gästebuch, Seite 147)

Abb. 26: Hochwasser vor dem Familienhaus in Marz (*Marzer Fremdenbuch*, handschriftliches Unikat-Gästebuch, Seite 106)

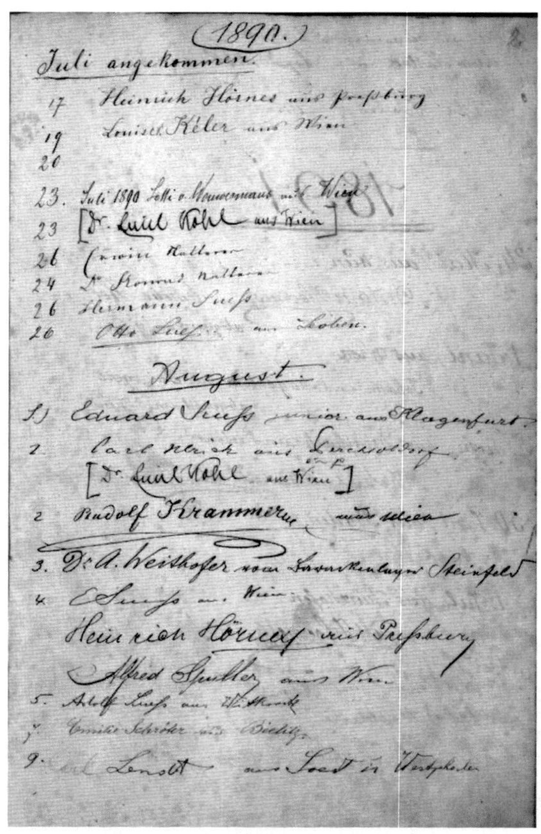

Abb. 27: Ankunft in Marczfalva 1890 (*Marzer Fremdenbuch*, handschriftliches Unikat-Gästebuch)

Schlussbemerkungen

Trotz umfangreicher Bemühungen bleiben einige Details unklar bzw. fraglich. Beispielsweise, warum es eine Büste von Franz Strauss im Garten seines Anwesens gibt und in welchem Zusammenhang diese möglicherweise mit dem Heldenberg[138], der Gedenkstätte für den österreichischen Heerführer Feldmar-

138 Vgl. Widder, *Marz*, 389. Widder schreibt: »Denkmäler für Franz Strauss befinden sich am Heldenberg bei Kleinhaugsdorf in Niederösterreich […]«. Lt. Aussage von Christine Hecke, einer Angestellten des Heldenbergs, stehen alle dort vorhandenen Büsten im Buch von Hubert Mader, *Die Helden vom Heldenberg: Pargfrieder und seine ›Walhalla‹ der k.k. Armee*, Graz: Vehling, 2008. Für Franz Strauss gibt es darin keinen Eintrag.

schall Johann Joseph Wenzel Anton Franz Karl Graf Radetzky von Radetz (1766–1858) steht. Auch dass dieser ein Patient von Strauss gewesen sein soll, ist bisher nicht nachweisbar.[139] Immerhin ist es möglich, dass es sich bei Strauss' Büste im Garten um einen Probeabguss und am Heldenberg um einen Kriegsverlust handeln könnte.

Dass Strauss' Amtskollege und Schwiegersohn, Johann Natterer, die Praxis seines Schwiegervaters übernommen hätte, wie es in der Marzer Chronik[140] heißt, kann ebenfalls nicht nachgewiesen werden. Laut dem Wiener Adressbuch wird Natterer zu keiner Zeit in der Cirkusgasse 36 erwähnt. Dort wohnten laut Lehmann 1885 – also zu einer Zeit als Natterer noch aktiv als Mediziner tätig gewesen sein mag – die Bäcker Johann (?–?) und Niklas Stingl (?–?) (1875 noch in der Praterstr. 35 als Bäcker).

Vielmehr war Johann Natterer, Med. Dr., Gem. Rat., Landesschulrat und Träger des Franz Joseph-Ordens, 1874 der Eigentümer des Hauses, Große Ankergasse 12 (1–3) im II. Wiener Gemeindebezirk. 1885 wird er als M.Dr., k. k. Sanitätsrat in der Kleinen Stadtgutgasse 3 (1–3) ausgewiesen.[141]

Unabhängig von seinem Schwiegervater war er lange Zeit Gemeinderat. Dies trifft ebenso für Eduard Suess zu.

Auch Kurioses war zu finden. So kann man bei Schmidt, *Die Entdeckung des Burgenlandes* staunend lesen: »Dr. Franz Strauss zog sich in seinen letzten Lebensjahren in sein Heimatdorf zurück [...]. Er betätigte sich, sozusagen zu den Vätern zurückgekehrt, wieder in der Landwirtschaft.«[142]

Zu hoffen bleibt, dass bei Online Stellung der Kirchenbücher des Burgenlandes[143] – voraussichtlich im November 2019 – sich noch einige interessante Erkenntnisse zu den Großeltern und Geschwistern von Franz Strauss gewinnen lassen werden.

139 Der Leibarzt von Radetzky ist laut Mader im obigen Buch Dr. Josef Wurzian (1806–1858).

140 Vgl. Widder, *Marz*, 389. »Seine Arztpraxis und seine Gemeinderatsfunktionen übernahmen seine Schwiegersöhne Natterer und Suess«.

141 Vgl. Lehmann, *Wohnungsanzeiger Wien*, 1874, 379 [Bild 414]; 1875, 378 [Bild 432]; 1885, 719 [Bild 771].

142 Leopold Schmidt, *Die Entdeckung des Burgenlandes im Biedermeier*, 134, FN 299.

143 Vorausgesetzt diejenigen von Marz sind mit dabei.

Josef PARTSCH
(ca. 1760-ca.1895)
Hofsekretär
°° 25.03.1888
Katharina MARTINI
(um 1768-1850)
Mathias STRAUSS
(1748-1813)
Müllermstr. Fleischhauer
°° 05.02.1771
Anna Maria DIETL
(um 1753-1833)
Marz
Geschwister
°° 16.09.1824
jüngster Sohn
Paul PARTSCH
(1791-1856)
Geo- und Mineraloge
Mitg. d. Akadem.d.Wiss.
Aloysia PARTSCH
(1796-1868)
Franz STRAUSS
(1791-1874)
Dr. med., Hausbes.
k.k. Polizeibezirksarzt
Joseph d. Falkner
NATTERER
(1754-1823)
Adam.
HÖRNES
(1768-1817)
Josepha
CZERWENKA
(1785-1820)
Vorfahren HÖRNES
Joseph, d. Ä.
NATTERER
(1786-1852)
Maria Anna
WURM
(1798-1831)
Vorfahren NATTERER
Adolph
SUESS
(1797-1862)
Eleonore
ZDEKAUER
(1806-1884)
Vorfahren SUESS
vier Töchter
Onkel
Johann
NATTERER
(1787-1843)
Brasilien-
forscher
(Aloisia) Louise -
STRAUSS
(1819-1902)
Moriz HÖRNES
(1815-1868)
Dr. phil., Direktor des
Hof-Mineralienkabinetts
01.02.1848
Sidonia Anna
STRAUSS
(1827-1902)
Johann NATTERER
(1821-1900)
Dr. med., Naturforscher
Chemiker und Physiker
01.04.1851
Wilhelmine
Anna
STRAUSS
(1830-1834)
Hermine STRAUSS
(1835-1899)
Eduard SUESS
(1831-1914)
Dr. phil.
Geo- und Paläontologe
12.06.1855

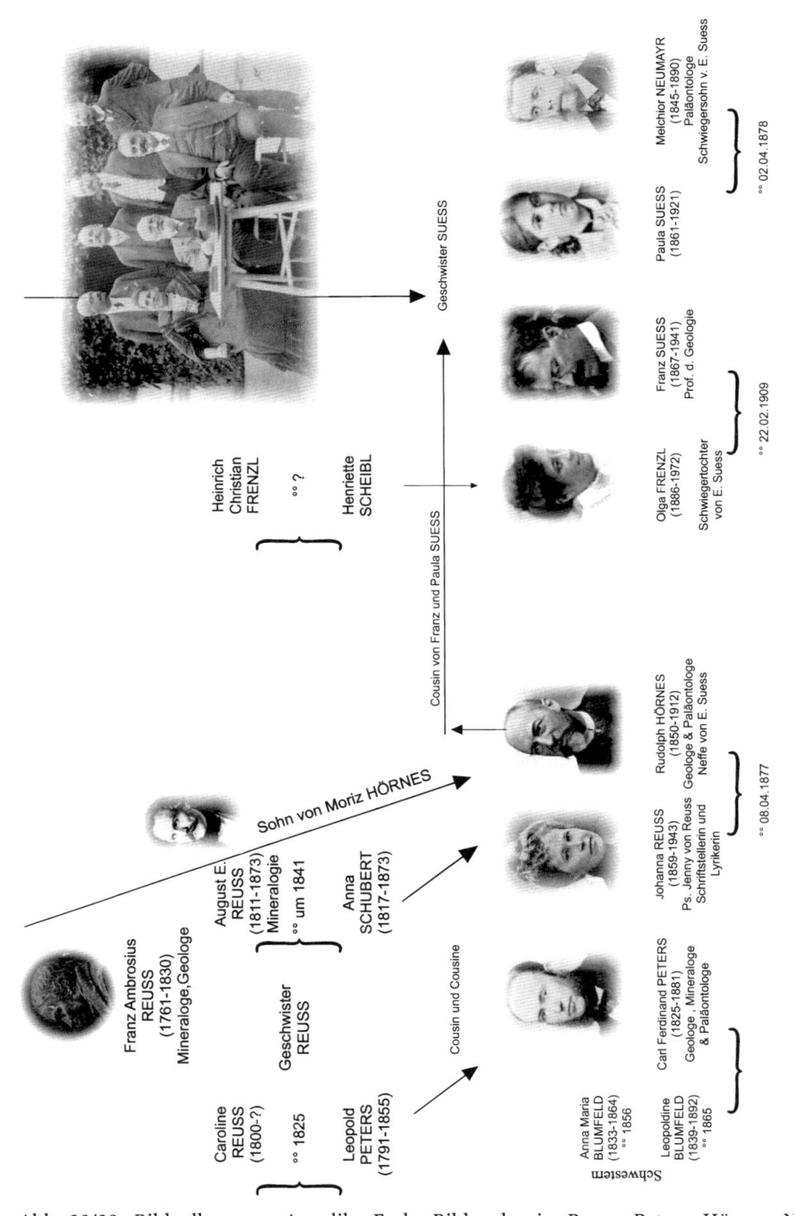

Abb. 28/29: Bildcollage von Angelika Ende, Bildnachweis: Reuss, Peters, Hörnes, Neumayr, Natterer und Partsch aus WIKIPEDIA, Johanna Reuss (alias Jenny von Reuss) in: Norbert Vávra, Mediziner, Wissenschaftler und Künstler aus zwei Jahrhunderten – die Familie des August Emanuel Reuss, in: Johannes Seidl (Hg.), Eduard Suess und die Entwicklung der Erdwissenschaften zwischen Biedermeier und Sezession (Schriften des Archivs der Universität Wien 14), Göttingen: V&R unipress, 2014, 211–228, das Foto befindet sich auf Seite 227, alle anderen Fotos stammen aus dem Familienarchiv Wolfgang R. Gasche/Stephen Suess im Archiv der Universität Wien

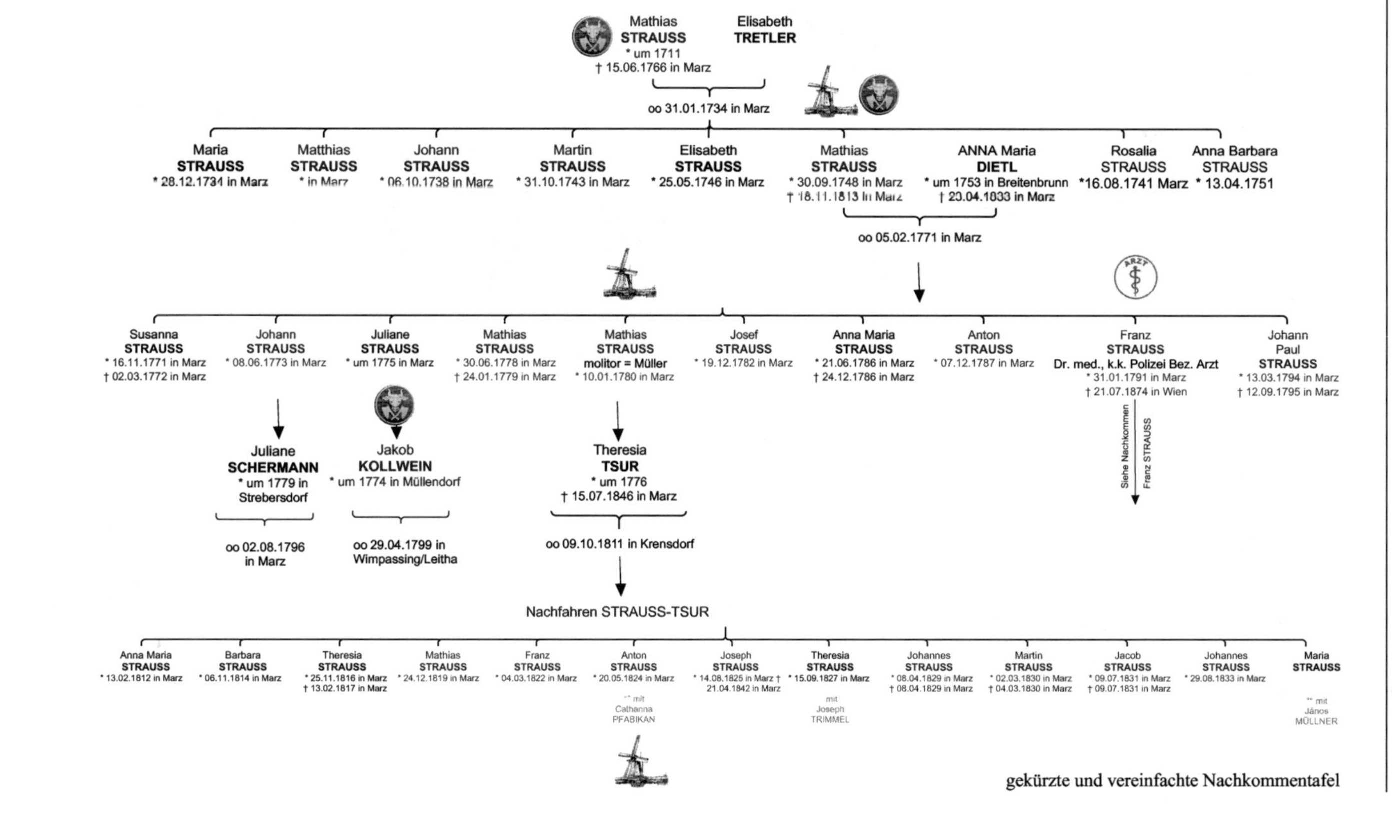
Nachkommen von Mathias STRAUSS
Mathias STRAUSS * um 1711 † 15.06.1766 in Marz
Elisabeth TRETLER
oo 31.01.1734 in Marz
Maria STRAUSS * 28.12.1734 in Marz
Matthias STRAUSS * in Marz
Johann STRAUSS * 06.10.1738 in Marz
Martin STRAUSS * 31.10.1743 in Marz
Elisabeth STRAUSS * 25.05.1746 in Marz
Mathias STRAUSS * 30.09.1748 in Marz † 18.11.1813 in Marz
ANNA Maria DIETL * um 1753 in Breitenbrunn † 20.04.1833 in Marz
Rosalia STRAUSS *16.08.1741 Marz
Anna Barbara STRAUSS * 13.04.1751
oo 05.02.1771 in Marz
ARZT
Susanna STRAUSS * 16.11.1771 in Marz † 02.03.1772 in Marz
Johann STRAUSS * 08.06.1773 in Marz
Juliane STRAUSS * um 1775 in Marz
Mathias STRAUSS * 30.06.1778 in Marz † 24.01.1779 in Marz
Mathias STRAUSS molitor = Müller * 10.01.1780 in Marz
Josef STRAUSS * 19.12.1782 in Marz
Anna Maria STRAUSS * 21.06.1786 in Marz † 24.12.1786 in Marz
Anton STRAUSS * 07.12.1787 in Marz
Franz STRAUSS Dr. med., k.k. Polizei Bez. Arzt * 31.01.1791 in Marz † 21.07.1874 in Wien
Johann Paul STRAUSS * 13.03.1794 in Marz † 12.09.1795 in Marz
Juliane SCHERMANN * um 1779 in Strebersdorf
oo 02.08.1796 in Marz
Jakob KOLLWEIN * um 1774 in Müllendorf
oo 29.04.1799 in Wimpassing/Leitha
Theresia TSUR * um 1776 † 15.07.1846 in Marz
oo 09.10.1811 in Krensdorf
Siehe Nachkommen Franz STRAUSS
Nachfahren STRAUSS-TSUR
Anna Maria STRAUSS * 13.02.1812 in Marz
Barbara STRAUSS * 06.11.1814 in Marz
Theresia STRAUSS * 25.11.1816 in Marz † 13.02.1817 in Marz
Mathias STRAUSS * 24.12.1819 in Marz
Franz STRAUSS * 04.03.1822 in Marz
Anton STRAUSS * 20.05.1824 in Marz
∞ mit Catharina PFABIKAN
Joseph STRAUSS * 14.08.1825 in Marz † 21.04.1842 in Marz
Theresia STRAUSS * 15.09.1827 in Marz
mit Joseph TRIMMEL
Johannes STRAUSS * 08.04.1829 in Marz † 08.04.1829 in Marz
Martin STRAUSS * 02.03.1830 in Marz † 04.03.1830 in Marz
Jacob STRAUSS * 09.07.1831 in Marz † 09.07.1831 in Marz
Johannes STRAUSS * 29.08.1833 in Marz
Maria STRAUSS
∞ mit János MÜLLNER
gekürzte und vereinfachte Nachkommentafel

Danksagung

Für ihre nette, kompetente und prompte Hilfe danke ich herzlich
Harald Albrecht, BA – Universitätsbibliothek der Medizinischen Universität Wien
Margit Bauer – Pfarre Marz
Mag. Dr. Martin Georg Enne – Archiv der Universität Wien
Dr. Ingrid Ganster – Wiener Stadt- und Landesarchiv
Mag. Susanne Hayder – Referentin der MA 7 der Stadt Wien
Christine Pinter – Gemeinde Marz
Doris Prieler – Familienforscherin aus Rust
Dr. Dr. Gertraud Rothlauf – Bezirksmuseum der Leopoldstadt
Prof. Norbert Vávra – Universität Wien,
Dr. Hermann Zeitlhofer – Universität Wien, Fachbereichsbibliothek Psychologie

angelika.ende@web.de

Personenregister